Recht –
schnell erfasst

Tonio Gas

Baurecht

Schnell erfasst

 Springer

Reihenherausgeber
Dr. iur. Detlef Kröger
Dipl.-Jur. Claas Hanken

Autor
Dr. Tonio Gas
Universität Osnabrück
Fachbereich 10
Lehrstuhl Professor Weber
Heger-Tor-Wall 14
49069 Osnabrück
tgas@uos.de

Graphiken
Dirk Hoffmann

ISSN 1431-7559
ISBN-10   3-540-23683-X Springer Berlin Heidelberg New York
ISBN-13   978-3-540-23683-2 Springer Berlin Heidelberg New York

Bibliografische Information Der Deutschen Bibliothek
Die Deutsche Bibliothek verzeichnet diese Publikation in der Deutschen Nationalbibliografie;
detaillierte bibliografische Daten sind im Internet über <http://dnb.ddb.de> abrufbar.

Springer ist ein Unternehmen von Springer Science+Business Media

springer.de

© Springer-Verlag Berlin Heidelberg 2006
Printed in Germany

Umschlaggestaltung: design & production GmbH, Heidelberg

SPIN 11341000   64/3153-5 4 3 2 1 0 – Gedruckt auf säurefreiem Papier

Vorwort

Haben Sie das schon einmal erlebt? Da fahren Sie durch eine malerische Gegend in einem Urlaubsland und ärgern sich, dass alles auf Teufel-komm-raus mit Hochhäusern, vielleicht noch mit der Fertigstellung bis zum St.-Nimmerleinstag harrenden Rohbauten zugepflastert ist. Und haben Sie sich dabei erwischt, wie Sie dachten: »Bei uns gäb's sowas aber nicht«?

Haben Sie indes selbst einmal etwas gebaut, so haben Sie vielleicht »die andere Seite« kennengelernt, was nicht unbedingt besser sein muss: Papierkrieg mit dem Bauamt, Auflagen hinsichtlich Höhe, Bauweise, Umzäunung, Material, und Sie mögen sich gefragt haben, was das denn eigentlich soll: Schließlich wollen Sie auf Ihrem Grund und Boden bauen, auf Ihrem Eigentum, und mit seinem Eigentum kann man doch tun und lassen, was man will – kann man doch, oder?

Damit ist ein wesentliches Charakteristikum des Baurechts schon angesprochen: Es geht um einen Interessenausgleich. Wir wollen unser Eigentum nutzen, aber nicht die zugepflasterten Strände sehen müssen. Wir sind für Umweltschutz, aber gegen den Schattenschlag des Windrades 500 Meter vor unserem Haus. Im Baurecht geht es nahezu immer um den Ausgleich derartiger Interessen. Dies darf aber nicht zu der Annahme verleiten, das Recht müsste stets »über den Daumen gepeilt« werden. Im Baurecht sind oft genug harte Fakten vorhanden, die den Behörden ein Instrumentarium für die Interessenabwägung zur Verfügung stellen und die die Materie für den Bürger handhabbar machen. Wie das geht und wann es vielleicht auch einmal nicht gehen kann und was dann zu tun ist, davon soll dieses Buch handeln.

Einige technische Hinweise: Das Buch wurde zumeist in den Regeln der neuen Rechtschreibung verfasst, in einigen Fällen nutzte der Verfasser indes noch die derzeit geltenden Übergangsregelungen. So ist ein vielversprechendes Werk immer noch etwas anderes als ein viel versprechendes; hier führt der neue Trend zur Getrenntschreibung gelegentlich zu Missverständnissen, so dass der Verfasser eher zur noch (und man darf wohl vermuten: bald wieder) erlaubten Zusammenschreibung neigt.

Rechtsprechungszitate und Gesetzestexte wurden nicht verändert, finden sich also zum Teil in gänzlich alter Rechtschreibung.

Die Angabe von Normen erfolgt in Deutschland zumeist nach zwei Systemen.

- Absatz und Satz eines Paragrafen werden durch Abs., S. gekennzeichnet.
- Absatz und Satz eines Paragrafen werden ohne vorherige Abkürzungen dadurch gekennzeichnet, dass man für Absätze das römische, für Sätze das arabische Zahlensystem verwendet.

Paragraf 34, Absatz 1 Satz 1 des Baugesetzbuches kann also lauten:

- § 34 Abs. 1 S. 1 BauGB oder
- § 34 I 1 BauGB.

Aus Gewohnheit und Faulheit hat sich der Verfasser für Letzteres entschieden. Hat ein Paragraf nur einen Absatz, aber mehrere Sätze, folgt indes aus optischen Gründen ein S. vor dem Satz, also z.B. § 35 S. 1 VwVfG (Verwaltungsverfahrensgesetz) und nicht § 35 1 VwVfG.

Das System mit Abs. und S. wird bei Zitaten verwendet, wenn das dem Original entspricht.

Im Übrigen gibt es bei Gesetzangaben noch die Abkürzungen HS für Halbsatz,

- z.B.: § 214 III 2 HS 2 BauGB, = Paragraf 214 Absatz 3 Satz 2 Halbsatz 2 des Baugesetz-buches,

sowie Var. für Variante,

- z.B.: § 42 I Var. 2 VwGO, = Paragraf 42 Absatz 1 Variante 2 der Verwaltungsgerichts-ordnung.

Zum Teil findet man in der Literatur auch »Alt.« für Alternative, dies ist gleichbedeutend mit Var. Beispiel für die Verwendung: § 42 I VwGO lautet: »Durch Klage kann die Aufhebung eines Verwaltungsakts (Anfechtungsklage) sowie die Verurteilung zum Erlaß eines abgelehn-ten oder unterlassenen Verwaltungsakts (Verpflichtungsklage) begehrt werden.« Man muss bei einer konkreten Klage die Norm nennen, in der sie geregelt ist, und das kann eben § 42 I Var. 1 oder Var. 2 VwGO sein (daneben gibt es noch viele andere Klagearten außerhalb von § 42 VwGO).

Eine hochgestellte Zahl vor einem Gesetzesauszug gibt an, um den wievielten Satz es sich handelt. Dies wird nur eingesetzt, wenn ansonsten wegen einer Auslassung nicht klar wäre, welcher Satz gerade zitiert wird.

Dieses Buch enthält eine Vielzahl von Fällen, die Gerichtsentscheidungen nachgebildet sind; gelegentlich werden auch ohne Einschub eines Falles Rechtsprechungsaussagen wiedergege-ben. Obwohl der Verfasser entsprechend der Konzeption der Reihe »Recht schnell erfasst« auf Fußnoten generell verzichtet hat, hielt er es doch für angebracht, anzugeben, woher er die Gerichtsentscheidungen hat. Sie können dann selbst entscheiden, ob Sie nachschlagen möch-ten oder nicht. Insofern ist das Buch auch für Studenten, die ohne Quellennachweise nicht auskommen (dürfen), gut geeignet. Anzumerken ist, dass die Fälle gegenüber den Original-entscheidungen oft vereinfacht, z.T. auch abgeändert sind. Dies ist im Einzelnen nicht mehr vermerkt.

Und nun viel Erfolg beim Studium des Baurechts – und durchaus auch: Viel Spaß!

Osnabrück, Oktober 2005　　　　　　　　　　　　　　　　　Dr. Tonio Gas

Inhaltsübersicht

Inhaltsverzeichnis

Einleitung

Der Anspruch auf die Baugenehmigung

Einschreiten gegen illegale Bauten

Die Bauleitplanung

Lösung eines »großen« Übungsfalls

Verzeichnis nicht allgemein gebräuchlicher Abkürzungen

BauGB	Baugesetzbuch
BauNVO	Baunutzungsverordnung
BauR	Baurecht: Zeitschrift für das gesamte öffentliche und zivile Baurecht
BayVBl.	Bayerische Verwaltungsblätter
BGHZ	Entscheidungen des Bundesgerichtshofes in Zivilsachen
BRS	Baurechtssammlung
Buchholz	Karl Buchholz (Begründer): Sammel- und Nachschlagewerk der Rechtsprechung des Bundesverwaltungsgerichts
BVerwGE	Entscheidungen des Bundesverwaltungsgerichts
DÖV	Die Öffentliche Verwaltung (Fachzeitschrift)
DVBl.	Deutsches Verwaltungsblatt (Fachzeitschrift)
DWW	Deutsche Wohnungswirtschaft (Fachzeitschrift)
f.	folgende Seite, folgender Artikel, folgender Paragraf
ff.	folgende Seiten, folgende Artikel, folgende Paragrafen
GG	Grundgesetz
HessVGRspr	Rechtsprechung der hessischen Verwaltungsgerichte. Beilage zu: Staatsanzeiger für das Land Hessen
HS	Halbsatz
LKV	Landes- und Kommunalverwaltung (Zeitschrift)
NdsRPfl.	Niedersächsische Rechtspflege (Zeitschrift)
NJW	Neue Juristische Wochenschrift
Nr.	Nummer
NuR	Natur und Recht
NVwZ	Neue Zeitschrift für Verwaltungsrecht
NVwZ-RR	Neue Zeitschrift für Verwaltungsrecht: Rechtsprechungs-Report Verwaltungsrecht
S.	Satz (bei Gesetzangaben)
SächsVBl.	Sächsische Verwaltungsblätter
UPR	Umwelt- und Planungsrecht
VBlBW	Verwaltungsblätter für Baden-Württemberg
ZMR	Zeitschrift für Miet- und Raumrecht

Einleitung

1. Öffentliches im Gegensatz zum privaten Baurecht

Um eine Vorstellung vom Kommenden zu erhalten, muss der Unterschied zwischen dem öffentlichen und privaten Baurecht kurz erläutert werden, denn nur um das öffentliche Baurecht soll es in diesem Buch gehen.

BAURECHT

Im Privatrecht geht es um die Rechtsbeziehungen zwischen Privatpersonen, die grundsätzlich auf gleicher Stufe stehen. Die öffentliche Gewalt schaltet sich nur dann ein, wenn die Rechtsbeziehungen in einen Rechtsstreit münden; dann nämlich regeln Gesetze und schließlich Gerichte, wie der Streit zu entscheiden ist. Kommt es aber nicht dazu, so gilt: Jeder Privatmann ist ein freier Mann, der mit anderen seine Rechtsbeziehungen einvernehmlich regeln kann. Ist sich Bauherr B mit Architekt A einig über Architektenleistung und Preis, wird ein

Vertrag geschlossen (das kommt von »sich vertragen«). Zahlt der Bauherr den Preis und erstellt der Architekt einen Konstruktionsplan, nach dem ein Haus ordnungsgemäß errichtet werden kann, so ist alles in schönster Ordnung. Zahlt der Bauherr nicht oder stürzt das Haus z.B. ein, so können die Gerichte bemüht werden, die nach einer Lösung im Gesetz suchen.

Ähnlich ist es im privaten Nachbarrecht. Hat A nichts dagegen, dass B seine Mauer 5 cm über die Grundstücksgrenze gebaut hat, so braucht man weder Gesetz noch Gericht. Obwohl es hier keinen Vertrag gibt, kann man wieder von »sich vertragen« sprechen. Vertragen sich A und

B nicht, müssen notfalls Gerichte den Streit anhand von Gesetzen lösen.

Anders ist es im öffentlichen Recht. Hier schaltet sich die öffentliche Gewalt schon ein, bevor etwas im Argen ist. Im Baurecht heißt das zum Beispiel: Von Ausnahmen abgesehen, benötigt jeder Bauherr erst einmal eine Baugenehmigung. *Es nützt nichts, wenn Bauherr B unter den Nachbarn eine Umfrage startet und alle schriftlich erklären, keine Einwände gegen sein Bauvorhaben geltend zu machen.* Eine Gesellschaft von freien Bürgern ist hier nicht unter sich. Die Staatsgewalt ist immer dabei. Sie muss eine Baumaßnahme genehmigen und sie bestimmt schon im Vorhinein durch eine »Bauleitplanung«, wie bestimmte Gebiete bebaut werden dürfen. Natürlich können auch hier im Streit die Gerichte angerufen werden. Dann aber streiten sich nicht zwei oder mehr gleichberechtigte freie Bürger vor einem Zivilgericht, sondern in der Regel ein Bürger und eine Behörde vor dem Verwaltungsgericht.

Zwar ist auch im öffentlichen Baurecht der »Nachbarschutz« ein wichtiges Thema. Aber auch bei Konflikten zwischen Nachbarn gilt: Die öffentliche Gewalt ist immer dabei. Um nur ein Beispiel zu nennen: *Wenn Nachbar N davon erfährt, dass Bauherr B in einem Wohngebiet eine Baugenehmigung für eine Disco bekommen hat, möchte er bestimmt nicht warten, bis dieselbe gebaut ist und ihm die Nachtruhe nimmt. Er könnte vielmehr versuchen, schon jetzt gegen die Baugenehmigung vorzugehen.* Auch solch ein Streit kann die Verwaltungsgerichte beschäftigen. Gegner ist dann jedoch nicht der Nachbar (sonst: ziviles Baurecht, s.o.), sondern die Baugenehmigungsbehörde (also eine Verwaltungsbehörde als Teil der öffentlichen Gewalt), der vorgeworfen wird, sie hätte die Baugenehmigung nicht erteilen dürfen. Also gilt auch im öffentlichen Baunachbarrecht: Der Staat ist immer dabei.

Öffentliches Recht: Baugenehmigung

2. Kompetenzen der Gesetzgeber – Bauplanungs- und Bauordnungsrecht

Wer regelt was?

»Bin ich dafür überhaupt zuständig?!?« So fragt nicht nur, einem Klischee gemäß, der Verwaltungsbeamte, der möglichst einen Fall vom Tisch bekommen möchte, sondern auch der Gesetzgeber. Muss er jedenfalls. Die »Kompetenzen der Gesetzgeber« aus der Überschrift sind schlicht und einfach mit »Zuständigkeiten der Gesetzgeber« zu übersetzen. Um einen Überblick darüber zu gewinnen, welches die wichtigsten baurechtlichen Regelungen sind und welche Themen sie behandeln, muss man sich mit den Zuständigkeiten der Gesetzgeber beschäftigen, und zwar hier mit folgendem Thema: Was darf der Bund, was dürfen die Bundesländer gesetzlich regeln?

Was darf der Bund, was dürfen die Bundesländer gesetzlich regeln?

Hierzu ist es unumgänglich, einmal im höchsten unserer Gesetze nachzuschlagen, nämlich im Grundgesetz.

2.1. Ein kurzer Blick ins Grundgesetz (GG)

Art. 70 I GG

Die Länder haben das Recht der Gesetzgebung, soweit dieses Grundgesetz nicht dem Bunde Gesetzgebungsbefugnisse verleiht.

Ja, Sie haben ganz richtig gelesen. Man fragt sich, warum der Bundestag sich den ganzen Ärger um aktuelle Reformdiskussionen überhaupt antut – ist das nicht alles Sache der Länder? Diese Frage beantworten wir mit einem klaren Jein. Theoretisch geht das Grundgesetz tatsächlich davon aus, dass die Länder »in der Regel« für die Gesetzgebung zuständig sind (nämlich immer dann, wie Art. 70 I GG es meint, wenn der Bund nicht *ausdrücklich durch das Grundgesetz selbst* für zuständig erklärt wird). Aber keine Regel ohne Ausnahme, und diese Regel hat in der Tat viele Ausnahmen. Viele davon finden sich in Art. 71 ff. GG. Praktisch ist die Ausnahme zur Regel geworden; für die meisten Sachthemen erlässt der Bund die Gesetze, nicht die Länder.

Im Baurecht sind folgende Regeln von Bedeutung:

Art. 72 I GG

(1) Im Bereich der konkurrierenden Gesetzgebung haben die Länder die Befugnis zur Gesetzgebung, solange und soweit der Bund von seiner Gesetzgebungszuständigkeit nicht durch Gesetz Gebrauch gemacht hat.

(2) Der Bund hat in diesem Bereich das Gesetzgebungsrecht, wenn und soweit die Herstellung gleichwertiger Lebensverhältnisse im Bundesgebiet oder die Wahrung der Rechts- oder Wirtschaftseinheit im gesamtstaatlichen Interesse eine bundesgesetzliche Regelung erforderlich macht. ...

Die konkurrierende Gesetzgebung erstreckt sich auf folgende Gebiete: ... 18. den Grundstücksverkehr, das Bodenrecht (ohne das Recht der Erschließungsbeiträge) und das landwirtschaftliche Pachtwesen, das Wohnungswesen, das Siedlungs- und Heimstättenwesen; ...

Art. 74 I GG

Wir befinden uns also im Bereich der **konkurrierenden Gesetzgebung.** Bund und Länder können beide zuständig sein; nach Art. 72 II GG ist es der Bund, wenn bestimmte Voraussetzungen erfüllt sind. Der Einfachheit sei mitgeteilt, dass die dort genannten Voraussetzungen für das uns interessierende Thema als erfüllt angesehen werden können. Der Bund ist also zuständig für alle Sachgebiete, die im obigen Kasten genannt werden. Hier interessiert uns das Bodenrecht. Das Bundesverfassungsgericht hat entschieden, dass darunter nur das Bauplanungsrecht, nicht das Bauordnungsrecht fällt.

Konkurrierende Gesetzgebung

Bodenrecht

2.2. Bauplanungs- und Bauordnungsrecht

Nach dem »Creifelds«, einem Standard-Rechtswörterbuch, kann man beide Begriffe folgendermaßen definieren:

»Das Bauplanungsrecht bestimmt in erster Linie, ob und wo ein Grundstück baulich genutzt werden kann, das Bauordnungsrecht regelt die technische und gestalterische Seite sowie das Baugenehmigungsverfahren.«

2.2.1. Bauplanungsrecht
(incl. Begriffsdefinitionen)

Das »Recht der städtebaulichen Planung« hat seinen Inhalt und Zweck darin, dass die gesamte Bebauung in Stadt und Land, die zu ihr gehörigen baulichen Anlagen und Einrichtungen sowie die mit der Bebauung in Verbindung stehende Nutzung des Bodens durch eine der Wirtschaftlichkeit, der Zweckmäßigkeit sowie den sozialen, gesundheitlichen und kulturellen Erfordernissen dienende Planung vorbereitet und geleitet wird.

Dieses Teilgebiet, so hat das Bundesverfassungsgericht entschieden, fällt unter den Begriff »Bodenrecht« des Art. 74 I Nr. 18 GG. Der Bund hat dafür die Gesetzgebungszuständigkeit, d.h. es existieren bundeseinheitliche Regelungen für die städtebauliche Planung. Die wichtigsten sind das Baugesetzbuch (BauGB) und die Baunutzungsverordnung (BauNVO). Nun bedeutet das nicht, dass der Bundestag für jede Bauplanung in einer Gemeinde zu einer Plenarsitzung zusammenkommen muss. Vielmehr wird die so genannte Bauleitplanung von den Gemeinden selbst vorgenommen. Aber es ist eben gerade das Bauge-

BauGB
BauNVO

setzbuch des Bundes (und nicht ein Landesgesetz), welches gemeinsame Grundsätze für die gemeindliche Planung festlegt.

Da im Folgenden immer wieder Begriffe wie »Bauleitplanung«, »Bauleitpläne«, »Flächennutzungspläne« und »Bebauungspläne« vorkommen werden, seien an dieser Stelle schon einmal die Begriffe erläutert:

Bauleitpläne

Zum Zwecke der Bauleitplanung stellt die Bauplanungsbehörde
(= Gemeinde) Bauleitpläne auf. Diese lassen sich unterteilen in:

Flächennutzungsplan	**Bebauungsplan**
Der Flächennutzungsplan ist **vorbereitender Bauleitplan.** In ihm ist nach § 5 I 1 BauGB »für das ganze Gemeindegebiet die sich aus der beabsichtigten städtebaulichen Entwicklung ergebende Art der Bodennutzung nach den voraussehbaren Bedürfnissen der Gemeinde in den **Grundzügen** darzustellen.«	Der Bebauungsplan ist **verbindlicher Bauleitplan.** Er enthält die rechtsverbindlichen Festsetzungen für die städtebauliche Ordnung (§ 8 I 1 BauGB) und ist aus dem Flächennutzungsplan zu entwickeln. Ein Flächennutzungsplan ist allerdings nicht erforderlich, wenn der Bebauungsplan ausreicht, um die städtebauliche Entwicklung zu ordnen (§ 8 II BauGB).

2.2.2. Bauordnungsrecht

Das Bauordnungsrecht wird nicht als »Bodenrecht« angesehen, und
auch sonst findet sich keine Norm im Grundgesetz, die insoweit eine
Gesetzgebungszuständigkeit des Bundes regelt. Also hat jedes Bundesland sein eigenes Gesetz zum Bauordnungsrecht. Die Gesetze heißen
üblicherweise »Bauordnung« oder »Landesbauordnung«. Der Name
darf aber nicht täuschen: Es handelt sich nicht etwa um Verordnungen
(die ein Landesminister erlassen würde), sondern um »echte« Gesetze,
d.h. Gesetze im förmlichen Sinn, die vom Parlament eines Bundeslandes (meist »Landtag« genannt, in Hamburg und Bremen »Bürger-
schaft«, in Berlin »Abgeordnetenhaus«) erlassen werden. Sie finden sie
unter »www.bauordnungen.de«.

Jedes Bundesland hat
sein eigenes Gesetz
zum Bauordnungsrecht.

Worum geht es im
Bauordnungsrecht?

Wenn Sie bei dem Begriff spontan an das Schlagwort »Sicherheit und
Ordnung« denken sollten, so sind Sie damit näher an des Rätsels Lösung, als Sie vielleicht ahnen. Denn im »Ordnungsrecht« geht es prin-

zipiell um Gefahrenabwehr. Und eine »Gefahr« ist eine drohende Störung der öffentlichen Sicherheit oder Ordnung. Was die »öffentliche Ordnung« ist, muss – grob gesagt – durch Auslegung eines allgemeinen Wertekonsens' ermittelt werden; im Bauordnungsrecht kommt es trotz des Namens eher auf die öffentliche Sicherheit an. Man kann sich das unmittelbar vorstellen, wenn ein Gebäude einzustürzen droht. Hier muss eine Verwaltungsbehörde (allgemein »Gefahrenabwehrbehörde«, speziell »Bauordnungsbehörde«) Möglichkeiten zum Einschreiten haben, z.B. zu Sicherungsmaßnahmen gegen den Willen (und auf Kosten!) des Eigentümers. Aber darüber hinaus versteht man unter der öffentlichen Sicherheit auch die Einheit der Rechtsordnung. Jeder Verstoß gegen die Rechtsordnung ist also ein Schaden für die öffentliche Sicherheit (ein drohender Verstoß ist eine »Gefährdung« der öffentlichen Sicherheit). Wird z.B. in einer Bauordnungsnorm ein Mindestabstand zwischen Häusern geregelt und ein Bauherr hält sich nicht daran, so ist dies ein Schaden für die öffentliche Sicherheit. Und auch hier muss eine Bauordnungsbehörde Maßnahmen zum Einschreiten haben.

Das Bauordnungsrecht tut aber noch mehr. Um besser kontrollieren zu können, ob alles seine Ordnung hat, ist es sinnvoll, wenn eine Behörde erfährt, wer wo was wann baut bzw. bauen möchte. Und daher brauchen wir zum Bauen – von Ausnahmen abgesehen – erst einmal eine Baugenehmigung. Diese gehört also ebenfalls dem Ordnungsrecht an. Die Anforderung an eine Baugenehmigung zieht Folgeprobleme nach sich, die ebenfalls dem Bauordnungsrecht zugehörig sind. So regeln die Landesbauordnungen (unter anderem),

- **wann** man eine Baugenehmigung braucht (= Regelfall) und wann nicht,
- **wann** man einen Anspruch auf eine Baugenehmigung hat,
- **wer** zuständig für die Erteilung der Genehmigung ist,
- **wie** das Verwaltungsverfahren zur Erteilung der Baugenehmigung verläuft,
- und was eine Behörde tun kann, wenn man ohne Baugenehmigung baut (»Schwarzbau«) oder sonstwie baurechtswidrig baut.

Auch damit bleibt sich das Bauordnungsrecht als »Gefahrenabwehrrecht« treu, denn: Wenn eine »Gefahr für die öffentliche Sicherheit« eine Gefahr für die »Einheit der Rechtsordnung« ist, so kann das Bauordnungsrecht nicht nur regeln, was bei (drohenden) Verstößen gegen andere Gesetze zu passieren hat, sondern es kann auch selbst Pflichten festlegen. Die Genehmigungsbedürftigkeit ist eine davon. Ein Schwarzbau ist daher ein Verstoß gegen die Rechtsordnung, also – auch wenn das umgangssprachlich nicht auf den ersten Blick einleuchten mag – eine »Gefahr für die öffentliche Sicherheit«.

Gefahrenabwehr

Öffentliche Sicherheit

Jeder Verstoß gegen die Rechtsordnung ist ein Schaden für die öffentliche Sicherheit.

Wenn soeben gesagt wurde, dass das Bauordnungsrecht selbst Pflichten festlegen kann, so ist hinzuzufügen, dass es dies nicht nur für Genehmigungserfordernisse und das Genehmigungsverfahren tut. Vielmehr finden sich in den Landesbauordnungen zahlreiche weitere Pflichten, die beim Bauen zu beachten sind. Von den bauplanungsrechtlichen Pflichten unterscheiden sie sich insoweit, als es nicht um Bodennutzung und städteplanerischen Gestaltungswillen geht, sondern um ein geordnetes Miteinander verschiedener Bürger; häufig gerade um Sicherheit im umgangssprachlichen Sinne. So finden sich neben zahlreichen technischen Anforderungen an die Durchführung eines Bauvorhabens z.B. Bestimmungen über Abstände zum Nachbargrundstück, um den Nachbarn eine ausreichende Versorgung mit Licht, Luft und Sonne zu gewährleisten.

2.2.3. Verzahnungen

Gerade der letzte Punkt zeigt, dass eine Trennung zwischen Planungs- und Ordnungsrecht nicht immer einfach ist. So dient z.B. die Festlegung eines Baugebietes als »reines Wohngebiet« nicht nur dazu, dass eine Gemeinde ihre Städteplanung durchsetzen kann. Vielmehr dient ja diese Planung auch und gerade dem Bürger, d.h. wer im reinen Wohngebiet baut, möchte nicht ein Sägewerk neben sein Einfamilienhaus gesetzt bekommen. So fließen auch Individualinteressen in das Bauplanungsrecht mit ein.

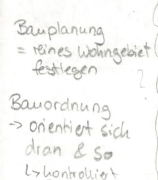

Eine weitere wichtige Querverbindung besteht darin, dass vom Bürger verlangt wird, das *gesamte* öffentliche Baurecht zu respektieren, also das Bauplanungs- und das Bauordnungsrecht. Dies lässt sich am besten illustrieren am Anspruch auf eine Baugenehmigung. Nahezu alle Landesbauordnungen enthalten eine Vorschrift wie die folgende:

Niedersächsische Bauordnung: »Baugenehmigung«

Die Baugenehmigung ist zu erteilen, wenn die Baumaßnahme ... dem öffentlichen Baurecht entspricht.

In anderen Worten: Ist der geplante Bau rechtmäßig, dann muss er auch genehmigt werden. Er muss »dem öffentlichen Baurecht entsprechen«. Damit ist das Bauplanungs- und das Bauordnungsrecht gemeint. Es ist also völlig egal, ob – um aus jedem Bereich ein Beispiel zu nennen –

- *jemand ein zehnstöckiges Haus bauen möchte, obwohl der Bebauungsplan maximal drei Geschosse vorsieht (Verstoß gegen Bauplanungsrecht).*

Handschriftliche Notizen am Rand:

Bauplanung = reines Wohngebiet festlegen ?

Bauordnung → orientiert sich dran & so
↳ kontrolliert Einhaltung

Anspruch auf Baugenehmigung

§ 75 I NBauO
↳ 58 LBO BW

- *oder einen festen Grillplatz neben einem Holzlager ohne Brandschutzmaßnahmen errichten will (Verstoß gegen Bauordnungsrecht).*

Eine Baugenehmigung kann es weder in dem einen noch in dem anderen Fall geben.

Hat der Bauherr nun das eine oder das andere ohne Baugenehmigung gebaut, so kann die zuständige Bauaufsichtsbehörde Bauordnungsmaßnahmen ergreifen. Das Bauordnungsrecht regelt also auch die Rechtsfolgen bei Verstößen gegen Bauplanungsrecht (entweder Genehmigungsverweigerung, wenn eine Genehmigung beantragt wurde, oder andere Sanktionen, wenn jemand ohne Genehmigung oder entgegen dem Genehmigungsinhalt baut). Aus diesem Grund ist es nach Ansicht des Verfassers auch nicht sinnvoll, die Darstellung dieses Buches strikt in Bauplanungs- und Bauordnungsrecht zu unterteilen. Welche Aufteilung statt dessen gewählt wurde und warum, soll im folgenden Abschnitt erörtert werden.

Das Bauordnungsrecht regelt auch die Rechtsfolgen bei Verstößen gegen Bauplanungsrecht.

3. Zur Gliederungsabfolge

Bei der Frage nach einer sinnvollen Gliederung dieses Buches hat der
Verfasser versucht, sich davon leiten zu lassen, wer im öffentlichen
Baurecht was von wem wollen kann – in der Hoffnung, dass so auch
ein bisschen darauf eingegangen wird, was Sie, liebe Leserinnen und
Leser, von diesem Buch wollen. Zunächst einmal können Sie in drei
verschiedenen Positionen betroffen sein (entweder tatsächlich oder
weil ein Klausursteller das von Ihnen verlangt):

Zunächst wird in zwei Teilen das Rechtsverhältnis zwischen Bürger
und Ordnungsbehörde, im Baurecht »Bauaufsichtsbehörde«, beleuch-
tet. Dabei kann man unterscheiden, ob sich der Bürger zuerst an die
Behörde wendet (Anspruch auf Baugenehmigung) oder umgekehrt
(Einschreiten gegen illegale Bauten). In beiden Fällen kann sich ein
Rechtsstreit hochschaukeln, bis sich die Gerichte damit befassen:

| Bsp. erster Hauptteil | *Ein Bürger beantragt eine Baugenehmigung, bekommt sie nicht, erhebt Widerspruch, der Widerspruch wird zurückgewiesen, Klage auf Ertei- lung der Baugenehmigung, Entscheidung eines Gerichts.* |

Es geht also um die Frage: Wann hat jemand Anspruch auf eine Baugenehmigung?

| Wann hat jemand Anspruch auf eine Baugenehmigung? | |
| Bsp. zweiter Hauptteil | *Eine Behörde geht gegen den Bürger vor (z.B. weil er angeblich bau- rechtswidrig baut), der Bürger erhebt dagegen Widerspruch, der Widerspruch wird zurückgewiesen, der Bürger erhebt Klage gegen die behördliche Maßnahme, es kommt zur Entscheidung eines Gerichts.* |

Es geht also um die Rechtmäßigkeit des Einschreitens gegen illegale
Baumaßnahmen.

Rechtmäßigkeit des
Einschreitens gegen
illegale Baumaßnahmen

Teil drei: Aus Sicht der
Bauplanungsbehörde

In einem dritten Hauptteil ab S. 199 beleuchten wir hingegen eine
Problematik aus Sicht der *Bauplanungsbehörde (Gemeinde)*, die z.B.
*einen Bebauungsplan aufstellen möchte und wissen will, welche
rechtlichen Vorgaben sie dabei zu beachten hat.* Auch hier ist der
Bürger nicht außen vor, der gewisse Mitwirkungsrechte bei der
Bauleitplanung hat (daher der obere Pfeil in der Grafik, zu den
entsprechenden Mitwirkungsrechten siehe Seiten 224 und 230).

Der Anspruch auf die Baugenehmigung

1. Die zuständige Behörde

Sechzehn Regelungen!

Unglücklicherweise ist es so, dass die für die Erteilung der Baugenehmigung zuständige Behörde von den einzelnen Bundesländern in den Landesbauordnungen geregelt ist. Zudem muss man in einigen Fällen auch noch die Gemeindeordnungen (Gesetze der Bundesländer über das Gemeindewesen) heranziehen. An dieser Stelle kann nur ein Überblick über die 16 Länder erfolgen.

Bestimmung der zuständigen Behörde in zwei Schritten

Das System der gesetzlichen Regelungen ist meist das Gleiche. Die Bestimmung der für die Baugenehmigung zuständigen Behörde erfolgt in zwei Schritten:

Bestimmung der zuständigen Behörde

I. Welche Bauaufsichtsbehörden gibt es?

untere Bauaufsichtsbehörde, **z.B. Gemeinde oder Landkreis**

Die »mittlere« Bauaufsichtsbehörde (Sprachregelung je nach Bundesland unterschiedlich, z.B. »höhere Behörde«, »obere Behörde«), **z.B. Bezirksregierung**

die oberste Bauaufsichtsbehörde, in der Regel **Ministerium des Landes**

Fast alle Landesbauordnungen besagen: Es handelt die untere Bauaufsichtsbehörde, soweit nichts anderes bestimmt ist. Bei der »Erteilung der Baugenehmigung« ist »nichts anderes bestimmt«.

II. Wer erteilt die Baugenehmigung?

Empfehlenswerte Übersicht zu den Bauordnungen im Internet unter <www.bauordnungen.de> (privates Angebot von A. Merschbacher, München)

Insbesondere in den Stadtstaaten gibt es hiervon allerdings Ausnahmen. Besteht ein Bundesland nur aus einer Stadt (= dies ist juristisch nur ein anderer Name für eine »Gemeinde«), so ist die Stadt auch zuständig; dies ist so selbstverständlich, dass es in den Landesbauordnungen der Stadtstaaten nicht unbedingt ausdrücklich erwähnt sein muss.

Im Folgenden eine kurze Aufstellung der *im Regelfall* zuständigen Behörden.

Baden-Württemberg	§§ 46 ff. LBO BW	Gemeinden
Bayern	Art. 59 ff. BayBO	Landkreise
Berlin	§ 4 I 2 Allg. Zuständig-keitsG, § 2 Allg. Sicher-heits- und OrdnungsG	Berliner Bezirksämter
Brandenburg	§§ 51 f. BbgBauO	Landkreise, kreisfreie Städte und große kreisangehörige Städte
Bremen	§§ 60, 61 BremLBO	je nach Lage Bremen oder Bremerhaven
Hamburg	§ 3 BezirksverwaltungsG, § 4 Gesetz über Ver-waltungsbehörden	Bezirksamt oder Fachbehörde Hamburgs
Hessen	§ 52 f. HessBauO	Landkreise, kreisfreie Städte oder kreisangehörige Städte mit mehr als 50.000 Einwohnern
Mecklenburg-Vorpommern	§§ 59 ff. LBO MV	Landkreise und kreisfreie Städte
Niedersachsen	§§ 63, 65 Nds. BauO	Landkreise, kreisfreie und große selbstständige Städte
Nordrhein-Westfalen	§§ 60 ff. LBO NW	Landkreise, kreisfreie Städte, große kreisangehörige Städte, mittlere kreisangehörige Städte
Rheinland-Pfalz	§§ 58 ff. LBO RP	Landkreise, kreisfreie und große kreisangehörige Städte
Saarland	§§ 57 ff. LBO SL	Landkreise, Stadt Saarbrücken, Stadtverband Saarbrücken
Sachsen	§ 57 SächsBauO	Landkreise und kreisfreie Städte, z.T. auch Gemeinden
Sachsen-Anhalt	§§ 63 ff. BauO LSA	Landkreise und kreisfreie Städte
Schleswig-Holstein	§§ 65 ff. LBO SH	Landkreise und kreisfreie Städte
Thüringen	§§ 59 ff. ThürBauO	Landkreise und kreisfreie Städte

Besonderheiten

- In einigen Landesbauordnungen ist nicht nur geregelt, welche »Körperschaft« (das ist z.B. ein Landkreis oder eine Gemeinde) zuständig ist, sondern welches Organ *innerhalb* dieser Körperschaft handeln muss (z.B.: Innerhalb der Gemeinde wird der Bürgermeister für zuständig erklärt). In anderen Bundesländern muss man Informationen über die »interne« Zuständigkeit aus der Gemeindeordnung (= Landesgesetz) holen. Im Zweifelsfall dürften Sie aber schneller zum Ziel kommen, wenn Sie die Homepage Ihrer Gemeinde oder Ihres Landkreises öffnen und gezielt nach Bauangelegenheiten suchen. Für Hamburg/Berlin s. auch oben.

Zahlreiche Gemeinden und Landkreise bieten einen hervorragenden Internet-Service und haben einen Link »Bauen & Wohnen« o.ä.

- In Flächenstaaten, in denen grundsätzlich die Landkreise zuständig sind, gibt es z.T. die Möglichkeit, dass die Landkreise die Zuständigkeit auf die Gemeinden übertragen. Auch hier würde eine lückenlose Darstellung den Rahmen des Buches sprengen (und wohl auch zu schnell veralten), so dass eine Internetrecherche wie oben empfohlen wird.

- In Flächenstaaten, die eine Zuständigkeit des Landkreises vorschreiben, entfällt die Zuständigkeit des Landkreises

Kreisfreie Städte

  - zu Gunsten von kreisfreien Städten (wie sollte es auch anders sein? Wenn eine Stadt keinem Landkreis angehört, kann der Landkreis auch nicht zuständig sein),

Größere kreisangehörige Städte

  - teilweise zu Gunsten von größeren kreisangehörigen Städten.

Beides ist – je nach Bundesland unterschiedlich – in der Landesbauordnung selbst oder in der Gemeindeordnung des Landes (= Landesgesetz) geregelt. Die juristischen Bezeichnungen für die »größeren« Städte sind unterschiedlich. Mal wird die Mindesteinwohnerzahl festgelegt und auf einen Fachbegriff verzichtet, mal findet sich ein Begriff wie z.B. »große selbstständige Städte«, und man muss in einem anderen Gesetz nachschauen, was das eigentlich ist (dies steht dann mal wieder in der Gemeindeordnung des jeweiligen Landes).

In der obigen Liste werden nur die Zuständigkeiten nach der Bauordnung wiedergegeben, außer bei Hamburg und Berlin.

Beispiel 1: § 52 I 1 Nr. 1 a Hessische Bauordnung

Bauaufsichtsbehörden sind der Gemeindevorstand in den kreisfreien Städten, den kreisangehörigen Gemeinden mit einer Einwohnerzahl über 50 000 und den sonstigen Gemeinden, denen die Bauaufsicht übertragen ist, ...

Beispiel 2:
§ 63 I 1 NBauO
§ 10 II Nds. Gemeindeordnung

Die Landkreise, die kreisfreien und die großen selbstständigen Städte nehmen die Aufgaben der unteren Bauaufsichtsbehörden wahr, ...

Große selbstständige Städte sind die Städte Celle, Cuxhaven, Goslar, Hameln, Hildesheim, Lingen (Ems) und Lüneburg.

2. Genehmigungsbedürftige Baumaßnahme

2.1. Baumaßnahme

2.1.1. Woran wird etwas gemacht? Der Begriff der baulichen Anlage

Der Begriff der baulichen Anlage ist in den Landesbauordnungen der Bundesländer weitgehend ähnlich definiert. Zwei Beispiele:

(1) Bauliche Anlagen sind mit dem Erdboden verbundene oder auf ihm ruhende, aus Bauprodukten hergestellte Anlagen.	§ 2 NBauO

(6) Bauprodukte sind

1. Baustoffe, Bauteile und Anlagen, die hergestellt werden, um dauerhaft in bauliche Anlagen eingebaut zu werden,

2. aus Baustoffen und Bauteilen vorgefertigte Anlagen, die hergestellt werden, um mit dem Erdboden verbunden zu werden, wie Fertighäuser, Fertiggaragen und Silos.

Bauliche Anlagen sind unmittelbar mit dem Erdboden verbundene, aus Bauprodukten hergestellte Anlagen. Eine Verbindung mit dem Erdboden besteht auch dann, wenn die Anlage durch eigene Schwere auf dem Boden ruht oder wenn die Anlage nach ihrem Verwendungszweck dazu bestimmt ist, überwiegend ortsfest benutzt zu werden. (In Abs. 10 Definition »Bauprodukte« ähnlich wie oben)	§ 2 I 1, 2 LBO BW

Daneben gibt es noch als bauliche Anlagen geltende Anlagen. Es sind solche, die zwar die oben genannten Merkmale evtl. nicht erfüllen, aber rechtlich wie bauliche Anlagen zu behandeln sind. Insbesondere gilt für sie im Regelfall die Baugenehmigungspflicht. Diese »fingierten baulichen Anlagen« werden in jedem Bundesland in § 2 der Landesbauordnung aufgezählt. Die Inhalte sind ähnlich, aber nicht vollständig identisch. Als Beispiel diene wiederum Niedersachsen (mit drei von insgesamt 13 Nummern):

Als bauliche Anlagen geltend: »fingierte bauliche Anlagen«

Als bauliche Anlagen gelten, auch wenn sie nicht unter Satz 1 fallen,	§ 2 I 2 NBauO

1. ortsfeste Feuerstätten,

2. Werbeanlagen (§ 49),

3. Warenautomaten, die von allgemein zugänglichen Verkehrs- oder Grünflächen aus sichtbar sind, ...

2.1.2. Was wird gemacht?

a) Errichtung, Änderung, Abbruch

Fall 1

Ist in den folgenden Maßnahmen eine Errichtung, eine Änderung oder ein Abbruch zu sehen?

a) *A baut ein Haus auf einem Grundstück, das noch nie bebaut gewesen war.* Errichtung ✓

b) *B baut ein Haus. Vorher hatte er auf demselben Grundstück eine Lagerhalle abgerissen.* Errichtung ✓

c) *C baut ein Haus. Vorher hatte er auf demselben Grundstück ein baugleiches Haus abgerissen.* ~~Änderung~~ Errichtung

d) *D hat ein Haus mit angebauter Garage. Die Garage reißt er ab und baut eine neue, größere.* Änderung ✓

e) *E hat das Gleiche wie D. Er reißt die Garage ab, baut aber nichts Neues.* ~~Abbruch~~ Änderung

f) *F hat das Gleiche wie D und E. Er reißt das Haus samt Garage ab und baut nichts Neues.* Abbruch ✓

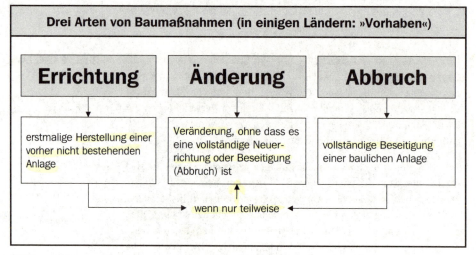

Falllösungen

(a) ist eine Errichtung (Standardfall).

(b) ist ebenfalls (bezogen auf das neue Haus) eine Errichtung, da es komplett neu gebaut wird, ohne dass eine Verbindung mit dem Objekt besteht, das vorher – ebenfalls komplett – abgerissen wurde.

(c) Was in b) gesagt wurde, gilt auch hier, obwohl es sich um baugleiche Objekte handelt. Es liegt also ebenfalls eine Errichtung vor.

(d) Eine Garage ist Zubehör eines Hauses, daher sind Haus und Garage als Einheit zu sehen. Daher handelt es sich nicht um eine Errichtung in Bezug auf die Garage, sondern um eine Änderung, da das Objekt »Haus mit Garage« weder vollständig neu gebaut noch vollständig beseitigt wird.

(e) Auch hier liegt eine Änderung des Objektes »Haus mit Garage« vor, da es nicht komplett abgerissen wird.

(f) Hier nun endlich haben wir es mit einem Abbruch zu tun.

b) Nutzungsänderung

Von einer Nutzungsänderung spricht man, wenn eine bauliche Anlage ohne Änderung in der Bausubstanz anders genutzt wird oder eine andere Zweckbestimmung erhält. Eine Nutzungsänderung kann aber auch mit einer baulichen Änderung zusammenfallen.

Nutzungsänderung

Nutzungsänderungen sind in der Regel genehmigungspflichtig. Indes enthalten die Landesbauordnungen zum Teil recht großzügige Ausnahmen hiervon. Die Regelungen finden sich ggf. in einer Norm oder Normen über genehmigungsfreie Baumaßnahmen. Siehe hierzu Thema 10, Seite 320. Beispiel Niedersachsen:

Genehmigungsfreie Baumaßnahmen

Keiner Baugenehmigung bedürfen

1. die Änderung der Nutzung einer baulichen Anlage, wenn das öffentliche Baurecht an die bauliche Anlage in der neuen Nutzung keine anderen oder weitergehenden Anforderungen stellt,
2. die Umnutzung von Räumen im Dachgeschoss eines Wohngebäudes mit nur einer Wohnung in Aufenthaltsräume, die zu dieser Wohnung gehören,
3. die Umnutzung von Räumen in vorhandenen Wohngebäuden und Wohnungen in Räume für Bäder oder Toiletten.

§ 69 IV NBauO

Die folgende Faustformel führt in den meisten Fällen zum Erfolg: Eine Nutzungsänderung ist genehmigungspflichtig, wenn die neue Nutzung auch eine neue Genehmigungspflicht auslösen würde. Dies ist der Fall, wenn

Faustformel

- der Bau mit der alten Nutzung genehmigungsfrei war, mit der neuen Nutzung aber genehmigungspflichtig wird,
- der Bau mit der alten Nutzung genehmigungspflichtig war, aber die Genehmigung die neue Nutzung nicht abdeckt.

c) Genehmigungsfreie Instandhaltungsmaßnahmen

Schwierigkeiten kann es bereiten, eine genehmigungspflichtige Änderung oder Nutzungsänderung von einer Instandhaltungsmaßnahme abzugrenzen. Instandhaltungsmaßnahmen sind nämlich stets genehmigungsfrei, hier kommt der Grundsatz des Bestandsschutzes zur An-

Nutzungsänderung, Instandhaltung, Bestandsschutz

wendung. Das bedeutet: Hat man ein genehmigtes Bauvorhaben errichtet, so schließt das auch mit ein, dass man dafür sorgen darf, dass dieses Vorhaben nicht zusammenfällt oder auf andere Weise geschädigt wird. Diesen Grundsatz leitet man aus der im Grundgesetz garantierten Eigentumsfreiheit (Art. 14 I GG) ab. Mit seinem Eigentum kann man machen, was man will, also es auch bebauen. Dies ist zwar durch das Erfordernis einer Baugenehmigung eingeschränkt, aber wenn man die Genehmigung hat, erwächst daraus nicht nur das Recht zu bauen, sondern auch, einen Bau zu erhalten.

Aber was ist bloße Erhaltung (Instandhaltung), was ist (Nutzungs-)Änderung?

Fall 2

Fundstelle Originalfall:
BRS 47, Nr. 195

Ein Haus und eine Terrasse ruhen auf einem gemeinsamen Fundament. Die Terrasse ist mit Stützmauern gesichert, die baufällig und nicht vollständig standsicher sind. Bauherr A möchte die Stützmauern abreißen und neue Stützmauern errichten. Diese sollen an genau der gleichen Stelle aufgestellt werden. Handelt es sich um eine Änderung einer baulichen Anlage oder um eine Instandhaltung? Instandhaltung ✓

Der Verwaltungsgerichtshof Baden-Württemberg (= Oberverwaltungsgericht Baden-Württembergs) hat in einem Fall, dem der obige Fall nachgebildet ist, auf der Grundlage von Bundesverwaltungsgerichts-Rechtsprechung folgendes ausgeführt:

VGH BW

Es hängt dies [= die gefragte Abgrenzung] vor allem davon ab, ob die ursprüngliche Anlage auch nach einer Erneuerung der Stützmauern die Hauptsache darstellt ... oder ob die Baumaßnahme eine statische Neuberechnung der Gesamtanlage notwendig macht bzw. nach ihrem Aufwand den einer neuen Anlage erreicht oder gar übersteigt ... .

Im obigen Fall, so das Gericht weiter, spreche viel dafür, dass eine statische Neuberechnung nicht vonnöten sei, da die neuen Stützmauern am gleichen Ort wie die alten errichtet werden sollten. Das Gericht musste diese Frage indes nicht endgültig klären, da sie sich nur (aus Gründen, die in unserem Zusammenhang nichts zur Sache tun) indirekt stellte.

2.2. Genehmigungsbedürftigkeit – Regel und Ausnahmen

2.2.1. Genehmigungsbedürftigkeit als Regel

Das Regel-Ausnahmeverhältnis lautet: Alles, was eine »Baumaßnahme« ist, ist genehmigungspflichtig, sofern nicht die Landesbauordnungen ausdrücklich eine Ausnahme vorsehen. Dieser Grundsatz findet sich in allen Landesbauordnungen (siehe Thema 9, Seite 320), z.B.

> Baumaßnahmen bedürfen der Genehmigung durch die Bauaufsichtsbehörde (Baugenehmigung), soweit sich aus Absatz 2 und den §§ 69 bis 70 , 82 und 84 nichts anderes ergibt.

§ 68 I NBauO

2.2.2. Ausnahmen und Erleichterungen

Interessanter als die Regel sind folglich die Ausnahmen. Hier erstickt man förmlich im Detailreichtum, mit dem die einzelnen Bundesländer Erleichterungen von der Baugenehmigungspflicht vorsehen; eine vollständige Darstellung kann dieses Buch nicht leisten. Auf Seite 320 (Themen 10 und 17) findet sich eine Übersicht über Regelungen der Landesbauordnungen, die verschiedene Erleichterungen gegenüber dem Genehmigungserfordernis vorsehen. Die Erleichterungen kann man in verschiedene Gruppen einteilen (Erleichterungen für Baumaßnahmen der öffentlichen Hand werden hier nicht behandelt).

a) Genehmigungsfreie Maßnahmen

Die Liste der genehmigungsfreien Maßnahmen ist in allen Bundesländern lang. Es hilft nichts – Sie müssen sich durch die Landesbauordnung kämpfen. In Niedersachsen beispielsweise geht's mit § 69 I NBauO los, und der heißt:

> Die im Anhang genannten baulichen Anlagen und Teile baulicher Anlagen dürfen in den dort festgelegten Grenzen ohne Baugenehmigung errichtet oder in bauliche Anlagen eingefügt und geändert werden.

§ 69 I NBauO

Der »Anhang« findet sich am Ende des Gesetzes und führt auf nicht weniger als sechs eng bedruckten Seiten auf, welche Baumaßnahmen genehmigungsfrei sind. Gerade, wenn man im Gefühl hat, dass es sich doch wohl eher um Kinkerlitzchen handelt, für die doch unmöglich eine Baugenehmigung nötig sein könne, lohnt es sich, einmal nachzuschlagen. Es finden sich so verschiedene Dinge wie

- Denkmale und Skulpturen bis 3 m Höhe sowie Grabdenkmale auf Friedhöfen (Nr. 14.4 des Anhangs),
- Personenaufzüge, die zur Beförderung von nur einer Person bestimmt sind (Nr. 14.11),
- Fenster- und Rollläden (Nr. 13.3).

Zu den anderen Bundesländern findet sich bei Thema 10 auf Seite 320 eine Übersicht, wo die genehmigungsfreien Maßnahmen geregelt sind. Auf dieser Basis können Sie Ihre jeweilige Landesbauordnung im Internet durchstöbern.

b) Genehmigungsfreistellung

Die Genehmigungsfreistellung führt ebenfalls zu einer genehmigungsfreien Maßnahme. Während die oben behandelten Maßnahmen »ohne weiteres«, also ohne ein Zutun des Bauherrn, genehmigungsfrei sind, muss bei der »Genehmigungsfreistellung« der Bauherr etwas dafür tun, dass die Maßnahme genehmigungsfrei wird. Was er tun muss, regeln die Bundesländer unterschiedlich. Es gibt vier verschiedene Arten der Genehmigungsfreistellung.

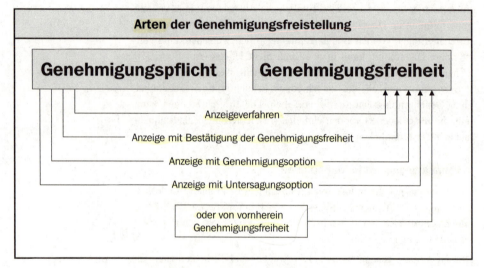

aa) Anzeigeverfahren

Die Übersicht zeigt es schon: Im Grunde können alle Arten der Genehmigungsfreistellung als »Anzeigeverfahren« bezeichnet werden, da jeweils ein Bauvorhaben wenigstens einer Behörde zur Kenntnis gebracht werden muss. Das »reine« Anzeigeverfahren gibt es in Mecklenburg-Vorpommern und im Saarland (§ 63 III LBO SL). Es findet dort bei zahlreichen Wohngebäuden statt.

§ 64 V LBO MV
als Beispiel

Der Bauherr hat für Wohngebäude nach Absatz 1 der unteren Bauaufsichtsbehörde

1. vor Baubeginn die Bauabsicht mitzuteilen, den Energiebedarfsausweis vorzulegen und eine Erklärung des Entwurfsverfassers und der Sachverständigen im Sinne von § 56 Abs. 2 einzureichen, dass die von ihnen gefertigten Bauvorlagen den öffentlich-rechtlichen Vorschriften entsprechen, sowie

2. den Nutzungsbeginn unverzüglich mitzuteilen und gleichzeitig die Bauzeichnungen mit den Grundrissen, Schnitten und Ansichten sowie den Lageplan einzureichen.

Einfacher ausgedrückt: Man braucht für bestimmte, in den vorangegangenen Absätzen definierte Wohngebäude keine Baugenehmigung, aber man muss der Bauaufsichtsbehörde wenigstens mitteilen, was man da tut (daher »Anzeigeverfahren«).

Nach dem Wortlaut scheinen beim Anzeigeverfahren keine weiteren Voraussetzungen außer der Anzeige nötig zu sein. Dies ist insoweit richtig, als die genannten Landesbauordnungen keine behördliche Bestätigung der Genehmigungsfreiheit fordern und keine *selbstständigen* Gründe für die Anordnung des Genehmigungsverfahrens oder der Vorhabensuntersagung kennen. Indes ist eine Untersagung nach allgemeinen Vorschriften durchaus möglich. So gibt es beispielsweise den auf Seite 299 noch zu besprechenden § 15 BauGB, also eine bundesrechtliche Vorschrift, nach der eine Gemeinde eine vorläufige Untersagung bei der Baugenehmigungsbehörde beantragen kann. Dies würde, da es nun einmal bundeseinheitlich gilt, auch im »reinen« Anzeigeverfahren den Baubeginn hindern. Als Beispiel, wie die Landesbauordnung auf bundesrechtliche Erfordernisse verweist:

> Verweis auf bundesrechtliche Untersagungsgründe

> **Beispiel § 63 II LBO SL**
>
> Landesbauordnung des Saarlandes

Vorhaben nach Absatz 1 sind baugenehmigungsfrei gestellt, wenn

1. sie im Geltungsbereich eines Bebauungsplans im Sinne des § 30 Abs. 1 oder der §§ 12 und 30 Abs. 2 des Baugesetzbuchs liegen,
2. die Erschließung im Sinne des Baugesetzbuches gesichert ist,
3. [eine Abweichung von bestimmten anderen Pflichten nicht erforderlich ist],
4. die Gemeinde nicht ... bei der Bauaufsichtsbehörde eine vorläufige Untersagung nach § 15 Abs. 1 Satz 2 des Baugesetzbuches beantragt.

Was sind das nun für Wohngebäude, für die das gilt? Der Verfasser muss sich einer Todsünde in Lehrbüchern bedienen, nämlich nach unten verweisen. Das liegt daran, dass die Definition der »genehmigungsfreien Wohngebäude« einige Kenntnisse im Bauplanungsrecht voraussetzen, die schlicht noch nicht vermittelt wurden. Am wichtigsten sind die Nummern 1 und 2 der oben genannten Norm. Nr. 1 bezieht sich auf ein Gebiet, für das ein »qualifizierter Bebauungsplan« (Seite 27) oder ein »vorhabenbezogener Bebauungsplan« (Seite 40 bzw. 288) besteht. Die »gesicherte Erschließung« der Nr. 2 wird auf Seite 40 erläutert. In Mecklenburg-Vorpommern ist die Regelung ganz ähnlich, zusätzlich bestehen Höhenbegrenzungen für genehmigungsfreie Wohngebäude.

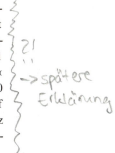

Eine Besonderheit gilt für Baden-Württemberg, wo alle Wohngebäude mit Ausnahmen von Hochhäusern im Anzeigeverfahren – siehe Seite 23 – errichtet werden können.

bb) Anzeige mit Bestätigung der Genehmigungsfreiheit

Das Anzeigeverfahren mit Bestätigung der Genehmigungsfreiheit gibt es in Niedersachsen. Es ist mit dem soeben geschilderten Verfahren weitgehend vergleichbar und findet ebenfalls Anwendung bei einigen genehmigungsfreien Wohngebäuden. Im Gegensatz zum Vorherigen erteilt die zuständige Behörde eine Bestätigung, dass das Vorhaben genehmigungsfrei ist. Erst nach Erhalt dieser Bestätigung darf mit dem Bau begonnen werden. In Niedersachsen finden sich entsprechende Regelungen in § 69 a I Nr. 2, V NBauO.

cc) Anzeigeverfahren mit Genehmigungsoption

Die Genehmigungsoption gibt es in Bayern, Berlin, Bremen, Hessen, Nordrhein-Westfalen, Rheinland-Pfalz, Sachsen-Anhalt und Thüringen. Auch dies findet Anwendung bei genehmigungsfreien Wohngebäuden. Wie bei den vorherigen Verfahren muss der Bauherr sein Vorhaben anzeigen. Die Gemeinde (in Berlin: die Bauaufsichtsbehörde) kann daraufhin binnen eines Monats erklären, dass sie dennoch ein Genehmigungsverfahren wünscht. Als Beispiel diene die Bauordnung Nordrhein-Westfalens:

Beispiel: § 67 I BauO NW

Bauordnung des Landes Nordrhein-Westfalen

> Im Geltungsbereich eines Bebauungsplanes im Sinne von § 30 Abs. 1 oder § 30 Abs. 2 des Baugesetzbuches bedürfen die Errichtung oder Änderung von Wohngebäuden mittlerer und geringer Höhe einschließlich ihrer Nebengebäude und Nebenanlagen keiner Baugenehmigung, wenn
>
> 1. das Vorhaben den Festsetzungen des Bebauungsplanes nicht widerspricht,
> 2. die Erschließung im Sinne des Baugesetzbuches gesichert ist und
> 3. die Gemeinde nicht innerhalb eines Monats nach Eingang der Bauvorlagen erklärt, dass das Genehmigungsverfahren durchgeführt werden soll.

Leider sind mal wieder die Gründe für ein Genehmigungsverlangen in den Landesbauordnungen unterschiedlich geregelt. Die entsprechenden Regelungen finden sich in einem Absatz derselben Norm, die auch das Anzeigeverfahren mit Genehmigungsoption selbst regelt (siehe auch Thema 10 in der Tabelle auf Seite 320, wo die Normen unter dem Oberbegriff »genehmigungsfreie Vorhaben« aufgeführt sind). Beispiel NRW:

§ 67 III 1 BauO NW

> Die Gemeinde kann die Erklärung nach Absatz 1 Satz 1 Nr. 3 abgeben, weil sie beabsichtigt, eine Veränderungssperre nach § 14 des Baugesetzbuches zu beschließen oder eine Zurückstellung nach § 15 des Baugesetzbuches zu beantragen, oder wenn sie aus anderen Gründen die Durchführung eines Genehmigungsverfahrens für erforderlich hält.

Zu §§ 14, 15 BauGB siehe ab Seite 294. Bei den »anderen Gründen« teilt uns das Gesetz leider nicht mit, welcher Art diese Gründe sind. Fest steht indes: Die Behörde muss *überhaupt irgendwelche* Gründe haben, und weil das so ist, muss sie sie dem Bauherrn auch *mitteilen*. Es darf sich nicht um willkürliche Gründe handeln (»Sie haben nichts für die Kaffeekasse gespendet.« / »Sie sahen nicht so gut aus wie die Bauherrin vor Ihnen« etc.).

dd) Anzeigeverfahren mit Untersagungsoption

Die Untersagungsoption gibt es in Baden-Württemberg, Brandenburg, Hamburg, Sachsen und Schleswig-Holstein. Als Beispiel diene Brandenburg:

Mit der Bauausführung darf nach Ablauf eines Monats nach Eingang der Bauanzeige bei der Bauaufsichtsbehörde begonnen werden, sofern die Bauaufsichtsbehörde die Bauausführung nicht untersagt oder vorher freigegeben hat.

§ 58 III 1 BbgBauO

Anders als bei der Anzeige mit Bestätigung der Genehmigungsfreiheit, aber genau wie beim Anzeigeverfahren mit Genehmigungsoption, muss man nicht eine Bestätigung der zuständigen Behörde abwarten, sondern nur eine Frist, und darf auch bauen, wenn sich die Behörde in dieser Frist nicht gerührt hat.

Die Untersagung ist gegenüber der Anordnung des Genehmigungsverfahrens, die bei der Genehmigungsoption erfolgen kann, die »härtere« Maßnahme. Denn im Genehmigungsverfahren kann es ja immer noch dazu kommen, dass der Bauherr die Genehmigung erhält und bauen kann, aber Untersagung ist Untersagung. Daher darf sie nur bei Rechtsverstößen erfolgen. Diese sind gegeben, wenn z.B. die erforderlichen Bauanzeigen, Bauvorlagen und Nachweise unvollständig oder unrichtig sind, wenn das Vorhaben überhaupt nicht unter das Anzeigeverfahren fällt, wenn das Vorhaben gegen irgendwelche Bauplanungs- und/oder Bauordnungsvorschriften verstößt (s. ab Seite 25).

Untersagung nur bei Rechtsverstoß!

Eine zwar nicht methodische, aber inhaltlich bedeutsame Besonderheit gibt es in Baden-Württemberg, welche das Klischee der »Häuslebauer« voll bestätigt: Ohne Genehmigung und nur mit »Kenntnisgabe«, wie die Anzeige dort heißt, dürfen *alle Wohngebäude*, ausgenommen Hochhäuser errichtet werden (§ 51 I 1 Nr. 1 LBO BW). In anderen Bundesländern ist hingegen genau definiert, welche Wohngebäude genehmigungsfrei sind, und das geht dann nicht so weit wie in Baden-Württemberg.

Baden-Württemberg: »Häuslebauer«

c) Vereinfachtes Genehmigungsverfahren

Anders als in den vorangegangenen Abschnitten bedarf es hier durchaus einer Baugenehmigung, allerdings mit dem Unterschied, dass bei der Erteilung nur eine »reduzierte« Prüfung von Seiten der Behörde statt findet. Normalerweise muss im Genehmigungsverfahren geprüft werden, ob eine Maßnahme mit *sämtlichen* baurechtlichen Vorschriften vereinbar ist. Im vereinfachten Verfahren werden bloß *einige* Normen bzw. Normbereiche geprüft, und welche das sind, steht im Gesetz. Sie können sich anhand von 17 der Tabelle auf Seite 320 informieren, ob es so etwas in Ihrem Bundesland gibt. Als Beispiel diene wiederum Niedersachsen:

§ 75 a NBauO

(1) Das vereinfachte Baugenehmigungsverfahren wird durchgeführt für

1. Wohngebäude, ausgenommen Hochhäuser, auch mit Räumen für freie Berufe nach § 13 der Baunutzungsverordnung, wenn die Gebäude überwiegend Wohnungen und deren Nebenzwecken dienende Räume enthalten,

2. eingeschossige Gebäude bis 200 qm Grundfläche,

3. landwirtschaftliche Betriebsgebäude mit nicht mehr als einem Geschoss bis 1.000 qm Grundfläche und Dachkonstruktionen bis 6 m Stützweite, bei fachwerkartigen Dachbindern bis 20 m Stützweite; Geschosse zur ausschließlichen Lagerung von Jauche und Gülle bleiben unberücksichtigt,

4. Gebäude ohne Aufenthaltsräume mit nicht mehr als drei Geschossen und bis 100 qm Grundfläche.

(2) Bei Gebäuden nach Absatz 1 prüft die Bauaufsichtsbehörde die Bauvorlagen nur auf ihre Vereinbarkeit mit

1. dem städtebaulichen Planungsrecht,

[2.-4. enthalten ausgewählte Normen des Bauordnungsrechts].

Ein Bauvorhaben muss immer dem gesamten Baurecht entsprechen.

Diese eingeschränkte Prüfung bedeutet indes nicht, dass der Bauherr bezüglich der ausgeklammerten Normen machen kann, was er will. Ein Bauvorhaben muss immer dem gesamten Baurecht entsprechen. Werden einzelne Dinge hier nicht geprüft, so bedeutet das bloß, dass die Baugenehmigung ohne diese Prüfung erteilt wird. Trotzdem muss man sich beim Bau auch an diejenigen Normen halten, die im Genehmigungsverfahren erst einmal von der Prüfung ausgeklammert wurden. Tut man es nicht, sind Aufsichtsmaßnahmen möglich (dazu ab Seite 154).

d) Genehmigung fliegender Bauten

Fliegende Bauten sind Anlagen, die an wechselnden Orten aufgestellt werden (z.B. Jahrmarktbuden). Es gibt ein Zulassungsverfahren in zwei Schritten:

- Ausführungsgenehmigung (in etwa wie Baugenehmigung; vor erster Aufstellung und Ingebrauchnahme notwendig),
- Anzeige der Aufstellung/Gebrauchsabnahme.

Zu näheren Einzelheiten siehe die Normen bei Thema 18 der Tabelle auf Seite 320.

3. Vereinbarkeit mit dem Baurecht

3.1. Bauplanungsrecht: Vereinbarkeit mit §§ 29 ff. BauGB

(1) Für Vorhaben, die die Errichtung, Änderung oder Nutzungsänderung von baulichen Anlagen zum Inhalt haben, und für Aufschüttungen und Abgrabungen größeren Umfangs sowie für Ausschachtungen, Ablagerungen einschließlich Lagerstätten gelten die §§ 30 bis 37.

(2) Die Vorschriften des Bauordnungsrechts und andere öffentlich-rechtliche Vorschriften bleiben unberührt.

§ 29 BauGB

3.1.1. Anwendungsbereich: »Bauliche Anlage« gemäß § 29 I BauGB

Der Hauptanwendungsfall des § 29 I BauGB ist der erste Halbsatz. § 29 I HS 1 BauGB macht die Anwendung wesentlicher bauplanungsrechtlicher Vorschriften davon abhängig, dass ein »Vorhaben« betroffen ist; das Vorhaben wiederum wird dadurch definiert, dass irgend etwas an einer »baulichen Anlage« gemacht wird. Was ist nun eine »bauliche Anlage«? Wir scheinen sie schon zu kennen. In den Landesbauordnungen wird dieser Begriff – weitgehend identisch – definiert, in Niedersachsen z.B. als »mit dem Erdboden verbundene oder auf ihm ruhende, aus Bauprodukten hergestellte Anlagen« (§ 2 I 1 NBauO). Nun gilt im Bauplanungsrecht leider eine andere Definition als im Bauordnungsrecht. Der Bundesgesetzgeber darf – anders als der Landesgesetzgeber – nur das »Bodenrecht« regeln, und so hat sich folgende Definition herausgebildet:

Was ist eine »bauliche Anlage«?

Andere Definition als im Bauordnungsrecht

Eine bauliche Anlage ist eine solche, die in einer auf Dauer gedachten Weise künstlich mit dem Erdboden verbunden ist. Darüber hinaus

Definition der »baupla-
nungsrechtlichen« bau-
lichen Anlage: mit boden-
rechtlicher Relevanz

muss sie *bodenrechtliche Relevanz* aufweisen. Bodenrechtliche Relevanz ist gegeben, wenn das Vorhaben Belange in einer Weise berührt
oder berühren kann, die geeignet ist, das Bedürfnis nach einer ihre Zulässigkeit regelnden verbindlichen Bauleitplanung hervorzurufen.

In der Definition der bodenrechtlichen Relevanz steckt jetzt eine ganze
Menge von Dingen, die erst viel später in diesem Buch erläutert werden. Es gibt nämlich bei der Frage, ob und wie eine Gemeinde einen
Bauleitplan erstellen möchte, eine Menge von zu berücksichtigenden
Belangen (z.B. Naturschutz). Hierzu können Sie ab S. 201 so einiges
nachlesen – wenn Sie wollen. Dies ist an dieser Stelle aber nicht nötig.
Es macht sich zwar in jeder Klausur und Hausarbeit gut, wenn Sie
darauf hinweisen, zu wissen, dass die »bauplanungsrechtliche« und die
»bauordnungsrechtliche« Anlage nicht identisch definiert werden. In
den allerseltensten Fällen führt dies jedoch konkret weiter. Zu 99 %
gilt: Eine bauordnungsrechtliche ist auch eine bauplanungsrechtliche
Anlage. Ausnahmsweise kann einmal etwas Anderes gelten bei
Kleinstanlagen wie einer kleinen Werbetafel. Haben Sie aber einen
»Standardfall«, geht es z.B. um ein Haus, so genügt es, in einem einzigen Satz festzustellen, dass hier eine »bauliche Anlage« im Sinne von
§ 29 I BauGB betroffen ist.

3.1.2. Zulässigkeit in Abhängigkeit von der Lage

a) Beplanter Bereich

Existiert ein Bebauungsplan, so ist nur zulässig, was den Festsetzungen
des Bebauungsplanes entspricht. Und die Erschließung muss gesichert
sein. So einfach ist das! Oder doch nicht? Was setzt denn ein Bebauungsplan üblicherweise so fest? Eine Antwort gibt die grundlegende
Norm in diesem Bereich:

§ 30 BauGB

(1) Im Geltungsbereich eines Bebauungsplans, der allein oder gemeinsam mit sonstigen baurechtlichen Vorschriften mindestens Festsetzungen über die Art und das Maß der baulichen Nutzung, die überbaubaren Grundstücksflächen und die örtlichen Verkehrsflächen enthält, ist
ein Vorhaben zulässig, wenn es diesen Festsetzungen nicht widerspricht und die Erschließung gesichert ist.

(2) Im Geltungsbereich eines vorhabenbezogenen Bebauungsplans
nach § 12 ist ein Vorhaben zulässig, wenn es dem Bebauungsplan nicht
widerspricht und die Erschließung gesichert ist.

(3) Im Geltungsbereich eines Bebauungsplans, der die Voraussetzungen des Absatzes 1 nicht erfüllt (einfacher Bebauungsplan), richtet sich die Zulässigkeit von Vorhaben im Übrigen nach § 34 oder § 35.

Die drei Absätze der Norm betreffen verschiedene Arten von Bebauungsplänen, und es bietet sich an, dementsprechend in aa), bb) und cc) zu untergliedern. Eine »gesicherte Erschließung« muss in jedem Fall vorliegen.

aa) Qualifizierter Bebauungsplan, § 30 I BauGB

§ 30 I BauGB betrifft Bebauungspläne, die mindestens die folgenden Punkte regeln:

- Art der baulichen Nutzung,
- Maß der baulichen Nutzung,
- überbaubare Grundstücksflächen,
- örtliche Verkehrsflächen.

Neben der gesicherten Erschließung muss das beantragte Vorhaben jeder einzelnen dieser vier Festsetzungen entsprechen.

(a) Art der baulichen Nutzung – Baugebietstypen der Baunutzungsverordnung (BauNVO)

(aa) Einführung

Die Frage nach der »Art der baulichen Nutzung« ist von den genannten vier Punkten regelmäßig der problematischste. Bei dem ganzen Rest kann man im Grunde streng mathematisch vorgehen, auch wenn das zum Teil technisch extrem kompliziert und auch nicht frei von Rechtsstreitigkeiten ist.

Die Art der baulichen Nutzung ist eher einmal von auslegungsbedürftigen unbestimmten Rechtsbegriffen geprägt. Üblicherweise wird die Nutzungsart festgelegt, indem ein bestimmtes Gebiet mit einem Baugebietstyp versehen wird. Die Baunutzungsverordnung (BauNVO) – das ist eine vom Bundesbauminister auf der Grundlage des BauGB erlassene bundeseinheitliche Rechtsverordnung – legt verschiedene Baugebietstypen standardmäßig fest. Obwohl nicht zwingend für die Gemeinden, die die Bebauungspläne aufstellen, beziehen sich die Bebauungspläne in aller Regel auf die Baugebietstypen nach der Baunutzungsverordnung.

> Die Baunutzungsverordnung (BauNVO) legt »Baugebietstypen« fest!

Die für die Bebauung vorgesehenen Flächen können nach der besonderen Art ihrer baulichen Nutzung (Baugebiete) dargestellt werden als

> § 1 II BauNVO

1. Kleinsiedlungsgebiete (WS),
2. reine Wohngebiete (WR),
3. allgemeine Wohngebiete (WA),

6. Mischgebiete (MI),
7. Kerngebiete (MK),
8. Gewerbegebiete (GE)

4. besondere Wohngebiete (WB),	9. Industriegebiete (GI)
5. Dorfgebiete (MD),	10. Sondergebiete (SO).

In den §§ 2-11 der BauNVO werden diese Gebiete dann näher beschrieben, ergänzt durch »sonstige Sondergebiete« in § 11 BauNVO. Zunächst einige allgemeine Erläuterungen.

Der erste Absatz der §§ 2-10 BauNVO sagt immer, was der Zweck des jeweiligen Gebietes ist, wozu die Baugebietstypen also – so nennt es die Verordnung – »dienen«. Hierbei gibt es ein abgestuftes System: Ein Baugebiet dient

- nur einem Zweck
- oder mehreren Zwecken
- oder »vorwiegend« einem oder mehreren Zwecken, aber auch noch anderen Zwecken.

Nach der allgemeinen Zweckbestimmung im jeweiligen Absatz 1 der §§ 2-10 BauNVO stehen in den Folge-Absätzen konkrete Anforderungen an die im jeweiligen Gebiet zulässigen Vorhaben, und zwar

- was zugelassen werden *muss* (»zulässig sind ...«),   ← ! Formulierung merken
- was ausnahmsweise zugelassen werden *kann*.

Vorsicht

Falle!

Bedenken Sie bitte: Wir beschäftigen uns gerade mit der Art der baulichen Nutzung, nicht mit anderen Dingen wie z.B. mit dem Maß der baulichen Nutzung. Wenn es z.B. zum »reinen Wohngebiet« heißt: »Zulässig sind Wohngebäude«, dann heißt das noch lange nicht, dass z.B. ein Hochhaus mit x-beliebiger Geschosszahl in jedem reinen Wohngebiet genehmigt werden muss. Es bedeutet bloß, dass das Haus *wegen seiner Nutzungsart als Wohnhaus* unbedenklich ist. Negativ gesagt: Im reinen Wohngebiet kann es nicht abgelehnt werden, weil es ein Wohnhaus ist. Andere Unzulässigkeitsgründe, die nichts mit der Art der baulichen Nutzung zu tun haben, kann es durchaus geben.

(bb) Ausgewählte Baugebietstypen

Wenn Sie sämtliche Baugebietstypen einmal kennenlernen möchten, so können Sie sie in den §§ 2-11 der Baunutzungsverordnung nachlesen. Hier soll wegen des ähnlichen Aufbaus der Paragrafen nur eine stichprobenartige Auswahl erfolgen.

Reine Wohngebiete §3 BauNVO

(1) Reine Wohngebiete dienen dem Wohnen.

(2) Zulässig sind Wohngebäude.

(3) Ausnahmsweise können zugelassen werden

1. Läden und nicht störende Handwerksbetriebe, die zur Deckung des täglichen Bedarfs für die Bewohner des Gebiets dienen, sowie kleine Betriebe des Beherbergungsgewerbes,
2. Anlagen für soziale Zwecke sowie den Bedürfnissen der Bewohner des Gebiets dienende Anlagen für kirchliche, kulturelle, gesundheitliche und sportliche Zwecke.

(4) Zu den nach Absatz 2 sowie den §§ 2, 4 bis 7 zulässigen Wohngebäuden gehören auch solche, die ganz oder teilweise der Betreuung und Pflege ihrer Bewohner dienen.

Absatz 1 der Norm ist für den Verfasser immer noch einer der schönsten Sätze in allen Rechtsnormen überhaupt. Der unbefangene Leser stellt sich hier die Frage, warum dies überhaupt rechtlich geregelt werden muss. Doch schaut man sich den Aufbau der umliegenden Vorschriften an, wird die Methode erkennbar.

Reine Wohngebiete dienen dem Wohnen!

Die jeweils ersten Absätze der BauNVO-Paragrafen 2 bis 10 legen fest, wozu die Gebiete »dienen«. Entweder dienen sie, wie schon gesagt, nur einem Zweck, mehreren Zwecken oder »vorwiegend« einem oder mehreren Zwecken, aber auch noch anderen Zwecken. Wenn man z.B. § 3 I und § 4 I BauNVO miteinander vergleicht, so stellt man einen – durchaus gewollten – kleinen, aber feinen Unterschied fest. Reine Wohngebiete dienen dem Wohnen, aber allgemeine Wohngebiete dienen »vorwiegend« dem Wohnen. Bei reinen Wohngebieten – das zeigt auch ein Vergleich der späteren Absätze von §§ 3 und 4 – sind die Ausnahmen von Gebäuden, die nicht Wohngebäude sind, noch bedeutend enger gefasst. Der auf den ersten Blick etwas einfältig erscheinende Satz »reine Wohngebiete dienen dem Wohnen« zeigt also wieder einmal, dass man Aussagen nicht aus dem Zusammenhang reißen sollte.

Allgemeine Wohngebiete §4 BauNVO

(1) Allgemeine Wohngebiete dienen vorwiegend dem Wohnen.

(2) Zulässig sind

1. Wohngebäude,
2. die der Versorgung des Gebiets dienenden Läden, Schank- und Speisewirtschaften sowie nicht störenden Handwerksbetriebe,
3. Anlagen für kirchliche, kulturelle, soziale, gesundheitliche und sportliche Zwecke.

(3) Ausnahmsweise können zugelassen werden

1. Betriebe des Beherbergungsgewerbes,
2. sonstige nicht störende Gewerbebetriebe,
3. Anlagen für Verwaltungen,
4. Gartenbaubetriebe,
5. Tankstellen.

Fall 3

Ein Bordell im Wohngebiet?

Fundstellen Originalfall:
• BauR 2004, 644
• DÖV 2004, 395

Berta Bordella beantragt in einem allgemeinen Wohngebiet die Baugenehmigung für ein Gebäude, das der Prostitution dienen soll. Sie meint, dies falle unter § 4 II Nr. 1 BauNVO und sei zulässig, denn ein »Beiwohngebäude« sei, wie der Name schon sage, ein Wohngebäude. Sollte die Behörde das anders sehen, so handele es sich jedenfalls um einen nicht störenden Gewerbebetrieb nach § 4 III Nr. 2 BauNVO. Schließlich sei zu beachten, dass durch das Prostitutionsgesetz vom 20.12.2001 das »älteste Gewerbe der Welt« auch als rechtmäßiges Gewerbe anerkannt worden und mit anderen Gewerben gleichgestellt worden sei (dies stimmt im Wesentlichen: Prostituierte genießen arbeitsrechtlichen Schutz, können ihren Dirnenlohn einklagen etc.). Ist das Gebäude bezüglich der Nutzungsart zulässig?

Zunächst ist zu klären, ob das Bordell im Sinne von § 4 II BauNVO »zulässig ist«, also bezüglich der Art der baulichen Nutzung für zulässig erklärt werden *muss*.

Hier kommt die Nr. 1 (»Wohngebäude«) in Betracht.

Die Idee, aus »Beiwohnen« »Wohnen« zu machen, ist sprachlich ja ganz nett, und zum Wohnen gehört ja auch das Schlafen, aber daraus abzuleiten, dass der Beischlaf auch darunter subsumiert werden kann … Dass das ein wenig weit her geholt ist, hat auch das Oberverwaltungsgericht Rheinland-Pfalz gesehen:

OVG Rheinland-Pfalz

Die Ausübung der Prostitution wird mitnichten ... von der »Variationsbreite« des Wohnens gedeckt, sondern stellt eine gewerbliche Nutzung dar. Dies gilt jedenfalls dann, wenn es sich nicht nur um eine gelegentliche, sondern um eine dauerhafte und regelmäßige, auf Erwerb gerichtete Tätigkeit handelt ... .

»Gewerbliche Nutzung« beim ältesten Gewerbe der Welt

In einem nächsten Schritt muss untersucht werden, ob das Gebäude, wenn es schon nicht nach § 4 II BauNVO zugelassen werden *muss*, wenigstens nach § 4 III BauNVO zugelassen werden *kann*. Trotz der Rede vom »Stundenhotel« kommt hier nicht ein Betrieb des Beherbergungsgewerbes nach Nr. 1 in Betracht, sondern höchstens ein »sonstiger, nicht störender Gewerbebetrieb« nach Nr. 2.

Stört ein Bordell im allgemeinen Wohngebiet?

Das Oberverwaltungsgericht wusste von einigen Störungen zu berichten, die regelmäßig von Bordellen für die Anwohner ausgehen, nämlich

- Lärm im Treppenhaus durch unzufriedene oder alkoholisierte Freier,
- Klingeln an der falschen Wohnungstür,
- gewalttätige Begleiterscheinungen des Rotlichtmilieus.

In anderen Fällen wurde berichtet von Verschmutzungen der Umgegend (leere Flaschen, Erbrochenes etc.), und der Lärm tritt häufig nicht nur im Treppenhaus auf, sondern schon durch den An- und Abfahrtsverkehr. Man kommt immer noch mit der Lieschen-Müller-Formel »Wer möchte schon neben einem ‚Puff‘ wohnen?« weiter. Zwei Dinge sind noch hervorzuheben:

Die Gerichte begnügen sich mit einer typisierten Betrachtungsweise, d.h. es genügt, dass von Bordellen in Wohngebieten üblicherweise die genannten Störungen ausgehen; für das konkret in Rede stehende Etablissement muss das nicht nachgewiesen werden.

Für die Frage der »Störung« kommt es auf die gesetzliche »Aufwertung« der Prostitution nicht an. Das Gericht hierzu:

> Aus dem sog. Prostitutionsgesetz mag über die dort getroffenen zivil- und strafrechtlichen Bestimmungen hinaus eine generelle Änderung sozialethischer Wertungen im Zusammenhang mit der Prostitution ableitbar sein. Sie hat aber keinen maßgebenden Einfluss auf das städtebauliche Leitbild eines dem Wohnen dienenden Baugebietes und auf die negative Einschätzung der Auswirkungen von Bordellen und Wohnungsprostitution auf das Wohnumfeld … .

Gewerbegebiete und sonstige Sondergebiete – das Problem der Supermärkte

Aus der Fülle der denkbaren Problemfälle in sämtlichen Baugebietstypen wird der »Supermarkt im Gewerbegebiet« herausgegriffen, da dieser von großer praktischer städtebaulicher Bedeutung ist. Worum geht es?

§ 11 BauGB legt fest, dass sonstige Sondergebiete festzulegen sind für alle Nutzungen, zu denen die anderen Baugebietstypen nicht »passen«. Bedingung ist, dass man die vorgesehene Nutzung im Bebauungsplan auch benennt und nicht nur einfach als »sonstiges Sondergebiet« zur Bebauung nach Belieben freigibt.

> (1) Als sonstige Sondergebiete sind solche Gebiete darzustellen und festzusetzen, die sich von den Baugebieten nach den §§ 2 bis 10 wesentlich unterscheiden.
>
> (2) Für sonstige Sondergebiete sind die Zweckbestimmung und die Art der Nutzung darzustellen und festzusetzen. ...

Wer möchte schon neben einem »Puff« wohnen?

Typisierte Betrachtungsweise

Gesetzliche »Aufwertung« der Prostitution ist hier irrelevant.

§ 11 BauNVO

Die Norm nennt im Folgenden mögliche Beispiele wie Hafengebiete oder Gebiete für Einkaufszentren. Das Problem folgt in Absatz 3: Bestimmte Gebäude sind hiernach ausschließlich in Kerngebieten und sonstigen Sondergebieten zulässig:

1. Einkaufszentren,
2. großflächige Einzelhandelsbetriebe, die sich nach Art, Lage oder Umfang auf die Verwirklichung der Ziele der Raumordnung und Landesplanung oder auf die städtebauliche Entwicklung und Ordnung nicht nur unwesentlich auswirken können,
3. sonstige großflächige Handelsbetriebe, die im Hinblick auf den Verkauf an letzte Verbraucher und auf die Auswirkungen den in Nummer 2 bezeichneten Einzelhandelsbetrieben vergleichbar sind,

sind außer in Kerngebieten nur in für sie festgesetzten Sondergebieten zulässig. ...

Und das ist ein Problem, wenn man eben nicht ein Grundstück in einem Kern- oder sonstigen Sondergebiet zur Verfügung hat, sondern, sagen wir mal, in einem Gewerbegebiet. Nehmen wir einmal die Nr. 2 der genannten Norm, die großflächigen Einzelhandelsbetriebe, z.B. **Supermärkte**. Ein Supermarkt im Gewerbegebiet, da sollte doch eigentlich nichts dran zu auszusetzen sein, müsste man meinen. Und tatsächlich: Ein Blick in § 8 BauNVO, die Vorschrift für Gewerbegebiete, scheint das zu bestätigen:

§ 8 BauNVO

(1) Gewerbegebiete dienen vorwiegend der Unterbringung von nicht erheblich belästigenden Gewerbebetrieben.

(2) Zulässig sind

1. Gewerbebetriebe aller Art, Lagerhäuser, Lagerplätze und öffentliche Betriebe, ...

Generell in Fällen großflächigen Gewerbes nicht vergessen, in § 11 III BauNVO zu schauen!

Nun ist es aber so, dass § 11 III BauNVO eine Spezialregelung enthält, die § 8 und allen anderen Regelungen zu Baugebietstypen vorgeht. Man darf also in unserem Beispielsfall § 8 nicht ohne § 11 III lesen. Generell sollten Sie in Fällen großflächigen Gewerbes nicht vergessen, in § 11 III BauNVO zu schauen, auch wenn Ihr Fall gar nicht ein sonstiges Sondergebiet betrifft.

Fall 4

Fundstellen Originalfall:
• BRS 47, Nr. 56
• DVBl. 1987, 1006

K möchte einen Selbstbedienungs-Lebensmittelmarkt, den er 1981 aufgrund einer Nutzungsänderungsgenehmigung mit einer Verkaufsfläche von 700 m² in einer ehemaligen Fabrikationshalle in einem Gewerbegebiet errichtet hatte, erweitern. Er beantragte im Juli 1981 eine Erweiterung der Verkaufsfläche auf 838 m², im April 1982 auf 951 m². Beide Anträge lehnte das zuständige Landratsamt unter Berufung auf §§ 8 und 11 III BauNVO mit der Begründung ab, eine Erweiterung des

Einzelhandelsbetriebs werde die geplante Schaffung einer neuen Orts-mitte in Remchingen gefährden.

Nach erfolglosem Widerspruch klagt K auf Erteilung der Baugenehmi-gung. In erster und zweiter Instanz gewinnt er. Die Gerichte akzeptie-ren zwar die soeben genannte behördliche Ablehnungsbegründung, meinen aber, dass ein Supermarkt mit weniger als 1.000 m² Verkaufs-fläche nicht »großflächig« sei. Das Bundesverwaltungsgericht muss nun in dritter Instanz entscheiden. Ist das Bauvorhaben mit §§ 8, 11 BauGB tatsächlich vereinbar und besteht somit ein Anspruch auf die Baugenehmigung? Gehen Sie davon aus, dass die Erweiterung geneh-migungsbedürftig ist und keine weiteren Rechtsprobleme bestehen.

Nach § 8 II Nr. 1 BauGB sind im Gewerbebetriebe »aller Art« zuläs-sig. Dies muss aber im Zusammenhang mit Absatz 1 gesehen werden, weswegen der erweiterte Supermarkt des K »nicht erheblich belästi-gend« sein dürfte.

Indes kommt es auf eine Auslegung dieses Begriffs nach allgemeinen Grundsätzen gar nicht an, weil § 11 III BauGB eine Sonderregelung für den Fall des K enthält. Sein Supermarkt ist ein Einzelhandelsbetrieb nach § 11 III 1 Nr. 2 BauNVO. Daher ist er im Gewerbegebiet unzu-lässig, wenn er

- »großflächig« ist
- *und* sich »nach Art, Lage oder Umfang auf die Verwirklichung der Ziele der Raumordnung und Landesplanung oder auf die städtebau-liche Entwicklung und Ordnung nicht nur unwesentlich auswirken« kann.

Beide Bedingungen müssen zugleich (»kumulativ«) vorliegen. Zu der zweiten Bedingung hat die Behörde, die den Bauantrag ablehnte, etwas Konkretes gesagt: Es werde »die geplante Schaffung einer neuen Ortsmitte in Remchingen« gefährdet. Das kann man durchaus als nicht unwesentliche Auswirkung auf die städtebauliche Entwicklung anse-hen. Die Gerichte der ersten und zweiten Instanz haben das der Be-hörde ja auch durchgehen lassen. Sie meinten aber – methodisch völlig richtig – dass *zusätzlich* die Großflächigkeit gegeben sein müsse.

Ein Einzelhandelsbetrieb ist ab 700 m² Verkaufsfläche großflächig. Warum gerade 700? Warum nicht die von den Gerichten der ersten und zweiten Instanz vorgeschlagenen 1.000 oder etwa 600, 800 oder 723,67? Das Bundesverwaltungsgericht hat sich nun einmal für diesen Wert entschieden, und mit ihm müssen wir leben. Schauen wir uns doch einmal die Begründung an:

Ab 700 m² Verkaufsfläche ist ein Einzelhandelsbetrieb großflächig.

Mit dem Merkmal der Großflächigkeit unterscheidet die Baunutzungs-verordnung Einzelhandelsbetriebe, die wegen ihres angestrebten größe-

BVerwG

ren Einzugsbereichs – wenn nicht in Sondergebiete – in Kerngebiete gehören und typischerweise auch dort zu finden sind, von den Läden und Einzelhandelsbetrieben der wohnungsnahen Versorgung der Bevölkerung, die in die ausschließlich, überwiegend oder zumindest auch dem Wohnen dienenden Gebiete gehören und dort typischerweise auch zu finden sind. Folglich beginnt die Großflächigkeit dort, wo üblicherweise die Größe solcher, der wohnungsnahen Versorgung dienender Einzelhandelsbetriebe, gelegentlich auch »Nachbarschaftsläden« genannt, ihre Obergrenze findet. Der Oberbundesanwalt gibt hierfür eine Verkaufsfläche von 600 bis 700 qm an. Im Schrifttum wird die Obergrenze bei 600 qm ... oder 700 qm ... gesehen.

Der Senat hat aus Anlaß dieses Falles nicht zu entscheiden, wo nach dem derzeitigen Einkaufsverhalten der Bevölkerung und den Gegebenheiten im Einzelhandel die Verkaufsflächen-Obergrenze für Einzelhandelsbetriebe der wohnungsnahen Versorgung liegt. *Vieles spricht dafür, daß sie nicht wesentlich unter 700 qm, aber auch nicht wesentlich darüber liegt.* Jedenfalls liegt die vom Kläger beabsichtigte Größe seines Lebensmittelmarktes mit einer Verkaufsfläche sowohl von 951 qm als auch von 838 qm oberhalb dieser Grenze; ... . (*Hervorhebung des Verfassers*)

Es läuft also auf die Regel hinaus: »Alles, was größer als der Aldi um die Ecke ist.« Nun hat das Bundesverwaltungsgericht in obigem Fall die 700 m² nicht als festen Wert angegeben. Inzwischen wurde diese 1987 aufgestellte Rechtsprechung aber so oft wiederholt, dass inzwischen meist starr mit diesem Wert gearbeitet wird. Interessanterweise hat sich seit 1987 der Wert in der Rechtsprechung nicht geändert, obwohl doch im obigen Urteil davon die Rede ist, man müsse sich am »derzeitigen Einkaufsverhalten der Bevölkerung« orientieren. Und das Sterben der Tante-Emma-Läden ist seitdem doch noch weiter vorangeschritten. Egal, es gilt wie so oft: Sie sollten die Rechtsprechung kennen, müssen sie aber nicht lieben.

Ein Weiteres ist interessant. Wenn man einmal § 11 III BauNVO bis zum Ende liest, findet man heraus, dass der Verordnungsgeber selbst einen Richtwert aufgestellt hat.

§ 11 III 2, 3, BauNVO

Auswirkungen im Sinne des Satzes 1 Nr. 2 und 3 sind insbesondere schädliche Umwelteinwirkungen im Sinne des § 3 des Bundes-Immissionsschutzgesetzes sowie Auswirkungen auf die infrastrukturelle Ausstattung, auf den Verkehr, auf die Versorgung der Bevölkerung im Einzugsbereich der in Satz 1 bezeichneten Betriebe, auf die Entwicklung zentraler Versorgungsbereiche in der Gemeinde oder in anderen Gemeinden, auf das Orts- und Landschaftsbild und auf den Naturhaushalt. *Auswirkungen im Sinne des Satzes 2 sind bei Betrieben nach Satz*

1 Nr. 2 und 3 in der Regel anzunehmen, wenn die Geschoßfläche 1.200 qm überschreitet. (Hervorhebung des Verfassers)

Nun ist diese Bestimmung streng genommen auf unseren Fall gar nicht anwendbar, denn hier geht es nicht um das Merkmal der »Großflächig-keit«, sondern um die »Auswirkungen«, also um die Frage, ob sich ein Betrieb »nach Art, Lage oder Umfang auf die Verwirklichung der Ziele der Raumordnung und Landesplanung oder auf die städtebauliche Entwicklung und Ordnung nicht nur unwesentlich auswirken« kann (§ 11 III 1 Nr. 2 BauNVO). Und beides muss, wie schon gesagt wurde, separat betrachtet werden.

Allerdings stellt man in einigen Urteilen zu diesem Thema eine gewisse Vermischung der beiden Kriterien fest. Da drängt sich die Frage auf: Wie kommt man zu der erwähnten 700er-Grenze, wenn das Gesetz eine 1200er-Grenze festschreibt? Hierzu ist zu sagen: Geschossfläche ist nicht gleich Verkaufsfläche. Die Geschossfläche wird nämlich anhand der Zahl der »Vollgeschosse« gebildet, d.h. in etwa: Ein zweigeschossiger Flachbau wird die doppelte Geschossfläche seiner Grundfläche haben. Dies ist jetzt eine extrem vergröberte Darstellung, aber für den hier vorgestellten Fall ausreichend. Es wird klar, dass auch bei einem eingeschossigen Supermarkt (das dürfte die Regel sein) die Geschossfläche erheblich über der Verkaufsfläche liegt. Zum einen zählen alle Flächen mit, die nicht dem Verkauf dienen, wie Lager- und Büroräume, zum zweiten wird die Fläche von den Außenwänden aus gerechnet, zum dritten zählen auch (gedachte) Flächen von Treppenhäusern mit (die Wendeltreppe, die zum Büro des Marktleiters führt etc.). All das führt dazu, dass bei einer Verkaufsfläche von 700 m^2 die Geschossfläche von 1.200 m^2 zumeist weit überschritten ist.

> Geschossfläche ist nicht gleich Verkaufsfläche.

Die Antwort auf die Fallfrage lautet daher, dass der Supermarkt des K in der geplanten Erweiterung »großflächig« und daher im Gewerbegebiet unzulässig wäre. Daher hat K keinen Anspruch auf die Baugenehmigung. Das Bundesverwaltungsgericht musste das stattgebende Urteil der Vorinstanz daher aufheben.

> Antwort auf die Fallfrage: Supermarkt unzulässig.

(b) Maß der baulichen Nutzung

Das Maß der baulichen Nutzung kann im Bebauungsplan festgelegt werden, und dann gilt, dass man sich eben an das halten muss, was dort geregelt ist. Also alles ganz simpel? Mitnichten, denn die Art und Weise, wie man so ein Maß festlegt, ist technisch nicht ganz unkompliziert. Für das Maß der baulichen Nutzung gibt es eine Reihe von Fachbegriffen, die zumindest in den Grundzügen erklärt werden sollen.

§ 19 I BauNVO

Grundfläche und Grundflächenzahl

Die Grundflächenzahl gibt an, wieviel Quadratmeter Grundfläche je Quadratmeter Grundstücksfläche ... zulässig sind.

Die BauNVO im Internet:
http://bundesrecht.juris.de/
bundesrecht/baunvo/

Zu weiteren Details lesen Sie, wenn Sie möchten, den Rest des § 19 BauNVO. Hier soll es nur um das grundsätzliche Erfassen der Begriffe gehen. Und das dürfte nach obigem Normauszug klar sein. Es geht bei der Grundflächenzahl darum, welcher Anteil der Grundfläche bebaut sein darf. Grundfläche (= bebaute oder bebaubare Fläche) geteilt durch Grundstücksfläche ist gleich Grundflächenzahl. Die Zahl kann also nie größer als 1 und beträgt genau 1, wenn alles in einem Gebiet zugebaut werden darf. Dürfen zum Beispiel nur 60 % bebaut werden, so beträgt die Grundflächenzahl 0,6. § 17 I BauNVO legt für bestimmte Baugebietstypen Obergrenzen fest, z.B. für das Kerngebiet 1,0, für das reine und allgemeine Wohngebiet 0,4, für das Gewerbegebiet 0,8. Der Bebauungsplan darf niedrigere, aber nicht höhere Festsetzungen vornehmen. Indes dürfen sich Art und Maß der baulichen Nutzung nicht widersprechen, z.B. wäre ein »Kerngebiet« mit einer Grundflächenzahl von 0,1 ein Widerspruch in sich, und das dürfte ein Bebauungsplan so nicht festlegen.

§ 20 III 1 BauNVO

Vollgeschosse, Geschossfläche und Geschossflächenzahl

Die Geschoßfläche ist nach den Außenmaßen der Gebäude in allen Vollgeschossen zu ermitteln.

Berechnung anhand
der Außenmaße

Wir berechnen eine Fläche, die nicht tatsächlich zur Verfügung steht, sondern eine Fläche anhand der Außenmaße. Stellen wir uns vor, im Erdgeschoss gibt es nur einen einzigen Wohnraum, die Innenmaße sind 4x4 m, also 16 m^2 Wohnfläche. Die Wände sind an allen Seiten 15 cm dick. Macht also Außenmaße von 4,30x4,30 m, demnach eine Geschossfläche von 18,49 m^2.

»Anhand der Außenmaße« bedeutet im Übrigen, dass z.B. auch Flächen mitgerechnet werden, die in Wirklichkeit gar nicht als ebene Flächen existieren, z.B. der Platz für einen Treppenaufgang.

Addition der Flächen für
jedes Vollgeschoss

Wir berechnen diese Fläche für jedes Vollgeschoss und addieren das dann. Im obigen Beispiel hätte also ein zweigeschossiger, sich nach oben nicht verjüngender Flachbau die Geschossfläche von 2 x 18,49 = 36,98 m^2. Hat jemand aber kein Flachdach, so stellt sich die Frage: Was ist ein Vollgeschoss?

§ 20 I BauNVO

Als Vollgeschosse gelten Geschosse, die nach landesrechtlichen Vorschriften Vollgeschosse sind oder auf ihre Zahl angerechnet werden.

Hier kommt man wieder nicht daran vorbei, sechzehn landesrechtliche Regelungen zu durchstöbern. Geht aber nicht so schwer, da alle Landesbauordnungen die »Begriffsbestimmungen« in § 2 enthalten. Und da findet man dann etwas über »Vollgeschosse«. Die Regelungen sind im Detail unterschiedlich, in den Grundzügen aber ähnlich. Nehmen wir als Beispiel Niedersachsen.

> Vollgeschoss ist ein Geschoss, das über mindestens der Hälfte seiner Grundfläche eine lichte Höhe von 2,20 m oder mehr hat und dessen Deckenunterseite im Mittel mindestens 1,40 m über der Geländeoberfläche liegt. Ein oberstes Geschoss ist nur dann ein Vollgeschoss, wenn es die in Satz 1 genannte lichte Höhe über mehr als zwei Dritteln der Grundfläche des darunter liegenden Geschosses hat. Zwischendecken oder Zwischenböden, die unbegehbare Hohlräume von einem Geschoss abtrennen, bleiben bei Anwendung der Sätze 1 und 2 unberücksichtigt. Hohlräume zwischen der obersten Decke und der Dachhaut, in denen Aufenthaltsräume wegen der erforderlichen lichten Höhe nicht möglich sind, gelten nicht als oberste Geschosse.

Beispiel:
§ 2 IV NBauO

Die »lichte Höhe« bezeichnet das Maß zwischen der Oberkante des fertigen Fußbodens und der Unterkante der fertigen Decke. Man darf also nicht vom Rohbau ausgehen, sondern muss Schichten aus Estrich etc. abziehen. »Licht« ist also der im fertigen Bau noch sichtbare Zwischenraum, von daher ein recht passender Begriff.

Was ist die »lichte Höhe«?

Vollgeschosse sind nur solche, deren Deckenoberkante im Mittel mindestens 1,40 m über die festgelegte Geländeoberfläche hinausragt.

Deckenunterseite im Mittel mindestens 1,40 m über der Geländeoberfläche

Das führt dazu, dass tief gelegene Kellergeschosse keine Vollgeschosse sind, und zwar auch dann nicht, wenn 2,20 m lichte Höhe gegeben sind.

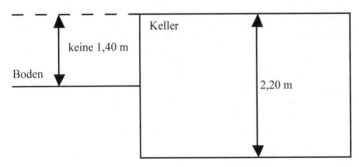

Lesen Sie jetzt bitte Satz 2 der obigen Norm. Ausgebaute Dachböden gehen dadurch seltener als Vollgeschosse durch, als wenn sie keine »obersten Geschosse« wären. Dies ist auch beabsichtigt, denn der Ausbau von Dachböden soll nicht so schnell an Höchstbegrenzungen der Geschossflächenzahl scheitern. Da ist es praktisch, wenn man ein Vollgeschoss weniger hat.

Satz 2 der Norm: Sonderregel für oberste Geschosse.

Damit im Zusammenhang steht Satz 4: Bestimmte unbewohnbare Räume unterm Dach (z.B. »Spitzboden«) gelten nicht als »oberstes Geschoss«. Damit wird dann das eigentlich zweitoberste zum obersten Geschoss. Bloß, weil man unterm Dach noch einen kleinen Spitzboden hat, soll für den Raum darunter der Vorteil des Satzes 2 nicht entfallen.

Die Geschossflächenzahl gibt an, wieviel Quadratmeter Geschossfläche je Quadratmeter Grundstücksfläche...zulässig sind.

Es ist also wieder eine Rechenaufgabe: Geschossfläche geteilt durch Grundstücksfläche ist gleich Geschossflächenzahl. Da es mehrgeschossige Häuser gibt, kann die Geschossflächenzahl – anders als die Grundflächenzahl – höher als 1 sein. Wiederum sind für einige Baugebietstypen Höchstzahlen festgelegt, die in einem Bebauungsplan unter-, aber nicht überschritten werden dürfen, zum Beispiel für das Kerngebiet 3,0, für das reine und allgemeine Wohngebiet 1,2 für das Gewerbegebiet 2,4.

Baumasse und Baumassenzahl

Die Baumassenzahl gibt an, wieviel Kubikmeter Baumasse je Quadratmeter Grundstücksfläche ... zulässig sind.

Für Details mögen die folgenden Absätze der Norm zum Selbststudium dienen.

Die Obergrenzen im Überblick

Die BauNVO nennt in § 17 I 1 Obergrenzen für Grundflächenzahl, Geschossflächenzahl und Baumassenzahl je nach Baugebietstyp. Ausnahmen von diesen Obergrenzen finden sich in § 17 II, III BauNVO.

Baugebiet		Grund-flächen-zahl (GRZ)	Geschoss-flächen-zahl (GFZ)	Bau-massen-zahl (BMZ)
in	Kleinsiedlungsgebieten (WS)	0,2	0,4	-
in	reinen Wohngebieten (WR) allg. Wohngebieten (WA) Ferienhausgebieten	0,4	1,2	-
in	besond. Wohngebieten (WB)	0,6	1,6	-
in	Dorfgebieten (MD) Mischgebieten (MI)	0,6	1,2	-
in	Kerngebieten (MK)	1,0	3,0	-
in	Gewerbegebieten (GE) Industriegebieten (GI) sonstigen Sondergebieten	0,8	2,4	10,0

Baugebiet	Grund-flächen-zahl (GRZ)	Geschoss-flächen-zahl (GFZ)	Bau-massen-zahl (BMZ)
in Wochenendhausgebieten	0,2	0,2	-

Die Kürzel beziehen sich darauf, dass man laut § 1 II BauNVO diese Baugebiete mit den entsprechenden Abkürzungen in einen Bebauungsplan einträgt.

Festsetzungen im Bebauungsplan

Das Voranstehende hatte im Grunde nur einleitenden Charakter, Erläuterungen von Fachchinesisch sind hier nun einmal nötig, wenn man nicht gerade einen Baubeamten oder -ingenieur o.ä. als Leser hat. Jetzt, wo geklärt ist, was Geschossflächenzahl etc. eigentlich ist, müssen wir einmal schauen, was man davon eigentlich im Bebauungsplan festlegen darf, soll oder muss. Und da begegnet uns der Grundsatz der planerischen Gestaltungsfreiheit: Es ist keinesfalls so,

Grundsatz der planerischen Gestaltungsfreiheit

* dass man zwingend Geschossflächenzahl, Grundflächenzahl und Baumassenzahl regeln muss,
* und dass man nur diese Dinge regeln darf.

Es kann in einem Bebauungsplan theoretisch und praktisch auch einmal stehen, dass Häuser eine bestimmte Höhe nicht überschreiten dürfen. Einen gewissen Rahmen gibt § 16 BauNVO vor. Den können Sie gern mal in einer ruhigen Minute lesen – wenn Sie wollen. Für das Verständnis des Folgenden ist dies nicht nötig.

<www.bauordnungen.de> (privates Angebot von A. Merschbacher) Menüpunkt »Deutschland«

(c) Überbaubare Grundstücksflächen

Es geht hier nicht darum, welcher Anteil der Grundstücksfläche überbaut werden darf (das sagt schon die Grundflächenzahl), sondern um welche Flächen genau es sich dabei handelt. Es ist konsequent, wenn die Baunutzungsverordnung oder ein anderes Gesetz dies nicht regelt, da es einzeln im Bebauungsplan festgesetzt werden muss. Also sagt die BauNVO dem Planer bloß, wie man das machen kann.

Die überbaubaren Grundstücksflächen können durch die Festsetzung von Baulinien, Baugrenzen oder Bebauungstiefen bestimmt werden.

§ 23 I 1 BauNVO

Für Besonderheiten siehe wiederum die gesamte Norm. Man muss bei einem Bauantrag prüfen, ob das geplante Vorhaben die Festsetzungen des Bebauungsplans in Bezug auf die überbaubaren Grundstücksflächen einhält.

(d) Örtliche Verkehrsflächen

Ein Bebauungsplan kann nach § 9 I Nr. 11 BauGB ausweisen:

§ 9 I Nr. 11 BauGB

die Verkehrsflächen sowie Verkehrsflächen besonderer Zweckbestimmung, wie Fußgängerbereiche, Flächen für das Parken von Fahrzeugen, Flächen für das Abstellen von Fahrrädern sowie den Anschluss anderer Flächen an die Verkehrsflächen; die Flächen können auch als öffentliche oder private Flächen festgesetzt werden.

An die auf dieser Grundlage im Bebauungsplan getroffenen Festsetzungen muss man sich z.B. beim Antrag auf den Bau einer Straße o.ä. halten.

(e) Gesicherte Erschließung

In den voranstehenden Punkten haben wir gesehen, was in einem »qualifizierten Bebauungsplan« alles so festgesetzt wird. Ein Vorhaben ist gemäß § 30 I BauGB zulässig

* wenn es diesen Festsetzungen nicht widerspricht
* und wenn die Erschließung gesichert ist.

Das Erfordernis der gesicherten Erschließung wird uns nicht nur beim qualifizierten Bebauungsplan begegnen, sondern bei jeglichem Bauvorhaben. Teilweise wird es dann ein wenig anders behandelt, teilweise genau so, wie es im Folgenden erläutert wird.

Definitionen:

»Erschließung«
und
»gesichert«

Erschließung meint, dass – in Bezug auf das konkret beantragte Bauvorhaben – der Anschluss an das öffentliche Straßennetz, die Versorgung mit Elektrizität und Wasser und die Abwasserbeseitigung gewährleistet sind.

»Gesichert« ist die Erschließung, wenn nach objektiven Kriterien (Ausweisung der Mittel im Gemeindehaushalt, Bereitstellung der erforderlichen Flächen, Stand und Fortgang der Erschließungsarbeiten) damit gerechnet werden kann, dass die Erschließungsanlagen spätestens bis zur Fertigstellung des anzuschließenden Vorhabens benutzbar sein werden.

bb) Vorhabenbezogener Bebauungsplan, § 30 II BauGB

Was ein vorhabenbezogener Bebauungsplan eigentlich ist, wird uns auf Seite 288 näher beschäftigen. Im Abschnitt »Anspruch auf eine Baugenehmigung« setzen wir erst einmal voraus, dass der zugrundeliegende Bebauungsplan in Ordnung ist und untersuchen, wie sich ein Einzelvorhaben zu dem Bebauungsplan verhalten muss. Und da genügt die Aussage des § 30 II BauGB völlig:

Im Geltungsbereich eines vorhabenbezogenen Bebauungsplans nach § 12 ist ein Vorhaben zulässig, wenn es dem Bebauungsplan nicht widerspricht und die Erschließung gesichert ist.

§ 30 II BauGB

Das Vorhaben muss also dem entsprechen, was im Plan drin steht. Bei der gesicherten Erschließung ergeben sich keine Besonderheiten.

cc) Einfacher Bebauungsplan, § 30 III BauGB

Im Geltungsbereich eines Bebauungsplans, der die Voraussetzungen des Absatzes 1 nicht erfüllt (einfacher Bebauungsplan), richtet sich die Zulässigkeit von Vorhaben im Übrigen nach § 34 oder § 35.

§ 30 III BauGB

Es gibt keine eigenständigen Regeln für den einfachen Bebauungsplan. Nochmals zur Erinnerung: Der »qualifizierte Bebauungsplan« ist einer, der mindestens Festsetzungen über die Art und das Maß der baulichen Nutzung, die überbaubaren Grundstücksflächen und die örtlichen Verkehrsflächen enthält (§ 30 I BauGB). Ein Plan, der diese Voraussetzungen nicht erfüllt, ist somit ein »einfacher Bebauungsplan«. Und § 30 III BauGB tut für diesen Fall nichts anderes, als auf andere Normen zu verweisen, und zwar folgendermaßen:

- Bezüglich der Aspekte, die der Plan nicht regelt, richtet sich die Zulässigkeit von Vorhaben nach § 34 BauGB (»Innenbereich«) oder § 35 BauGB (»Außenbereich«).
- Bezüglich der Aspekte, die der Plan regelt, richtet sich die Zulässigkeit nach § 30 I BauGB, also nach dem Plan (daher verweist § 30 III BauGB nur »im Übrigen« auf §§ 34, 35 BauGB).

§ 30 I BauGB wurde bereits, §§ 34, 35 BauGB werden noch erläutert. Vgl. zur Systematik auch das Schema auf Seite 59.

b) Ausnahmen und Befreiungen, § 31 BauGB

aa) Ausnahmen, § 31 I BauGB

Von den Festsetzungen des Bebauungsplans können solche Ausnahmen zugelassen werden, die in dem Bebauungsplan nach Art und Umfang ausdrücklich vorgesehen sind.

§ 31 I BauGB

Das ist der »einfache Fall«, denn man sieht ja, was im Bebauungsplan zugelassen ist und was nicht. Komplizierter wird es bei den »Befreiungen«, die im Folgenden etwas genauer zu betrachten sind (wobei das folgende Ermessensproblem auch bei den Ausnahmen auftauchen kann).

bb) Befreiungen, § 31 II BauGB – mit Exkurs zum Begriff des Ermessens

§ 31 II BauGB

Von den Festsetzungen des Bebauungsplans kann befreit werden, wenn die Grundzüge der Planung nicht berührt werden und

1. Gründe des Wohls der Allgemeinheit die Befreiung erfordern oder
2. die Abweichung städtebaulich vertretbar ist oder
3. die Durchführung des Bebauungsplans zu einer offenbar nicht beabsichtigten Härte führen würde

und wenn die Abweichung auch unter Würdigung nachbarlicher Interessen mit den öffentlichen Belangen vereinbar ist.

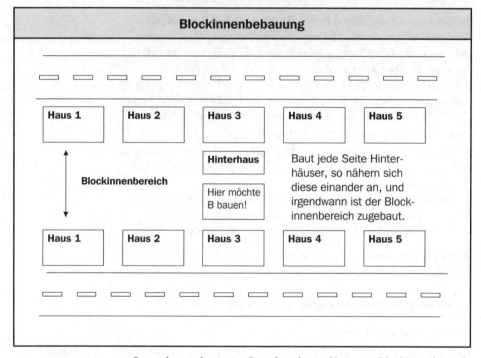

Fall 5

Fundstelle Originalfall:
NVwZ 2003, 478

B möchte auf seinem Grundstück ein Haus im Blockinnenbereich bauen. Der Grundbesitz liegt im Geltungsbereich eines Bebauungsplans der Stadt S. Nach seinen Festsetzungen können Hintergebäude, die mehr als ein Wohnstockwerk enthalten, zugelassen werden, wenn die Flächenausnützung des gesamten Baugrundstücks 40 % nicht überschreitet. Das geplante zweistöckige Haus würde indes das Grundstück zu 44,8 % bedecken. Die Nachbarn haben sich gegen das gesamte Bauvorhaben geäußert.

Zuständige Ausschüsse der Stadt S haben beschlossen, aus klimatologischen Gründen eine Änderung des Bebauungsplans vorzubereiten.

Ziel ist, die unbebauten und baumbestandenen Flächen im Blockinnern der Bebaubarkeit zu entziehen.

Der Bauantrag des B wird zurückgewiesen. Zum einen würde die überbaubare Grundstücksfläche überschritten. Zum anderen komme keine Befreiung vom Bebauungsplan in Betracht, da es der planerische Wille der Stadt sei, die weitere Blockinnenbebauung demnächst ohnehin gänzlich zu verhindern.

Ist die Versagung der Baugenehmigung rechtmäßig, wenn davon auszugehen ist, dass abgesehen vom geschilderten Problem das Vorhaben mit dem Baurecht vereinbar wäre?

B möchte also ein Hinterhaus bauen, obwohl das Hinterland nicht unbegrenzt ist, sondern irgendwann an die Bebauung der gegenüberliegenden Seite stößt. Derartige Blockinnenbebauungen sind häufig stark begrenzt, und es kann tatsächlich für klimatische Verhältnisse, vor allem für die Luftqualität von Vorteil sein, wenn man den Blockinnenbereich nicht so stark oder gar nicht bebaut.

Das Vorhaben des B widerspricht dem Bebauungsplan, also kann er die Baugenehmigung lediglich über eine Befreiung nach § 31 II BauGB erlangen.

Zur Falllösung

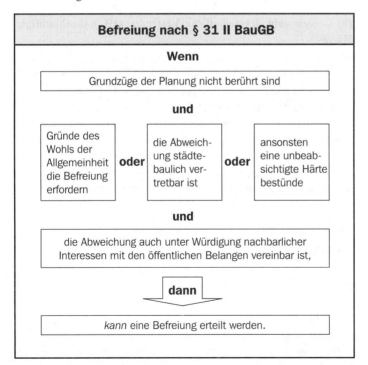

Die Norm ist ein wenig kompliziert, da sie verschiedene Bedingungen miteinander kombiniert. Sie enthält

- einen »Tatbestand« (das »Wenn«)
- mehrere Bedingungen, von denen einige »kumulativ« vorliegen müssen (»und«), andere nur »alternativ« (»oder«)
- eine Rechtsfolge (das »Dann«, womit gesagt wird, was geschehen kann oder muss, wenn alle Tatbestandsvoraussetzungen erfüllt sind).

(a) Grundzüge der Planung nicht berührt

Bei diesem Punkt muss man sich fragen, ob die wesentlichen Ziele der Planung immer noch erreicht werden, wenn man die Befreiung gewährt. Wohl gemerkt, der derzeitigen Planung anhand des aktuellen Bebauungsplans. Eventuelle künftige Pläne werden nicht berücksichtigt. Im vorliegenden Fall würde das bedeuten: Der noch aktuelle Bebauungsplan, der ja ein Bebauen von 40 % der Grundfläche erlaubt, hat zum Ziel, eine Hinterland- bzw. Blockinnenbebauung in einem maßvollen Umfang zuzulassen. Dieses Konzept würde durch eine geringfügige Überschreitung des festgesetzten Nutzungsmaßes nicht in Frage gestellt. Bei 44,8 statt 40 % bebauter Fläche kann man noch von einer geringfügigen Überschreitung sprechen.

(b) Gemeinwohl, städtebauliche Vertretbarkeit, unbeabsichtigte Härte

Nun sind die Nummern 1 bis 3 des § 31 II BauGB zu prüfen. Von diesen drei Gründen muss bloß einer erfüllt sein, es heißt ja schließlich »oder«. Hier kommt die städtebauliche Vertretbarkeit in Betracht. Eine Abweichung vom Bebauungsplan ist immer dann städtebaulich vertretbar, wenn man die Abweichung theoretisch auch verallgemeinern könnte, d.h. wenn man sie auch als Regel in einem Bebauungsplan festsetzen könnte. Hier bestehen keine Bedenken, dass die Stadt S, wenn sie denn wollte, in einem Bebauungsplan auch festsetzen dürfte, dass generell 44,8 statt nur 40 % des Hinterlandes mit mehr als eingeschossigen Häusern bebaubar sind.

(c) Öffentliche Belange und nachbarliche Interessen

Schließlich ist am Ende von § 31 II BauGB davon die Rede, dass die Abweichung mit öffentlichen Belangen vereinbar sein muss und dass bei diesen öffentlichen Belangen auch die Interessen der Nachbarn abwägend berücksichtigt werden müssen.

Hier keine nachbarlichen Interessen betroffen.

Im vorliegenden Fall werden nachbarliche Interessen nicht betroffen. Zwar haben sich die Nachbarn gegen die Bebauung des Blockinnenbereichs ausgesprochen; ihre Kritik richtet sich jedoch bereits gegen die nach dem Plan zulässige Bebauung; auf die geringfügige Überschreitung des zulässigen Maßes kommt es aus ihrer Sicht nicht an (vgl. Sachverhaltsschilderung: Sie wenden sich gegen die *gesamte* Bebauung, woraus geschlossen werden kann, dass es ihnen egal ist, ob 40 oder 44,8 % der Grundstücksfläche bebaut werden sollen).

Fraglich ist, ob es andere öffentliche Belange gibt, mit denen die Abweichung eventuell trotz der fehlenden nachbarlichen Betroffenheit unvereinbar ist. Die Bedeutung des Begriffs im Zusammenhang mit § 31 II BauGB ist umstritten.

Umstritten ist, was »andere öffentlichen Belange« sind.

Nach einer Ansicht liegt eine Unvereinbarkeit mit öffentlichen Belangen nur dann vor, wenn die Befreiung dazu führen würde, dass »das Vorhaben in seine Umgebung nur durch Planung zu bewältigende Spannungen hineinträgt oder erhöht, so dass es bei unterstellter Anwendbarkeit des § 34 Abs. 1 BauGB nicht zugelassen werden dürfte.«

Eine Ansicht: Was dem derzeitigen Plankonzept widerspricht

Im Klartext: Als »öffentlicher Belang« ist nur zu berücksichtigen, was als Plankonzept aus dem derzeit gültigen Bebauungsplan hervorgeht. Ein öffentlicher Belang ist gegeben, wenn sich das geplante Bauvorhaben in dieses Konzept nicht einfügt, ja ihm widerspricht, so dass es auch in einem unbeplanten Bereich mangels »Einfügens« unzulässig wäre (§ 34 I BauGB, zum dortigen Begriff des »Einfügens« siehe ab Seite 58). Wollte man das Vorhaben möglich machen, so ginge das nur mit einem neuen Bebauungsplan.

In unserem Fall würde das indes nicht zutreffen: Der *derzeitige* Bebauungsplan lässt erkennen, dass die Blockinnenbebauung in gemäßigtem Umfang zulässig sein soll. Ein Bebauen von 40 oder 44,8 % der Grundfläche macht da keinen großen Unterschied. Die begehrte Befreiung würde dem Konzept des aktuellen Bebauungsplanes nicht widersprechen und wäre daher mit öffentlichen Belangen vereinbar.

Hiernach wäre im Fall kein öffentlicher Belang betroffen.

Nach anderer Ansicht ist der Begriff der »öffentlichen Belange« weiter zu verstehen. Er könne auch öffentliche Interessen umfassen, die nicht in der gemeindlichen Planungskonzeption des anzuwendenden Bebauungsplans ihren Niederschlag gefunden haben. Zu denken wäre beispielsweise an Festsetzungen eines künftigen Bebauungsplans oder an bestimmte städtebauliche Entwicklungsvorstellungen der Gemeinde.

Nach anderer Ansicht: Auch künftige Planungen können öffentliche Belange sein.

In unserem Fall müsste man sich fragen, ob dann nicht die geplante »Schonung« des Blockinnenbereiches ein öffentlicher Belang ist, mit dem die beantragte Befreiung unvereinbar ist. Denn das städteplanerische Interesse der Stadt S ist ja, in einem neuen Bebauungsplan den gesamten Blockinnenbereich aus klimatologischen Gründen von Bebauung freizuhalten.

Aber auch nach dieser Ansicht müssten beabsichtigte Planungen zumindest hinreichend konkret oder nachvollziehbar konkretisierbar sein. Hierzu das Bundesverwaltungsgericht:

Aber künftige Planungen müssten hinreichend konkret sein!

BVerwG

Daran fehlt es hier. Den Beschlüssen des Bezirksbeirats West der Beklagten und ihres Ausschusses für Umwelt und Technik vom Herbst 1998, auf die sich der Widerspruchsbescheid beruft, lässt sich zwar die allgemeine Zielrichtung der beabsichtigten Umplanung entnehmen. Die Planungsabsicht, generell keine weitere Verdichtung des Blockinnern zuzulassen, kann jedoch weder eine halbwegs parzellenscharfe Konkretisierung der Planung ersetzen, noch schließt sie kleinere Durchbrechungen des Planungsziels von vornherein und absolut aus.

Wir kommen also nach beiden Ansichten zu ein und demselben Ergebnis: Die Befreiung ist auch unter Würdigung nachbarlicher Interessen mit den öffentlichen Belangen vereinbar.

(d) Rechtsfolge: Ermessen

Wir haben festgestellt, dass alle Voraussetzungen des Tatbestandes von § 31 II BauGB erfüllt sind. Die Norm sagt uns, was die Rechtsfolge davon ist: Wenn alles oben Genannte gegeben ist, dann muss eine Befreiung nicht erfolgen, sondern »kann« es. War also alles vergebens?

Eine Norm, die Grundlage für ein behördliches Handeln ist, verlangt von der Behörde

- eine gebundene Entscheidung
- oder eine Ermessensentscheidung.

Bei einer »gebundenen Entscheidung« muss, bei einer »Ermessensentscheidung« darf bzw. kann gehandelt werden.

Üblicherweise kann man an der Formulierung einer Norm erkennen, zu welcher Gruppe sie gehört. Die Standardfälle ergeben sich aus dem folgenden Schema.

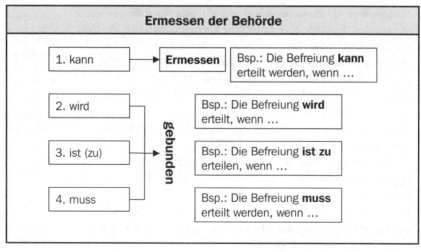

Das Wort »kann« lässt also üblicherweise den Schluss auf ein behördliches Ermessen zu. So ist das auch hier. Die Entscheidung über die Befreiung steht im Ermessen der Behörde.

Entscheidung über Befreiung im Ermessen der Behörde

Jetzt könnte man immer noch denken, alles sei für die Katz, denn bedeutet das nicht, dass die Behörde nach Gutdünken die Befreiung verweigern kann?

Nein. Wir leben in einem Rechtsstaat. Und das bedeutet: Ermessen heißt nicht Willkür, sondern pflichtgemäßes Ermessen. Grob gesagt, muss die Behörde sich bei der Ermessensausübung von sachgerechten oder zumindest nachvollziehbaren Gründen leiten lassen. Ermessenserwägungen müssen begründet werden. Die Gerichte können die Ermessenserwägungen überprüfen, wenn auch nur in eingeschränkter Weise. Drei Dinge dürfen Behörden bei Ermessenserwägungen nicht tun von denen das Gesetz immerhin zwei regelt.

Rechtsstaatsprinzip: Ermessen kann nicht Willkür sein!

Soweit die Verwaltungsbehörde ermächtigt ist, nach ihrem Ermessen zu handeln, prüft das Gericht auch, ob der Verwaltungsakt oder die Ablehnung oder Unterlassung des Verwaltungsakts rechtswidrig ist, weil die gesetzlichen Grenzen des Ermessens überschritten sind oder von dem Ermessen in einer dem Zweck der Ermächtigung nicht entsprechenden Weise Gebrauch gemacht ist.

§ 114 S. 1 VwGO

(aa) Ermessensüberschreitung

Die Ermessensüberschreitung ist im Gesetz geregelt. Es sind die »Grenzen des Ermessens überschritten«, wenn die Behörde eine Rechtsfolge setzt, die im Gesetz nicht vorgesehen ist. Beispiel: Eine Norm erlaubt eine Geldbuße zwischen 100,– und 500,– €, die zuständige Behörde verhängt aber 600,– €. Bezogen auf § 31 II BauGB: Die Norm erlaubt Erteilung oder Versagung der Befreiung. Eine Ermessensüberschreitung wäre es, wenn die Behörde z.B. dem B nicht nur verweigern würde, 44,8 statt 40 % des Grundstücks zu bebauen, sondern ihm noch auferlegen würde, nur 30 % zu bebauen, obwohl der noch gültige Bebauungsplan 40 % erlaubt.

(bb) Ermessensmissbrauch

Ermessensmissbrauch ist ebenfalls im Gesetz geregelt. Gemeint ist, dass »von dem Ermessen in einer dem Zweck der Ermächtigung nicht entsprechenden Weise Gebrauch gemacht ist«, wie es in § 114 S. 1 Var. 2 VwGO heißt. Dies ist der Fall bei sachfremden, willkürlichen Erwägungen. Ein Beispiel wären auch rechtswidrige Erwägungen, zum Beispiel: »Alle Männer bekommen eine Befreiung nach § 31 II BauGB, alle Frauen bekommen sie nicht.« Dies wäre ein Verstoß gegen das Gebot »Männer und Frauen sind gleichberechtigt.« (Artikel 3 Absatz 2 Satz 1 des Grundgesetzes). Weitere Beispiele:

Ermessensmissbrauch: Sachfremde Erwägungen, rechtswidrige Erwägungen, Selbstbindung der Verwaltung

- *A hat die zuständige Behörde »geschmiert«, B nicht. A bekommt aufgrund dessen die Befreiung, B nicht.*
- *A, B, C und D haben in vergleichbaren Fällen eine Befreiung erhalten, E erhält sie trotz vergleichbarer Sachlage und unveränderter Rechtslage nicht. Dieser in der Praxis wichtige Fall läuft unter dem Stichwort Selbstbindung der Verwaltung. Wenn die Verwaltung bestimmte Fallgruppen auf eine bestimmte Art entscheidet, so bindet sie sich selbst, das in Zukunft auch so zu tun, sofern sich die Rechtslage nicht ändert und die Sachlage mit den früheren Fällen vergleichbar ist. Dies folgt ebenfalls aus dem verfassungsrechtlichen Gleichbehandlungsgebot, denn neben der schon erwähnten Gleichheit der Geschlechter gibt es in Art. 3 I des Grundgesetzes den »allgemeinen« Gleichheitssatz, der lautet: »Alle Menschen sind vor dem Gesetz gleich.« Man kann daraus ableiten, dass sie auch vor der Verwaltung gleich sein müssen, die ja die Gesetze anwendet.*

(cc) Ermessensunterschreitung und Ermessensnichtgebrauch

Diese Fallgruppe ist gesetzlich nicht geregelt, aber als ungeschriebener Rechtsgrundsatz anerkannt. Wenn § 114 S. 1 VwGO sagt, dass man die Grenzen des Ermessens nicht überschreiten darf, so folgt daraus, dass man sie auch nicht unterschreiten darf. Dies kommt in zwei Varianten vor:

Bei der Ermessensunterschreitung erkennt die Behörde nicht die ganze Bandbreite des Ermessens, die sie hat. Sie kann zum Beispiel zwischen drei verschiedenen Rechtsfolgen wählen, geht aber davon aus, sich nur zwischen zweien entscheiden zu können. Hätte sie die dritte Möglichkeit erkannt, wäre eine Entscheidung eventuell anders ausgefallen. Daher ist eine Ermessensunterschreitung rechtswidrig.

Beispiel: Eine Norm erlaubt eine Geldbuße zwischen 100,– und 500,– € für irgendeine Ordnungswidrigkeit. Ordnungsbeamter O schreibt in seinen Bußgeldbescheid, er sehe sich gezwungen, die Mindestbuße von 150,– € anzuordnen, obwohl die Schuld des Betroffenen äußerst gering sei.

Bezogen auf § 31 II BauGB: Die Norm erlaubt, die Befreiung zu erteilen oder nicht. Das heißt aber auch, dass man eine Befreiung unter Auflagen erteilen kann, weil es zwischen diesen beiden Polen steht (und daher keine Ermessensüberschreitung wäre, bei der »mehr« oder »weniger« als das Zulässige angeordnet wird). Eine Auflage könnte z.B. sein, bestimmte umweltgefährdende Baustoffe nicht zu verwenden, damit die Bäume im Blockinnenbereich durch die Überschreitung der bebaubaren Grundstücksfläche nicht über Gebühr gefährdet werden.

Ermessensunterschreitung

Beispiel

Schreibt also die Behörde sinngemäß: »Da wir uns zwischen einer unbeschränkten und unbedingten Befreiung und einem Verbot entscheiden mussten, ...« so hätte sie nicht alle Möglichkeiten erkannt, die ihr das Ermessen eröffnet. Eine Ermessensunterschreitung läge vor.

Der Ermessensnichtgebrauch geht weiter: Er liegt vor, wenn eine Behörde überhaupt kein Ermessen ausgeübt hat, obwohl eine Ermessensnorm vorlag.

Was ist Ermessensnichtgebrauch?

Beispiel (zu § 31 II BauGB): Die Behörde schreibt: »Alle Voraussetzungen liegen vor, also muss Ihnen die Befreiung erteilt werden.« Die Behörde ist also fälschlicherweise davon ausgegangen, dass sie zur Befreiungserteilung rechtlich verpflichtet ist. Sie hat gar nicht erkannt, dass sie Ermessen hätte ausüben können und müssen.

In der Praxis kommt man mit dieser Fallgruppe häufig nicht weiter, denn so dusselig wie in dem Beispiel stellen sich Behörden meist nicht an. Häufiger wird vorkommen, dass die Ermessensausübung in einem schriftlichen Veraltungsakt so schlecht begründet ist, dass ein Ermessensnichtgebrauch nahe liegt. Möchte man dann klagen, so muss man vorher Widerspruch gegen den missliebigen Verwaltungsakt einlegen. Und im Widerspruchsverfahren kann eine Behörde eine Begründung nachschieben, was sie dann auch tun wird – schließlich möchte sie nicht doch noch vor Gericht landen. Damit löst sich der Ermessensnichtgebrauch meistens in Luft auf.

(dd) Sonderfälle: Ermessensreduzierung und Ermessensreduzierung auf Null

In obigen Fällen sind wir immer davon ausgegangen, dass eine Behörde einen Ermessensspielraum hat und diesen eventuell nicht korrekt ausgeschöpft hat. Es kann aber auch vorkommen, dass der Ermessensspielraum reduziert ist. Entweder sind nur noch einige Entscheidungen möglich (»Ermessensreduzierung«), oder es ist sogar nur noch eine Entscheidung möglich (»Ermessensreduzierung auf Null«).

Eine Ordnungswidrigkeit kann mit einer Geldbuße von 100 – 1.000 € belegt werden. A hat die Ordnungswidrigkeit begangen. Er hat sich kurze Zeit danach selbst angezeigt, an der Aufklärung des Sachverhalts mitgewirkt und den Schaden wieder gutgemacht. Auch war er bislang noch nicht mit dem Gesetz in Konflikt geraten. Das verfassungsrechtliche Verhältnismäßigkeitsprinzip gebietet, die Geldbuße im unteren Bereich festzulegen. Es mag noch ein gewisses Ermessen geben, aber eine Geldbuße im oberen Bereich wäre wegen Verstoßes gegen das Verhältnismäßigkeitsprinzip eine »Ermessensüberschreitung« und damit fehlerhaft (rechtswidrig). Das Ermessen ist somit reduziert, und zwar in der Variante, dass nicht mehr alle vom Gesetz vorgesehen Rechtsfolgen zur Verfügung stehen.

Beispiel 1

Durch Verhältnismäßigkeitsprinzip nicht mehr alle Entscheidungen möglich!

Beispiel 2

Nach allen Landesbauordnungen steht die Anordnung einer »Abbruch-verfügung« (= Anordnung, ein Gebäude abzureißen oder abreißen zu lassen, z.T. auch »Beseitigungsanordnung« genannt) im Ermessen der zuständigen Behörde, wenn ein »baurechtswidriger Zustand« besteht, z.T. ist geregelt, dass dies schon für den Zeitpunkt der Errichtung gelten muss.

Wir gehen davon aus, dass der fragliche Bau genehmigungspflichtig ist. Eine Baurechtswidrigkeit ergibt sich dann entweder daraus, dass ein Bau wegen Verstößen gegen das Baurecht nicht genehmigt werden könnte (»materielle Illegalität«), oder dass er zwar genehmigt werden könnte, aber ohne Genehmigung errichtet wurde (»formelle Illegalität«). Natürlich kann auch beides zugleich vorliegen (Schwarzbau, dem auch dann die Genehmigung verweigert worden wäre, wenn der Bauherr sie beantragt hätte).

Keine Abbruchverfügung bei Schwarzbau, der nachträglich genehmigt werden könnte!

Es ist anerkannt, dass eine Abbruchverfügung bei einem Schwarzbau, der bei entsprechendem Antrag genehmigt worden wäre (und daher noch nachträglich genehmigt werden kann!), ein unverhältnismäßiger Eingriff in die grundgesetzliche Eigentumsgarantie wäre. Muss ein Beamter überlegen, ob er eine Abbruchverfügung erlässt, darf er zwar ein Ermessen ausüben, er darf seine Entscheidung aber nicht allein auf die »formelle Illegalität« stützen. Das Ermessen ist reduziert, und zwar in der Variante, dass nicht mehr alle Erwägungsgründe in die Entscheidung über eine Abbruchverfügung einfließen dürfen.

Beispiel 3:
Selbstbindung der Verwaltung

Die Ermessensreduzierung auf Null folgt häufig aus der auf Seite 48 erwähnten Selbstbindung der Verwaltung. Wenn beispielsweise bei § 31 II BauGB die Verwaltung in vergleichbarer Lage stets Befreiungen erteilt hat, wenn die Fläche bis zu 50 statt der im Bebauungsplan vorgesehenen 40 % bebaut wurde, so muss sie das aus Gründen des verfassungsrechtlichen Gleichheitssatzes auch bei B aus Fall 5 tun. Aus dem »kann« des § 31 II BauGB wird dann ein »muss«. Ein Ermessen gäbe es im Falle des B nicht mehr. Das Ermessen ist auf Null reduziert.

Zum Fall 5:
Ermessensreduzierung, da Befreiung im Regelfall erteilt werden soll.

Und schließlich gibt es noch die Fallgruppe, in der das Gesetz zwar ein Ermessen eröffnet, aber sich aus dem Sinn und Zweck der Norm ein Regel-Ausnahme-Verhältnis ergibt. Wir schauen einmal, ob das bei § 31 II BauGB so ist. Man könnte meinen, wenn alle tatbestandlichen Voraussetzungen der Norm gegeben sind, soll in der Regel die Befreiung erteilt werden und nur ausnahmsweise, beim Vorliegen besonderer Gründe, nicht. Auch dies wäre ein Fall der Ermessensreduzierung, da der Behörde eine besondere Gewichtung des Für und Wider auferlegt wird, die sich aus dem Gesetzeswortlaut so nicht entnehmen lässt.

Und was hat das Gericht dazu gesagt? Zunächst einmal stellte es fest, dass es bei § 31 II BauGB ein Ermessen überhaupt gibt.

Allerdings trifft es zu, dass für die Ausübung des Ermessens wenig Raum besteht, wenn die Voraussetzungen für die Erteilung einer Befreiung gegeben sind. ... Auch das mit der Befreiungsvorschrift vom Gesetzgeber beabsichtigte Ziel der Einzelfallgerechtigkeit und städtebaulichen Flexibilität sowie der Grundsatz der Wahrung der Verhältnismäßigkeit steht einer leichtfertigen Ermessensausübung entgegen. Daraus folgt jedoch nicht, dass der zuständigen Behörde entgegen dem Wortlaut der Vorschrift kein Ermessensspielraum zusteht oder dass das Ermessen stets auf Null reduziert ist, wenn die Voraussetzungen für eine Befreiung vorliegen. Erforderlich für eine negative Ermessensentscheidung ist nur, dass der Befreiung gewichtige Interessen entgegenstehen.

BVerwG

Das Ermessen ist also nicht auf Null reduziert, aber wenn die Voraussetzungen für eine Befreiung gegeben sind, soll sie im Regelfall auch erteilt werden. Außer, es sprechen »gewichtige Interessen« dagegen. Es gibt also tatsächlich eine Ermessensreduzierung im Sinne eines Regel-Ausnahme-Verhältnisses.

Bleibt nur noch zu klären, ob die beabsichtigte Planungsänderung der Stadt ein solches »gewichtiges Interesse« sein kann:

Beabsichtigte Planungsänderung als gewichtiges Interesse?

Die Absicht einer Gemeinde, einen bestehenden Bebauungsplan zu ändern, ist grundsätzlich geeignet, die Versagung einer Befreiung im Rahmen der Ermessensausübung zu begründen, wenn die Befreiung mit der vorgesehenen Planänderung nicht vereinbar ist. Denn es wäre nicht sinnvoll, eine dem geltenden Bebauungsplan nicht entsprechende Nutzung im Wege einer Befreiung zuzulassen, wenn schon absehbar ist, dass sie mit den geänderten städtebaulichen Vorstellungen der Gemeinde erst recht unvereinbar sein wird. ...
Als Ermessenserwägung beachtlich sind Planänderungsabsichten der Gemeinde allerdings nur, wenn sie ernsthaft und hinreichend konkret sind. Insoweit reicht der Wunsch der Gemeinde, ein bestimmtes Vorhaben zu verhindern, [nicht] aus, ... [D]ie Konkretisierung [ist] aber nur ein Indiz für die Ernsthaftigkeit der Planänderungsabsicht. Entscheidend ist, dass eine Planänderung ernsthaft von der Gemeinde in Betracht gezogen wird und dass diese Planänderung durch die Befreiung behindert werden kann.

BVerwG

Ernsthaft und hinreichend konkret müssen die Planänderungsabsichten also sein. Und da hatten wir ja schon auf Seite 45 f. gesagt, dass sie das hier noch nicht sind. Nun aber soll schon reichen, dass »eine Planänderung ernsthaft von der Gemeinde in Betracht gezogen wird«. Und das kann man hier nicht abstreiten, da sich die zuständigen Ausschüsse darauf verständigt haben (vgl. Sachverhalt). Daher hat das Gericht ent-

Planänderungsabsichten müssen ernsthaft und hinreichend konkret sein.

schieden, dass die Versagung der Befreiung rechtmäßig, insbesondere nicht ermessensfehlerhaft war.

Wie kommt es nun dazu, dass die »hinreichende Konkretisierung« mit zweierlei Maß gemessen wird?

Ganz einfach: Beim Merkmal »öffentliche Belange« in § 31 II HS 2 BauGB waren wir im Tatbestand; es ging darum, dass durch die anvisierte Planänderung eine unabdingbare Voraussetzung für eine Befreiung wegfallen könnte. Daher sind strenge Voraussetzungen in Bezug auf die Konkretisierung vonnöten.

Nicht so hier. Wir sind in der Rechtsfolge, bei einer Ermessenserwägung, die die Befreiung zwar wegfallen lassen kann, aber nicht muss. Daher erscheint es sachgerecht, wenn man hier ein geringeres Maß an Konkretisierung ausreichen lässt. Für einen Ausschluss von Willkür, um den es hier hauptsächlich geht, reicht das aus.

c) Vorhaben während der Planaufstellung, § 33 BauGB

(1) In Gebieten, für die ein Beschluss über die Aufstellung eines Bebauungsplans gefasst ist, ist ein Vorhaben zulässig, wenn

1. die Öffentlichkeits- und Behördenbeteiligung nach § 3 Abs. 2, § 4 Abs. 2 und § 4a Abs. 2 bis 5 durchgeführt worden ist,
2. anzunehmen ist, dass das Vorhaben den künftigen Festsetzungen des Bebauungsplans nicht entgegensteht,
3. der Antragsteller diese Festsetzungen für sich und seine Rechtsnachfolger schriftlich anerkennt und
4. die Erschließung gesichert ist.

(2) In Fällen des § 4a Abs. 3 Satz 1 kann vor der erneuten Öffentlichkeits- und Behördenbeteiligung ein Vorhaben zugelassen werden, wenn sich die vorgenommene Änderung oder Ergänzung des Bebauungsplanentwurfs nicht auf das Vorhaben auswirkt und die in Absatz 1 Nr. 2 bis 4 bezeichneten Voraussetzungen erfüllt sind.

(3) Wird ein Verfahren nach § 13 durchgeführt, kann ein Vorhaben vor Durchführung der Öffentlichkeits- und Behördenbeteiligung zugelassen werden, wenn die in Absatz 1 Nr. 2 bis 4 bezeichneten Voraussetzungen erfüllt sind. Der betroffenen Öffentlichkeit und den berührten Behörden und sonstigen Trägern öffentlicher Belange ist vor Erteilung der Genehmigung Gelegenheit zur Stellungnahme innerhalb angemessener Frist zu geben, soweit sie nicht bereits zuvor Gelegenheit hatten.

aa) § 33 I BauGB

Durch die jüngste Gesetzesänderung ist die Norm leider länger und komplizierter geworden. Fangen wir mit dem Absatz 1 an. Er enthält im Tatbestand vier »kumulative« (also mit »und« verknüpfte) Voraussetzungen. Die Rechtsfolge ist eine zwingende: Ein Vorhaben »ist«

zulässig, muss also genehmigt werden, wenn alle vier Voraussetzungen gegeben sind. Ermessen gibt es somit in § 33 I BauGB nicht.

Bei den Voraussetzungen spricht man von formeller und materieller Planreife. Formelle Planreife bedeutet genau das, was das auf den ersten Blick seltsame Wort heißt: Der Bebauungsplan muss schon bis zu einem gewissen Grade ausgereift sein. Und weil zum »formellen« Teil einer Norm immer das Verfahren der Normgebung gehört, stellt § 31 I Nr. 1 BauGB bestimmte Anforderungen daran, wie weit das Planaufstellungsverfahren schon gediehen sein muss. Zum Verfahren der Planaufstellung siehe ab Seite 222; an dieser Stelle genügt zu wissen, dass eine gesetzlich vorgeschriebene Behörden- und Bürgerbeteiligung schon abgeschlossen sein muss. Die für die Planaufstellung zuständige Gemeinde kann also nicht einfach einen neuen Bebauungsplan aus dem Hut zaubern und sagen, dieser oder jener Bauantrag widerspreche aber einem künftigen Bebauungsplan.

Formelle Planreife

Mit materieller Planreife ist gemeint, dass nicht nur das Verfahren der Planaufstellung, sondern auch der Inhalt des Plans schon so ausgereift ist, dass sich beurteilen lässt, ob das beantragte Vorhaben mit diesem Inhalt in Einklang stehen wird. Zu diesem Zweck gibt es die Nummer 2 des § 31 I BauGB. Ferner muss der Bauherr nach Nr. 3 die geplanten Festsetzungen anerkennen und die Erschließung muss mal wieder gesichert sein (§ 31 I Nr. 4 BauGB). Die »gesicherte Erschließung« wird im Rahmen von § 33 BauGB genauso beurteilt wie für § 30 I BauGB auf Seite 40 erläutert.

Materielle Planreife

Die Gemeinde G hat einen Bebauungsplan erarbeitet. Dieser ist bereits so weit gediehen, dass lediglich noch eine öffentliche Bekanntmachung erfolgen müsste, damit der Bebauungsplan in Kraft tritt. Dies ist ein rein formeller Akt, den G ohne großen Aufwand vornehmen könnte.

Das tut sie aber nicht, denn: Ist ein Bebauungsplan erst einmal in Kraft, kann man unter gewissen Voraussetzungen gegen ihn klagen. Und das will G nicht, denn sie befürchtet (aus Gründen, die für diesen Fall unwichtig sind) eine Rechtswidrigkeit des Bebauungsplans.

B beantragt die Genehmigung eines Vorhabens. Alle Voraussetzungen des § 33 I BauGB liegen vor. B erhält die Baugenehmigung. Ist dies rechtmäßig?

Fall 6

Fundstellen Originalfall:
• DVBl. 2003, 62
• NVwZ 2003, 86

»Ja, warum denn nicht?«, könnte man sich fragen. Schließlich steht in § 33 I BauGB, dass eine Genehmigung erteilt werden muss, wenn alle Voraussetzungen vorliegen. Indes sagt das Bundesverwaltungsgericht in diesem Fall: Mitnichten. Und bei näherem Hinsehen wird auch klar, warum. Was die Gemeinde G hier betreibt, ist missbräuchliche Gesetzesumgehung.

Was die Gemeinde G hier betreibt, ist missbräuchliche Gesetzesumgehung.

Einige Gemeinden waren der Ansicht, es sei gar nicht erforderlich, den Bebauungsplan in Kraft treten zu lassen, vielmehr reiche es aus, ohne Bebauungsplan Genehmigungen nach § 33 BauGB zu erteilen.

Das Bundesverwaltungsgericht schob dieser Gesetzesumgehung 2002 endgültig einen Riegel vor. Entgegen dem Gesetzeswortlaut des § 33 BauGB kann eine Genehmigung nicht erteilt werden, wenn sich eine Gemeinde ohne Not weigert, einen ansonsten fertigen Bebauungsplan in Kraft treten zu lassen.

Im vorliegenden Fall war es so, dass die Gemeinde bewusst die Bekanntmachung des Bebauungsplanes unterlassen hat; § 33 BauGB sollte also nicht, was sein Sinn und Zweck ist, eine zeitliche Lücke zwischen Planentwurf und Inkrafttreten des Plans schließen, sondern dauerhaft Vorhaben ohne in Kraft gesetzten Bebauungsplan ermöglichen. Und das ist vom Gesetzgeber so nicht gewollt.

bb) § 33 II BauGB

§ 4 a III 1 BauGB, auf den § 33 II BauGB verweist, lautet:

§ 4 a III 1 BauGB

> Wird der Entwurf des Bauleitplans nach dem Verfahren nach § 3 Abs. 2 oder § 4 Abs. 2 geändert oder ergänzt, ist er erneut auszulegen und sind die Stellungnahmen erneut einzuholen.

Hier könnte man eigentlich auch §§ 3 II, 4 II BauGB abdrucken, aber es reicht auch aus, den grundsätzlichen Sinn des § 33 II BauGB zu erkennen. Und das dürfte auch so funktionieren: Wird ein noch nicht zum Abschluss gebrachter Plan nach der Öffentlichkeits- und Behördenbeteiligung noch mal geändert, so müssen noch einmal bestimmte Behörden und die Bürger beteiligt werden. Nach § 33 I BauGB müsste man das ja zum zweiten Mal abwarten, um ein bestimmtes Bauvorhaben zu genehmigen. Dies soll nun nicht mehr unbedingt nötig sein, wenn die Änderungen sich auf das Vorhaben nicht auswirken. Darüber hinaus muss es natürlich nach dem alten wie nach dem neuen Planentwurf genehmigungsfähig sein; daher der Hinweis auf die Erfordernisse der »materiellen Planreife« in § 33 I Nr. 2 BauGB und auf § 33 I Nr. 3 und 4 BauGB.

Fall 7

B möchte auf seinem Grundstück in der Gemeinde G ein Wohnhaus bauen. Die Gemeinde ist gerade dabei, für das fragliche Gebiet einen Bebauungsplan aufzustellen. Er ist schon so weit gediehen, dass eine Beteiligung der Bürger und anderer Behörden stattgefunden hat, so wie vom Gesetz vorgesehen. Hierbei wurden von den zur Beteiligung Berechtigten keine Einwände erhoben.

Der künftige Bebauungsplan weist das fragliche Gebiet als allgemeines Wohngebiet aus. Somit wäre das Wohnhaus nach der Nutzungsart zulässig, und auch bezüglich anderer Voraussetzungen wie Geschoss-

zahl und überbaubarer Grundstücksfläche gäbe es keine Probleme mit dem künftigen Bebauungsplan. Ferner ist die Erschließung gesichert.

Die Gemeinde überlegt sich nun doch, das Gebiet nicht als »allgemeines«, sondern als »reines« Wohngebiet auszuweisen. Danach stellt A seinen Bauantrag. Eine Erklärung nach § 33 I Nr. 3 BauGB hat B abgegeben. Bezüglich des geänderten Bebauungsplanentwurfes hat eine erneute Beteiligung der Bürger und anderer Behörden noch nicht stattgefunden. Muss das Vorhaben des B genehmigt werden (wenn wir einmal davon ausgehen, dass eine Genehmigungspflicht besteht)?

Dies ist sozusagen der »Musterfall« für § 33 II BauGB. Das Vorhaben des B ist nach dem alten wie nach dem neuen Planentwurf zulässig, denn ein »Wohnhaus« ist sowohl im Allgemeinen als auch im reinen Wohngebiet zulässig. Somit ist die Voraussetzung der materiellen Planreife nach § 33 I Nr. 2 BauGB gegeben. Im Übrigen liegen auch die Voraussetzungen nach den Nummern 3 und 4 vor, denn eine Erschließung ist nach wie vor gesichert und eine Erklärung nach Nr. 3 hat B abgegeben.

In einem solchen Fall sagt § 33 II BauGB, dass das Vorhaben auch schon vor erneuter Behörden- und Bürgerbeteiligung genehmigt werden kann. Also wieder einmal Ermessen? Bedeutet das, dass die Fallfrage, ob genehmigt werden muss, zu verneinen ist? Grundsätzlich ja, denn die Vorschrift des § 33 II BauGB hat vor allem den Zweck, in einfach gelagerten Fällen das Genehmigungsverfahren zu beschleunigen. Es gibt also keinen Anspruch auf eine Baugenehmigung vor Erreichen der formellen Planreife (= Fall des § 33 I BauGB). B hat lediglich einen Anspruch darauf, dass die Baugenehmigungsbehörde ermessensfehlerfrei entscheidet, aber keinen Anspruch auf das gewünschte Ergebnis dieser Entscheidung.

In der Praxis wird die Behörde bei einfachen Fällen einem Baugenehmigungsantrag nach § 33 II BauGB stattgeben, wenn die Tatbestandsvoraussetzungen vorliegen. »Einfache Fälle« heißt: Das beantragte Vorhaben wird genehmigungsfähig im Sinne einer materiellen Planreife sein und an den hierfür entscheidenden Voraussetzungen im Bebauungsplanentwurf wird sich durch die künftige Behörden- und Bürgerbeteiligung auch nichts mehr ändern.

Im Fall 7 ist abzusehen, dass sich an der Zulässigkeit von Wohnhäusern nichts mehr ändern wird, da dies schon die Hauptnutzung des ursprünglich geplanten »allgemeinen Wohngebietes« ist und dieser Planentwurf von den Bürgern und anderen Behörden unbeanstandet blieb. Es spricht also vieles dafür, die Genehmigung zu erteilen. Möchte die Behörde dies nicht tun, so muss sie dafür sachliche Gründe haben, was in der geschilderten Konstruktion schwierig sein wird. Daher liegt eine

§ 33 II BauGB soll in einfachen Fällen das Genehmigungsverfahren beschleunigen.

Ermessensreduzierung in Fall 7?

Ermessensreduzierung auf Null nahe, d.h. dass sich in einem Fall wie dem oben geschilderten aus dem Sinn und Zweck des § 31 II BauGB ergibt, dass die Genehmigung erteilt werden muss. Rechtsprechung zu einer solchen Ermessensreduzierung gibt es nicht – es lief offenbar immer alles problemlos. In der Fachliteratur wird aber z.T. darüber nachgedacht.

Beispiel für einen Fall, in dem mehr für die Ablehnung der Genehmigung spräche

Ein Fall, in dem mehr für die Ablehnung der Genehmigung nach § 31 II BauGB spräche ist z.B. der eines Großvorhabens, bei dem abzusehen ist, dass sich Bürgerprotest dagegen richten wird und daher sich auch der zur Bürgerbeteiligung ausgelegte Bebauungsplanentwurf noch ändern könnte. Dann ist es sinnvoller, die Beteiligung nach § 33 I BauGB erst einmal abzuwarten und das Vorhaben nicht vorab nach § 33 II BauGB zu genehmigen.

cc) § 33 III BauGB

Der Absatz drei der Norm ist durch das »Europarechtsanpassungsgesetz Bau« im Jahre 2004 völlig neu geschaffen worden, denn auch das »Verfahren nach § 13«, auf das dort Bezug genommen wird, wurde z.T. geändert. Es handelt sich um ein vereinfachtes Verfahren zur Planänderung und -ergänzung:

§ 13 I BauGB

Werden durch die Änderung oder Ergänzung eines Bauleitplans die Grundzüge der Planung nicht berührt oder wird durch die Aufstellung eines Bebauungsplans in einem Gebiet nach § 34 der sich aus der vorhandenen Eigenart der näheren Umgebung ergebende Zulässigkeitsmaßstab nicht wesentlich verändert, kann die Gemeinde das vereinfachte Verfahren anwenden, ...

Der § 33 III BauGB ist im Grunde nicht sinnvoll ohne Kenntnisse über das Verfahren der Planaufstellung zu erläutern. Daher sei an dieser Stelle auf wenige Grundzüge verwiesen. Im vereinfachten Verfahren kann auf eine frühzeitigen Unterrichtung der Öffentlichkeit und der Behörden (§§ 3, 4 BauGB) verzichtet werden. Indes muss den betroffenen Behörden und den Bürgern binnen angemessener Frist die Möglichkeit zur Stellungnahme gegeben werden.

Es wird also in § 33 III BauGB geregelt, wie ein Vorhaben genehmigt werden kann, wenn dieses vereinfachte Verfahren gewählt wird. Genau wie in § 33 II BauGB steht dann eine Genehmigung bei materieller, aber fehlender formeller Planreife im Ermessen der Genehmigungsbehörde. Zusätzlich ist Betroffenen Gelegenheit zur Stellungnahme zu geben, wenn diese Gelegenheit nicht ohnehin schon im vereinfachten Verfahren der Planänderung gegeben wurde.

Die Funktionsweise des vereinfachten Verfahrens wird in diesem Buch dem Selbststudium überlassen; man kann den recht langen § 13 BauGB durchaus verstehen, wenn man Vorkenntnisse über das »normale« Planaufstellungsverfahren hat. Diese werden ab Seite 222 vermittelt. Einige Hinweise zum vereinfachten Verfahren finden sich noch auf Seite 243.

d) Unbeplanter Innenbereich

aa) § 34 II BauGB: Typengemäßes Baugebiet

Entspricht die Eigenart der näheren Umgebung einem der Baugebiete, die in der auf Grund des § 9a erlassenen Verordnung bezeichnet sind, beurteilt sich die Zulässigkeit des Vorhabens nach seiner Art allein danach, ob es nach der Verordnung in dem Baugebiet allgemein zulässig wäre; auf die nach der Verordnung ausnahmsweise zulässigen Vorhaben ist § 31 Abs. 1, im Übrigen ist § 31 Abs. 2 entsprechend anzuwenden.

§ 34 II BauGB

Die auf Grund des § 9 a erlassene Verordnung ist die Baunutzungsverordnung (BauNVO). Sie enthält die Möglichkeit, bestimmte Baugebietstypen festzulegen (reines Wohngebiet, allgemeines Wohngebiet, Dorfgebiet, Mischgebiet, Gewerbegebiet, Kerngebiet, etc., siehe ab Seite 27). Wir hatten oben gesehen, dass dann in der Baunutzungsverordnung geregelt ist, welche Gebäude (im Hinblick auf die Art der baulichen Nutzung) generell zulässig, welche ausnahmsweise zulässig und welche gar nicht zulässig sind.

Baunutzungsverordnung

Jetzt kann es vorkommen, dass ohne Bebauungsplan ein Baugebiet entstanden ist, das bezüglich der Art der baulichen Nutzung mit einem Baugebietstyp der BauNVO identisch ist. Findest sich z.B. eine reine Wohnbebauung, so entspricht dies dem Charakter eines »reinen Wohngebietes« nach § 3 BauNVO. Es soll dann bezüglich der Nutzungsart rechtlich so behandelt werden, als gäbe es tatsächlich einen Bebauungsplan, und dieser Bebauungsplan setzte das betreffende Gebiet als reines Wohngebiet fest.

Genauso ist es, wenn man im unbeplanten Bereich faktisch ein allgemeines Wohngebiet, ein Gewerbegebiet, ein Mischgebiet etc. vorfindet. Man prüft dann bzgl. der Nutzungsart genau so, als ob es einen entsprechenden Bebauungsplan gäbe.

In Fall 3 (Seite 30) ging es um ein Bordell im allgemeinen Wohngebiet, die Zulässigkeit wurde verneint. Schauen Sie sich nun noch einmal § 4 BauNVO an, der die zulässigen Gebäudenutzungen im allgemeinen Wohngebiet beschreibt. Stellen Sie sich vor, Sie finden im fraglichen Gebiet eine Nutzung vor, die der in § 4 BauNVO beschriebenen entspricht. Es gibt aber keinen Bebauungsplan. Dennoch ist der Fall genau so zu lösen, als gäbe es einen Bebauungsplan, der das Ge-

Beispiel

http://bundesrecht.juris.de/bundesrecht/baunvo/

biet als »allgemeines Wohngebiet« festsetzt. Die Lösung des Falles würde sich also nicht von der in Fall 3 unterscheiden.

Diese Gleichbehandlung von unbeplantem und beplantem Bereich gilt nur für die Art der baulichen Nutzung, was man bei genauem Lesen des § 34 II BauGB auch bemerken kann. Für die anderen Kriterien (Maß der baulichen Nutzung, Bauweise und überbaubare Grundstücksflächen) gilt der im Folgenden erörterte § 34 I BauGB. Siehe auch das Schema der folgenden Seite zur Prüfungssystematik.

bb) § 34 I 1 BauGB: Allgemeines »Einfügen«

Innerhalb der im Zusammenhang bebauten Ortsteile ist ein Vorhaben zulässig, wenn es sich nach Art und Maß der baulichen Nutzung, der Bauweise und der Grundstücksfläche, die überbaut werden soll, in die Eigenart der näheren Umgebung einfügt und die Erschließung gesichert ist. Die Anforderungen an gesunde Wohn- und Arbeitsverhältnisse müssen gewahrt bleiben; das Ortsbild darf nicht beeinträchtigt werden.

Am Häufigsten stellt sich die Frage nach der Vereinbarkeit eines Vorhabens mit Satz 1 der genannten Norm, der daher hier herausgegriffen werden soll.

Das Einfügungsgebot des Satzes 1 ist Ausprägung des allgemeinen Rücksichtnahmegebotes. Dieses Gebot, welches als ungeschriebenes Rechtsprinzip im öffentlichen Baurecht gilt, soll Grundstücksnutzungen, die Spannungen und Störungen hervorrufen können, einander so zuordnen, dass Konflikte möglichst vermieden werden. Das Rücksichtnahmegebot ist bei der Auslegung des gesamten öffentlichen Baurechts zu beachten und führt hier dazu, dass es in das Merkmal des Einfügens »hineingelesen« werden muss.

Ein Vorhaben muss sich in viererlei Hinsicht einfügen:

- nach der Art der Nutzung (siehe ab Seite 27),
- nach dem Maß der Nutzung (siehe ab Seite 35),
- nach der Bauweise,
- nach der überbauten bzw. zu überbauenden Grundstücksfläche (siehe Seite 39).

Mit Ausnahme der »Bauweise« wurde alles schon im Zusammenhang mit Bebauungsplänen erläutert. Mit »Bauweise« wird im Wesentlichen zwischen einer offenen (Einzelhäuser) und einer geschlossenen Bauweise (Haus an Haus) unterschieden.

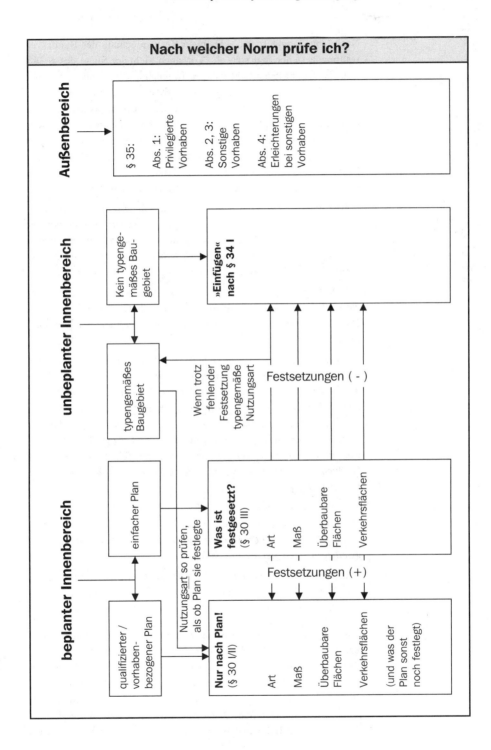

Nach einer langjährigen, gefestigten Rechtsprechung des Bundesverwaltungsgerichts fügt sich ein Vorhaben nicht im Sinne des § 34 I BauGB in die Eigenart der näheren Umgebung ein, wenn es, bezogen auf die in dieser Vorschrift genannten Kriterien, den aus der Umgebung ableitbaren Rahmen überschreitet und geeignet ist, bodenrechtlich beachtliche bewältigungsbedürftige Spannungen zu begründen oder zu erhöhen. Was sind nun bodenrechtliche Spannungen? Schauen wir uns einmal – stark vereinfacht und z.T. etwas verändert – den Grundsatzfall an, anhand dessen das Bundesverwaltungsgericht einen Großteil seiner Grundsätze zum »Einfügen« maßgeblich prägte:

Einfügen: Keine »bodenrechtlichen Spannungen«

K ist Eigentümerin eines Flurstücks in einem im Zusammenhang bebauten Ortsteil. Die vorhandene Bebauung besteht im Wesentlichen aus Ferienhäusern, lässt sich aber nicht einem Baugebietstyp der Baunutzungsverordnung zuordnen. Auch K hat schon ein Ferienhaus auf ihrem Flurstück errichtet. Einen Bebauungsplan gibt es nicht.

Fall 8

Fundstellen Originalfall:
• BVerwG 55, 369
• DVBl. 1978, 815

K beantragt die Baugenehmigung für ein Einfamilienhaus, das zusammen mit dem vorhandenen Haus eine Doppelhaushälfte bilden würde. Die Genehmigung wird versagt, ein Widerspruch der K bleibt ohne Erfolg.

Die Versagung ist im Wesentlichen darauf gestützt, dass eine Genehmigung negative Folgewirkungen nach sich ziehen könnte. Auch den anderen Grundstückseigentümern im Ferienhausgebiet könne eine Zweitbebauung dann nicht mehr verwehrt werden. Es käme zu einer nicht mehr abzuwehrenden Erhöhung der Baudichte und zu einer allgemeinen Verringerung der Grenzabstände. Im Übrigen könnte die K – was zutrifft – im Falle der Genehmigung einen Teil ihres Grundstücks bebauen, der größer ist als der derzeit bebaute Anteil der anderen Gebietsansässigen.

K setzt dagegen, dass – was zutrifft – ihr Flurstück so groß ist, dass auch bei einem zweiten Haus ihre Bebauung nicht dichter an die Grundstücksgrenze heranrücken würde, als dies bei den anderen Eigentümern im Gebiet der Fall ist.

K klagt auf Erteilung der Baugenehmigung. Ist das Vorhaben zulässig und die Genehmigung infolgedessen zu erteilen, wenn davon auszugehen ist, dass das »Einfügen« das einzig problematische Merkmal ist?

Baugebiet im unbeplanten Innenbereich

Das Baugebiet liegt in einem »im Zusammenhang bebauten Ortsteil«, also im Innenbereich. Es gibt keinen Bebauungsplan, also handelt es sich um einen unbeplanten Innenbereich. Es ist daher zunächst § 34 II, verneinendenfalls § 34 I BauGB zu prüfen. § 34 II BauGB sagt, dass die Art der baulichen Nutzung nach der Baunutzungsverordnung zu prüfen ist, wenn auch ohne Plan eine faktische Bebauung vorgefunden wird, die einem Baugebietstyp der Baunutzungsverordnung entspricht

(z.B. reines Wohngebiet, allgemeines Wohngebiet, Mischgebiet, etc.).
Dies ist aber laut Sachverhalt nicht der Fall. Dann findet eine Prüfung
ausschließlich nach § 34 I BauGB statt.

Die Fallfrage des Sachverhaltes gibt vor, dass sich die Prüfung auf das
Merkmal des »Einfügens« im Sinne von § 34 I BauGB beschränken
darf. Hierbei ist zu differenzieren:

- Art: Es handelt sich im gesamten Gebiet um Wohnhäuser, und auch
  die Klägerin möchte ein solches errichten.

  Einfügen nach der Art der baulichen Nutzung

- Maß: In echt würde ein Richter natürlich die Konstruktionspläne
  und die Umgebung studieren. In einer juristischen Aufgabenstellung bei Universitäten, Akademien, Behördenausbildungsgängen
  gilt indessen: Mangels Angaben in der Sachverhaltsschilderung ist
  davon auszugehen, dass sich das Vorhaben bezüglich des Maßes
  der baulichen Nutzung in die nähere Umgebung einfügt.

  Einfügen nach dem Maß der baulichen Nutzung

- Bauweise: Im Verhältnis zu den Häusern der Nachbarn liegt offene
  Bauweise vor, im Verhältnis zum bereits vorhandenen Haus der K
  jedoch geschlossene Bauweise, da beide Häuser zusammen ein
  Doppelhaus bilden sollen. Auf den anderen Grundstücken – so
  kann man es dem Sachverhalt entnehmen – steht jeweils nur ein
  Haus, und zwar mit gewissen Abständen zu den Grundstücksgren-
  zen. Also gibt es im gesamten Baugebiet keine geschlossene Bauweise, das geplante Doppelhaus wäre insoweit ein Novum.

  Einfügen nach der Bauweise

- Überbaubare Fläche: Die Fläche wäre prozentual gesehen bei K im
  Falle der Genehmigungserteilung größer als bei der derzeitigen
  Bebauung der anderen Gebietsansässigen. Dies ist übrigens kein
  Widerspruch zu der Aussage, dass die Grenzabstände gleich wären,
  denn wenn bei einem größeren und bei einem kleineren Grundstück die Abstände zwischen Bau und Grundstücksgrenze jeweils
  gleich sind, hat das größere Gründstück dennoch eine prozentual
  höhere bebaute Fläche.

  Einfügen nach den überbaubaren Grundstücksflächen

Wir haben festgestellt, dass sich das Vorhaben der K in zwei Punkten
von der vorhandenen Bebauung unterscheidet. Aber heißt »unterscheiden« auch »nicht einfügen«? Bedeutet umgekehrt »Einfügen« immer
vollständige Identität mit der vorhandenen Bebauung? Nein!

Die Feststellung, daß sich alle Vorhaben, die den durch ihre Umgebung
gesetzten »Rahmen« einhalten, in der Regel dieser Umgebung »einfügen«, erschöpft die Möglichkeit des »Einfügens« nicht. Auch Vorhaben, die den aus ihrer Umgebung ableitbaren Rahmen überschreiten,
können sich dennoch dieser Umgebung »einfügen«. Bei der »Einfügung« geht es weniger um »Einheitlichkeit« als um »Harmonie«. Daraus, daß ein Vorhaben in seiner Umgebung ... ohne ein Vorbild ist,
folgt noch nicht, daß es ihm an der (»harmonischen«) Einfügung fehlt.

BVerwG

»Einfügen« verlangt nicht Einheitlichkeit.

Das Erfordernis des Einfügens schließt nicht schlechthin aus, etwas zu verwirklichen, was es in der Umgebung bisher nicht gibt.

Soweit zunächst das Bundesverwaltungsgericht. Dass also in unserem Fall in Bezug auf Bauweise und überbaubare Grundstücksflächen das Vorhaben der K über die Bebauung der anderen Grundstücke hinausgehen würde, bedeutet noch nicht, dass es sich nicht »einfügt«.

Gut, nun wissen wir, was Einfügen nicht heißt. Was aber heißt Einfügen? Oben ist von »Harmonie« die Rede. Nicht nur Menschen, sondern auch Bauwerke haben mitunter eine komplizierte Beziehung zueinander, und so hat sich nicht nur der Begriff der Harmonie, sondern auch das Gegenteil, der Begriff der bodenrechtlichen Spannungen, im Baurecht etabliert.

Harmonie und Spannungen

Ein Vorhaben, das im Verhältnis zu seiner Umgebung bewältigungsbedürftige Spannungen begründet oder erhöht, das ... »verschlechtert«, »stört«, »belastet«, bringt die ihm vorgegebene Situation gleichsam in Bewegung. Es stiftet eine »Unruhe«, die potentiell ein Planungsbedürfnis nach sich zieht. Soll es zugelassen werden, kann dies sachgerecht nur unter Einsatz der – jene Unruhe gewissermaßen wieder auffangenden – Mittel der Bauleitplanung geschehen. Ein Vorhaben, das um seiner Wirkung willen selbst schon planungsbedürftig ist oder doch das Bedürfnis einer Bauleitplanung nach sich zieht, fügt sich seiner Umgebung nicht ein.

… Ein Planungsbedürfnis besteht, wenn durch das Vorhaben schutzwürdige Belange Dritter mehr als geringfügig beeinträchtigt werden … Wann insoweit die bauplanungsrechtliche Relevanzschwelle im einzelnen erreicht ist, läßt sich nicht anhand von verallgemeinerungsfähigen Maßstäben feststellen, sondern hängt von den jeweiligen konkreten Gegebenheiten ab.

BVerwG

Bodenrechtliche Spannungen

Fundstellen:
• BauR 1977, 398
• BVerwGE 54, 73

Ein paar Worte zur Erläuterung: Das Gericht stellt zunächst folgendes Kriterium auf: Die Spannungen, die das fragliche Vorhaben hervorrufen würde, müssten so groß sein, dass sie eine Pflicht zur Bauleitplanung auslösen würden. Die Frage, wann eine Gemeinde Bauleitpläne aufstellen muss und ein Gebiet nicht einfach unbeplant lassen kann, wird erst ab Seite 201 behandelt. Sie können das aber schon jetzt lesen, ohne den Inhalt der dazwischen liegenden Seiten kennen zu müssen.

Die Spannungen müssten so groß sein, dass sie eine Pflicht zur Bauleitplanung auslösen würden.

Ein weiteres Kriterium, welches weniger abstrakt ist, stellte das Bundesverwaltungsgericht in einem anderen Urteil auf. Es käme bei einem Überschreiten des vorhandenen Rahmens immer darauf an, ob dadurch neue Rücksichtnahmepflichten ausgelöst würden. Würde ein Wohnhaus inmitten von Wochenendhäusern errichtet, so läge zwar eine »Mischung« vor, doch handele es sich um eine Mischung, die nicht mit Spannungen verknüpft wäre. Der Dauerbewohner hätte keine über all-

Neue Rücksichtnahmepflichten?

gemeine Rücksichtnahmepflichten hinausgehende besondere Rücksicht auf die Wochenendbewohner zu nehmen und umgekehrt. Anders wäre es beispielsweise bei einem landwirtschaftlichen Stallgebäude inmitten der Wochenendhaus-Siedlung. Von ihm gingen Geräusche und Gerüche aus, die denen eines Wohnhauses nicht vergleichbar sind (auch wenn man da wie Schwein hausen sollte) und daher gegenseitige Rücksichtnahme über das bisherige Maß hinaus erforderten.

In unserem Fall würde man dazu kommen, dass sich das Bauvorhaben der K noch einfügt. Immerhin würden die im Viertel üblichen Grenzabstände eingehalten, es wäre also keine erhöhte Rücksichtnahme wegen Lärmbelästigung u.ä. nötig. Dass die K zwei Häuser in geschlossener Bauweise aneinander setzen würde, ansonsten aber alle Grundstücke mit offener Bauweise bebaut sind, ist ebenfalls unerheblich. Eine negative Vorbildwirkung kann das nicht haben, denn alle anderen Grundstücke sind kleiner, und die Eigentümer würden schon aus Platzgründen eine Genehmigung für ein zweites Haus nicht bekommen können. Hier werden also keine bodenrechtlichen Spannungen ausgelöst. Neidische Nachbarn stören nicht die bodenrechtliche Harmonie. Das Vorhaben der K fügt sich in die nähere Umgebung ein, müsste also unter der in der Fallfrage genannten Voraussetzung, dass dies das einzige Problem ist, zugelassen werden.

> In Fall 8: Bodenrechtliche Spannungen durch negative Vorbildwirkung.

cc) Gesicherte Erschließung

Im Wesentlichen kann auf Seite 40 verwiesen werden, wo dieses Erfordernis im Rahmen des § 30 I BauGB (qualifizierter Bebauungsplan) erläutert wurde. Insbesondere bei der Frage, wann eine Erschließung »gesichert« ist, ergeben sich keine Unterschiede.

Die Anforderungen an das, was »Erschließung« überhaupt meint, sind im unbeplanten Innenbereich eher niedrig anzusetzen. Grundsätzlich sollen vorhandene Erschließungseinrichtungen ausreichen (Straßen, Wasserversorgung, Elektrizität, Abwasserbeseitigung). Wenn es also beispielsweise eine Straße schon gibt, kommt es darauf an, ob ein bestimmtes Bauvorhaben an diese Straße angeschlossen ist oder nicht.

Im beplanten Bereich werden Erschließungsmaßnahmen meist gleich mitgeplant, im unbeplanten Bereich muss der Bauherr mit dem leben, was er vorfindet. Und das ist nicht immer ausreichend; wir bleiben beim Beispiel »Straße«. Schön und gut, es mag ja eine Straße zum geplanten Häuschen geben. Aber reicht es schon, dass es *überhaupt* eine gibt; egal wie breit und belastbar sie ist? Nein.

Zu diesen Mindestbedingungen gehören erstens, daß die erschlossenen Grundstücke jederzeit mit Kraftfahrzeugen erreichbar sein müssen, die im öffentlichen Interesse – insbesondere zur Gefahrenabwehr – im Einsatz sind, zweitens, daß die vorhandene Straße nicht überbelastet

BVerwG

Fundstellen:
- BRS 43, Nr. 6
- BVerwGE 64, 186

werden darf, und drittens, daß der Verkehr nicht zur Schädigung des Straßenzustands führen darf ... .

Beispiel

Fundstellen:
• BauR 2000, 1173
• BRS 62, Nr. 103

In einem Fall war die Zuwegung, an der das Baugrundstück lag, nicht asphaltiert und wies eine Breite von ca. 2,90 m bis 3,60 m auf. Ein Begegnungsverkehr war nur unter Inanspruchnahme der privaten Zufahrten anderer Grundstücke möglich. Dies genügte dem Bundesverwaltungsgericht nicht!

e) Außenbereich, § 35 BauGB

Der »Außenbereich« ist ein Bereich einer Gemeinde, der nicht mehr »im Zusammenhang bebaut« ist. Er soll grundsätzlich frei von Bebauung bleiben. Daher gibt es für ihn meist keine Bebauungspläne, denn dann würde er in der Regel zum Innenbereich werden. Diese Regel ist zwar nicht frei von Ausnahmen, aber § 35 BauGB regelt definitiv den *unbeplanten* Außenbereich (denn wenn es einen Plan gäbe, würden dessen Festsetzungen ja ohnehin vorgehen und man würde dann wie in § 30 BauGB prüfen). Im Folgenden ist daher mit dem Begriff »Außenbereich« immer ein unbeplanter Bereich gemeint.

Auch im Außenbereich ist das Bauen nicht gänzlich verboten. Dies soll aber nicht dazu führen, dass neue Wohnsiedlungsgebiete entstehen, was uns insbesondere noch auf Seite 75 (»Gefahr einer Splittersiedlung«) beschäftigen wird. Die zulässige Bebauung zielt auch auf eine andere Nutzung als die Wohnnutzung ab. Der Gesetzgeber unterscheidet – je nach Zweck eines Bauvorhabens – zwischen »privilegierten« und »sonstigen« Vorhaben. Wie der Name schon sagt, sind privilegierte Vorhaben eher zulässig als sonstige Vorhaben. Aber hierzu gleich mehr im Detail.

aa) Privilegierte Vorhaben, § 35 I BauGB

§ 35 I BauGB

Im Außenbereich ist ein Vorhaben nur zulässig, wenn öffentliche Belange nicht entgegenstehen, die ausreichende Erschließung gesichert ist und wenn es

1. einem land- oder forstwirtschaftlichen Betrieb dient und nur einen untergeordneten Teil der Betriebsfläche einnimmt,
2. einem Betrieb der gartenbaulichen Erzeugung dient,
3. der öffentlichen Versorgung mit Elektrizität, Gas, Telekommunikationsdienstleistungen, Wärme und Wasser, der Abwasserwirtschaft oder einem ortsgebundenen gewerblichen Betrieb dient,
4. wegen seiner besonderen Anforderungen an die Umgebung, wegen seiner nachteiligen Wirkung auf die Umgebung oder wegen seiner besonderen Zweckbestimmung nur im Außenbereich ausgeführt werden soll,

5. der Erforschung, Entwicklung oder Nutzung der Wind- oder Wasserenergie dient, ...

7. der Erforschung, Entwicklung oder Nutzung der Kernenergie zu friedlichen Zwecken oder der Entsorgung radioaktiver Abfälle dient.

Die ersten drei Zeilen der langen Norm zeigen: Es gibt drei Bedingungen, die als »kumulative« Aufzählung mit »und« verknüpft sind, d.h. alle drei Bedingungen müssen zugleich erfüllt sein. Entsprechend dem Gesetzeswortlaut wird nun in diese drei Bedingungen untergliedert:

(a) Keine entgegenstehenden öffentlichen Belange

Was sind »öffentliche Belange«? Schauen Sie sich dazu einmal die Ausführungen ab Seite 211 an. Da geht es darum, dass bei der Bauleitplanung öffentliche und private Belange gegen- und untereinander abzuwägen sind (§ 1 VII BauGB), und in § 1 VI BauGB werden einige zu berücksichtigende Belange genannt, die üblicherweise das Etikett »öffentlich« tragen. Bloß – so einfach, wie es scheint, ist die Abgrenzung öffentlich/privat gar nicht.

Öffentliche Belange

Indes: Schaut man sich die Rechtsprechung zu § 35 I BauGB an, so stellt sich heraus, dass er auf die hochkomplizierten Feinheiten der Unterscheidung öffentlich/privat kaum jemals ankommt. Es soll hier folgende (zweifelhafte) Richtschnur genügen: »Öffentlich« ist ein Belang immer dann, wenn er den Interessen der Allgemeinheit und nicht nur Individualinteressen dient.

In den allermeisten Fällen kommt man mit den in § 35 III BauGB genannten öffentlichen Belangen aus. Dem Wortlaut nach bezieht sich § 35 III BauGB gar nicht auf § 35 I BauGB, sondern auf den später noch zu behandelnden § 35 II BauGB. § 35 III BauGB enthält jedoch eine – beispielhafte und nicht abschließende – Aufzählung von »öffentlichen Belangen«, und es ist allgemein anerkannt, dass dies auch öffentliche Belange im Sinne von § 35 I BauGB sind. Sie finden diese öffentlichen Belange übrigens auf Seite 74.

Dass es hier nicht so sehr drauf ankommt wie bei den noch zu erörternden »sonstigen Vorhaben« des § 35 II BauGB, hat einen entscheidenden Grund, der auf einem kleinen, aber feinen sprachlichen Unterschied beruht:

Bei »privilegierten Vorhaben« des § 35 I BauGB dürfen öffentliche Belange nicht **entgegenstehen**.	Bei »sonstigen Vorhaben« des § 35 II BauGB dürfen öffentliche Belange nicht **beeinträchtigt sein**.

⇩   ⇩

»Entgegen« steht ein Belang erst, wenn er sich im Wege der Abwägung gegenüber den Belangen des Bauwilligen als gewichtiger erweist.	»Beeinträchtigt« ist ein Belang bei jeglicher, auch bei geringer Betroffenheit. Eine Interessenabwägung findet nicht statt.

Fall 9

Fundstellen Originalfall:
• HessVGRspr 1997, 25
• NuR 1998, 105

K beantragt erfolglos die Baugenehmigung für die Errichtung einer landwirtschaftlichen Halle mit einer Grundfläche von 50,28 m x 14,52 m. Nach den Bauantragsunterlagen soll die Halle, deren Maß ein vom Kläger gebraucht erworbenes Stahlgerüst einer Halle vom Frankfurter Flughafen bestimmte, in eingeschossiger Stahl- und Massivbauweise errichtet werden.

Der vorgesehene Bauplatz befindet sich am Rande des Westerwaldes. Die Halle stünde in einer mit Bäumen oder Baumgruppen locker durchsetzten Wiesenlandschaft, die sich nach Norden hin mit kleinteiligen Kuppen und Mulden bei insgesamt interessanter und ansprechender Reliefstruktur fortsetzt. Sie wäre weithin sichtbar und als nicht originär landwirtschaftlich genutzte, ehemalige Flughafenhalle erkennbar.

Muss die Baugenehmigung erteilt werden, wenn davon auszugehen ist, dass die Halle gemäß § 35 I Nr. 1 BauGB »einem land- oder forstwirtschaftlichen Betrieb dient« und die Erschließung gesichert ist?

Wir befinden uns im Außenbereich.

Die Gegend ist, so wie sie im Sachverhalt geschildert ist, nicht zusammenhängend bebaut; wir befinden uns also im Außenbereich, d.h. bei § 35 BauGB. Für die Unterscheidung, ob es sich um ein privilegiertes oder ein nichtprivilegiertes Vorhaben handelt, kommt es darauf an, ob das Vorhaben einem der Ziele des § 35 I Nr. 1 bis 7 BauGB dient. Dies ist hier laut Fallfrage gegeben, so dass es sich um ein privilegiertes Vorhaben handelt. Ein solches ist jedoch nicht automatisch zulässig; vielmehr muss neben der (hier gegebenen) gesicherten Erschließung noch festgestellt werden, dass kein öffentlicher Belang entgegensteht.

Hier Verunstaltung der Natur?

Als öffentlicher Belang könnte hier § 35 III Nr. 5 BauGB in Betracht kommen: Hiernach liegt eine Beeinträchtigung öffentlicher Belange vor, wenn ein Vorhaben »Belange des Naturschutzes und der Landschaftspflege, des Bodenschutzes, des Denkmalschutzes oder die natürliche Eigenart der Landschaft und ihren Erholungswert beeinträchtigt oder das Orts- und Landschaftsbild verunstaltet«. Hier käme in Betracht, auf natürliche Eigenart, Erholungswert und Bild der Landschaft abzustellen.

Zwar ist in § 35 III BauGB von »Beeinträchtigung« öffentlicher Belange die Rede und bei § 35 I BauGB vom »Entgegenstehen«. Man kann aber dennoch die Belange des § 35 III BauGB im Rahmen des § 35 I BauGB heranziehen. Zu beachten ist dann allerdings, dass nicht jedwede, auch geringfügige, Beeinträchtigung ausreicht, um ein privilegiertes Vorhaben unzulässig werden zu lassen. Vielmehr muss die Beeinträchtigung in Abwägung mit den Interessen des Bauwilligen ein Übergewicht haben. Da der Zweck der privilegierten Vorhaben ist, eher die Interessen der Bauwilligen in den Vordergrund zu rücken, wird eine Unzulässigkeit wegen entgegenstehender öffentlicher Belange nur bei sehr schwerwiegender Beeinträchtigung der öffentlichen Interessen gegeben sein.

In Bezug auf Verunstaltung hat sich hieraus folgender Grundsatz entwickelt:

> Das Landschaftsbild wird verunstaltet, wenn ihm das Vorhaben grob unangemessen ist ..., d. h., wenn ein Unlust erregender, kraß störender Widerspruch in ästhetischer Hinsicht zur Umgebung gegeben ist ... .

Definition »Verunstaltung des Landschaftsbildes«

Der Hessische Verwaltungsgerichtshof (= Oberverwaltungsgericht des Bundeslandes Hessen) zitierte diesen Grundsatz und wendete ihn im Folgenden auf den vorliegenden Fall an. Hierbei kam er zu dem Schluss, dass ein solcher krass störender ästhetischer Widerspruch gegeben war:

> [D]ie streitbefangene Halle [ist] ein grober Eingriff in das Landschaftsbild, ... In der exponierten Höhenlage wirkt die Halle wie ein weithin sichtbarer, störender Fremdkörper auf dem West- bis Südwesthang oberhalb des -baches. Aus dem Bild der umliegenden Landschaft springt die Halle auf der Anhöhe unvermittelt hervor. Sie ist vor allem von Westen und Süden her auch aus einiger Entfernung freistehend zu sehen, ebenfalls aus östlicher Richtung, auch wenn die Halle wegen des sanft ansteigenden Hangs aus größerer Entfernung von hier aus nur mit dem allerdings erheblichen Teil zu erblicken ist, der die Abgrabung am Hang überragt. In der mit Bäumen oder Baumgruppen locker durchsetzten Wiesenlandschaft in der Umgebung, die sich nach Norden hin mit kleinteiligen Kuppen und Mulden bei insgesamt interessanter und ansprechender Reliefstruktur fortsetzt, bildet die gut 50 m lange und über 14 m breite, offensichtlich nicht originär landwirtschaftliche ehemalige Flugplatzhalle mit einer Grundfläche von 730 qm einen deutlich landschaftsfremden Bestandteil, der wegen seiner Dimensionierung und Gestaltung die gefällige, im landschaftlichen Gesamtbild wohltuende Mittelgebirgslandschaft am Rande des Westerwaldes in ihrem ästhetischen Wert kraß stört und herabsetzt.

HessVGH

Zum krass störenden ästhetischen Widerspruch (hier Fall 9)

Zugegeben: Meistens muss man bei privilegierten Vorhaben nur prüfen, ob eine der Nummern des § 35 I BauGB gegeben ist, dann sind sie in der Regel auch zulässig. Es kann aber – das hat der voranstehende Fall gezeigt – auch dann einmal sein, dass die »entgegenstehenden öffentlichen Belange« ihre bei § 35 I BauGB recht hoch angesetzte Hürde nehmen können und ein privilegiertes Vorhaben unzulässig machen.

(b) Der Zweck des Vorhabens

Wie es unmittelbar vor Nr. 1 des § 35 I BauGB heißt, muss das Bauvorhaben einem der danach genannten Zwecke dienen. Lesen Sie sich die Nummern einmal in Ruhe durch. Der Katalog ist so reichhaltig, dass in einem Basislehrbuch nur auf einige ausgewählte Problemkreise eingegangen werden kann.

(aa) Das Merkmal des »Dienens«

Bei den meisten Nummern des § 35 I BauGB ist ein Zweck genannt, und das beantragte Bauvorhaben muss diesem Zweck auch »dienen«. Und dieses Merkmal wird von den Gerichten eher eng ausgelegt. Es »dient« nämlich nur das, was dem Erwerbszweck in Größe und Umfang angemessen ist.

Heißt das, dass nur solche Gebäude dem genannten Zweck »dienen«, die absolut notwendig für den im Gesetz genannten Zweck sind? Darf's nicht auch ein bisschen schön, geräumig und komfortabel sein?

Fall 10

Fundstelle Originalfall:
Buchholz 406.11, § 35
BauGB, Nr. 303

Landwirt L hatte seinen Betrieb als »privilegiertes Vorhaben« nach § 35 I Nr. 1 BauGB genehmigen lassen und errichtet. Zu der Anlage gehört ein Gebäude mit Wohnungen für Landarbeiter. Er beantragt eine Genehmigung zur Erweiterung dieses Gebäudes. Zwar werden nicht mehr Landarbeiter eingestellt, aber die bereits bei L beschäftigten Arbeiter sollen größere Wohnungen erhalten. Die existierenden Wohnungen genügen nur einfachen Ansprüchen. Die erweiterten Wohnungen würden in der Größe über das hinausgehen, was nach den einschlägigen Vorschriften über den sozialen Wohnungsbau (Zweites Wohnungsbaugesetz) staatlich gefördert werden dürfte. Dient das Vorhaben des L dem landwirtschaftlichen Betrieb?

BVerwG

Definition »Dienen«

Für das Merkmal des Dienens ist ... darauf abzustellen, ob ein vernünftiger Landwirt das Bauvorhaben mit etwa gleicher Ausstattung auch unter Berücksichtigung des Gebots größtmöglicher Schonung des Außenbereichs errichten würde.

Mit dieser Definition können Sie auch arbeiten, wenn Sie einmal nicht einen Landwirtsfall haben (das »Dienen« taucht ja auch bei den meisten anderen Zwecken des § 35 I Nr. 2 bis 7 BauGB auf, die mit Landwirtschaft nichts zu tun haben).

Zurück zum Fall: Das Bundesverwaltungsgericht hat es gebilligt, dass die Vorinstanz sich auf die Maßstäbe des Zweiten Wohnungsbaugesetzes berufen hatte. Dies geht jedenfalls dann, wenn keine besonderen Umstände des Einzelfalls eine andere Bewertung rechtfertigen. Da solche Umstände nicht vorlagen, konnte das Merkmal des »Dienens« im Endeffekt verneint werden.

BVerwG
(zu Fall 10)

Nach den Feststellungen des Berufungsgerichts genügt bereits die vorhandene Wohnung zumindest einfachen Ansprüchen. Eine angemessene Anpassung an heutige Ansprüche sei zwar zulässig. Entsprechend den eher bescheidenen Einkommensverhältnissen der Landarbeiter könne den Vorschriften über den sozialen Wohnungsbau ein Anhaltspunkt für die demnach vertretbare Wohnungsgröße entnommen werden. Diese Wohnungsgröße sei hier auf jeden Fall überschritten; da Tatbestände, die im Falle des Klägers eine Überschreitung dieser Wohnungsgröße rechtfertigten, nicht ersichtlich seien, sei das Vorhaben nicht genehmigungsfähig. ... Das Berufungsgericht hat in erster Linie ... auf den »vernünftigen Landwirt« abgestellt und in tatsächlicher Hinsicht festgestellt, daß – auch bezogen auf den konkreten Fall – die beantragte Wohnungserweiterung diesem Maßstab nicht gerecht wird. Wenn es in diesem Zusammenhang für die Frage der Angemessenheit auch auf das II. Wohnungsbaugesetz als Anhaltspunkt zurückgreift, so entspricht das dem Urteil des Senats vom 23. Januar 1981 ..., der in einem insoweit vergleichbaren Fall ebenfalls den Rückgriff auf das II. Wohnungsbaugesetz für sachgerecht gehalten hat.

(bb) Ausgewählte Nummern des § 35 I BauGB

Land- und forstwirtschaftlicher Betrieb, § 35 I Nr. 1 BauGB

Was es heißt, dass ein Vorhaben einem land- und forstwirtschaftlichen Betrieb »dienen« muss, wurde zuvor bereits erläutert. Wichtig ist hier noch zu erwähnen, dass der Begriff der »Landwirtschaft« in § 201 BauGB genauer erläutert wird.

§ 201 BauGB

Landwirtschaft im Sinne dieses Gesetzbuchs ist insbesondere der Ackerbau, die Wiesen- und Weidewirtschaft einschließlich Tierhaltung, soweit das Futter überwiegend auf den zum landwirtschaftlichen Betrieb gehörenden, landwirtschaftlich genutzten Flächen erzeugt werden kann, die gartenbauliche Erzeugung, der Erwerbsobstbau, der Weinbau, die berufsmäßige Imkerei und die berufsmäßige Binnenfischerei.

Die Rechtsprechung zu der Frage, was ein landwirtschaftlicher Betrieb ist, ist sehr reichhaltig und schwer zu systematisieren. Beispielhaft sei ein häufig auftretendes Problem herausgegriffen. Unter einem »Betrieb« wird ein Erwerbsbetrieb verstanden. Es genügt auch ein Nebenerwerbsbetrieb. Nicht ausreichend ist aber eine bloße Liebhaberei, wo der Erwerbszweck derart in den Hintergrund tritt, dass man nicht mehr von einem »Betrieb« nach § 35 I Nr. 1 BauGB sprechen kann.

Die Abgrenzung zwischen Nebenerwerb und Liebhaberei ist schwierig und durch eine Fülle von einzelfallbezogenen Entscheidungen geprägt, also schwer auf allgemeine Kriterien zurückzuführen. Hier ist eine dieser Entscheidungen:

Fall 11

nach BayVGH,
22.12.2003,
1 B 01.2821

Der mehr als 65 Jahre alte K, der seinen Beruf als Rechtsanwalt nicht mehr ausübt, verfügt über 11,5 ha landwirtschaftliche Nutzfläche. In einem Holzgebäude hält er 22 Ziegen. Die Tiere werden von K, seiner Ehefrau und seinem Sohn versorgt. K besitzt alle für die Bewirtschaftung erforderlichen landwirtschaftlichen Maschinen. Er plant, den Bestand auf 50 Ziegen aufzustocken. Es besteht ein Abnahmevertrag mit einer Molkerei für 20.000 kg Ziegenmilch pro Jahr.

Mit Bauantrag vom 28. Juni 1999 beantragte der Kläger, die bestehenden baulichen Anlagen als »landwirtschaftliches Gebäude« zu genehmigen. Das Landwirtschaftsamt W. äußerte sich nach Einschaltung des Fachberaters für Schafe und Kleintiere in einer Stellungnahme vom 30. November 1999 wie folgt: Die Maschinenhalle mit 105 m^2 könne mit relativ geringem Aufwand in einen Ziegenstall für 50 Milchziegen umgebaut werden. Eine Molkerei habe die Abnahme der gesamten Ziegenmilch unter der Voraussetzung zugesichert, dass der Betrieb als »Bio-Betrieb« anerkannt werde. Bei einer Aufstockung auf 50 Milchziegen (Verkauf des Fleisches in Direktvermarktung und Milchverkauf an die Molkerei) sei unter den gegenwärtigen Marktbedingungen nach einer gewissen Anlaufphase bei straffer Betriebsführung mit einem jährlichen Roheinkommen von etwa 30.000 DM zu rechnen. Allerdings fehlten gegenwärtig sowohl K als auch seiner Ehefrau die berufliche Qualifikation. Deshalb lägen die Voraussetzungen für einen landwirtschaftlichen Betrieb nicht vor.

Liegt ein »privilegiertes Vorhaben« nach § 35 I Nr. 1 BauGB vor?

Der Bayerische Verwaltungsgerichtshof (= Oberverwaltungsgericht des Freistaats Bayern) stellte dabei folgende Kriterien auf, wobei er sich auf eine gefestigte höchstrichterliche Rechtsprechung stützen konnte:

BayVGH

(Hervorhebungen
des Verfassers)

Nach § 35 Abs. 1 Nr. 1 BauGB ist im Außenbereich ein Vorhaben bevorrechtigt zulässig, wenn es einem landwirtschaftlichen Betrieb dient. *Ein landwirtschaftlicher Betrieb ist ein auf Generationen angelegtes lebensfähiges Unternehmen zur planmäßigen und eigenverantwortli-*

chen Bodennutzung ... . Bei Tierhaltungsbetrieben handelt es sich nur dann um Landwirtschaft, wenn das Futter überwiegend selbst erzeugt wird (vgl. § 201 BauGB). Ernsthaftigkeit und Dauerhaftigkeit des Unternehmens setzen in der Regel voraus, dass der Betrieb mit *Gewinnerzielungsabsicht* geführt wird und auch einen Gewinn erwarten lässt. Dem kommt aber um so geringere Bedeutung zu, je größer die landwirtschaftliche Nutzfläche ist ... .

Diese Anforderungen gelten nicht nur für Vollerwerbs-, sondern auch für *Nebenerwerbsbetriebe*. Bei der Prüfung, ob eine Nebenerwerbsstelle privilegiert ist, sind grundsätzlich *strenge Anforderungen* an die Ernsthaftigkeit und Dauerhaftigkeit des Betriebs zu stellen, weil der Bestand des Betriebs in besonderer Weise vom Betriebsinhaber abhängig ist ... . Wenn ein Nebenerwerbsbetrieb von einem Nichtlandwirt erst aufgebaut werden soll, besteht nämlich die Gefahr, dass der Betrieb bei Veränderung der persönlichen Verhältnisse schnell wieder aufgegeben wird.

Es wurde anschließend genauestens geprüft, ob diese Kriterien im Falle des K erfüllt sind. Das Gericht bejahte dies. Zum einen sei die Fläche groß genug für 50 Ziegen. Zum zweiten spräche die praktische Erfahrung, die K und seine Familie mit der bisherigen Ziegenhaltung hätten, für eine hinreichende Qualifikation, auch wenn sie keine »gelernten« Landwirte seien. Schließlich rechne sich der Betrieb voraussichtlich auch. Einzig fraglich könnte sein, wie dauerhaft der Betrieb geführt werden könnte. Hier stellte das Gericht einen einprägsamen Grundsatz auf:

Je dauerhafter die Gebäude, desto dauerhafter muss auch der Betrieb sein.

Sollen also massive Gebäude errichtet werden, die nicht so leicht wieder abzureißen oder zu versetzen sind, so muss auch prognostiziert werden können, dass der landwirtschaftliche Betrieb eine große Dauerhaftigkeit aufweisen wird, und umgekehrt. Hier wurde nur die Genehmigung für einen leicht wieder zu beseitigenden Holzbau beantragt. Da genügte es dem Gericht, dass Frau und Sohn des K, die eh schon bei der Ziegenhaltung mitarbeiteten, mutmaßlich den Betrieb weiterführen würden, wenn K dies – z.B. aus Altersgründen – nicht mehr kann. Insgesamt liegt also ein nach § 35 I Nr. 1 BauGB privilegierter landwirtschaftlicher Nebenerwerbsbetrieb, nicht nur eine Liebhaberei vor.

Öffentliche Versorgung oder ortsgebundener gewerblicher Betrieb, § 35 I Nr. 3 BauGB – speziell Mobilfunk-Sendemasten

Der »Handy-Boom« ist ungebrochen. Die Angst vor »Elektrosmog«, der von den Geräten selbst, aber auch von Sendemasten ausgeht, ist es auch. Es ist kaum verwunderlich, dass sich die Gerichte in den letzten

Mobilfunk-Sendemasten
als »öffentliche Versorgung
mit Telekommunikations-
dienstleistungen« im
Außenbereich

Jahren verstärkt mit der Zulässigkeit von Mobilfunk-Sendemasten beschäftigen mussten. Diese sind schon wegen ihrer Größe prädestiniert
für den Außenbereich. Die Zulässigkeit wird aus § 35 I Nr. 3 BauGB
abgeleitet, wo von der »öffentlichen Versorgung mit Telekommunikationsdienstleistungen« die Rede ist.

Zu den Vorhaben, die Telekommunikationsdienstleistungen dienen,
gehören neben Rundfunk- und Fernsehtürmen insbesondere Sendemasten für den Mobilfunk.

Indes verlangt die Rechtsprechung über den Wortlaut des § 35 I Nr. 3
BauGB hinaus eine besondere Ortsgebundenheit des Vorhabens. Damit
ist gemeint, dass es gerade am fraglichen Ort zweckmäßigerweise errichtet werden sollte, dass es also nicht an einem anderen Ort besser zu
errichten wäre. Dies trägt dem Gedanken Rechnung, dass der Außenbereich möglichst frei von Bebauungen bleiben soll.

Für die Zulässigkeit
wird »besondere
Ortsgebundenheit«
verlangt.

Die Anforderungen an die »Ortsgebundenheit« sind nicht zu hoch anzusetzen. Ein Nachweis, dass der Standort X der absolut beste aller
möglichen Standorte für ein bestimmtes Vorhaben ist, wird kaum
gelingen. Es wäre auch ein zeit- und kostenintensives Unterfangen,
dies erst durch zahlreiche Gutachten nachzuweisen. Die Bautätigkeit
würde gelähmt, und auch dies lässt sich mit § 35 I BauGB nicht vereinbaren. Zwar soll der Außenbereich grundsätzlich von Bebauungen frei
bleiben, aber der Gesetzgeber hat nun einmal vorgesehen, dass gewisse
Vorhaben »privilegiert« sind, und das darf durch eine übersorgfältige
Verwaltungspraxis und Rechtsprechung nicht unterlaufen werden.

Fall 12

Fundstellen Originalfall:
• BauR 1998, 313
• BRS 59, Nr. 88

*Es gab einen Rechtsstreit um die Baugenehmigung einer Fernmeldean-
lage im »Schorrenwald« (= Teil des Außenbereiches der Gemeinde X).
Das in erster Instanz zuständige Verwaltungsgericht kam zu dem
Schluss, das Vorhaben müsse genehmigt werden. Ein spezifischer
Standortbezug sei »noch« zu bejahen, denn eine Errichtung der Anlage
im Gewerbegebiet würde das Ortsbild ungleich gravierender stören,
als im Schorrenwald, wo der Mast teilweise durch den vorhandenen
Baumbestand verdeckt werde.*

*Die Baugenehmigungsbehörde, die die Genehmigung versagen möchte,
legt Berufung ein. Es hätte weiterer Aufklärung der Eignung eines anderen Standorts als des zur Genehmigung gestellten bedurft. Das Verwaltungsgericht hätte die Ortsgebundenheit erst bejahen dürfen, wenn
ein funktechnisches Gutachten zu dem Ergebnis geführt hätte, dass die
Anlage in keinem der Gewerbegebiete der Gemeinde betrieben werden
kann.*

Trifft diese Auffassung zu?

Nein. Nach dem Verwaltungsgerichtshof Baden-Württemberg sind
Anlagen für den Mobilfunk nur dann gem. § 35 I Nr. 3 BauGB privilegiert, wenn sie einen spezifischen Standortbezug aufweisen, wobei
allerdings eine »kleinliche« Prüfung nicht angebracht ist. Gemessen
daran bedurfte es in diesem Fall keiner weiteren Aufklärung, welche
Auswirkungen im Einzelnen auf das Ortsbild von einem Sendemast im
Gewerbegebiet ausgehen würden. Vielmehr durfte sich das Verwaltungsgericht insoweit mit der Feststellung begnügen, eine Errichtung
der Anlage im Gewerbegebiet würde das Ortsbild ungleich gravierender stören. Weiterer Aufklärung bedurfte es nicht. Ein funktechnisches
Gutachten, wie gefordert, kann für die Genehmigung hier nicht mehr
verlangt werden.

> Keine kleinliche Prüfung bei der Ortsgebundenheit!

(c) Gesicherte Erschließung

Auch nach § 35 I BauGB muss für die Zulässigkeit eines Vorhabens
die Erschließung gesichert sein, also der Anschluss an das öffentliche
Straßennetz, die Versorgung mit Elektrizität und Wasser und die Abwasserbeseitigung. Indes unterscheiden sich die Anforderungen im
Außenbereich von denen des Innenbereiches. Man kann sogar sagen,
dass sich die Anforderungen je nach Eigenart des konkreten Vorhabens
unterscheiden, und das ist ja auch sinnvoll. Insgesamt werden die Anforderungen im Außenbereich eher niedriger anzusetzen sein, zumal
dann, wenn ein Vorhaben nicht zum ständigen Aufenthalt von Menschen bestimmt ist. Auch die Tatsache, dass Vorhaben nach § 35 I
BauGB »privilegiert« sind, also leichter zulässig sein sollen, spricht
gegen hohe Anforderungen an die Erschließung. So hat es in einem
Fall für einen Mobilfunk-Sendemast, der nur drei- bis viermal pro Jahr
zu Wartungsarbeiten angefahren werden muss, ausgereicht, dass eine
vorhandene Straße, die zu einem Bauernhof führt, mitbenutzt werden
darf. Für landwirtschaftliche Betriebe muss die Straße auch nicht unbedingt asphaltiert sein. Das Bundesverwaltungsgericht führte einmal
aus, die Erschließung solcher Betriebe erfolge herkömmlicherweise
über landwirtschaftliche Wirtschaftswege, auch über Feld- und Wald-
wege; sie seien nicht generell auf betonierte oder asphaltierte Wege
angewiesen. Je nach den örtlichen Gegebenheiten könne auch ein nur
geschotterter Weg oder ein Feldweg ausreichen.

> Fundstellen:
> • BRS 44, Nr. 75
> • DVBl. 1986, 186

bb) Sonstige Vorhaben, § 35 II, III BauGB

(a) Allgemeines / Rechtsfolge von § 35 II BauGB

Sonstige Vorhaben können im Einzelfall zugelassen werden, wenn ihre
Ausführung oder Benutzung öffentliche Belange nicht beeinträchtigt
und die Erschließung gesichert ist.

> **§ 35 II BauGB**

Dies ist eine Norm nach dem Prinzip »wenn – dann«. Das »Wenn«, der Tatbestand, besteht aus vier Voraussetzungen:

- Vorhaben im Außenbereich (steht nicht ausdrücklich drin, aber der ganze § 35 BauGB bezieht sich auf den Außenbereich),
- »sonstiges« Vorhaben (also: kein privilegiertes Vorhaben nach § 35 I BauGB; daher muss man § 35 I BauGB immer vor § 35 II BauGB prüfen),
- kein öffentlicher Belang beeinträchtigt,
- Erschließung gesichert.

Das »Dann«, also die Rechtsfolge, lautet, dass ein Vorhaben genehmigt werden »kann«, wenn die vier oben genannten Punkte gegeben sind. Hier irrt das Gesetz, man muss es deutlich so sagen, denn richtig müsste es heißen:

Eigentlich müsste es im Gesetz so lauten (grundgesetzliche Eigentumsgarantie)!

Sonstige Vorhaben müssen zugelassen werden, wenn ihre Ausführung oder Benutzung öffentliche Belange nicht beeinträchtigt und die Erschließung gesichert ist.

Kann man sich einfach so über den Gesetzeswortlaut hinwegsetzen? Man muss es hier sogar, und zwar aus Gründen des Verfassungsrechts. Art. 14 des Grundgesetzes gewährt die Eigentumsgarantie. Das Eigentum umschließt aber auch das Recht, mit seinem Grund und Boden zu machen, was man will, also auch das Recht, sein Eigentum zu bebauen (»Baufreiheit«). Dieses kann zwar unter Beachtung gewisser Voraussetzungen eingeschränkt werden, aber: Wenn gar kein öffentlicher Belang durch eine Baumaßnahme betroffen ist, lässt sich eine Beschneidung der Eigentumsgarantie nicht begründen, dann »kann« nicht nur eine Genehmigung erfolgen, sondern sie muss es. Das Grundgesetz steht über dem Baugesetzbuch.

(b) Tatbestand: Zur Beeinträchtigung öffentlicher Belange; § 35 III BauGB

§ 35 III BauGB

Eine Beeinträchtigung öffentlicher Belange liegt insbesondere vor, wenn das Vorhaben

1. den Darstellungen des Flächennutzungsplans widerspricht, ...
3. schädliche Umwelteinwirkungen hervorrufen kann oder ihnen ausgesetzt wird, ...
5. Belange des Naturschutzes und der Landschaftspflege, des Bodenschutzes, des Denkmalschutzes oder die natürliche Eigenart der Landschaft und ihren Erholungswert beeinträchtigt oder das Orts- und Landschaftsbild verunstaltet, ...
7. die Entstehung, Verfestigung oder Erweiterung einer Splittersiedlung befürchten lässt ...

Ab Seite 65 wurde bereits viel zu den öffentlichen Belangen des § 35 III BauGB gesagt; dies musste vorgezogen werden, da schon beim Begriff der öffentlichen Belange im Rahmen des § 35 I BauGB (privilegierte Vorhaben) wichtig war, die Bedeutung dieses Begriffs in Kontrast zu der Bedeutung zu setzen, die die »öffentlichen Belange« bei den nichtprivilegierten Vorhaben des § 35 II BauGB haben. Was nun die einzelnen Belange angeht, so sollen wieder nur beispielhaft einige von ihnen herausgegriffen werden. Zu § 35 III 1 Nr. 5 BauGB (Verunstaltung) findet sich bereits der Fall 9 (Seite 66). Hier soll es noch um ein Problem gehen, welches sich im Außenbereich besonders häufig stellt.

(c) Zum Beispiel: Gefahr einer Splittersiedlung

E ist Eigentümerin eines Grundstücks im Außenbereich, das mit einem etwa 100 Jahre alten Bauernhaus bebaut ist, das eine Grundfläche von deutlich mehr als 200 m² aufweist und im Erdgeschoss in einen Wohn- und einen Wirtschaftsbereich unterteilt ist. Die Wohnräume mit einer Gesamtgrundfläche von 176,4 m² dienen der E und der Familie ihrer jüngeren Tochter als gemeinsames Domizil, die Wirtschaftsräume werden nicht mehr genutzt. Das 110 m² große Dachgeschoss fungiert als Abstell- und Trockenraum. Das Bauernhaus bildet den baulichen Mittelpunkt einer Hofstelle, zu der noch ein weiteres, von der älteren Tochter der E genutztes, aus einem Lager zu einem Wohnhaus umgebautes Gebäude und ein landwirtschaftliches Nebengebäude gehören. Das Gehöft liegt inmitten von Obstplantagen und ist von der nächstgelegenen Bebauung ca. 300 m entfernt.

Fall 13

Fundstellen Originalfall:
• BVerwGE 120, 130
• NVwZ 2004, 982

E beantragte beim zuständigen Landkreis die Erteilung einer Baugenehmigung für die Errichtung eines als Doppelhaus bezeichneten Gebäudes, das sie nach Abriss des Bauernhauses an dessen Stelle setzen will. Das neue Bauwerk soll sich nach Art eines Zwillingsbaus aus zwei Haushälften mit einer auf ganzer Länge gemeinsamen Zwischenwand und spiegelbildlichen Grundrissen zusammensetzen. Die vorgesehene Grundfläche des zweigeschossigen Baukörpers mit zwei getrennten Eingangsbereichen beträgt ca. 160 m², die Gesamtwohnfläche nach Angaben der Klägerin 216,04 m². Eine Haushälfte will die Klägerin, die andere die Familie ihrer jüngeren Tochter beziehen. Vereinbarkeit mit Bauplanungsrecht? Gehen Sie davon aus, dass die Erschließung gesichert ist.

Bei der Prüfung der Vereinbarkeit mit Bauplanungsrecht geht es zunächst darum, in welchem Bereich gebaut werden soll. (Dass es sich um ein »Bauvorhaben« nach § 29 BauGB handelt und daher die §§ 30 ff. BauGB gelten, lassen wir wegen Selbstverständlichkeit hier einmal

Wir befinden uns wieder einmal im Außenbereich.

weg.) Dies ist hier der Außenbereich, wir befinden uns also in § 35 BauGB.

Es liegt ein sonstiges Vorhaben vor.

Anschließend schauen wir nach, ob das Vorhaben privilegiert zulässig ist, ob es also unter § 35 I BauGB fällt. Eine Bebauung, die – wie hier – ausschließlich Wohnzwecken dient, ist in § 35 I BauGB nicht genannt. Also handelt es sich hier um ein »sonstiges Vorhaben« gemäß § 35 II BauGB.

Fraglich ist, ob ein öffentlicher Belang beeinträchtigt ist. In Betracht käme hier möglicherweise die Gefahr der Entstehung einer Splittersiedlung, § 35 III 1 Nr. 7 BauGB.

Definition »Splittersiedlung«

Eine Splittersiedlung besteht aus in einem engeren räumlichen Bereich liegende Bauten, die in keiner organischen Beziehung zu den im Zusammenhang bebauten Ortsteilen stehen, die selbst keinen im Zusammenhang bebauten Ortsteil darstellen und auch in keiner organischen Beziehung zu einem solchen stehen oder sich nicht in die geordnete städtebauliche Entwicklung einfügen.

Erläuterung der sehr kleinlichen Rechtsprechung

Im vorliegenden Fall könnte die Aufstockung der Zahl der Wohneinheiten dem Entstehen einer Splittersiedlung förderlich sein. Während im alten Haus die E und die Familie ihrer jüngeren Tochter in einer gemeinsamen »Wohneinheit« wohnen, soll nun jede/r eine Doppelhaushälfte bekommen.

Sollte das tatsächlich ausreichen? Das Bundesverwaltungsgericht sah im vorliegenden Fall durchaus die Gefahr der Entstehung einer Splittersiedlung. Durch hinzukommende Wohneinheiten verstärke sich die Belastung des Außenbereichs, das heißt die Beeinträchtigung öffentlicher Belange, regelmäßig insofern, als die natürliche Eigenart der Landschaft zusätzlich beeinträchtigt und der Verfestigung einer Splittersiedlung Vorschub geleistet werde. Mit der Zahl der Wohneinheiten steige die Zahl der Haushalte und damit typischerweise die Zahl der Bewohner, nehme der Kraftfahrzeugverkehr zu und werde die Ver- und Entsorgung aufwändiger. Die zweite Wohneinheit verleihe dem Neubau im Vergleich zum vorhandenen Altbau mithin eine andere Qualität.

»Mag ja sein, aber im konkreten Fall wohnen da doch nach wie vor die gleichen Leute«, werden Sie jetzt sagen.

Ist laut Bundesverwaltungsgericht völlig egal: Die Verdoppelung der Zahl der Wohneinheiten und die Aufteilung der »Großfamilie« auf zwei Haushalte erhöhe die Gefahr, dass im Falle des Ablebens oder des Wegzugs einer Partei selbstständig nutzbarer Wohnraum frei wird, der dann zur Vermeidung von Leerstand Dritten überlassen wird. Deren Zuzug widerspräche dem vom Gesetzgeber gewollten Schutz des Außenbereichs.

So wenig reicht also laut Bundesverwaltungsgericht schon für die Gefahr der Entstehung einer Splittersiedlung. Nun sollten Sie diese Rechtsprechung zwar kennen, müssen Sie aber nicht lieben. Man kann das alles natürlich auch anders sehen. Man kann fragen, ob eine »Gefahr frei werdenden Wohnraums« nicht auch bei einer einzigen Wohneinheit gegeben ist, wenn jemand aus der »Großfamilie« stirbt oder wegzieht und es dem Rest schlicht zu groß wird. Man kann fragen, ob die Großfamilie tatsächlich mehr Müll entsorgen muss, mehr Wasser und Strom verbraucht und mehr Auto fahren wird, wenn nicht mehr alle zusammen in einem Haus wohnen. Man kann fragen, ob das Gericht nicht jene Tugend hat vermissen lassen, die jedem Jurastudenten ab dem ersten Semester gnadenlos eingepaukt wird, nämlich eine Falllösung so weit wie möglich an den konkreten Gegebenheiten des Einzelfalls auszurichten. Man kann fragen, ob eine Regel »Mehr Wohneinheiten = Splittersiedlung« ohne Rücksicht auf Besonderheiten des Einzelfalles angewendet werden sollte. Wohl gemerkt: Man kann. Sollte man auch? Die Antwort ist eine pragmatische: Ja, wenn Sie eine Klausur oder einen Aufsatz zu dem Thema schreiben sollen/wollen. Nein, wenn Sie einen solchen Rechtsstreit führen, der dann von Gerichten entschieden wird, die sich im Zweifel am Bundesverwaltungsgericht orientieren werden.

(d) Gesicherte Erschließung

Auch bei den »sonstigen Vorhaben« des § 35 II BauGB muss die Erschließung (= Anschluss an das öffentliche Straßennetz, die Versorgung mit Elektrizität und Wasser und die Abwasserbeseitigung) gesichert sein. Die Anforderungen sind in Bezug auf die Eigenart des konkret beantragten Vorhabens zu bestimmen. Generell gilt jedoch, dass die Anforderungen bei § 35 II BauGB höher als bei § 35 I BauGB sind. Dies liegt daran, dass »sonstige Vorhaben« nach § 35 II BauGB nach dem Gesetzgebungswillen strengeren Anforderungen an die Zulässigkeit genügen müssen und nicht etwa noch gefördert werden sollen. Daher orientieren sich die Anforderungen eher an den strengeren Maßstäben des Innenbereiches. Beispielsweise wurde eine Zuwegung (zu einem Wohnhaus) als nicht ausreichend angesehen, die zwischen 2,4 und 2,7 m breit, mit Mineralbeton geschottert und nicht entwässert war und eine Steigung von 7 bis 8 % aufwies, wobei die Befahrbarkeit infolge der Hanglage durch abfließendes Niederschlagswasser und im Winter durch Vereisung beeinträchtigt war.

Fundstellen:
• BRS 46, Nr. 145
• DVBl. 1986, 682

cc) Ausnahmeregelung für sonstige Vorhaben, § 35 IV BauGB

§ 35 IV BauGB enthält einige Sonderbestimmungen für Vorhaben, die zwar nicht privilegiert i.S.v. § 35 I BauGB sind, aber die auch nicht die volle Härte des § 35 III BauGB treffen soll. Die in der Fachliteratur verwendeten Begriffe hierfür sind uneinheitlich, also bleiben wir am besten bei etwas Unverfänglichem wie »Ausnahmeregelungen nach § 35 IV BauGB«.

§ 35 IV BauGB

Den nachfolgend bezeichneten sonstigen Vorhaben ... kann nicht entgegengehalten werden, dass sie Darstellungen des Flächennutzungsplans oder eines Landschaftsplans widersprechen, die natürliche Eigenart der Landschaft beeinträchtigen oder die Entstehung, Verfestigung oder Erweiterung einer Splittersiedlung befürchten lassen, soweit sie im übrigen außenbereichsverträglich im Sinne des Absatzes 3 sind:
...

2. die Neuerrichtung eines gleichartigen Wohngebäudes an gleicher Stelle ...,

5. die Erweiterung eines Wohngebäudes auf bis zu höchstens zwei Wohnungen unter folgenden Voraussetzungen: ...

   b) Die Erweiterung ist im Verhältnis zum vorhandenen Gebäude und unter Berücksichtigung der Wohnbedürfnisse angemessen.

Hinzu kommen weitere Voraussetzungen, deren Einzelheiten hier nicht erörtert werden sollen.

Fall 13 als Anwendungsbeispiel

In Fall 13 meinte E, wenn das Gericht schon die Gefahr einer Splittersiedlung sehe, so dürfe dies dennoch nicht dem Bauvorhaben entgegen gehalten werden, da es sich um ein »gleichartiges Wohngebäude« (§ 35 IV Nr. 2 BauGB) oder um eine Erweiterung auf zwei Wohnungen (§ 35 IV Nr. 5 BauGB) handele.

Das Bundesverwaltungsgericht sah dies anders: Bei § 35 IV Nr. 2 BauGB fehle die »Gleichartigkeit«, worunter das Gericht insbesondere Gleichartigkeit im Standort, im Bauvolumen, in der Nutzung und in der Funktion versteht. Die Gleichartigkeit der Gebäude scheitere daran, dass die E im Neubau eine zweite Wohneinheit schaffen will. Zur Begründung führt das Bundesverwaltungsgericht genau das aus, was schon zur »Splittersiedlung« auf Seite 76 gesagt wurde.

Bei § 35 IV Nr. 5 BauGB fehle es an der »Angemessenheit« der Erweiterung. E sei entgegenzuhalten, dass es § 35 IV 1 Nr. 5 BauGB jedenfalls nicht erlaubt, aus einem Einfamilienhaus ein Gebäude nach Art eines Zwillingsbaus mit zwei selbstständig nutzbaren Haushälften zu machen. Eine solche Baumaßnahme stelle sich nicht mehr als »angemessene« Erweiterung eines Wohngebäudes dar, weil sie mit einer wesentlichen baulichen Änderung verbunden sei. Hinzu komme, dass sich eine Haushälfte von dem Zweck des § 35 IV BauGB, den bereits im Außenbereich Ansässigen in begrenztem Umfang zu begünstigen, leichter lösen lasse als beispielsweise eine Einliegerwohnung als gedachter Hauptanwendungsfall des § 35 IV 1 Nr. 5 BauGB. Nach einer Grundstücksteilung sei eine Haushälfte nicht minder verkehrsfähig als ein allein stehendes Einfamilienhaus. Sie sei geeignet, den Außenbereich stärker zu gefährden als eine Wohneinheit, die in den Altbau integriert wird.

3.2. Bauordnungsrecht – Beispiel Grenzabstände

Das Bauordnungsrecht regelt nicht nur Erfordernis der Baugenehmigung, Anspruch auf Baugenehmigung, zuständige Behörden und zulässige Eingriffsmaßnahmen gegen unrechtmäßige Zustände. Es enthält auch eigenständige Pflichten, die bei einem Bau beachtet werden müssen. Über das Bauordnungsrecht könnte man ein eigenes Lehrbuch schreiben. Schauen Sie sich nur einmal das Inhaltsverzeichnis »Ihrer« Landesbauordnung an. Die Vielfalt der Pflichten ist groß. Vieles davon ist extrem »technisch«, und die Darstellung würde den Rahmen dieses Buches sprengen, in dem es nicht um lückenlose Darstellung, sondern um die grundsätzliche Systematik des Baurechts geht.

Ein Bereich sei aber beispielhaft herausgegriffen und in den Grundzügen erläutert – das Recht der Grenzabstände.

Sämtliche Baugesetze der Länder (»Landesbauordnungen«) enthalten Regelungen über zulässige Grenzabstände zwischen Gebäuden. Sie sind z.T. für den im Bauwesen Unkundigen nicht leicht zu verstehen. Wir wollen einmal versuchen, ein wenig Licht in das Dunkel zu bringen.

Aus Platzgründen ist es dabei nicht möglich, auf die Besonderheiten jeglichen Landesrechts einzugehen. Häufig sind sich die Grundprinzipien der Landesbaugesetze ähnlich. Als Beispiel wird Niedersachsen, die Heimat des Verfassers, gewählt. Im Übrigen findet sich das Recht der Grenzabstände in den aus Thema 2 der Tabelle auf Seite 320 ersichtlichen Normen.

Die Grundnorm – von der es freilich Ausnahmen gibt – ist in Niedersachsen § 7 NBauO:

(1) Gebäude müssen mit allen auf ihren Außenflächen oberhalb der Geländeoberfläche gelegenen Punkten von den Grenzen des Baugrundstücks Abstand halten. Der Abstand ist zur nächsten Lotrechten über der Grenzlinie zu messen. Er richtet sich jeweils nach der Höhe des Punktes über der Geländeoberfläche (H). Der Abstand darf auf volle 10 cm abgerundet werden.

(2) Erhebt sich über einen nach § 8 an eine Grenze gebauten Gebäudeteil ein nicht an diese Grenze gebauter Gebäudeteil, so ist für dessen Abstand von dieser Grenze abweichend von Absatz 1 Satz 3 die Höhe

§ 7 NBauO

des Punktes über der Oberfläche des niedrigeren Gebäudeteils an der Grenze maßgebend.

(3) Der Abstand beträgt 1 H, mindestens jedoch 3 m.

(4) Der Abstand beträgt 1/2 H, mindestens jedoch 3 m,

1. in Baugebieten, die ein Bebauungsplan als Kerngebiet festsetzt,
2. in Gewerbe- und Industriegebieten sowie in Gebieten, die nach ihrer Bebauung diesen Baugebieten entsprechen,
3. in anderen Baugebieten, in denen nach dem Bebauungsplan Wohnungen nicht allgemein zulässig sind.

Satz 1 gilt nicht für den Abstand von den Grenzen solcher Nachbargrundstücke, die ganz oder überwiegend außerhalb der genannten Gebiete liegen.

Was ist die »Lotrechte«?

Abs. 1 S. 1 ist aus sich heraus verständlich. Abs. 1 S. 2 ist für den »Schreibtischtäter« schon etwas schwieriger. Was ist die »Lotrechte«? Ein »Lot« kennen wir, falls nicht schon Häuslebauer gewesen, vielleicht aus der Seefahrt, da diente und dient es zum Messen der Wassertiefe. Man lässt es herunter und kann die Tiefe ablesen. Dazu muss es natürlich senkrecht stehen. Und so ist ein »Lot« im Bauwesen auch ein Gerät zum Bestimmen der Senkrechten. Mit der »Lotrechten« in § 7 I 2 NBauO ist gemeint, dass der Grenzabstand rechtwinklig zur Grenzlinie zu messen ist. Den Begriff »Senkrechte« hat der Gesetzgeber nicht gewählt, da er bei einem Hang-Grundstück zu der Fehlannahme hätte verleiten können, man müsse bloß den Höhenunterschied des Gebäudes zur Grundstücksgrenze berücksichtigen. Dem ist aber nicht so. Höhenunterschiede bleiben gänzlich unberücksichtigt, die Messung ist anhand des Grundrisses, also in der Waagerechten, vorzunehmen.

Grenzabstand ist rechtwinklig zur Grenzlinie zu messen.

Messung ist anhand des Grundrisses vorzunehmen.

Bsp. 1 (von oben): Die Pfeile bezeichnen den Abstand der nächsten Lotrechten zur Grundstücksgrenze. Auf der rechten Seite ist der Abstand größer, dies wird nicht berücksichtigt. Nur der nächste Abstand zählt. In der Zeichnung ist dieser oben, unten und links identisch.

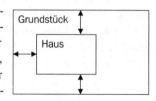

Kürzeste Entfernung, die das Haus rechtwinklig zum Grundstück hat

Bsp. 2 (von oben): Bsp. 2 (von oben): Die Pfeile zeigen die kürzeste Entfernung, die das Haus rechtwinklig zum Grundstück hat. Man misst nicht rechtwinklig zum Haus, sondern rechtwinklig zur Grundstücksgrenze.

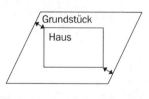

Hier ist die Entfernung zu den »schrägen« Seiten am kürzesten, also müssen auch die Pfeile schräg sein. Nach oben oder unten wären die Entfernungen größer, dies zählt also nicht.

Bsp. 3 (von oben): Obwohl das Haus nur an einer Ecke und nicht mit einer ganzen Seite oder einem Teil einer Seite sehr dicht an die Grenze heranragt, ist dort die maßgebliche kürzeste Lotrechte. In solchen Fällen könnten indes Ausnahmebestimmungen greifen, die aus Platzgründen nicht erörtert werden.

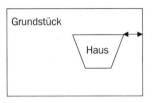

Bsp. 4 (von der Seite): Haus auf »hängigem Grundstück, also auf Hang, Hügel:

Man misst nicht den gesamten Weg bis zur Grundstücksgrenze, indem man quasi ein Maßband auf den Weg legt und somit nicht nur »Luftlinie« bekommt, sondern der Höhenunterschied dazu führen würde, dass der Abstand größer als der waagerechte Abstand wäre.

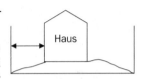

Man misst nicht die »Senkrechte« in dem Sinne, dass es »nach unten«, also zur Erde hin, geht. Daher »Lotrechte« und nicht »Senkrechte«.

Der Pfeil ist der korrekt waagerecht gemessene Abstand zur nächsten Lotrechten (rechts ist der Abstand größer, zählt also nicht).

§ 7 I 3 NBauO ist nur im Zusammenhang mit den Absätzen 3 und 4 verständlich. Dort sind Mindestabstände in Metern festgeschrieben, aber auch Abstände, die man durch einen Quotienten erhält.

Zu § 7 I 3 NBauO

$$\frac{\textbf{Abstand}}{\textbf{Höhe H}} = \textbf{XH}$$

Bei Häusern, die in Form eines Quaders gebaut sind, also in jeder Höhe den gleichen Abstand haben, ist alles recht einfach: Ein 10 m hohes Haus müsste nach Absatz 3 einen Abstand von 10 m, gemessen an der kürzesten Lotrechten, zur Grundstücksgrenze haben. Nun heißt es in § 7 I 3 NBauO aber, dass sich der Abstand »nach der Höhe des Punktes« richtet. Wir schauen uns einmal an, was das für ein ganz normales Haus mit Schrägdach bedeutet:

Die senkrechten Linien sind die Lotrechten. An der Dachkante sind die Häuser genauso weit voneinander entfernt, wie sie hoch sind, dies ist 1H. Das Haus 1 hat ein recht spitzes Dach, es ist an der Dachspitze daher nicht so weit von der Lotrechten des Nachbarhauses entfernt, wie es hoch ist. Also ist der Abstand dort kleiner als 1H.

Das Haus 2 hat ein Dach mit einem Steigungswinkel von 45°. Die Höhe nimmt daher im gleichen Maße zu wie die Entfernung von der Lotrechten des Nachbarhauses. Dieses Haus hat also an jedem Punkt einen Abstand von 1H. Natürlich sind Konstruktionspläne niemals so simpel. Aber wir wollen es hier ja bei den Grundzügen belassen.

Zu § 7 II NBauO

§ 7 I 4 NBauO ist wieder aus sich heraus verständlich, Absätze 3 und 4 sind durch die voranstehenden Erläuterungen bereits mit erklärt worden. Absatz 2 ist nur im Zusammenhang mit § 8 NBauO verständlich. Den können Sie, wenn Sie wollen, gern einmal unter <www.bauordnungen.de> nachlesen. Er enthält eine praktisch sehr bedeutsame Vorschrift dafür, unter welchen Bedingungen an die Grenze gebaut werden darf oder sogar muss. Das gibt es in allen Landesbauordnungen; beim Betrachten unserer Dörfer und insbesondere Städte sollte alles Andere auch arg verwundern. § 8 NBauO sagt nun, dass für eine zulässige oder gebotene Grenzbebauung § 7 nicht gilt. Wird aber auf einen Gebäudeteil an der Grenze ein anderes Gebäudeteil, das nicht an der Grenze steht, draufgesetzt, so gilt § 7 wieder. Dann aber wird der Quotient aus Abstand und Höhe nicht anhand der Gesamthöhe, sondern nur anhand der Höhe des oberen Gebäudeteils berechnet.

§ 7 II NBauO besagt, dass die maßgebliche Höhe für die Berechnung des Abstandsquotienten nicht vom Boden aus gemessen wird, sondern vom niedrigeren Gebäudeteil aus (denn nur für den höheren Gebäudeteil gilt § 7, für den niedrigeren Gebäudeteil gilt § 7 nicht, da es sich um eine Grenzbebauung nach § 8 handelt).

Im Übrigen gibt es in allen Landesbauordnungen zahlreiche Sonder- und Ausnahmeregelungen. Man sollte generell in der Juristerei immer dann, wenn man die richtige Norm gefunden zu haben glaubt, immer noch ein paar Paragrafen weiter lesen. Hier wollen wir es bei diesem Hinweis belassen.

4. Ausgewählte Fragen des Verwaltungsverfahrens

4.1. Einvernehmen der Gemeinde

4.1.1. Allgemeines

(1) Über die Zulässigkeit von Vorhaben nach den §§ 31, 33 bis 35 wird im bauaufsichtlichen Verfahren von der Baugenehmigungsbehörde im Einvernehmen mit der Gemeinde entschieden. ... [4] In den Fällen des § 35 Abs. 2 und 4 kann die Landesregierung durch Rechtsverordnung allgemein oder für bestimmte Fälle festlegen, dass die Zustimmung der höheren Verwaltungsbehörde erforderlich ist.

(2) Das Einvernehmen der Gemeinde und die Zustimmung der höheren Verwaltungsbehörde dürfen nur aus den sich aus den §§ 31, 33, 34 und 35 ergebenden Gründen versagt werden. ... [3] Die nach Landesrecht zuständige Behörde kann ein rechtswidrig versagtes Einvernehmen der Gemeinde ersetzen.

§ 36 BauGB

Das Grundgesetz garantiert den Gemeinden in Artikel 28 II das Recht auf Selbstverwaltung, und dazu gehört auch das Recht zur eigenverantwortlichen Bauleitplanung auf dem Gemeindegebiet (Planungshoheit). Nun sind die Baugenehmigungsbehörden häufig nicht die Gemeinden (siehe Seite 13). Sie genehmigen aber Vorhaben auf dem Gemeindegebiet. § 36 BauGB soll den Gemeinden in bestimmten Fällen Mitspracherechte gewähren und hat so den Zweck, die gemeindliche Planungshoheit zu sichern.

Planungshoheit

Zum Inhalt der Norm: Nach § 36 I 1 BauGB wird im Einvernehmen mit der Gemeinde bei Vorhaben nach §§ 31, 33-35 BauGB entschieden. Wir erinnern uns:

- § 31 BauGB regelt Ausnahmen und Befreiungen von den Festsetzungen eines Bebauungsplans,
- § 33 regelt Vorhaben während der Planaufstellung,
- § 34 regelt das Bauen im unbeplanten Innenbereich,
- § 35 regelt das Bauen im Außenbereich.

Im Folgenden soll auf den Sonderfall »Zustimmung der höheren Verwaltungsbehörde« nicht eingegangen werden; vielmehr werden wir uns das Einvernehmen der Gemeinde etwas genauer anschauen.

§ 36 BauGB sagt zunächst, dass die genannten Vorhaben »im bauaufsichtlichen Verfahren von der Baugenehmigungsbehörde« entschieden

Fälle, in denen die
Baugenehmigungsbehörde
nicht die Gemeinde ist

werden. Es geht also um nichts anderes als um die Entscheidung über einen Baugenehmigungsantrag; die zuständige Baugenehmigungsbehörde ist die nach Landesrecht zuständige Bauaufsichtsbehörde. Wir wollen uns zunächst ansehen, wie es sich verhält, wenn die Baugenehmigungsbehörde nicht die Gemeinde ist, sondern z.B. ein Landkreis.

Fall 14

B stellt beim Landkreis einen Bauantrag, die Gemeinde versagt das Einvernehmen zu Recht. Die Baugenehmigung wird versagt.

Fall 15

B stellt beim Landkreis einen Bauantrag, die Gemeinde versagt das Einvernehmen zu Recht. Die Baugenehmigung wird dennoch erteilt.

Fall 16

B stellt beim Landkreis einen Bauantrag, die Gemeinde versagt das Einvernehmen zu Unrecht. Die Baugenehmigung wird versagt, obwohl auch außerhalb der §§ 31, 33-35 BauGB kein Baurechtsverstoß vorliegt.

Fall 17

B stellt beim Landkreis einen Bauantrag, die Gemeinde versagt das Einvernehmen zu Unrecht. Die Baugenehmigung wird erteilt.

Wann darf die Gemeinde
das Einvernehmen ver-
sagen? Nur, wenn das
Vorhaben nach §§ 31, 33,
34 oder 35 unzulässig
wäre.

Zunächst ist folgende Frage von Bedeutung: Wann darf die Gemeinde das Einvernehmen versagen? Wenn es hierzu im Gesetz heißt: »... nur aus den sich aus den §§ 31, 33, 34 und 35 ergebenden Gründen« (§ 36 II 1 BauGB, s.o.), so bedeutet dies klipp und klar: Nur, wenn das Vorhaben nach § 31, 33, 34 oder 35 unzulässig wäre. Es kann also auf die jeweiligen oberen Kapitel verwiesen werden, in denen diese Normen erläutert wurden. Darüber hinaus hat die Gemeinde keine Möglichkeit, nach Belieben ein Einvernehmen zu versagen. Man muss also prüfen, ob eine Baumaßnahme gegen eine der soeben genannten Normen verstößt. Ist dies nicht der Fall, so muss das Einvernehmen erteilt werden. Wird es versagt, so ist dies rechtswidrig. Daher spricht § 36 II 3 BauGB davon, dass ein rechtswidrig versagtes Einvernehmen von einer anderen Behörde ersetzt werden darf.

Lösung zu Fall 14

In Fall 14 ist alles in schönster Ordnung, auch wenn der Bauherr das wohl kaum so sehen wird. Wenn das Einvernehmen »zu Recht versagt« wird, bedeutet das, dass ein Verstoß gegen das Baurecht (und zwar gegen § 31, 33, 34 oder 35 BauGB) vorliegen muss, sonst hätte die Gemeinde nach dem oben Gesagten das Einvernehmen erteilen müssen.

An eine rechtmäßige Versagung des Einvernehmens ist die Baugenehmigungsbehörde (hier: Landkreis) gebunden, darf also die Baugenehmigung nicht erteilen. Selbst, wenn es diese Bindung nicht gäbe, käme man zum gleichen Ergebnis, denn schon wegen des Verstoßes gegen das Baurecht darf die Genehmigung nicht erteilt werden.

In Fall 15 hätte umgekehrt die Baugenehmigung aus beiden zuvor genannten Gründen nicht erteilt werden dürfen – also zum einen wegen der Bindung an eine rechtmäßige Versagung des Einvernehmens, zum anderen wegen der Baurechtswidrigkeit des Vorhabens.

Lösung zu Fall 15

In Fall 16 ist die Versagung der Baugenehmigung nicht zu beanstanden. Dies mag ein wenig erstaunen, aber § 36 II 3 BauGB sagt unmissverständlich, was bei einem rechtswidrig versagten Einvernehmen zu geschehen hat: Nicht »Baugenehmigung trotzdem erteilen«, sondern »Einvernehmen ersetzen«. Dass das nicht das Gleiche ist, soll im nächsten Abschnitt anhand von Fall 17 verdeutlicht werden.

Lösung zu Fall 16

4.1.2. Ersetzung des Einvernehmens

In Fall 17 scheint es so, als müsse die Baugenehmigung erteilt werden. Schließlich ist das Vorhaben mit dem Baurecht vereinbar, und das gemeindliche Einvernehmen hätte nicht versagt werden dürfen. Doch warum einfach, wenn es auch kompliziert geht? Und dass es in der Tat etwas komplizierter ist, kann man dem Gesetz entnehmen: Nach § 36 II 3 BauGB kann »die nach Landesrecht zuständige Behörde ... ein rechtswidrig versagtes Einvernehmen der Gemeinde ersetzen.«

Lösung zu Fall 17

Zwei Probleme tauchen auf: zum einen: »Wer ist nach Landesrecht zuständig?« Zum Zweiten: »Wie geht eine ‚Ersetzung des Einvernehmens' vonstatten?«

a) Zuständige Behörde

Die Ersetzung des gemeindlichen Einvernehmens wird gemäß § 36 II 3 BauGB von der »nach Landesrecht zuständigen Behörde« vorgenommen. Wie das in Deutschland nun einmal so ist, finden wir z.T. unterschiedliche Regelungen in den Bundesländern vor. Dabei lassen sich folgende Gruppen trennen:

Es gibt zwei Konstellationen:

Das Landesrecht regelt ausdrücklich die zuständige Behörde, z.B.:

Zuständige Behörde für die Ersetzung des Einvernehmens gemäß § 36 Abs. 2 Satz 3 BauGB ist

1. im Baugenehmigungsverfahren die untere Bauaufsichtsbehörde,

1. Ausdrückliche Regelung, z.B. § 1 a Niedersächsische Verordnung zur Durchführung des Baugesetzbuches (DVO-BauGB)

»Untere Bauaufsichtsbehörde« ist genau die gleiche Behörde, die auch über die Erteilung der Baugenehmigung zu entscheiden hat, also i.d.R. der Landkreis (siehe Seite 12).

Teilweise haben die Bundesländer in ihren Landesbauordnungen eigene Regelungen zur Ersetzung des gemeindlichen Einvernehmens, die die von § 36 BauGB nicht erfassten Details regeln (siehe Thema 20 der Tabelle auf Seite 320). Die Zuständigkeitsregelungen ergeben sich aber zum Teil nur in Verbindung mit dem Recht der Kommunalaufsicht, das in den Gemeindeordnungen (= Gesetzen) der Länder geregelt ist. Dies soll aus Platzgründen hier nicht vertieft werden.

2. Keine ausdrückliche Regelung

Wenn das Landesrecht keine ausdrückliche Regelung enthält, richtet sich die Zuständigkeit nach den allgemeinen landesrechtlichen Normen über die »Kommunalaufsicht«. In jeder Gemeindeordnung (= Landesgesetz) finden sich Vorschriften zur Aufsicht über die Gemeinden; dort ist dann geregelt, welche Behörde für diese Aufsicht zuständig ist. Die Ersetzung des kommunalen Einvernehmens ist ja nichts anderes als eine Aufsichtsmaßnahme, mit der eine Behörde das rechtswidrige Verhalten der Gemeinde korrigiert.

Häufig wird es sich so verhalten wie im obigen niedersächsischen Beispiel: Die für die Ersetzung des Einvernehmens zuständige Behörde ist genau die gleiche wie die, die auch über die Baugenehmigung zu entscheiden hat. Und daraus ergibt sich das zweite Problem, auf das im folgenden Punkt hingewiesen wird.

b) Inhaltliche Anforderungen an die Ersetzung

Bitte nehmen Sie jetzt wieder den Fall 17 in den Blick. Angenommen, der Landkreis ist nicht nur für die Erteilung der Baugenehmigung, sondern auch für die Ersetzung des Einvernehmens zuständig: Ist es dann nicht eine überflüssige Förmelei, wenn der Landkreis extra noch die Ersetzung des Einvernehmens erklären müsste? Genügt es nicht, wenn er die Versagung des Einvernehmens schlicht ignoriert und ohne darauf einzugehen die Baugenehmigung trotzdem erteilt? Kann man in einer solchen Erteilung die Ersetzung des Einvernehmens nicht zwischen den Zeilen lesen?

Keine stillschweigende Ersetzung des Einvernehmens!

Auf keinen Fall! Die Rechtsprechung ist da unmissverständlich: Das gemeindliche Einvernehmen muss ersetzt werden; dies verlangt einen bewussten Ersetzungsakt der zuständigen Behörde. Zwar ist es in der Juristerei nicht unüblich, dass Willenserklärungen auch »durch schlüssiges Verhalten« (man spricht von »konkludent«) abgegeben werden können. Aber in eine kommentarlose Ignorierung der Versagung des Einvernehmens, so wie beschrieben, kann keine Einvernehmensersetzung hineininterpretiert werden. Obwohl dies zunächst nach »typisch juristisch: lebensfremd« aussieht, hat diese Lösung durchaus ihren Sinn: § 36 II 3 BauGB sieht die Ersetzung des Einvernehmens nun einmal ausdrücklich vor. Da der Gesetzgeber sich für diese Norm entschieden hat, muss sie auch angewendet und ernst genommen werden. Würde schon ein Ignorieren der Einvernehmensversagung genügen, so würde § 36 II 3 BauGB hingegen umgangen. Daraus folgt:

Eine Versagung des gemeindlichen Einvernehmens hat eine »Bindungswirkung« für die Baugenehmigungsbehörde. Sie ist daran gebunden, weil sie die Baugenehmigung nicht erteilen darf. Dies gilt selbst für eine rechtswidrige Versagung. Die Baugenehmigung darf nicht erteilt werden, ohne dass das Einvernehmen ersetzt wird.

Bindungswirkung der Einvernehmensversagung

Eine Einvernehmensersetzung muss also erklärt werden, und in der kommentarlosen Erteilung der Baugenehmigung kann eine solche Erklärung nicht gesehen werden.

c) Ermessen

§ 36 II 3 BauGB sagt, dass die zuständige Behörde das rechtswidrig versagte Einvernehmen ersetzen kann. Und »können« heißt schließlich nicht »müssen« – oder? Man sollte also meinen, dass die Entscheidung, ob das Einvernehmen ersetzt wird, im Ermessen der Behörde steht.

Aber wieder einmal ist dies eine Regel mit Ausnahmen, und eine Ausnahme haben wir hier, bei § 36 II 3 BauGB. Die Meinungen der Experten sind zwar gespalten. Aber für einen Wegfall des Ermessens spricht der Sinn und Zweck des § 36 II 3 BauGB. Das Oberverwaltungsgericht Rheinland-Pfalz drückte es in einem Fall in etwa folgendermaßen aus:

Wegfall des Ermessens? Argumentation mit Sinn und Zweck des § 36 II 3 BauGB

Es kann der Ansicht nicht gefolgt werden, wonach § 36 II 3 BauGB der zuständigen Behörde einen Ermessensspielraum eröffne. Dieses Verständnis der Vorschrift läßt außer acht, dass das Einvernehmen der Gemeinde, wie § 36 II 1 BauGB klarstellt, nur aus den sich aus den §§ 31, 33, 34 und 35 BauGB ergebenden Gründen versagt werden darf. Besteht ein solcher (Versagungs-)Grund nicht, so ist eine gleichwohl erfolgte Verweigerung des gemeindlichen Einvernehmens rechtswidrig und verletzt den Anspruch auf Erteilung der Baugenehmigung. Ein auf solche Weise rechtswidrig versagtes Einvernehmen ist indessen in aller Regel zu ersetzen. Die Verwendung des Wortes »kann« in § 36 II 3 BauGB ist daher nicht im Sinne der Einräumung eines (Ersetzungs-)Ermessens für die nach Landesrecht zuständige Behörde zu verstehen, sondern in dem Sinne, dass dieser Behörde die Befugnis eingeräumt wird, ein rechtswidrig verweigertes gemeindliches Einvernehmen zu ersetzen.

OVG

Rheinland-Pfalz

Einvernehmen der Gemeinde darf nur aus den sich aus den §§ 31, 33, 34 und 35 ergebenden Gründen versagt werden.

Nach einer anderen Ansicht besteht durchaus ein Ermessen der zuständigen Behörde, ob sie das Einvernehmen ersetzen will oder nicht. Indes erkennen auch Vertreter dieser Ansicht, dass ein rechtswidrig versagtes Einvernehmen möglichst ersetzt werden soll. In wenig eleganter Weise wird es dann z.T. mit einem »Ermessen light« versucht. So hieß es einmal in einem Urteil:

Andere Ansicht: »Intendiertes Ermessen«

Abschreckendes Beispiel!

Die im Ermessen stehende Ersetzung des Einvernehmens der Gemeinde ist intendiert, wenn das Einvernehmen erkennbar rechtswidrig versagt wurde. An die Begründung der Ermessensentscheidung sind in diesem Fall keine hohen Anforderungen zu stellen.

Warum das aus Sicht des Verfassers nicht überzeugend ist

- Die Ersetzung steht »im Ermessen«, ist aber »intendiert«, also beabsichtigt. Und zwar vom Gesetzgeber. Nun schön, aber wozu dann ein Ermessen? Warum kann man dann nicht gleich sagen, dass die Behörde gefälligst ohne Wenn und Aber und ohne Ermessen das Einvernehmen zu ersetzen hat?
- Was heißt eigentlich erkennbar rechtswidrig? Für wen erkennbar? Für den Experten? Für den Laien? Es scheint sich um eine »offensichtliche« Rechtswidrigkeit zu handeln, die einem Fachmann der Baugenehmigungsbehörde ins Auge springt. Ein recht schwammiges, im Einzelfall schwer zu bestimmendes Kriterium!
- Und selbst bei einer erkennbaren Rechtswidrigkeit kann die Baugenehmigungsbehörde das Einvernehmen nicht »einfach so« ersetzen, sondern muss noch ein Minimal-Ermessen ausüben. Und das muss sie auch noch begründen, denn »keine hohen Anforderungen« sind immerhin »niedrige Anforderungen«, also mehr als gar nichts. Auch dies wieder so ein schwammiges Kriterium. Das Maß dieser Anforderungen ist im Einzelfall nur schwer zu bestimmen.

d) Frist

§ 36 II 2 BauGB

Das Einvernehmen der Gemeinde und die Zustimmung der höheren Verwaltungsbehörde gelten als erteilt, wenn sie nicht binnen zwei Monaten nach Eingang des Ersuchens der Genehmigungsbehörde verweigert werden; dem Ersuchen gegenüber der Gemeinde steht die Einreichung des Antrags bei der Gemeinde gleich, wenn sie nach Landesrecht vorgeschrieben ist.

Fall 18

B stellt beim Landkreis einen Bauantrag. Das Einvernehmen der Gemeinde ist nötig. Der Landkreis fordert die Gemeinde zur Einvernehmenserklärung auf, diese äußert sich drei Monate lang nicht. Kann oder muss die Baugenehmigung erteilt werden, wenn das Vorhaben mit dem Baurecht vereinbar ist?

Fall 19

Abwandlung: Die Gemeinde verweigert das Einvernehmen ausdrücklich, wenngleich erst drei Monate nach Aufforderung zur Erklärung durch den Landkreis.

Im Fall 18 besteht ein Anspruch auf Erteilung einer Baugenehmigung, denn das Vorhaben ist mit dem gesamten Baurecht vereinbar. Zwar muss das gemeindliche Einvernehmen vorliegen, aber diese Bedingung »gilt« wegen Fristversäumnis als erfüllt.

Wenn der Jurist sagt: »Etwas gilt als...«, dann heißt das: Eine Bedingung ist zwar faktisch nicht erfüllt, aber rechtlich tun wir so, als ob sie es wäre. Im vorliegenden Fall: Zwar gibt es kein gemeindliches Einvernehmen, aber nach § 36 II 2 BauGB »gilt es als erteilt«, d.h. rechtlich ist der Fall so zu werten, als ob es vorläge. Also kann und muss die Baugenehmigung erteilt werden.

»Etwas gilt als...«: Eine Bedingung ist zwar faktisch nicht erfüllt, wird aber rechtlich als erfüllt behandelt.

Konsequenz des soeben Gesagten ist, dass dies sogar bei ausdrücklicher Versagung des Einvernehmens gilt, sofern diese Versagung nicht in der Zwei-Monats-Frist erfolgt (= Fall 19).

4.1.3. Sonderfall: Gemeinde ist Baugenehmigungsbehörde

Wenn die Gemeinde selbst Baugenehmigungsbehörde ist, so kann sie schlecht ihr eigenes Einvernehmen einholen... Nach herrschender Ansicht gilt § 36 BauGB dann nicht, d.h. die Baugenehmigung kann »einfach so« erteilt werden, wenn alle übrigen Voraussetzungen gegeben sind. Einige Gerichte (nicht jedoch das Bundesverwaltungsgericht) meinen jedoch, dass ein Einvernehmen vorliegen muss (und ggf. zu ersetzen ist), wenn *innerhalb* der Gemeinde verschiedene Organe zuständig sind (z.B. ein Bauamt für die Genehmigungserteilung und der Stadtrat für das Einvernehmen).

4.2. Mitwirkungsrechte des Antragstellers und Dritter

4.2.1. Anhörung, § 28 VwVfG

Bevor ein Verwaltungsakt erlassen wird, der in Rechte eines Beteiligten eingreift, ist diesem Gelegenheit zu geben, sich zu den für die Entscheidung erheblichen Tatsachen zu äußern.

§ 28 I 1 VwVfG
(Verwaltungsverfahrensgesetz des Bundes)

Zunächst schauen wir auf den Antragsteller der Baugenehmigung. Bei dem erscheint die Anhörungspflicht ein wenig sinnlos, und das ist sie auch, denn

Anhörungspflicht bei Antragsteller sinnlos!

- wenn er die Genehmigung erhält, ist er wunschlos glücklich, eine Anhörungspflicht ist dann nicht zum Schutz seiner Rechte nötig.
- Wenn er aber die Genehmigung nicht erhält? Dann ist zu bedenken, dass wir es mit einem so genannten mitwirkungsbedürftigen Verwaltungsakt zu tun haben. Die Baugenehmigung wird auf Antrag erteilt, der Antragsteller muss ohnehin den ersten Schritt tun und

Mitwirkungsbedürftiger Verwaltungsakt

darlegen, warum er seiner Meinung nach eine Baugenehmigung haben darf. Dies genügt für die Wahrung der Mitwirkungsrechte des Antragstellers. Es besteht Einigkeit, dass die Anhörungspflicht für solche mitwirkungsbedürftigen Verwaltungsakte nicht besteht.

Interessanter wird es bei Dritten, zum Beispiel bei dem Nachbarn des Antragstellers, der etwas dagegen einzuwenden hat, dass und/oder wie der Antragsteller in seiner Nähe bauen möchte. Fraglich ist, ob dieser Nachbar angehört werden muss. Ist er jemand, in dessen Rechte die beantragte Baugenehmigung »eingreift«, ist er überhaupt am Verwaltungsverfahren »Beteiligter« nach § 28 I VwVfG? Wir können das letztlich offen lassen, denn er kann auf Antrag als »Beteiligter« zum Verwaltungsverfahren hinzugezogen werden (nach verbreiteter Ansicht besteht ein Hinzuziehungsanspruch sogar ohne Antrag).

Anhörungspflicht bei Dritten sinnvoll!

Eine zunächst unterlassene Anhörung kann die Behörde übrigens bis zum Abschluss des gerichtlichen Verfahrens nachholen.

Eine Anhörungspflicht besteht aber nur, wenn Sie als Dritter tatsächlich in Ihrer Rechtsstellung berührt sein könnten. Fraglich ist also, inwieweit eine Baugenehmigung nicht nur die Rechte des Antragstellers, sondern auch die Rechte Dritter berühren kann. Dies wird ab Seite 119 ausführlich unter dem Stichwort »Der Nachbarschutz im Baurecht« erörtert werden.

4.2.2. Weitere Mitwirkungsrechte

Einige Landesbauordnungen enthalten weitergehende Mitwirkungsrechte von anderen Personen als denen, die den Bauantrag gestellt haben. Die Bestimmungen sind aus der Tabelle auf Seite 320 (Thema 13) ersichtlich.

5. Rechtsschutz

Es hilft alles nichts – ein Ausflug in die Grundzüge des Verwaltungs-
prozessrechts ist unvermeidlich. Denn was nützen die besten Kenntnisse im Baurecht, wenn man nicht weiß, wie man damit vor Gericht
reüssiert? Im Zusammenhang mit dem Thema »Baugenehmigung« sind
– wenn es ein Bürger ist, der Rechtsschutz sucht – zwei Konstellationen denkbar. Entweder möchte er

- die Erteilung einer Baugenehmigung gerichtlich erzwingen
- oder eine Baugenehmigung verhindern.

Im zuerst genannten Fall wird es sich um eine Baugenehmigung in
eigener Sache handeln, im zuletzt genannten Fall um diejenige eines
Anderen. Daraus folgt auch schon, dass der zuerst genannte Fall in der
Regel einfacher sein wird, denn wir haben nur zwei Personen (Behörde
und bauwilliger Bürger) anstatt drei (Behörde, bauwilliger Bürger [B1]
und anderer Bürger [B2], der etwas gegen die Baugenehmigung von
B1 tun möchte). Daher soll mit Widerspruch und Klage auf die eigene
Baugenehmigung begonnen werden.

5.1. Ziel: Erlangung der eigenen Baugenehmigung

5.1.1. Widerspruch und Verpflichtungsklage

Die Überschrift lässt den Schluss zu, dass es im Verwaltungsprozessrecht verschiedene Klagearten gibt. Für unsere Schwerpunktthemen
muss man zwei von ihnen kennen. Die Verpflichtungsklage und die
Anfechtungsklage. Man kann es sich relativ einfach merken: Entweder
man will eine Behörde zu etwas verpflichten oder ein behördliches
Handeln anfechten. Genaueres wird im Folgenden erläutert.

Verpflichtungsklage und Anfechtungsklage

Im Übrigen hat der Gesetzgeber in vielen Fällen vor die Klage den
Widerspruch geschaltet. Das kennen Sie vielleicht von unliebsamen
Behördenschreiben, unter denen – wenn die Behörde es korrekt macht
– eine so genannte Rechtsbehelfsbelehrung steht, in etwa folgendermaßen:

*Gegen diesen Bescheid können Sie binnen eines Monats nach Bekannt-
gabe schriftlich oder zur Niederschrift Widerspruch bei mir einlegen.*

Typischer Hinweis auf Widerspruchsmöglichkeit

Erst sollen also die Behörden untereinander klären, ob etwas im Argen
liegt, bevor sich die Gerichte damit beschäftigen. Wir wollen dennoch
zuerst die Voraussetzungen für die Klage und dann diejenigen für den

Widerspruch behandeln, weil die Widerspruchsvoraussetzungen häufig an die Klagevoraussetzungen angelehnt sind.

a) Verpflichtungsklage

aa) Verwaltungsrechtsweg

Stellen Sie sich vor, Sie seien Richter. Sie haben viel zu tun und bekommen schon wieder eine neue Klage auf den Tisch. »Das hat ja gerade noch gefehlt!«

Muss ein Zivilgericht
oder ein Verwaltungs-
gericht entscheiden?

Ein menschlich verständlicher Gedanke. Und so fragen auch wir uns als allererstes, wer überhaupt für eine Klage zuständig ist. Wobei es bei der Frage »Verwaltungsrechtsweg« nur um einen einzigen Aspekt der Zuständigkeit geht: Muss ein Zivilgericht oder ein Verwaltungsgericht entscheiden?

Handelt es sich um ein Verwaltungsgericht, so sagt man: »Der Verwaltungsrechtsweg ist eröffnet« (oder »gegeben«).

§ 40 I 1 VwGO

Der Verwaltungsrechtsweg ist in allen öffentlich-rechtlichen Streitigkeiten nichtverfassungsrechtlicher Art gegeben, soweit die Streitigkeiten nicht durch Bundesgesetz einem anderen Gericht ausdrücklich zugewiesen sind.

Definition der
»öffentlichrechtlichen
Streitigkeit«

Eine öffentlich-rechtliche Streitigkeit gemäß § 40 I 1 VwGO liegt vor, wenn die streitentscheidenden Normen solche des öffentlichen Rechts sind. Dies wiederum ist der Fall, wenn es sich dabei um Regelungen über Rechtsbeziehungen handelt, in die Teile der öffentlichen Gewalt involviert sind.

Und das ist in Streitigkeiten des öffentlichen Baurechts gegeben. Geht es z.B. um einen Anspruch auf eine Baugenehmigung, so hat eine Behörde über die Erteilung der Baugenehmigung zu entscheiden, also ein Teil öffentlicher Gewalt. Geht es um Abwehrmaßnahmen gegen behördliche Anordnungen, so ist ebenfalls eine Behörde als Teil öffentlicher Gewalt mit in Spiel. Im Grunde können Sie jetzt noch einmal lesen, wie auf Seite 2 das öffentliche vom privaten (Bau-)Recht abgegrenzt wurde. Aus genau den gleichen Gründen sind Streitigkeiten im *öffentlichen* Baurecht auch stets *öffentlich-rechtlich*.

Sie werden also immer zu dem Ergebnis kommen, dass der Verwaltungsrechtsweg gegeben ist, dass also die Verwaltungsgerichte einen Rechtsstreit entscheiden müssen (eine Ausnahme wären übrigens die in diesem Buch nicht behandelten Schadensersatzansprüche gegen die öffentliche Hand, die laut § 40 II VwGO vor den Zivilgerichten eingefordert werden müssen – sog. Amtshaftung). Für die anderen Merkmale, die sich noch in § 40 I VwGO finden, sei auf Lehrbücher zum

Verwaltungsprozessrecht verwiesen, für die hier behandelten Themen sind sie irrelevant.

bb) Zulässigkeit – ausgewählte Punkte

Im Folgenden werden nicht sämtliche Probleme behandelt, die bei der Zulässigkeit einer verwaltungsgerichtlichen Klage auftreten können. Einige Punkte haben eher geringe praktische Bedeutung.

(a) Statthafte Klageart, hier: Verpflichtungsklage nach § 42 I Var. 2 VwGO

Das Verwaltungsprozessrecht kennt mehrere Klagearten. Eine Klage vor dem Verwaltungsgericht ist nur zulässig, wenn eine der existierenden Klagearten auf den vorliegenden Fall »passt«. Hier, wo es um einen Anspruch auf eine Baugenehmigung geht, ist dies die Verpflichtungsklage:

Durch Klage kann die ... Verurteilung zum Erlaß eines abgelehnten oder unterlassenen Verwaltungsakts (Verpflichtungsklage) begehrt werden.	§ 42 I Var. 2 VwGO

Die Verpflichtungsklage gibt es also in zwei Varianten:

Behörde hat Bauantrag abgelehnt.	Behörde hat Bauantrag nicht bearbeitet.
»abgelehnter« Verwaltungsakt	»unterlassener« Verwaltungsakt
↘	↗

Ziel: Erlangung des beantragten Verwaltungsaktes

Bleibt bloß noch kurz auf eine Sache hinzuweisen, die im obigen Schema schon vorausgesetzt wurde. Es soll ja um eine Baugenehmigung gehen. Damit § 42 I Var. 2 VwGO tatsächlich »passt«, müsste eine Baugenehmigung ein »Verwaltungsakt« sein.

Verwaltungsakt ist jede Verfügung, Entscheidung oder andere hoheitliche Maßnahme, die eine Behörde zur Regelung eines Einzelfalls auf dem Gebiet des öffentlichen Rechts trifft und die auf unmittelbare Rechtswirkung nach außen gerichtet ist.	§ 35 S. 1 VwVfG

Alle diese Merkmale sind bei einer Baugenehmigung unproblematisch gegeben. Man kann in einer Klausur in einem Satz sagen, dass die begehrte Baugenehmigung ein Verwaltungsakt ist (Formulierungsvorschlag: Seite 304).

Hat man derart die richtige Klageart bestimmt, muss man etwas über die besonderen Sachurteilsvoraussetzungen sagen. Das sind Vorausset-

Besondere Sachurteils-
voraussetzungen

zungen, die nur für die jeweilige Klageart gelten. Bei einer Verpflichtungsklage sind dies mindestens drei: Klagebefugnis (b), Vorverfahren
(c) und Klagefrist (d). Umstritten ist, ob der Klagegegner ebenfalls
noch bestimmt werden muss (e).

(b) Klagebefugnis, § 42 II VwGO: Mögliche Rechtsverletzung

§ 42 II VwGO

Soweit gesetzlich nichts anderes bestimmt ist, ist die Klage nur zulässig, wenn der Kläger geltend macht, durch den Verwaltungsakt oder
seine Ablehnung oder Unterlassung in seinen Rechten verletzt zu sein.

Bei der Verpflichtungsklage geht es darum, dass der Kläger eine
Rechtsverletzung durch die Ablehnung oder Unterlassung der beantragten Baugenehmigung geltend machen muss.

»Geltend machen«
bedeutet nicht, dass der
Kläger Unsinn erzählen
darf!

Es reicht beileibe nicht, dass der Kläger eine Rechtsverletzung »geltend macht«. Nähme man das wörtlich, so könnte die Erlangung der
Klagebefugnis nichts weiter als eine Formsache sein, denn »geltend
machen« kann man vieles, so sehr es auch an den Haaren herbeigezo-
gen sein mag.

Abschreckendes
Beispiel

*Der Kläger sagt: »Es verstößt gegen meine Rechte, dass mir die Ge-
nehmigung zum Bau eines zweihundertstöckigen Hauses aus Holz versagt wurde.« Eine Begründung dafür liefert er nicht.*

Eine Rechtsverletzung
muss objektiv möglich
erscheinen.

Damit ist die Klagebefugnis nicht gegeben! Der Begriff »geltend machen« ist nicht subjektiv zu verstehen, sondern objektiv: Eine Rechtsverletzung des Klägers muss nach seinem eigenen Vortrag objektiv
möglich erscheinen. Dies ist der Fall, wenn sie nach objektiven Maßstäben nicht in offensichtlicher Weise ausgeschlossen ist.

Das Obige bedeutet auch: Die »Möglichkeit« reicht zunächst aus, bei
der »Klagebefugnis« wird noch nicht entschieden, ob der Kläger seinen
Prozess verliert oder gewinnt. Dies kann man erst bei der Begründetheit einer Klage klären. Hier geht es bloß darum, ob sich ein Gericht
überhaupt mit der Klage befassen wird oder ob es dies von vornherein
ablehnt, weil Erfolgsaussichten in offensichtlicher Weise nicht gegeben
sind.

Klagebefugnis aus
Anspruch auf Bauge-
nehmigung: Fehlt nur
bei offensichtlich rechts-
widrigem Vorhaben.

Die Anforderungen an die »Möglichkeit« einer Rechtsverletzung des
Klägers sind nicht besonders hoch. Im dem Fall, dass jemand auf die
Erteilung einer Baugenehmigung klagt, ist die Klagebefugnis gegeben,
wenn die Ablehnung der Baugenehmigung nicht offensichtlich rechtmäßig ist. Entscheidend ist, dass man nach allen Landesbauordnungen
einen Anspruch auf eine Baugenehmigung hat, wenn das beantragte
Vorhaben mit dem Baurecht vereinbar ist. Aus einer solchen Anspruchsnorm (z.B. § 75 I NBauO in Niedersachsen) wird die Klagebefugnis abgeleitet. Sie fehlt nur dann, wenn ein Vorhaben offensichtlich

baurechtswidrig ist, also der Anspruch des Antragstellers offensichtlich nicht besteht.

Erwägen Sie eine Klage in der Praxis, so schauen Sie sich am besten die Begründung Ihres Ablehnungsschreibens an. Gibt es keine, so ist schon dies eine Rechtsverletzung, denn Verwaltungsentscheidungen müssen begründet werden. Allerdings werden solche Verstöße in der Regel bereits im verwaltungsinternen Widerspruchsverfahren ausgeräumt – haben Sie ein Ablehnungsschreiben ohne Begründung, so wird eine Begründung in einem Widerspruchsbescheid, der vor einer Klage einzuholen ist, meist nachgeliefert. Streben Sie eine »Untätigkeitsklage« an, haben also gar keine Ablehnung Ihres Bauantrages in den Händen, so bleibt Ihnen nur, sich selbst Gedanken über die »offensichtliche Rechtswidrigkeit« Ihres Bauvorhabens zu machen oder einen Anwalt zu Rate zu ziehen. Üblicherweise wird man schon bei Stellung des Bauantrages durch zahlreiche Formalia dazu angehalten, ein bisschen darüber nachzudenken, was man da eigentlich tut, so dass die Beantragung eines offensichtlich unzulässigen Vorhabens meist im Vorfeld abgeblockt werden dürfte. In den allermeisten Fällen werden Sie die Klagebefugnis also haben.

Im Grunde gibt es bei dem Thema »Anspruch auf eine Baugenehmigung« drei Fallgruppen, in denen die Klagebefugnis fehlt, da ein Anspruch auf eine Baugenehmigung offensichtlich nicht besteht:

Keine Klagebefugnis

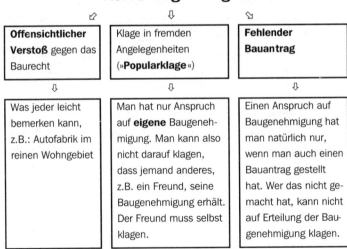

Offensichtlicher Verstoß gegen das Baurecht	Klage in fremden Angelegenheiten (»Popularklage«)	Fehlender Bauantrag
Was jeder leicht bemerken kann, z.B.: Autofabrik im reinen Wohngebiet	Man hat nur Anspruch auf **eigene** Baugenehmigung. Man kann also nicht darauf klagen, dass jemand anderes, z.B. ein Freund, seine Baugenehmigung erhält. Der Freund muss selbst klagen.	Einen Anspruch auf Baugenehmigung hat man natürlich nur, wenn man auch einen Bauantrag gestellt hat. Wer das nicht gemacht hat, kann nicht auf Erteilung der Baugenehmigung klagen.

In einer Klausur müssen Sie beim Punkt »Klagebefugnis« immer die Norm(en) nennen, aus der (denen) sich eine Klagebefugnis ergibt, also hier die Norm, die einen Anspruch auf eine Baugenehmigung gewährt (z.B. § 75 I NBauO in Niedersachsen).

(c) Vorverfahren

Wie schon erwähnt, hat der Gesetzgeber vor die Klage den Widerspruch gesetzt. Und ohne in einem Widerspruchsverfahren erfolglos versucht zu haben, die Baugenehmigung doch noch zu bekommen, darf man nicht klagen. (Die Bundesländer dürfen theoretisch das Widerspruchsverfahren abschaffen, im Baurecht bislang nicht relevant.)

§ 68 VwGO

(1) Vor Ergebung der Anfechtungsklage sind Rechtmäßigkeit und Zweckmäßigkeit des Verwaltungsakts in einem Vorverfahren nachzuprüfen. [Es folgen einige hier nicht relevante Ausnahmen.]

(2) Für die Verpflichtungsklage gilt Absatz 1 entsprechend, wenn der Antrag auf Vornahme des Verwaltungsakts abgelehnt worden ist.

Liest man beide Absätze zusammen, so ergibt sich daraus: Auch bei Verpflichtungsklagen muss unter Umständen zuvor ein Vorverfahren durchgeführt worden sein.

(aa) Unterschied zwischen Versagungsgegenklage und Untätigkeitsklage

Die »Versagungsgegenklage« meint den Fall, dass eine Behörde einen Bauantrag abgelehnt hat und der Antragsteller erreichen möchte, dass eine Baugenehmigung doch noch erteilt wird. In diesem Fall gilt: Keine Klage ohne vorheriges Widerspruchsverfahren. Darum heißt es am Ende von § 68 II VwGO: »...wenn der Antrag auf Vornahme des Verwaltungsakts abgelehnt worden ist.«

Kein Widerspruchsverfahren bei Untätigkeitsklage!

Aus diesen Worten folgt aber auch, dass kein Vorverfahren nötig ist, wenn über den Antrag auf Vornahme des Verwaltungsaktes überhaupt nicht entschieden wird (Untätigkeitsklage).

(bb) Ordnungsgemäße Widerspruchseinlegung

Ist nach dem oben Gesagten eine Klage nicht ohne vorheriges Widerspruchsverfahren zulässig, so muss der Widerspruch »ordnungsgemäß« eingelegt worden sein. Dazu zählen z.B. Wahrung von Form und Frist, Näheres dazu ab Seite 110.

(cc) Erfolgloser Widerspruch

Nun, werden Sie sich fragen, warum noch extra erwähnt wird, dass ein Widerspruch erfolglos gewesen sein muss, damit man klagen darf. Schließlich würde ein »erfolgreicher« Widerspruch ja bedeuten, dass es gar keinen Anlass mehr für eine Klage gäbe, da man dann ja sein Ziel schon im Widerspruchsverfahren erreicht hätte (hier: die Baugenehmigung bekommen hätte). Indes ist es ganz so einfach nun auch wieder nicht, denn es ist auch hier der Fall denkbar, dass eine Widerspruchsbehörde untätig bleibt.

Ist über einen Widerspruch oder über einen Antrag auf Vornahme eines Verwaltungsakts ohne zureichenden Grund in angemessener Frist sachlich nicht entschieden worden, so ist die Klage abweichend von § 68 [also ohne Durchführung/Beendigung des Widerspruchsverfahrens] zulässig.

§ 75 I 1 VwGO

Der zuletzt genannte Fall »Antrag auf Vornahme eines Verwaltungsakts« betrifft die »Untätigkeitsklage«. Der zuerst genannte Fall »Widerspruch« betrifft – hier besteht eine Verwechslungsgefahr – nicht eine Untätigkeitsklage, sondern einen Unterfall der Versagungsgegenklage. Die »Ausgangsbehörde« (die über den Bauantrag zuerst zu entscheiden hat) hat den Bauantrag abgelehnt und war nicht untätig. Die Widerspruchsbehörde ist hingegen untätig. Dies ist immer noch ein Fall der Versagungsgegenklage, nicht der Untätigkeitsklage. Die Terminologie richtet sich also immer danach, ob die Ausgangsbehörde untätig gewesen ist oder nicht.

(d) Klagefrist

(aa) Versagungsgegenklage

(1) Die Anfechtungsklage muß innerhalb eines Monats nach Zustellung des Widerspruchsbescheids erhoben werden. ...

(2) Für die Verpflichtungsklage gilt Absatz 1 entsprechend, wenn der Antrag auf Vornahme des Verwaltungsakts abgelehnt worden ist.

§ 74 VwGO

in der Regel Monatsfrist

Der Monat wird folgendermaßen berechnet (auf die Angabe der entsprechenden, recht verschachtelten Normen der Bürgerlichen Gesetzbuches und des Verwaltungszustellungsgesetzes wird aus Vereinfachungsgründen verzichtet):

*   Erfolgt die Zustellung an Tag X, so endet die Frist am Ende von Tag X des Folgemonats. *Beispiel: Zustellung am 12. Januar um 9.30 Uhr ⇨ Fristende am 12. Februar um 24 Uhr.*
*   Wenn der Monat kürzer ist, ist auch die Frist kürzer. *Beispiel: Zustellung am 12. Februar um 9.30 Uhr ⇨ Fristende am 12. März um 24 Uhr, obwohl die Frist dann drei, im Schaltjahr zwei Tage kürzer ist als im zuvor genannten Beispiel.*
*   »Zustellung« bedeutet ein förmliches Verfahren nach dem Verwaltungszustellungsgesetz, nicht einfache Aufgabe bei der Post. Ohne hier ins Detail zu gehen, bedeutet dies, dass der Zeitpunkt der Zustellung meist dokumentiert werden kann, z.B. bei der »Zustellung gegen Empfangsbekenntnis« oder »mit Postzustellungsurkunde«. Die Ausrede, »das muss wohl bei der Post abhanden gekommen

Zustellung und Zustellungsfiktion

sein«, zieht dann nicht. Lediglich bei der Zustellung per Einschreiben enthält das Verwaltungszustellungsgesetz in § 4 eine Regelung, wonach ein Einschreiben »mit dem dritten Tag nach der Aufgabe zur Post als zugestellt« gilt. Hier kommt es also nicht auf eine tatsächlich dokumentierte, sondern auf eine fingierte Zustellung an. Diese Dreitagefiktion gibt es auch bei der »einfachen Bekanntgabe« in § 41 II VwVfG, wo sie größere Bedeutung hat. Auf die Erörterungen ab Seite 111 kann verwiesen werden, s. dort auch zum Unterschied zwischen den Begriffen »Zustellung« und »Bekanntgabe«.

Sonn- und Feiertage zählen beim Ende der Frist nicht mit.

- Sonn- und Feiertage zählen beim Ende der Frist nicht mit. *Beginnt die Frist z.B. am 25. November, so wäre Fristende nicht am Ende des 25. Dezember, sondern am Ende des 27. Dezember (oder sogar am Ende des 28. Dezember, wenn der 27.12. ein Sonntag ist).*

§ 58 VwGO

Beginn des Fristlaufs

Ausnahmsweise Jahresfrist

(1) Die Frist für ein Rechtsmittel oder einen anderen Rechtsbehelf beginnt nur zu laufen, wenn der Beteiligte über den Rechtsbehelf, die Verwaltungsbehörde oder das Gericht, bei denen der Rechtsbehelf anzubringen ist, den Sitz und die einzuhaltende Frist schriftlich belehrt worden ist.

(2) Ist die Belehrung unterblieben oder unrichtig erteilt, so ist die Einlegung des Rechtsbehelfs nur innerhalb eines Jahres seit Zustellung, Eröffnung oder Verkündung zulässig, außer wenn die Einlegung vor Ablauf der Jahresfrist infolge höherer Gewalt unmöglich war oder eine schriftliche Belehrung dahin erfolgt ist, daß ein Rechtsbehelf nicht gegeben sei. ...

Im Klartext: Wird von einer Behörde ein Widerspruch zurückgewiesen, so muss in dem Widerspruchsschreiben darauf hingewiesen werden, dass nun eine Klage möglich ist. Wie § 58 I VwGO es ausdrückt, muss diese »Rechtsbehelfsbelehrung« folgende Informationen enthalten:

Anforderungen an die Rechtsbehelfsbelehrung
- **Klage**
- **Bezeichnung des Gerichts**
- **Monatsfrist**

- Welche Art von Rechtsbehelf ist möglich? (Hier: Klage, nicht etwa erneuter Widerspruch)
- Wo ist der Rechtsbehelf zu erheben? (Hier: Genaue Bezeichnung des Gerichts mit Postanschrift)
- Binnen welcher Frist ist der Rechtsbehelf einzulegen? (Hier: Ein Monat ab Zustellung)

Und hierbei geht durchaus einmal etwas schief. Obwohl man meinen sollte, dass im Zeitalter der Textbausteine keine Probleme mehr mit korrekten Rechtsbehelfsbelehrungen auftauchen sollten, ist dem nicht immer so. Nun, beim ersten Punkt wird wohl kaum jemand »Widerspruch« und »Klage« durcheinander bringen. Auch beim zweiten Punkt dürften die Schwierigkeiten eher gering sein. Der Teufel steckt im dritten Punkt. Sollte man kaum glauben, denn »ein Monat« kann doch wohl jeder schreiben, oder? Aber man wundert sich immer wieder. Schon die Angabe »vier Wochen« statt »ein Monat« reicht für eine unrichtige Belehrung, denn vier Wochen sind nun einmal kürzer. Das führt dann nicht nur zur Verlängerung auf die Monatsfrist, sondern zur Jahresfrist nach § 58 II VwGO, denn eine solche Belehrung ist nun einmal »unrichtig erteilt«, wie es im Gesetz heißt. (Übrigens hatten die Gerichte noch keinen Fall zu entscheiden, in dem die vier Wochen nicht kürzer sind, weil sie z.T. in einen Februar fallen. Vermutlich würde dann der Hinweis »Vier Wochen« ausnahmsweise einmal ausreichen.)

Zur Frist: Ein Monat, nicht vier Wochen

Verlängerung auf Jahresfrist

Ein weiterer denkbarer Fehler wäre, dass man unrichtig sagt, wann die Frist zu laufen beginnt, z.B.: »Ein Monat ab Datum dieses Schreibens«, denn das Datum auf dem Briefkopf ist ja nicht das Datum der Zustellung. Auch hier gilt: Man verlängert die Frist nicht einfach um die paar Tage, die zwischen Abfassung des Widerspruchsschreibens und Zustellung liegen, sondern kommt zur Jahresfrist.

Ein Monat ab Zustellung, nicht ab Absendung

Im Übrigen führt nach § 58 II VwGO nicht nur eine fehlerhafte, sondern auch eine unvollständige oder unterbliebene Belehrung zur Jahresfrist. Letzteres ist sonnenklar, für ersteres ein paar Beispiele:

Unvollständige Belehrungen. Beispiele

Unvollständige Belehrungen	
»Gegen die Versagung der Baugenehmigung im (Bezeichnung des Erstbescheides) können Sie binnen eines Monats nach Zustellung dieses Widerspruchs Klage erheben.«	*»An welches Gericht muss ich mich wenden?«*
»Gegen die Versagung der Baugenehmigung im (Bezeichnung des Erstbescheides) können Sie binnen eines Monats Klage beim Verwaltungsgericht Hannover (Adresse) erheben.«	*»Ein Monat ab wann?«*

Abschließend ist anzumerken, dass man sowohl bei der Monats- als auch bei der Jahresfrist eine Wiedereinsetzung in den vorigen Stand beantragen kann, wenn man an ihrer Einhaltung gehindert war (§ 60 VwGO).

Wiedereinsetzung in den vorigen Stand

(bb) Untätigkeitsklage

Es leuchtet ein, dass man eine Frist nicht bestimmen kann, wenn sich eine Klage gegen die Untätigkeit einer Behörde richtet. Denn untätig ist die Behörde ja nicht nur zu einem ganz bestimmten Zeitpunkt, sondern über einen längeren Zeitraum. Ab wann sollte eine Frist also zu laufen beginnen?

Konsequenterweise enthält das Gesetz daher eine Sonderregelung für die Untätigkeitsklage. Es kommt nicht darauf an, bis wann, sondern ab wann man klagen kann. Denn ein Kläger wird kaum sagen können: »Was, die Behörde ist nach drei Tagen immer noch untätig? Da klage ich jetzt aber auf Erteilung der Baugenehmigung!« Ein wenig Zeit, um einen Antrag zu bescheiden, soll die Behörde schon haben.

§ 75 VwGO

Ist über einen Widerspruch oder über einen Antrag auf Vornahme eines Verwaltungsakts ohne zureichenden Grund in angemessener Frist sachlich nicht entschieden worden, so ist die Klage abweichend von § 68 zulässig. Die Klage kann nicht vor Ablauf von drei Monaten seit der Einlegung des Widerspruchs oder seit dem Antrag auf Vornahme des Verwaltungsakts erhoben werden, außer wenn wegen besonderer Umstände des Falles eine kürzere Frist geboten ist. ...

Keine Frist »nach hinten«, aber eine die man *vor* der Klage abwarten muss.

Es gibt also eine Dreimonatsfrist, *vor* deren Ablauf eine Klage nicht erhoben werden darf, außer bei »besonderen Umständen«. Dieser Sonderfall hat geringe Bedeutung; bei Eilbedürftigkeit wird eher ein Antrag auf einstweiligen (Alternativbegriff: »vorläufigen«) Rechtsschutz anstatt einer Klage erhoben werden (dazu näher ab Seite 115).

In bestimmten Fällen können drei Monate zu knapp sein (z.B. Großvorhaben); das Gericht kann dann eine Fristverlängerung beschließen und das Verfahren ruhen lassen – es wird wieder aufgenommen, sofern die Behörde auch innerhalb der verlängerten Frist nicht reagiert hat.

(e) Klagegegner

Schließlich muss festgestellt werden, gegen wen sich die Klage eigentlich zu richten hat. Hierbei machen sich die Theoretiker unglaublich viele Probleme, die für die Praktiker eher geringe Bedeutung haben.

Zum einen ist umstritten, ob die Bestimmung des richtigen Klagegegners eher eine Voraussetzung für die Zulässigkeit der Klage oder eher eine Voraussetzung für die Begründetheit der Klage ist. Aus einem dem Verfasser nicht bekannten Grund prüft man in Norddeutschland den Klagegegner eher in der Zulässigkeit, in Süddeutschland eher (unter dem Stichwort »Passivlegitimation«) in der Begründetheit. In der Musterlösung ab Seite 304 dieses Buches wurde entsprechend der norddeutschen Herkunft des Verfassers verfahren.

Bezug genommen wird auf den Urheber des Ausgangsbescheides, nicht auf den des Widerspruchsbescheides.

Zum anderen ist es nicht immer einfach, zu sagen, gegen wen sich eine Klage nun eigentlich zu richten hat. Fest steht jedenfalls: Bezug genommen wird auf den Urheber des Ausgangsbescheides, nicht auf den des Widerspruchsbescheides. Hat also *z.B. ein Landkreis den Bauantrag zurückgewiesen und eine Bezirksregierung den dagegen gerichteten Widerspruch zurückgewiesen, so richtet sich die Klage meist gegen den Landkreis. Auf keinen Fall richtet sie sich gegen die Bezirksregierung.*

Fraglich ist dann nur noch, gegen wen man die Klage innerhalb des Landkreises zu richten hat. Reicht es, »den Landkreis« als solchen zu bezeichnen, oder muss man sich danach richten, wer innerhalb des Landkreises den Bauantrag zurückgewiesen hat, also z.B. Klage gegen »den Landrat«, »das Bauamt« etc.? Dies ist in den Bundesländern unterschiedlich geregelt; Grundlage dafür ist § 78 I VwGO:

Die Klage ist zu richten **§ 78 I VwGO**

1. gegen den Bund, das Land oder die Körperschaft, deren Behörde den angefochtenen Verwaltungsakt erlassen oder den beantragten Verwaltungsakt unterlassen hat; zur Bezeichnung des Beklagten genügt die Angabe der Behörde,
2. sofern das Landesrecht dies bestimmt, gegen die Behörde selbst, die den angefochtenen Verwaltungsakt erlassen oder den beantragten Verwaltungsakt unterlassen hat.

Mit »Körperschaften« in § 78 I Nr. 1 VwGO sind hauptsächlich »Gebietskörperschaften« wie eine Gemeinde, ein Landkreis, ein Bundesland oder der Bund gemeint. Innerhalb dieser Körperschaften gibt es mehrere Organe, die in § 78 I Nr. 2 VwGO als »Behörden« bezeichnet werden. Nun ist eine »Behörde« = »jede Stelle, die Aufgaben der öffentlichen Verwaltung wahrnimmt«, so dass man im Allgemeinen auch die Gebietskörperschaften selbst als solche bezeichnen darf. In § 78 I Nr. 2 VwGO ist jedoch ein engerer Behördenbegriff gemeint. Es geht um Organe innerhalb einer Körperschaft. Wenn man sich also fragt, ob eine Klage sich gegen eine Körperschaft oder eine Behörde gemäß § 78 I VwGO richtet, geht es darum, ob man denjenigen bezeichnen muss, der innerhalb der Körperschaft gehandelt hat *(z.B.: »Landrat« / »Oberbürgermeister« etc.)* oder ob man die Körperschaft selbst bezeichnen muss *(z.B.: Klage gegen den Landkreis Osnabrück / gegen die Stadt Hamburg etc.).*

Organe innerhalb einer Körperschaft

Wie nun die einzelnen Bundesländer das geregelt haben, brauchen Sie echt nicht zu wissen. Denn

• bei einer korrekten Rechtsbehelfsbelehrung im Widerspruchsbescheid muss sowieso angegeben werden, gegen wen sich die Klage zu richten hat.
• Im Übrigen werden Sie ja erkennen können, von wem die erstmalige Ablehnung des Bauantrages ausgegangen ist. Wenn Sie dort nicht so genau über die internen Zuständigkeiten Bescheid wissen, so genügt es, den Absender des Erstbescheides zu übernehmen. Sollte dies nicht hundertprozentig mit dem richtigen Klagegegner deckungsgleich sein, so werden Gerichte eine »großzügige Ausle-

gung« anwenden und die Klage von sich aus an den richtigen Beklagten adressieren.

- Für einen Unterfall regelt das Gesetz dies sogar ausdrücklich. In § 78 I Nr. 1 HS. 2 VwGO heißt es ja, zur Bezeichnung des Beklagten genüge die Angabe der Behörde. *Beispiel:*

Beispiel zum Klagegegner

In Bundesland X gibt es keine landesrechtliche Bestimmung im Sinne von § 78 I Nr. 2 VwGO. Also greift Nr. 1, d.h. Sie müssen eine Klage gegen die Körperschaft richten, von der die Ablehnung des Bauantrags ausging. Nehmen wir an, dies ist ein Landkreis. Auf dem Briefkopf des Ablehnungsschreibens steht: »Landkreis Neustadt. Der Landrat. Martin Mustermann, ...(Adresse).« Sie richten eine Klage gegen den Landrat. Richtig wäre gewesen, sie gegen den Landkreis zu richten. Da nun aber § 78 I Nr. 1 HS 2 sagt, die Bezeichnung der Behörde genügt, wird die Klage automatisch gegen den Landkreis gerichtet, obwohl Sie nicht »Landkreis«, sondern »Landrat« geschrieben haben.

Aus Gründen einer sinnvollen Schwerpunktsetzung erscheint es vertretbar, auf eine Erläuterung zu verzichten, inwieweit die Bundesländer Regelungen auf der Grundlage von § 78 I Nr. 2 VwGO getroffen haben. Dementsprechend wird in dem Musterfall (Seite 305) kommentarlos gesagt, dass es solche Regelungen in den einzelnen Bundesländern geben kann, aber nicht muss.

cc) Begründetheit

Wenn eine Klage schon nicht zulässig ist, so steht bereits fest, dass der Kläger »verlieren« wird. Ist sie aber zulässig, so steht noch nicht fest, dass er »gewinnen« wird. Denn eine Klage hat nur Erfolg, wenn sie zulässig und begründet ist. Während es in der Zulässigkeit eher um formelle Anforderungen geht, geht es in der Begründetheit im wahrsten Sinne des Wortes »zur Sache«. Es wird also geprüft, ob die Behörde einen Rechtsfehler begangen hat und, wenn ja, ob der Kläger aus diesem Fehler die Verletzung eines eigenen Rechts ableiten kann. Im Gesetz heißt das – etwas abstrakt formuliert – folgendermaßen:

§ 113 V VwGO

Soweit die Ablehnung oder Unterlassung des Verwaltungsakts rechtswidrig und der Kläger dadurch in seinen Rechten verletzt ist, spricht das Gericht die Verpflichtung der Verwaltungsbehörde aus, die beantragte Amtshandlung vorzunehmen, wenn die Sache spruchreif ist. Andernfalls spricht es die Verpflichtung aus, den Kläger unter Beachtung der Rechtsauffassung des Gerichts zu bescheiden.

Für eine Verpflichtungsklage auf Erteilung der Baugenehmigung kann des dreierlei bedeuten:

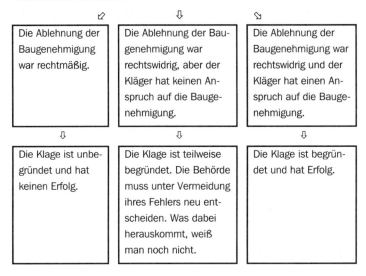

(a) Variante 1: Die Ablehnung der Baugenehmigung war rechtmäßig

Man fängt grundsätzlich damit an, den Anspruch auf eine Baugenehmigung zu prüfen. Ein solcher Anspruch ist gegeben, wenn ein ordnungsgemäßer Bauantrag gestellt wurde, die beantragte Baumaßnahme
genehmigungspflichtig ist und vor allem dem gesamten öffentlichen
Baurecht entspricht. Man prüft also das, was vor den Verfahrensfragen
behandelt wurde, in der Begründetheit durch, wobei der Schwerpunkt
meist auf der »Vereinbarkeit mit dem Baurecht« liegt wird. Stellt man
dabei fest, dass die beantragte Maßnahme nicht dem öffentlichen
Baurecht entspricht, so ist die Prüfung beendet. Denn dann kann der
Kläger auch keinen Anspruch auf eine Baugenehmigung haben. Die
Klage ist also unbegründet und hat keinen Erfolg.

Dies folgt, wenn auch indirekt, aus § 113 V 1 VwGO. Denn das Gericht spricht eine Verpflichtung der Behörde nur aus, »soweit« die Ablehnung der Baugenehmigung rechtswidrig und der Kläger dadurch in
seinen Rechten verletzt ist. Umkehrschluss: Ist dies nicht der Fall, so
wird das Gericht die Klage abweisen.

(b) Variante 3: Ein Anspruch auf die Baugenehmigung besteht

Keine Sorge, dies ist kein Druckfehler: Die auf dem Schema ganz
rechts stehende Variante soll bloß vor der Variante 2 behandelt werden, weil sie wesentlich einfacher ist. Besteht nämlich ein Anspruch
auf eine Baugenehmigung, weil die Prüfung, wie voranstehend ge-

schildert, das ergeben hat, so muss die Ablehnung zwangsläufig rechtswidrig gewesen sein. Und weil die Landesbauordnungen einen Anspruch auf die Genehmigung von rechtmäßigen Vorhaben gewähren, wurde durch die Ablehnung des Bauantrags auch ein Recht des Klägers verletzt.

Dies ist der direkt in § 113 V 1 VwGO angesprochene Fall. Das Gericht wird die Behörde verpflichten, die Baugenehmigung zu erteilen. Die Klage ist begründet und hat damit Erfolg. Die Sache ist im Sinne der genannten Norm »spruchreif«, weil die Prüfung ergeben hat, dass ein Anspruch auf eine Baugenehmigung gegeben ist. Die Baugenehmigung muss also erteilt werden.

(c) Variante 2: Ermessensfehler

Wir befinden uns im mittleren Teil des voranstehenden Schemas. Es ist denkbar, dass zwar die Ablehnung des Bauantrages rechtswidrig war, aber darum die Baugenehmigung noch lange nicht hätte erteilt werden müssen. Dies ist häufig bei Ermessensfehlern der Fall. Ein Ermessensfehler kann der Behörde aber nur unterlaufen, wenn sie überhaupt einen Ermessensspielraum hat. Und der ist beim Anspruch auf Baugenehmigungen meist nicht gegeben, denn es heißt in den entsprechenden Anspruchsnormen der Landesbauordnungen (z.B. § 75 NBauO), dass eine Baugenehmigung nicht etwa erteilt werden »kann«, sondern »muss« (oder: sie »ist zu« erteilen), wenn das konkret beantragte Vorhaben genehmigungsbedürftig ist und dem öffentlichen Baurecht entspricht.

Indes bestätigen auch hier wieder einmal Ausnahmen die Regel. Wir haben schon gesehen, dass auch einmal eine Maßnahme genehmigt werden kann, die einzelnen baurechtlichen Vorgaben widerspricht, nämlich durch Befreiungen. Als Beispiel diene § 31 II BauGB (Seite 42), wo die Entscheidung über eine Befreiung im pflichtgemäßen Ermessen der Baugenehmigungsbehörde steht. Alles Notwendige zur Ermessensfehlerlehre wurde dort gesagt. Beim Thema »Rechtsschutz« schließt sich folgende Frage an:

Ein Ermessensfehler liegt vor. Wie würde die Behörde entscheiden, wenn sie den Ermessensfehler nicht beginge?

↗   ↘

| Sie könnte den Bauantrag immer noch ablehnen. | Sie müsste dem Bauantrag stattgeben. Dies ist letztlich ein Unterfall der im vorherigen Abschnitt behandelten Variante 3, soll aber wegen des engen Zusammenhangs gemeinsam mit Variante 2 unter dem Kapitel »Ermessensfehler« behandelt werden. |

B stellte einen Bauantrag zur Erstellung einer so genannten Plakatgroßfläche auf ihrem Grundstück. Es sollen Tafeln für Werbeplakate aufgestellt werden. Gehen Sie davon aus, dass B dafür eine Baugenehmigung braucht und einen formell ordnungsgemäßen Antrag gestellt hat.

Fall 20

Das Baugrundstück liegt im Geltungsbereich eines Bebauungsplanes. Der Standort der Plakattafel liegt jenseits einer nach dem genannten Bebauungsplan verlaufenden Baugrenze in einer Bauverbotsfläche. Mit Bescheid vom 25.09.2000 lehnte die beklagte Stadt die Erteilung einer Baugenehmigung ab. Zur Begründung wurde dargelegt, auf Bauverbotsflächen bedürften Anlagen der Außenwerbung der Befreiung von den Festsetzungen des Bebauungsplans gemäß § 31 II BauGB. Die Voraussetzungen für die Erteilung einer Befreiung lägen indes nicht vor, weil durch das geplante Bauvorhaben die Grundzüge der Planung berührt würden und die Durchführung des Bebauungsplans zu keiner offenbar nicht beabsichtigten Härte führte. Grundzüge der Planung seien deshalb verletzt, weil die Zulassung von Fremdwerbung im Geltungsbereich dieses Bebauungsplanes nicht gewollt sei.

B weiß allerdings, dass im betroffenen Baugebiet in der Vergangenheit schon mehrfach ähnliche Werbetafeln per Befreiung genehmigt wurden und sich seitdem der Bebauungsplan nicht geändert hat. Er klagt auf Erteilung der Baugenehmigung. Ist die Klage, die Zulässigkeit unterstellt, begründet?

Das Bauvorhaben des B widerspricht einer Festsetzung im Bebauungsplan. Die Behörde hat es abgelehnt, den Bauherren von dieser Festsetzung zu befreien, da er sich geweigert hat, Schmiergeld zu zahlen. Dies ist ein »Ermessensmissbrauch« (= Entscheidung nach sachfremden, willkürlichen Kriterien) und gemäß § 114 Satz 1 Variante 2 VwGO verboten. Indes hätte die Befreiung auch mit ordnungsgemäßer Begründung abgelehnt werden können.

Fall 21

Die Klage ist begründet, soweit die Ablehnung der Baugenehmigung rechtswidrig und der Kläger B dadurch in seinen Rechten verletzt ist und die Sache spruchreif ist (§ 113 V VwGO). Dies könnte bei einem Anspruch auf die Baugenehmigung der Fall sein. Einen Anspruch hat der B nach ... (Nennung der landesrechtlichen Anspruchsnorm, z.B. § 75 I NBauO, vgl. Thema 15, Seite 320), wenn die Maßnahme genehmigungsbedürftig ist, ein ordnungsgemäßer Antrag vorliegt und sie dem öffentlichen Baurecht entspricht. Die ersten beiden Voraussetzungen sind laut Sachverhalt gegeben. Zu Letzterem ist zu sagen, dass sie dem für das fragliche Gebiet geltenden Bebauungsplan widerspricht. Sie könnte aber dennoch dem öffentlichen Baurecht ent-

Lösung Fall 20

Anspruch auf die Genehmigung, wenn Vereinbarkeit mit dem Baurecht

sprechen, wenn eine Befreiung von dem Bebauungsplan hätte erteilt werden müssen. Laut § 31 II BauGB »muss« indessen keine Befreiung erfolgen, sondern »kann« dies lediglich geschehen. Die Befreiung hat daher im pflichtgemäßen Ermessen der Behörde zu erfolgen.

Fraglich ist, ob die Behörde hier ermessensfehlerhaft gehandelt hat. In Betracht kommt, dass sie sich von einer Erwägung hat leiten lassen, die dem Zweck der Ermächtigung nicht entspricht (§ 114 S. 1 Var. 2 VwGO). Gemeint sind willkürliche, sachfremde Erwägungen. Zwar scheint die Ablehnung der Befreiung nachvollziehbar begründet. Dass die Begründung indes nicht stichhaltig sein kann, offenbart sich dadurch, dass die Behörde in ähnlichen Fällen Befreiungen bereits erteilt hat. Die Verwaltung ist aber an das Gleichbehandlungsgebot gebunden: Hat sie einen Ermessensspielraum, so muss sie vergleichbare Fälle gleich entscheiden, alles andere wäre Willkür und damit ermessensfehlerhaft. (Dies ist mit »Selbstbindung der Verwaltung« gemeint: Entscheidet die Verwaltung eine bestimmte Fallkonstellation regelmäßig gleich, so muss sie dies – jedenfalls bei unveränderter Sach- und Rechtslage – auch in Zukunft so tun. Sie hat sich also durch vergangene Entscheidungen für die Zukunft »selbst gebunden«). Also liegt hier ein Ermessensfehler vor.

Aus dem Voranstehenden folgt darüber hinaus, dass auch mit jeder anderen Begründung eine Versagung der Befreiung und damit der Baugenehmigung nicht möglich wäre. Durch die Selbstbindung hat die Verwaltung ihr Ermessen auf Null reduziert. Obwohl es in § 31 II BauGB heißt, dass sie eine Befreiung erteilen »kann«, *muss* sie es hier tun. B hat also einen Anspruch auf Erteilung der Baugenehmigung, was den Anspruch auf Erteilung der Befreiung mit einschließt. Die Klage ist begründet.

Im Fall 21 hätte der Kläger bloß einen Anspruch auf »Neubescheidung«. Die Behörde muss dem Bauantrag nicht stattgeben, sondern wird »nur« verurteilt, über den Bauantrag neu zu entscheiden. Dabei ist sie weitgehend frei, denn sie hat ja noch Ermessen. Bloß mit dem rechtswidrigen Argument des fehlenden Schmiergeldes (oder mit einer anderen ermessensfehlerhaften Begründung) darf sie den Bauantrag nicht zurückweisen. In einem solchen Fall ist die Klage teilweise begründet. Kommt allerdings hinterher statt der fehlerhaften eine ordnungsgemäße Ablehnung des Bauantrages, nützt das dem Bauherren nicht viel. Immerhin stellt das Gericht klar, dass eine Ablehnung nicht völlig willkürlich möglich ist.

dd) Zusammenfassende Übersicht

A. Verwaltungsrechtsweg (wenn (-): Klage vor Zivilgericht [bei Anspruch auf Baugenehmigung irrelevant])

B. Zulässigkeit der Klage (ausgewählte Punkte)

   I. Klageart (hier: Verpflichtungsklage)

   II. Klagebefugnis

   III. Vorverfahren

   IV. Klagefrist

   V. Klagegegner

C. Begründetheit der Klage: Rechtswidrigkeit der Ablehnung + Rechtsverletzung des Klägers; dies ist stets gegeben bei Anspruch auf die Baugenehmigung. Drei Ergebnisse möglich:

- Anspruch (+): Klage begründet

- Anspruch (-): Klage unbegründet

- Anspruch auf ermessensfehlerfreie Entscheidung: Klage teilweise begründet (Anspruch auf »Neubescheidung«, ohne dass das Ergebnis bereits feststeht).

---

b) Widerspruch

(1) Vor Erhebung der Anfechtungsklage sind Rechtmäßigkeit und Zweckmäßigkeit des Verwaltungsakts in einem Vorverfahren nachzuprüfen. Einer solchen Nachprüfung bedarf es nicht, wenn ein Gesetz dies bestimmt oder wenn

§ 68 VwGO

1. der Verwaltungsakt von einer obersten Bundesbehörde oder von einer obersten Landesbehörde erlassen worden ist, außer wenn ein Gesetz die Nachprüfung vorschreibt, oder
2. der Abhilfebescheid oder der Widerspruchsbescheid erstmalig eine Beschwer enthält.

(2) Für die Verpflichtungsklage gilt Absatz 1 entsprechend, wenn der Antrag auf Vornahme des Verwaltungsakts abgelehnt worden ist.

aa) Zulässigkeit

(a) Verwaltungsrechtliche Streitigkeit

Zunächst muss eine verwaltungsrechtliche Streitigkeit vorliegen. Dies folgt daraus, dass laut § 68 VwGO der Widerspruch »vor Anfechtungs- und Verpflichtungsklagen« durchgeführt werden muss, und bei diesen Klagen muss ebenfalls eine »verwaltungsrechtliche Streitigkeit« vorliegen.

Man prüft daher das Gleiche wie auf Seite 92 erläutert. Als Normen nennt man § 68 VwGO in Verbindung mit § 40 I 1 VwGO analog (d.h. § 40 I 1 VwGO gilt nicht direkt, da er von einem »Rechtsweg« spricht, was darauf schließen lässt, dass er nur Klagen meint. Man wendet die Norm aber auf einen Widerspruch ebenfalls an).

Anders als bei Klagen braucht man diesen Punkt aber nicht »vor die Klammer« zu ziehen. Er wird nicht vor, sondern im Rahmen der Zulässigkeit geprüft. Dies hat folgenden Grund: Ist der Verwaltungsrechtsweg einmal nicht gegeben, so wird ein Widerspruch dadurch unzulässig, denn einen »zivilrechtlichen Widerspruch« gibt es nicht. Eine Klage vor dem Verwaltungsgericht wird indes an ein Zivilgericht verwiesen, wenn sie eigentlich dorthin gehört hätte. Sie wird also nicht unzulässig, wenn der Verwaltungsrechtsweg nicht gegeben ist. Daher der unterschiedliche Standort des Prüfungspunktes »Verwaltungsrechtsweg«. (Indes wird in einigen Lehrbüchern auch gesagt, dass man selbst bei Klagen den Verwaltungsrechtsweg im Rahmen der Zulässigkeit prüfen soll.)

Unterschiedlicher Aufbau gegenüber der Klage: Rechtsweg wird im Rahmen der Zulässigkeit geprüft.

(b) Statthaftigkeit des Widerspruchs

Dies entspricht in etwa der »statthaften Klageart« auf Seite 93. Ein Widerspruch ist statthaft, wenn das Gesetz eine Überprüfung durch Widerspruch vorsieht. Dies ist in der Regel in § 68 VwGO für Anfechtungs- und Verpflichtungsklagen der Fall. Wir hatten indes auf Seite 96 schon gesehen, dass eine Ausnahme für die Untätigkeitsklage besteht. Weitere Ausnahmen sind in § 68 I 2 VwGO genannt. Die Nr. 1 und die Variante vor Nr. 1 sind für Baugenehmigungen irrelevant, die Nr. 2 kann indes einmal greifen. Was ist gemeint mit der »erstmaligen Beschwer«, von der dort die Rede ist? Hierzu ein Fall.

A beantragt eine Baugenehmigung für ein Holzhaus. Er erhält die Baugenehmigung unter der Auflage, näher bestimmte Brandschutzmaßnahmen zu ergreifen. Im darauf folgenden Widerspruchsverfahren, mit dem A eine Genehmigung ohne diese Auflage anstrebt, versagt die Widerspruchsbehörde die Baugenehmigung ganz. A steht also nach dem Widerspruchsverfahren schlechter da als nach dem Ausgangsverfahren. Die Widerspruchsbehörde hat ihn erstmalig in einem Bereich

beschwert, in dem er durch den Ausgangsbereich nicht beschwert war.
Muss jetzt diese erstmalige Komplett-Versagung der Baugenehmigung
nochmals in einem Widerspruchsverfahren überprüft werden?

Nein! Diesen Fall erfasst § 68 I 2 Nr. 2 VwGO. Wenn man durch den
Widerspruchsbescheid erstmalig schlechter steht als durch den Ausgangsbescheid (also im Beispiel die Baugenehmigung unter Auflage),
ist nicht noch ein zweites Widerspruchsverfahren nötig. (Streng genommen wäre dies übrigens keine direkte, sondern eine analoge Anwendung von § 68 I 2 Nr. 2 VwGO, da die Norm dem Wortlaut nach
nicht von einer erstmaligen *zusätzlichen* Beschwer spricht.)

Fall »Erstmalige
Beschwer durch
Widerspruchsbescheid«

Der ebenfalls in § 68 I 2 Nr. 2 VwGO geregelte Fall, dass ein Abhilfebescheid eine erstmalige Beschwer enthält, wird hier nicht relevant.
Mit Abhilfebescheid ist gemeint, dass die »Ausgangsbehörde« (also
die, die den ersten Bescheid erlassen hat) dem Widerspruch abhilft,
also ihm stattgibt, bevor sich damit die für den Widerspruch zuständige
Behörde befasst (sofern es sich, was nicht immer der Fall ist, um verschiedene Behörden handelt). Dies kann nur für einen Dritten eine
erstmalige Beschwer bedeuten. *Beispiel: A beantragt eine Baugenehmigung für ein Haus, das zu dicht am Nachbargrundstück geplant ist.*
Die Baugenehmigung wird zu Recht versagt, aber seltsamerweise
(auch Behörden machen Fehler) im Widerspruchsverfahren dann doch
noch erteilt. Dadurch ist der Nachbar N erstmalig beschwert.

»Erstmalige Beschwer
durch Abhilfebescheid«

(c) Widerspruchsbefugnis, § 42 II VwGO analog

Hier gilt im Wesentlichen, was schon zur Klagebefugnis ab Seite 94
gesagt wurde. Da sich § 42 II VwGO dem Wortlaut nach nur auf Klagen bezieht, kann die Vorschrift auf Widersprüche nicht direkt, sondern bloß analog angewendet werden.

Nach einer (umstrittenen) Ansicht sind die Anforderungen hier noch
geringer als die an die Klagebefugnis. Denn während bei Letzterer eine
mögliche Rechtswidrigkeit des angegriffenen Verwaltungsaktes vorliegen musste, kann es hier eine mögliche Rechtswidrigkeit oder Unzweckmäßigkeit sein. Denn § 68 VwGO sagt, dass in einem Widerspruchsverfahren die Rechts- und Zweckmäßigkeit überprüft werden,
nicht nur – wie bei einer Klage – die Rechtmäßigkeit.

Rechtswidrigkeit und
Unzweckmäßigkeit

Unzweckmäßigkeit bedeutet, dass von zwei oder mehreren rechtmäßigen Handlungsmöglichkeiten der Verwaltung eine für den Bürger un-
günstiger ist als eine andere, z.B. Vorschreibung eines bestimmten
Baustoffes, obwohl ein anderer, ebenso geeigneter Baustoff erheblich
billiger ist. Beim Anspruch auf eine Baugenehmigung ist diese Fallgruppe bedeutungslos. Besteht die auch nur entfernte Möglichkeit, dass
der Anspruch besteht oder zumindest ein Ermessensfehler bei einer

Versagung einer Befreiung vorliegt (siehe dazu ab Seite 46), so folgt hieraus auch immer die mögliche Rechts- und nicht nur Zweckwidrigkeit des Widerspruchsführers. Auch sonst hat die Fallgruppe der Zweckwidrigkeit eher geringe Bedeutung, so dass eine gesonderte Behandlung über das soeben Gesagte hinaus nicht erforderlich ist.

(d) Form und Adressat

§ 70 I VwGO

Der Widerspruch ist innerhalb eines Monats, nachdem der Verwaltungsakt dem Beschwerten bekanntgegeben worden ist, schriftlich oder zur Niederschrift bei der Behörde zu erheben, die den Verwaltungsakt erlassen hat. Die Frist wird auch durch Einlegung bei der Behörde, die den Widerspruchsbescheid zu erlassen hat, gewahrt.

Widerspruch zur Niederschrift

Die Form wurde bei der Klage nicht erwähnt, da ohnehin niemand auf die Idee kommt, mündlich zu klagen. Beim Widerspruch ist eine mündliche Einlegung möglich, und zwar mündlich zur Niederschrift (§ 70 I 1 VwGO). Der Widerspruchsführer muss also zu einem dafür zuständigen Behördenmitarbeiter gehen, der die mündliche Beschwerde schriftlich festhält.

Adressat

§ 70 I 1 VwGO sagt auch, dass der Widerspruch sich an die Ausgangsbehörde zu richten hat (»die den Verwaltungsakt erlassen hat«). Sie richten sich also an denjenigen, von dem das Ablehnungsschreiben kommt. Manchmal ist das derselbe, der auch über den Widerspruch zu entscheiden hat, manchmal ist die »Widerspruchsbehörde« eine höhere Behörde (z.B. ist dies in Flächenstaaten häufig eine Bezirksregierung). § 70 I 2 VwGO stellt klar, dass es egal ist, ob Sie den Widerspruch an die Ausgangs- oder an die Widerspruchsbehörde richten. Man braucht daher in einer Klausur den »Adressaten« nicht als Prüfungspunkt zu nennen.

(e) Frist

§ 58 VwGO

(1) Die Frist für ein Rechtsmittel oder einen anderen Rechtsbehelf beginnt nur zu laufen, wenn der Beteiligte über den Rechtsbehelf, die Verwaltungsbehörde oder das Gericht, bei denen der Rechtsbehelf anzubringen ist, den Sitz und die einzuhaltende Frist schriftlich belehrt worden ist.

(2) Ist die Belehrung unterblieben oder unrichtig erteilt, so ist die Einlegung des Rechtsbehelfs nur innerhalb eines Jahres seit Zustellung, Eröffnung oder Verkündung zulässig, außer wenn die Einlegung vor Ablauf der Jahresfrist infolge höherer Gewalt unmöglich war oder eine schriftliche Belehrung dahin erfolgt ist, daß ein Rechtsbehelf nicht gegeben sei. ...

(aa) Monatsfrist, speziell: Dreitagefiktion

Ähnlich der Klage sieht § 70 I 1 VwGO als Regelfall eine Monatsfrist vor. Im Unterschied zur Klage läuft die Frist ab »Bekanntgabe«, nicht ab »Zustellung«. Ein Widerspruch muss »zugestellt« werden, ein erstmaliger Bescheid (gegen den sich der Widerspruch ja richtet, hier: Ablehnung der Baugenehmigung) nur »bekanntgegeben«. Mit »Zustellung« ist ein gesetzlich geregeltes Zustellungsverfahren gemeint, ein Versenden mit einfachem Brief ist z.B. keine »Zustellung«.

Bekanntgabe und Zustellung

Bei der Fristberechnung kann sich das Problem stellen, dass der Zeitpunkt der (»einfachen«) Bekanntgabe nicht leicht bestimmbar ist. Anders als meist bei der förmlichen Zustellung kann man es durchaus einmal mit der Ausrede: »Das habe ich nie erhalten«, versuchen. Indes enthält § 41 II VwVfG die »Dreitagefiktion«:

Ein schriftlicher Verwaltungsakt gilt bei der Übermittlung durch die Post im Inland am dritten Tage nach der Aufgabe zur Post, ein Verwaltungsakt, der elektronisch übermittelt wird, am dritten Tage nach der Absendung als bekannt gegeben.

§ 41 II 1 VwVfG

- *Ein Schreiben wird am Donnerstag, 26. August abgeschickt.*
- *Er gilt drei Tage später, also am Sonntag, 29. August, als zugegangen (hier zählen Feiertage mit).*
- *Die Monatsfrist endet am 29. September um 24 Uhr (hier gilt wiederum, wenn es ein Sonn- oder Feiertag ist: am Ende des darauffolgenden Werktages).*

Beispiel zur Fristberechnung

(bb) Jahresfrist bei fehlender oder fehlerhafter Rechtsbehelfsbelehrung

Wie schon ab Seite 98 für die Klage erläutert, wird auch beim Widerspruch die Monatsfrist zur Jahresfrist, wenn man nicht oder nicht korrekt über die Widerspruchsmöglichkeit belehrt wurde. Eine solche »Rechtsbehelfsbelehrung« befindet sich auf dem Ausgangsschreiben (hier also: Ablehnung des Bauantrages). Welche Informationen sie enthalten muss, richtet sich nach § 70 I VwGO:

Der Widerspruch ist innerhalb eines Monats, nachdem der Verwaltungsakt dem Beschwerten bekanntgegeben worden ist, schriftlich oder zur Niederschrift bei der Behörde zu erheben, die den Verwaltungsakt erlassen hat. Die Frist wird auch durch Einlegung bei der Behörde, die den Widerspruchsbescheid zu erlassen hat, gewahrt.

§ 70 I VwGO

Wann?	*Wie?*	*Wo?*
Ein Monat ab Bekanntgabe	schriftlich oder mündlich zur Niederschrift	Satz 1: Bei der »Ausgangsbehörde« Satz 2: Bei der »Widerspruchsbehörde« geht auch, muss aber in der Belehrung nicht angegeben werden.

Fehler, die zur Jahresfrist führen

1. Eine Belehrung fehlt komplett,
2. Einzelne der genannten Angaben fehlen.
3. Speziell zum »Wann« (Frist):
   a) Angabe: »Vier Wochen« statt »ein Monat«,
   b) Angabe: »ab Absendung / ab Datum des Schreibens« statt »ab Bekanntgabe«,
   c) Angabe »ab Zustellung«, obwohl gar nicht im Rechtssinne »zugestellt« wurde (siehe Seite 111).
4. Speziell zum »Wie« (Form):
   a) Angabe »schriftlich«, obwohl nicht nur dies möglich ist,
   b) Angabe: »Der Widerspruch ist zu begründen«, denn das Gesetz sieht eine Begründungspflicht nicht vor.
5. Speziell zum »Wo«:
   a) Es wird die falsche Behörde genannt. Hierbei ist es auch ein Fehler, wenn nur die für den Widerspruch zuständige Behörde genannt wird, nicht aber die Ausgangsbehörde, obwohl nach § 70 I 2 VwGO ein Widerspruch bei der Widerspruchsbehörde möglich ist. Wird hingegen nur die Ausgangsbehörde genannt, so ist dies ausreichend, siehe schon im rechten Kasten des voranstehenden Schemas.
   b) Die Behörde wird so unvollständig bezeichnet, dass eine Zusendung eines Widerspruchs oder ein Aufsuchen der Behörde nicht ohne zusätzliche Erkundigungen möglich ist.
   c) Eine Adresse wird nicht genannt (der Verweis auf den Briefkopf genügt aber, sofern wenigstens dort eine Adresse steht).

Wiedereinsetzung in den vorigen Stand

Wie schon bei der Klage, kann man auch beim Widerspruch Wiedereinsetzung in den vorigen Stand beantragen, wenn man an der Fristeinhaltung gehindert war (§ 60 in Verbindung mit § 70 II VwGO).

bb) Begründetheit

Die Begründetheit des Widerspruchs ist im wesentlichen wie bei der Klage zu prüfen; in erster Linie kommt es also darauf an, ob der Widerspruchsführer einen Anspruch auf die Baugenehmigung hat. Laut

§ 68 I VwGO wird indes nicht nur die Rechtmäßigkeit, sondern auch die Zweckmäßigkeit des angegriffenen Bescheides (hier also: der Ablehnung des Bauantrages) geprüft. Dies hat Bedeutung, wenn die Baugenehmigung im Ermessen der Behörde steht. Während ein Gericht lediglich »Ermessensfehler« prüft (dazu Seiten 47, 104), kann die Widerspruchsbehörde ihr Ermessen völlig neu ausüben. Das bedeutet: Gibt es zwei oder mehr Alternativen für einen Verwaltungsakt, so kann das Gericht bloß prüfen, ob die von der Behörde gewählte Alternative rechtmäßig war. War sie dies, so kann ein Gericht nichts daran ändern, auch wenn ihm die andere Alternative vielleicht besser gefiele. Die Widerspruchsbehörde hingegen kann die (rechtmäßige!) Alternative wählen, die sie möchte. Sie kann daher einen Verwaltungsakt auch verändern, wenn die Ausgangsbehörde gar nicht rechtswidrig gehandelt hat.

Unterschied Widerspruch / Klage bei Ermessen

Daher gibt es den bei Klagen häufigen Fall, dass das Gericht die Behörde zu einer neuen Entscheidung zwingt, anstatt selbst zu entscheiden, im Widerspruchsverfahren nicht. Stellt die Widerspruchsbehörde einen Ermessensfehler der Ausgangsbehörde fest, so kann sie selbst das Ermessen ausüben und eine neue Entscheidung treffen.

c) Zusammenfassende Übersicht und Vergleich

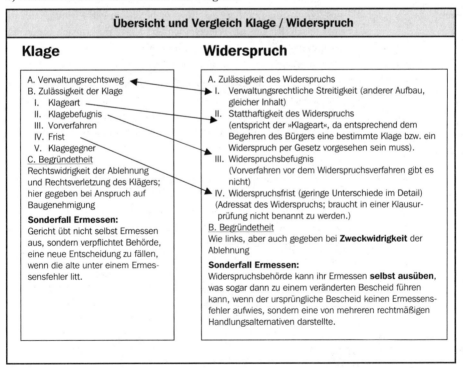

5.1.2. Sonderfall: Streit um gemeindliches Einvernehmen

a) Widerspruch und Klage des Bauherrn richtet sich nicht gegen die Gemeinde

Worum es geht

Ab Seite 83 wurde gezeigt, dass in einigen Fällen die Baugenehmigung lediglich erteilt werden kann, wenn das Einvernehmen der Gemeinde, die nicht unbedingt Baugenehmigungsbehörde sein muss, vorliegt. Im Rahmen des Problemkreises »Ziel des Rechtsschutzes ist Erlangung der eigenen Baugenehmigung« ergibt sich folgende Konstellation: *Der Bauherr beantragt die Baugenehmigung, die Genehmigungsbehörde ersucht die Gemeinde um Einvernehmen, die Gemeinde versagt dieses, die Genehmigungsbehörde versagt deswegen dem Bauherrn die Genehmigung. Was kann der Bauherr tun?*

Genau wie in den vorangegangenen Abschnitten erläutert, kann er Widerspruch einlegen. Hat dies keinen Erfolg, so kann er Verpflichtungsklage erheben.

Man geht nicht gegen die Gemeinde vor, sondern gegen die Genehmigungsbehörde.

Ein Problem besteht darin, wogegen und gegen wen sich Widerspruch und Klage eigentlich richten. Man könnte auf den Gedanken kommen, der Bürger müsste gegen die Gemeinde Widerspruch und Klage einlegen, um sie zur Erteilung des Einvernehmens zu verpflichten. Dies ist aber falsch. Richtig ist: Widerspruch und Klage richten sich gegen die Baugenehmigungsbehörde. Von dieser wird verlangt, dass sie die Baugenehmigung trotz fehlenden gemeindlichen Einvernehmens erteilt.

Warum ist das so? Zwischen der Gemeinde und dem Bauherrn bestehen überhaupt keine Rechtsbeziehungen. Der Bauherr hat eine Rechtsbeziehung zur Baugenehmigungsbehörde, die für die Entscheidung über seinen Bauantrag zuständig ist. Die Gemeinde wendet sich nicht direkt an den Bauherrn. Ihre Versagung des Einvernehmens hat direkte Auswirkungen auf das Verhältnis Baugenehmigungsbehörde-Gemeinde, aber nur indirekte Auswirkungen auf den Bürger. Zugegeben: Weil das Einvernehmen versagt wurde, bekommt der Bauherr seine Genehmigung nicht. Aber wenn dies wirklich rechtswidrig war, könnte die Genehmigungsbehörde das gemeindliche Einvernehmen ja ersetzen (§ 36 II 3 BauGB). Wenn sie das nicht tut, so hat sie es auch gegenüber dem Bauherrn zu verantworten.

Merke: Man klagt nicht gegen die Gemeinde und auf Erteilung des Einvernehmens, sondern gegen die Baugenehmigungsbehörde und auf Erteilung der Baugenehmigung (ebenso bei Widerspruch).

b) Erfolgsaussichten von Widerspruch und Klage

War die Versagung des gemeindlichen Einvernehmens rechtmäßig, so wird der Bauherr Widerspruch und Klage verlieren.

War sie rechtswidrig und besteht auch sonst kein Verstoß gegen das Baurecht, so muss zwischen Widerspruch und Klage unterschieden werden:

Den Widerspruch wird der Bauherr verlieren. Eine Verweigerung des gemeindlichen Einvernehmens reicht nämlich bis in das Widerspruchsverfahren des Bauherrn hinein und hindert auch die Widerspruchsbehörde an einer stattgebenden Entscheidung.

Die Klage wird der Bauherr gewinnen! Während eine Behörde (Widerspruchsbehörde) nicht das mangelnde Einvernehmen übergehen darf, ist dies bei einem Gericht anders: Ist ein Bauvorhaben mit dem Baurecht vereinbar und hätte demzufolge die Gemeinde das Einvernehmen nicht versagen dürfen, so hat der Bauherr einen Anspruch auf die Baugenehmigung (§ 75 NBauO bzw. Entsprechung in anderen Landesbauordnungen). In einem stattgebenden Urteil würde die Baugenehmigungsbehörde dazu verpflichtet, die Baugenehmigung zu erteilen. Das gemeindliche Einvernehmen, das dann theoretisch immer noch fehlt, wird durch ein solches Urteil ersetzt.

c) Exkurs: Die Gemeinde ist im Prozess notwendig beizuladen

Wir hatten gesagt, dass eine Klage auf Erteilung der Baugenehmigung immer zwischen dem Bauherrn und der Genehmigungsbehörde geführt wird, eine Gemeinde ist weder Klägerin noch Beklagte. Andererseits ist die Gemeinde in den Fällen, in denen die Baugenehmigung am fehlenden Einvernehmen gescheitert war, durchaus »betroffen«. Wenn die Baugenehmigungsbehörde zur Genehmigungserteilung verurteilt wird, würde ihr Einvernehmen ja durch das Urteil ersetzt. Die Gemeinde kann dann als (nach § 65 II VwGO notwendig) »Beigeladene« auf das Prozessgeschehen Einfluss nehmen. Um nicht vom »Baurecht – schnell erfasst« ins »Verwaltungsprozessrecht – gar nicht so schnell erfasst« abzuleiten, soll es bei diesem kurzen Hinweis bleiben.

5.1.3. Einstweiliger Rechtsschutz

Die Mühlen der Justiz mahlen langsam. Es kann aber geboten sein, eine schnelle Entscheidung herbeizuführen, z.B. um zu verhindern, dass die öffentliche Hand während eines schwebenden Gerichtsverfahrens Fakten schafft, derentwegen das Begehren des Bürgers aussichts- oder nutzlos wird. Wie so eine Eilbedürftigkeit im Baurecht entstehen kann, zeigt folgender Fall.

Den Widerspruch wird der Bauherr verlieren.

Die Klage wird der Bauherr gewinnen: Ein Urteil ersetzt das Einvernehmen!

Fall 23

Durch eine Indiskretion eines Kollegen ist herausgekommen, dass Gemeindebeamter G den entscheidungsreifen Bauantrag des A absichtlich unbearbeitet lässt, um noch schnell einen neuen Bebauungsplan zu erlassen. Nach dem neuen Plan wäre das Vorhaben des A nicht mehr zulässig, nach derzeitigem Recht schon.

A klagt auf die Erteilung der Baugenehmigung. Da das Gericht sich bei seiner Entscheidung nicht auf den Zeitpunkt des Bauantrages, sondern auf den Zeitpunkt der letzten mündlichen Verhandlung stützen muss, verlöre A, wenn vorher der neue Bebauungsplan in Kraft träte.

Es ist abzusehen, dass der neue Bebauungsplan schneller käme als ein Gerichtsurteil und dass er wohl rechtmäßig wäre. Kann A deshalb eine Baugenehmigung in einem gerichtlichen Eilverfahren erlangen?

Möchte ein Kläger eine Behörde zu einem positiven Tun verpflichten, so stellt § 123 I VwGO ein Eilverfahren zur Verfügung:

§ 123 I VwGO

Auf Antrag kann das Gericht, auch schon vor Klageerhebung, eine einstweilige Anordnung in Bezug auf den Streitgegenstand treffen, wenn die Gefahr besteht, dass durch eine Veränderung des bestehenden Zustands die Verwirklichung eines Rechts des Antragstellers vereitelt oder wesentlich erschwert werden könnte. Einstweilige Anordnungen sind auch zur Regelung eines vorläufigen Zustands in bezug auf ein streitiges Rechtsverhältnis zulässig, wenn diese Regelung, vor allem bei dauernden Rechtsverhältnissen, um wesentliche Nachteile abzuwenden oder drohende Gewalt zu verhindern oder aus anderen Gründen nötig erscheint.

Sicherungs-
anordnung und
Regelungsan-
ordnung

Man unterscheidet in dieser Norm zwischen der »Sicherungsanordnung« (Satz 1) und der »Regelungsanordnung« (Satz 2). Per Sicherungsanordnung wird dafür gesorgt, dass das streitige Rechtsverhältnis ungestört später entschieden werden kann *(z.B. Entscheidung, noch keinen Bebauungsplan zu erlassen, damit über die Baugenehmigung aufgrund unveränderter Rechtslage später entschieden werden kann).*

Die Regelungsanordnung geht weiter. Hier wird das streitige Rechtsverhältnis selbst schon geregelt. A möchte im Eilverfahren die Baugenehmigung erhalten. Bekäme er sie, dann wäre der Rechtsstreit schon im Sinne des zweiten Satzes »geregelt«, also kommt hier der zweite Satz in Betracht. § 123 I 2 VwGO verlangt nun, dass eine einstweilige Regelung »nötig erscheint« und nennt ein paar Gründe, aus denen dies der Fall sein kann.

Prüfung in zwei Schritten

Ein Anspruch auf einstweiligen Rechtsschutz wird hier in zwei Schritten geprüft: Erfolgsaussichten der Hauptsache und Interessenabwägung.

Mit Erfolgsaussichten der Hauptsache ist gemeint: Wie ginge der Rechtsstreit wohl im »normalen« Klageverfahren, also in einer so genannten Verpflichtungsklage auf Erteilung der Baugenehmigung aus? Verlöre A diese Klage vermutlich, so kann auch ein Rechtsschutz im Eilverfahren nicht »nötig erscheinen«.

1. Erfolgsaussichten der Hauptsache

Im vorliegenden Fall gilt: Was Ihnen Ihr Gerechtigkeitsgefühl vielleicht schon beim Lesen des Sachverhaltes gesagt hat, ist auch juristisch wahr. Das absichtliche Verschleppen eines Bauantrages ist eine Unverschämtheit, noch dazu mit dem Zweck, die Rechtslage zu ändern und ihn dann nicht mehr genehmigen zu müssen. Im Juristendeutsch: Es gibt eine Amtspflicht, einen Bauantrag im Einklang mit dem geltenden Recht gewissenhaft, förderlich und sachdienlich, ohne Verzögerung in angemessener Frist zu bescheiden. Gegen diese Amtspflicht hat ein Bediensteter aus der Gemeinde G verstoßen.

Folgt aus diesem Amtspflichtverstoß auch, dass A seine Verpflichtungsklage auf Erteilung der Baugenehmigung gewinnen müsste? Erstaunlicherweise heißt die Antwort Nein, denn der neue Bebauungsplan wäre wohl rechtmäßig und würde in dem Zeitpunkt, in dem die Verpflichtungsklage entschieden würde, einer Baugenehmigung entgegenstehen. Das Einzige, was A erlangen könnte, wäre ein Schadensersatz wegen Amtspflichtverletzung, was hier nicht weiter thematisiert werden soll. Die Klage auf Erteilung der Baugenehmigung verlöre er.

Keine Baugenehmigung, höchstens Schadensersatz.

Die Interessenabwägung muss nur noch vorgenommen werden, wenn nicht schon, wie im obigen Fall, die Erfolgsaussichten der Hauptsache als gering eingestuft werden. Gewänne ein Kläger vermutlich im normalen Verfahren, so ist darüber hinaus ein Grund zu nennen, warum es unzumutbar ist, den Ausgang dieses Verfahrens abzuwarten. Gründe können – gerade im Baurecht – wirtschaftlicher Natur sein, z.B. hohe drohende Verluste bei Zurückstellung eines Bauvorhabens um mehrere Jahre (ja, so lange kann ein Rechtsstreit vor den Verwaltungsgerichten dauern, der sich ja gegebenenfalls bis zum Bundesverwaltungsgericht hochschaukelt).

2. Interessenabwägung

Im Übrigen ist anzumerken, dass es sich bei § 123 I VwGO immer um einen vorläufigen Rechtsschutz handelt. Das Gericht der Hauptsache soll immer die Möglichkeit haben, Eilentscheidungen, wenn sie falsch waren, zu korrigieren. Daraus ergibt sich (nicht nur, aber insbesondere) bei dem Begehren einer Baugenehmigung ein Problem: Eine »vorläufige Baugenehmigung« gibt es eigentlich nicht, d.h. wenn ein Gericht im Eilverfahren erst einmal eine Baugenehmigung zuspricht, darf auch gebaut werden. Das Eilverfahren beendet aber nicht den Rechtsstreit, d.h. die »normale« Verpflichtungsklage wird weiterhin geführt. Stellt sich dann (das kann auch in erster Instanz durchaus mal ein ganzes Jahr dauern) heraus, dass die Baugenehmigung doch nicht hätte erteilt wer-

Sonderproblem: Vorwegnahme der Hauptsache?

den dürfen, so könnte die falsche Eilentscheidung vielleicht nicht mehr korrigiert werden: Nehmen wir einmal an, der Kläger hat schon gebaut. Die »vorläufige Baugenehmigung« würde ihm wieder entzogen, aber das Haus steht. Es dürfte auch nicht eine behördliche Abbruchverfügung (also das Gebot, das Haus abzureißen) ergehen, da der Kläger zum Zeitpunkt des Baus eine Genehmigung hatte (hierzu genauer ab Seite 163). Es würden also durch eine vorläufige Baugenehmigung schon endgültige Fakten geschaffen, man spricht von »Vorwegnahme der Hauptsache«. Da diese im Eilrechtsschutz nicht erfolgen soll, ist die Erlangung einer Baugenehmigung im Eilverfahren stets problematisch. Teilweise wird sie für generell unzulässig, teilweise für zulässig nur in besonders krassen Härtefällen angesehen. Wegen der Unübersichtlichkeit der Rechtsprechung und der Komplexität der diskutierten Ausnahmen muss es bei diesem allgemeinen Hinweis bleiben.

5.2. Ziel: Verhinderung der Baugenehmigung eines Anderen

5.2.1. Einführung

»Ach, das könnte schön sein, ein Häuschen mit Garten«, so träumt der Räuberhauptmann aus dem »Wirtshaus im Spessart«. Und wenn man dann so ein Häuschen in ruhiger Lage hat, dann soll da auf einmal, beispielsweise, ein neues Jugendzentrum daneben gesetzt werden. Betrunkene, grölende Kids, Scherben und Urin im Garten? Das hat ja gerade noch gefehlt ...

So etwa, zugegebenermaßen etwas plakativ, könnte ein Szenario aussehen, in dem jemand die Gerichte nicht in Sachen seiner eigenen Baugenehmigung bemüht, sondern wegen der Baugenehmigung oder Bautätigkeit eines Anderen. Dies kann wiederum in grundsätzlich zwei Konstellationen auftauchen. Zum einen erfährt jemand, dass ein anderer eine Baugenehmigung erhalten hat, und möchte diese anfechten. Zum zweiten kann es passieren, dass der Andere einfach zu bauen beginnt und jemand diese Bautätigkeit gerichtlich stoppen lassen möchte.

Hier soll es um die erste Konstellation gehen, die zweite wird ab Seite 188 behandelt.

Das Kernproblem ist indes bei beiden Konstellationen dasselbe: Hat der Kläger bzw. Widerspruchsführer überhaupt ein Recht darauf, dass eine Behörde gegen einen Anderen einschreitet? Kann er dies – notfalls gerichtlich – erzwingen? Denn nicht jedermann darf gegen jeglichen (bau)rechtswidrigen Vorgang oder Zustand Widerspruch und/oder Klage erheben. Grob gesagt muss eine eigene »Betroffenheit« des Klägers/Widerspruchsführers vorliegen. Im obigen Beispiel ist der Nachbar des Jugendzentrums faktisch ungleich stärker betroffen als jemand, der zwei Kilometer weit weg wohnt. Da eine »Betroffenheit« üblicherweise bei den Nachbarn (in Bezug auf ein strittiges Bauvorhaben) auftritt, spricht man auch vom »Nachbarschutz in Baurecht«. Darum soll es im Folgenden gehen.

5.2.2. Der Nachbarschutz im Baurecht

a) Allgemeines / Rücksichtnahmegebot

Allen Klagen und Widersprüchen gemeinsam ist, dass der Kläger/Widerspruchsführer eine Klagebefugnis/Widerspruchsbefugnis haben muss. Hier liegt die Besonderheit vor, dass wir es mit einem »Dreiecksverhältnis« zu tun haben: Bauherr, Beschwerdeführer und Behörde.

Dreiecksverhältnis: Bauherr, Beschwerdeführer, Behörde

Sind Dritte im Spiel, so erlangt der umgangssprachliche Satz:»Misch' dich nicht in fremde Angelegenheiten ein« auch juristisch Bedeutung. Denn eine Klagebefugnis/Widerspruchsbefugnis hat man nur, wenn eine Verletzung in eigenen Rechten möglich erscheint. Fraglich ist in den Fällen, in denen es um Bauvorhaben Dritter geht, wann eine fremde Angelegenheit zu einer eigenen Angelegenheit wird. Das etwas krasse Beispiel mit dem Jugendzentrum deutet an, dass sich eine Angelegenheit eines Dritten sehr wohl nachteilig auf den Nachbarn auswirken kann. Der fühlt sich nämlich gestört. Nun kommt es auf Gefühle im Juristischen nur bedingt an, der Nachbar muss auch ein Recht darauf haben, dass der Dritte sich an die baurechtlichen Vorschriften hält. Man spricht von einem subjektiven öffentlichen Recht. Bei der Klagebefugnis/Widerspruchsbefugnis geht es also um Folgendes:

Ist ein eigenes Recht des Beschwerdeführers betroffen?

Das »subjektive öffentliche Recht«

- Verletzt die angegriffene Behörde möglicherweise Rechtsvorschriften (z.B. sie unternimmt nichts gegen einen Schwarzbau des Dritten, sie erteilt ihm eine rechtswidrige Baugenehmigung)
- und hat der Kläger/Widerspruchsführer selbst ein subjektives öffentliches Recht darauf, dass gerade diese behördliche Pflichtverletzung nicht passiert?

Ersteres ist Frage des Einzelfalls und nicht anders zu beurteilen als im Zwei-Personen-Verhältnis auch. Letzteres soll hier erörtert werden. Es geht also darum, bestimmte Normen, die wir schon kennen gelernt haben, abzuklappern und nachzufragen, ob diese Normen auch andere Personen schützen als den Bauherrn und die Baubehörde. Diese »Anderen« könnten dann ggf. klagen/Widerspruch einlegen.

Grundsätzlich kann man bei einer Norm zwischen dem Schutz der Allgemeinheit und dem Schutz von Individuen unterscheiden. Als Beispiel diene das Merkmal des »Einfügens« in § 34 I BauGB (s. auch Seite 58). Dieses Merkmal dient (zumindest im Regelfall) einer geordneten städtebaulichen Entwicklung und damit den Interessen der Allgemeinheit, nicht aber Individualinteressen. Anders gesagt: Möchte jemand Widerspruch oder Klage gegen die Baugenehmigung/-tätigkeit eines Anderen erheben, so muss er darlegen, dass eine Norm, gegen die der »Andere« verstoßen haben könnte, nicht nur die Allgemeinheit, sondern gerade ihn als Individuum schützt. Hierfür gibt es zwei Möglichkeiten:

Absoluter und relativer Drittschutz

- Eine Norm ist »drittschützend«, d.h. die schützt nicht (nur) eine nicht individualisierbare »Allgemeinheit«, sondern (nur oder auch) einen bestimmten identifizierbaren Personenkreis – zu diesem Personenkreis muss der Widerspruchsführer/Kläger dann auch gehören (absoluter Drittschutz).
- Eine Norm schützt zwar die Allgemeinheit, aber im konkreten Fall ist der Widerspruchsführer/Kläger so schwer betroffen, dass er sich gewissermaßen als Individuum von der Allgemeinheit »abhebt« (relativer Drittschutz).

Folgende Konstellationen gibt es:

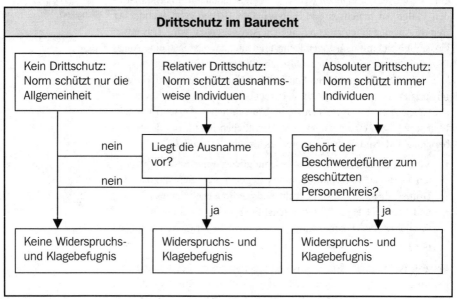

Drittschutz im Baurecht

| Kein Drittschutz: Norm schützt nur die Allgemeinheit | Relativer Drittschutz: Norm schützt ausnahmsweise Individuen | Absoluter Drittschutz: Norm schützt immer Individuen |

nein → Liegt die Ausnahme vor?

nein → Gehört der Beschwerdeführer zum geschützten Personenkreis?

| Keine Widerspruchs- und Klagebefugnis | ja → Widerspruchs- und Klagebefugnis | ja → Widerspruchs- und Klagebefugnis |

b) Nachbarschutz im Bauplanungsrecht

aa) Qualifizierter Bebauungsplan i.V.m. § 30 I BauGB

(a) Art der baulichen Nutzung

Es existiert ein Bebauungsplan, der ein Gebiet von ca. 1 x 1 km als reines Wohngebiet ausweist. Im Übrigen finden sich Festsetzungen zum Maß der baulichen Nutzung, zu den überbaubaren Grundstücksflächen und zu den örtlichen Verkehrsflächen. A erhält die Baugenehmigung für eine Spielhalle. B, der genau am anderen Ende des Gebietes wohnt und von dem Spielhallenbetrieb bei sich zu Hause nichts mitbekäme, erfährt davon und möchte die Baugenehmigung anfechten. Hat er die Widerspruchs- und Klagebefugnis?

Fall 24

Die Widerspruchs- und Klagebefugnis wäre gegeben, wenn

- die Baugenehmigung möglicherweise rechtswidrig ist,
- und die Norm(en), gegen die sie möglicherweise verstößt, dem B ein subjektives öffentliches Recht verleiht/verleihen.

(aa) Möglicherweise verletzte Rechtsnorm(en)

Wir sollten zunächst schauen, in welchem Bereich nach §§ 30 ff. BauGB gebaut werden soll. Hier könnte dies § 30 I BauGB sein, also ein »qualifiziert beplanter« Bereich. Es gibt laut Sachverhalt einen Bebauungsplan, der das Gebiet als reines Wohngebiet ausweist. Dies ist ein Gebietstyp nach § 1 II Nr. 1, § 3 BauNVO, also ist die Art der baulichen Nutzung festgelegt. Auch die weiteren, nach § 30 I BauGB nötigen Festsetzungen sind laut Sachverhalt gegeben. Also liegt ein Bauvorhaben im qualifiziert beplanten Bereich vor.

Hier: Qualifizierter Bebauungsplan

Dann muss sich jedes Vorhaben nach dem Bebauungsplan richten, § 30 I BauGB. Eine Spielhalle könnte gegen ihn in Verbindung mit § 3 BauNVO verstoßen. Denn § 3 erlaubt Gebäude, die nicht dem Wohnen dienen, nur in engen Ausnahmen, und ob eine Spielhalle eine ausnahmsweise erlaubte »Anlage für soziale, kirchliche, kulturelle, gesundheitliche und sportliche Zwecke« (§ 3 III Nr. 2 BauNVO) ist, erscheint äußerst fraglich. Also wurden der Bebauungsplan i.V.m. § 3 III Nr. 2 BauNVO und § 30 I BauGB möglicherweise verletzt.

Möglicher Verstoß gegen § 3 III Nr. 2 BauNVO

Wichtig: Das »möglicherweise« reicht an dieser Stelle. Die »Klagebefugnis«, um die es hier geht, dient nur zur Klärung, ob überhaupt ein Bedürfnis besteht, eine Frage gerichtlich klären zu lassen. Sie entscheidet (als einer von mehreren Punkten) über die Zulässigkeit der Klage. Erst danach wird entschieden, ob die Klage auch begründet ist, ob die Rechtsverletzung tatsächlich vorliegt (ebenso für den Widerspruch).

(bb) Subjektives öffentliches Recht

Kann sich gerade der B darauf berufen, dass die Behörde die genannten Rechtsnormen möglicherweise verkannt hat, obwohl ihn die Spielhalle zu Hause nicht einmal stören könnte? Ja, sagt das Bundesverwaltungsgericht, und zwar mit folgender Begründung: Die Festsetzungen eines Bebauungsplanes bezüglich der Art der baulichen Nutzung dienten den Interessen aller Bewohner des Plangebietes. Ein qualifizierter Bebauungsplan schweiße insoweit die Bewohner (oder Gewerbetreibenden) eines Plangebietes zu einer »Schicksalsgemeinschaft« zusammen. Man sei den Beschränkungen des Bebauungsplans bzgl. der Nutzungsart unterworfen, und zum Ausgleich dafür habe man einen Anspruch darauf, dass jeder andere im Plangebiet sich ebenfalls daran halte. Nur so kann man die Unterwerfung unter den Bebauungsplan ja rechtfertigen, ansonsten gälte wieder einmal der Spruch: »Der Ehrliche ist der Dumme.«

Schicksalsgemeinschaft

Dieser auf den ersten Blick verständlich scheinende Ansatz hat weit reichende Konsequenzen. Wenn jeder im Plangebiet Anspruch darauf hat, dass jeder andere sich den Festsetzungen des Bebauungsplanes hinsichtlich der Nutzungsart unterwirft, kann man umgangssprachlich von »Nachbarschutz« kaum noch sprechen. Oder, wenn man bei dem Begriff bleiben will: Jeder wird zum Nachbarn von jedem, auch der B wird zum Nachbarn von A. Das ist sprachlich absurd, lässt sich aber dadurch erklären, dass sich der Begriff »Nachbarschutz« dadurch entwickelt hat, dass man herkömmlicher Weise für eine Klagebefugnis gegen eine Baugenehmigung/Baumaßnahme eines Dritten eine individuelle Betroffenheit brauchte, und die hat eben in der Regel der Nachbar. Im qualifiziert beplanten Bereich hat nun die »Schicksalsgemeinschaft« das Erfordernis der individuellen Betroffenheit abgelöst: Es reicht, dass B im gleichen Plangebiet ansässig ist wie A. B wäre hier zur Klage befugt. Dasselbe gilt für eine Widerspruchsbefugnis.

§ 30 I BauGB und die damit im Zusammenhang stehenden Normen gewähren bezüglich der Art der baulichen Nutzung absoluten Drittschutz für alle Personen im Plangebiet.

§ 30 I BauGB und die damit im Zusammenhang stehenden Normen (BauNVO, der Bebauungsplan selbst) gewähren bezüglich der Art der baulichen Nutzung absoluten Drittschutz für alle Personen im Plangebiet.

(b) Andere Festsetzungen

Die soeben geschilderte Rechtsprechung zur Schicksalsgemeinschaft gilt nur für die Art der baulichen Nutzung. Der Hauptanwendungsfall ist der, in dem es um die Übereinstimmung eines Vorhabens mit einem bestimmten Baugebietstyp geht, so wie dies am obigen Beispiel erläutert wurde. Aber ein Bebauungsplan kann ja noch ganz andere Sachen festsetzen:

A erhält eine Baugenehmigung für ein viergeschossiges Haus, obwohl im Plangebiet nur drei Geschosse erlaubt sind. Hat B, der am anderen Ende des Plangebietes lebt, die Widerspruchs- und Klagebefugnis?

Fall 25

Die »verletzten Rechtsnormen« sind in beiden Fällen offenkundig; es handelt sich nämlich um § 30 I BauGB in Verbindung mit den jeweiligen Festsetzungen des Bebauungsplanes.

zum Maß der baulichen Nutzung

Es geht also nur darum, ob B ein subjektiv-öffentliches Recht darauf hat, dass A diese Normen einhält. In der Regel ist dies nicht der Fall, da mit Festsetzungen des Bebauungsplans meist nur ein städtebauliches Ziel und nicht Individualschutz verfolgt wird. Drittschutz kann einem Bebauungsplan nur entnommen werden, wenn seine Beschränkungen erkennbar ein »nachbarliches Austauschverhältnis« begründen sollen, so dass nach dem Willen der planenden Gemeinde ein gegenseitiges Verhältnis der Rücksichtnahme geschaffen wird.

Meist gibt es keinen Drittschutz.

Hört sich kompliziert an – und ist es auch. Es hat sich eine nicht leicht überschau- und systematisierbare Rechtsprechung zu diesem Themenkreis herausgebildet, die eine Prognose, ob man in dieser oder jene Sache vor Gericht gehen sollte, nicht ganz einfach macht.

- Festsetzungen zum Maß der baulichen Nutzung werden nicht als nachbarschützend angesehen (Fall 25),
- den Vorschriften über offene oder geschlossene Bauweise (§ 22 BauNVO, s. etwa unter <www.bauordnungen.de>) wird gelegentlich, aber nicht immer nachbarschützende Wirkung zugesprochen,
- bei Festsetzungen über die Bebaubarkeit der Grundstücksfläche (§ 23 BauNVO) ist die Systematisierung am schwierigsten; wir finden eine Fülle von Einzelfallentscheidungen vor, die sich kaum auf gemeinsame Nenner bringen lassen.

bb) Einfacher Bebauungsplan, § 30 III BauGB

Wir erinnern uns und/oder schauen noch einmal in § 30 III BauGB: Der »einfache« Bebauungsplan ist ein solcher, der nicht hinsichtlich aller Kriterien des § 30 I BauGB Festsetzungen enthält. Es fragt sich nun, welche Kriterien in einem Einzelfall betroffen sind. Handelt es sich um ein Kriterium, das der Bebauungsplan regelt, so wird ein Fall genauso wie bei einem qualifizierten Bebauungsplan gelöst, andernfalls nach den Regeln über unbeplante Bereiche. Es sei daher nach oben bzw. unten verwiesen.

cc) Befreiungen nach § 31 II BauGB

Dem A wurde für seine Spielhalle im reinen Wohngebiet (aus Fall 24, Seite 121) eine Befreiung von der Festsetzung im Bebauungsplan als »reines Wohngebiet« erteilt (§ 31 II BauGB).

Fall 26

Fall 27

Dem A wurde für sein vierstöckiges Haus (aus Fall 25, Seite 123) eine Befreiung von der Festsetzung erteilt, die eine höchstens dreigeschossige Bauweise vorschreibt.

Hat B, der jeweils nicht unmittelbarer Nachbar des A ist, sondern in ca. 1 km Entfernung am anderen Ende des Baugebietes wohnt, die Widerspruchs- und Klagebefugnis?

(a) Möglicherweise verletzte Rechtsnorm(en)

Hier kommt § 31 II BauGB in Betracht:

§ 31 II BauGB

Von den Festsetzungen des Bebauungsplans kann befreit werden, wenn die Grundzüge der Planung nicht berührt werden und

1. Gründe des Wohls der Allgemeinheit die Befreiung erfordern oder
2. die Abweichung städtebaulich vertretbar ist oder
3. die Durchführung des Bebauungsplans zu einer offenbar nicht beabsichtigten Härte führen würde

und wenn die Abweichung auch unter Würdigung nachbarlicher Interessen mit den öffentlichen Belangen vereinbar ist.

(b) Subjektives öffentliches Recht

§ 31 II BauGB verleiht relativen Drittschutz.

Die Formulierung am Ende der Norm deutet es schon an: Die nachbarlichen Interessen haben in eine Abwägung der Behörde einzufließen, folglich ist § 31 II BauGB eine drittschützende Norm. Es handelt sich jedoch nicht um absoluten, sondern um relativen Drittschutz, denn: Man muss schauen, wovon der Bauherr eigentlich befreit wird.

Lösung Fall 26/24

A wird von Festsetzungen über die Art der baulichen Nutzung befreit. Wir haben auf Seite 122 gesehen, dass diese Festsetzungen nachbarschützend sind, und zwar nicht nur für den Nachbarn im umgangssprachlichen Sinne, sondern für alle Bewohner des Plangebietes, also auch für B.

Wenn der Bauherr von einer nachbarschützenden Norm befreit wird und der Kläger zum geschützten Personenkreis gehört, entfaltet eine eventuell fehlerhafte Befreiung immer Drittschutz.

Wenn der Bauherr von einer nachbarschützenden Norm befreit wird und der Kläger/Widerspruchsführer zum geschützten Personenkreis gehört, so entfaltet eine eventuell fehlerhafte Befreiung immer Drittschutz, d.h. er kann sich darauf berufen und hat die Klage-/ Widerspruchsbefugnis. In diesem Fall ist es egal, warum die Befreiung eventuell fehlerhaft ist. So kann es ja z.B. sein, dass die in § 31 II BauGB geforderte Abwägung mit nachbarlichen Interessen korrekt verlaufen ist, dass aber die Befreiung mit städtebaulichen Zielen schlechterdings nicht zu vereinbaren ist (§ 31 II Nr. 2 BauGB). Auch dann könnte B Widerspruch und Klage erheben.

Lösung Fall 27/25

Der Bauherr wird von Vorschriften über das *Maß* der baulichen Nutzung befreit, die nicht nachbarschützend sind (siehe Seite 123). Da aber bei *jeder* Befreiung eine Abwägung mit nachbarlichen Interessen erfolgen muss (§ 31 II BauGB, am Ende), kann sich B auf Nachbarschutz berufen, wenn die Befreiung *wegen möglicher Abwägungsfehler* fehlerhaft sein könnte. Da in § 31 II BauGB der Begriff der »nachbarlichen Interessen« eher umgangssprachlich die unmittelbar Betroffenen Nachbarn und nicht die Gesamtheit der im Plangebiet Ansässigen meint, kann sich B hier nicht auf einen Abwägungsfehler, falls es ihn denn gegeben haben sollte, berufen. Ihm fehlt also die Widerspruchs- und Klagebefugnis.

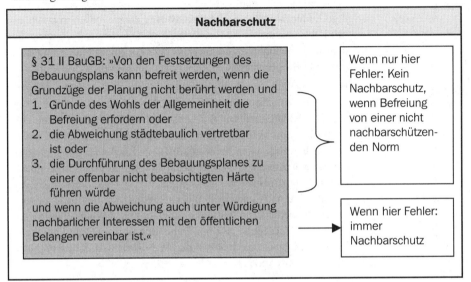

Nachbarschutz

§ 31 II BauGB: »Von den Festsetzungen des Bebauungsplans kann befreit werden, wenn die Grundzüge der Planung nicht berührt werden und
1. Gründe des Wohls der Allgemeinheit die Befreiung erfordern oder
2. die Abweichung städtebaulich vertretbar ist oder
3. die Durchführung des Bebauungsplanes zu einer offenbar nicht beabsichtigten Härte führen würde

und wenn die Abweichung auch unter Würdigung nachbarlicher Interessen mit den öffentlichen Belangen vereinbar ist.«

Wenn nur hier Fehler: Kein Nachbarschutz, wenn Befreiung von einer nicht nachbarschützenden Norm

Wenn hier Fehler: immer Nachbarschutz

dd) Unbeplanter Innenbereich

(a) Typengemäßes Baugebiet, § 34 II BauGB

Wir haben auf Seite 57 schon gesehen, dass auch im unbeplanten Innenbereich in einem Sonderfall eine Parallele zum beplanten Bereich auftaucht. Immer dann, wenn die faktisch aufzufindende Art der baulichen Nutzung einem der Baugebietstypen der BauNVO entspricht, ist eine Zulässigkeit (nur der Nutzungsart) allein nach BauNVO zu beurteilen. Wie sich das auf den Nachbarschutz auswirkt, zeigt folgender Fall.

Für das aus Fall 24 (Seite 121) bekannte, im Zusammenhang bebaute Gebiet existiert kein Bebauungsplan. Es gibt dort Wohnhäuser, eine Kirche, einen kleineren Supermarkt und eine kleine Turnhalle. Ist B nach wie vor befugt, gegen die Baugenehmigung des A für eine Spielhalle Widerspruch zu erheben und zu klagen?

Fall 28

(aa) Möglicherweise verletzte Rechtsnorm(en)

Wir befinden uns im unbeplanten Innenbereich.

Zunächst stellt sich wiederum die Frage, welche Rechtsnorm(en) möglicherweise verletzt ist/sind. Wir befinden uns im unbeplanten Bereich. Da das fragliche Gebiet »im Zusammenhang bebaut« ist, handelt es sich nicht etwa um den Außen-, sondern um den unbeplanten Innenbereich gemäß § 34 BauGB.

»Einfügen«

Üblicherweise beurteilt sich die Zulässigkeit dann über das Kriterium des »Einfügens« nach § 34 I BauGB. Hier könnte jedoch trotz fehlenden Bebauungsplanes die BauNVO gelten. Dies ist der Fall, wenn die faktisch vorgefundene Bebauung in ihrer Art (nicht Maß o.ä.) einem BauNVO-Baugebietstyp entspricht (typengemäßes Baugebiet).

Hier faktisch reines Wohngebiet

Hier könnte ein »reines Wohngebiet« i.S.v. § 3 BauNVO vorliegen. Neben den Wohnhäusern ist der kleine Supermarkt ein »Laden für den täglichen Bedarf« und sind die Kirche und die Turnhalle »Anlagen für kirchliche und sportliche Zwecke«. Beides kann auch in einem reinen Wohngebiet zugelassen werden (§ 3 III Nr. 1 und 2 BauNVO) – zwar nur »ausnahmsweise«, aber in einem 1x1 km großen Gebiet scheint hier nicht das Ausmaß dessen überschritten, was zur Versorgung der Bevölkerung auch im reinen Wohngebiet angemessen ist. Also entspricht die vorhandene Bebauung der eines reinen Wohngebietes nach § 3 BauNVO. Dann ist eine Spielhalle nach dem auf Seite 121 Gesagten höchstwahrscheinlich unzulässig, §§ 34 II BauGB, 3 BauNVO sind möglicherweise verletzt.

(bb) Subjektives öffentliches Recht

Absoluter Drittschutz bei Nutzungsart im typengemäßen Baugebiet. § 34 II ist stets eine nachbarschützende Norm.

Wenn über § 34 II BauGB die BauNVO ausnahmsweise gilt, so gibt es keinen Grund, den Nachbarschutz anders zu beurteilen, als wenn tatsächlich ein Bebauungsplan vorhanden wäre. Es gilt also das Gleiche wie in Fall 24. Die verletzten Normen sind nachbarschützend und B zählt trotz der großen räumlichen Entfernung auch zum geschützten Personenkreis. § 34 II BauGB ist also stets eine nachbarschützende Norm, d.h. sie gewährt absoluten Drittschutz hinsichtlich der Art der baulichen Nutzung für alle im typengemäßen Baugebiet.

(b) Allgemeines »Einfügen«, § 34 I 1 BauGB

Wir haben auf Seite 58 gesehen, wie man das »Einfügen« eines Bauvorhabens in dem Fall prüft, in dem man weder einen Bebauungsplan noch eine typengemäße Bebauung vorfindet. Nun fragt sich, ob sich ein Dritter darauf berufen kann, dass sich das Vorhaben eines Anderen nicht »einfügt« und ob er darum widerspruchs- und klagebefugt ist. Ist § 34 I also eine nachbarschützende (oder: »drittschützende«) Norm? Dazu ein Fall:

In einem 1x1 km großen, im Zusammenhang bebauten Gebiet gibt es keinen Bebauungsplan. Es herrscht eine Bebauung vor, die einem »Wohngebiet« nach § 3 BauNVO entspricht. Kein Haus hat mehr als drei Stockwerke, lediglich der Kirchturm überragt die Wohnbebauung.

A erhält die Baugenehmigung für ein sechsstöckiges Wohnhaus, B (der am anderen Ende des Baugebiets wohnt und von dort das Haus nicht sehen könnte) möchte dagegen Widerspruch und Klage erheben. Hat er die Widerspruchs- und Klagebefugnis?

Fall 29

Obwohl es eine typengemäße Bebauung (entsprechend einem »Wohngebiet« nach § 3 BauNVO, s.o.) gibt, ist hier nicht § 34 II BauGB i.V.m. § 3 BauNVO einschlägig, denn der vorliegende Konflikt betrifft nicht die Art, sondern das Maß der baulichen Nutzung. § 34 II BauGB verweist aber nur bezüglich der Art der Nutzung auf die BauNVO. Also liegt ein Fall von § 34 I BauGB vor, das Haus müsste sich in die Eigenart der näheren Umgebung »einfügen« – was es bei sechs gegen drei Stockwerke natürlich nicht tut.

Hier kein Einfügen – Maßstab ist § 34 I BauGB

Fraglich ist wiederum, ob eine Verletzung von § 34 I BauGB dem B ein subjektives öffentliches Recht verleiht, das ihn zu Widerspruch und Klage befugt. Ist also § 34 I BauGB eine nachbarschützende Norm, und gehört B zum geschützten Personenkreis? Bei § 34 I BauGB ist der Fall etwas komplizierter als bei den voranstehend genannten Normen. Während oben immer gesagt werden konnte, dass alle im Plangebiet Ansässigen Individualschutz als Teil einer »Schicksalsgemeinschaft« genießen, gilt hier:

Das Merkmal des »Einfügens« in § 34 I BauGB dient der geordneten städtebaulichen Entwicklung und schützt daher die Allgemeinheit, nicht jedoch Individuen.

»Einfügen« dient der geordneten städtebaulichen Entwicklung – i.d.R. kein Drittschutz über § 34 I BauGB

§ 34 I BauGB entfaltet also im Regelfall keinen Drittschutz.

Aber gibt es eine Regel ohne Ausnahme? Na klar gibt es sowas – jedoch nicht hier. Wir bringen uns noch einmal das allgemeine Rücksichtnahmegebot in Erinnerung: Es soll als ungeschriebenes Rechtsprinzip im öffentlichen Baurecht Grundstücksnutzungen, die Spannungen und Störungen hervorrufen können, einander so zuordnen, dass Konflikte möglichst vermieden werden. Es ist bei der Auslegung des gesamten öffentlichen Baurechts zu beachten. Hier muss es in das Merkmal des Einfügens »hineingelesen« werden. Die Beachtung des Rücksichtnahmegebotes bei der Auslegung des »Einfügens« führt aber nur in Ausnahmefällen dazu, dass dieses Merkmal doch noch Drittschutz erlangt. Es gilt:

Ausnahme? Über das allgemeine Rücksichtnahmegebot!

Das Merkmal des »Einfügens« in § 34 I BauGB entfaltet Drittschutz, wenn sich aus dem Rücksichtnahmegebot in einem konkreten Fall er-

Drittschutz im Einzelfall:
wenn sich ergibt, dass auf
einen erkennbar abge-
grenzten Personenkreis
Rücksicht zu nehmen ist.

gibt, dass in qualifizierter und zugleich individualisierter Weise auf
einen erkennbar abgegrenzten Personenkreis Rücksicht zu nehmen ist.

Im Fall 29 würde man wohl einen Drittschutz verneinen, denn das
Rücksichtnahmegebot zielt auf »Spannungen und Störungen« ab, deren
Betroffene auch »individualisierbar« sein müssen. Vor diesem Hintergrund erscheint es zu weitgehend, den B als individuell Betroffenen
anzusehen, der einen Kilometer vom fraglichen Bauvorhaben entfernt
wohnt und es von zu Hause nicht sehen könnte. Anders als in Fall 24
und Fall 28 schweißt hier nicht ein Bebauungsplan oder eine typengemäße Bebauung alle Gebietsansässigen zu einer »Schicksalsgemeinschaft« zusammen, sondern es wird eine höhere »Individualisierbar-
keit« des Betroffenseins verlangt. Diese dürfte bei B fehlen, dem daher
mangels Drittschutz des § 34 I BauGB im konkreten Fall die Wider-
spruchs- und Klagebefugnis fehlt. (Anders wäre es beim direkten
Nachbarn des A.)

ee) Sonderfall: § 15 I BauNVO

Fall 30

Fundstelle Originalfall:
BauR 2003, 1187

*Der Bebauungsplan der Gemeinde X weist ein bestimmtes Gebiet als
allgemeines Wohngebiet aus. In diesem erhält der Männergesangver-
ein A eine Baugenehmigung für eine »Sängerhalle«. Diese soll als
Vereinsheim zu regelmäßigen Treffen dienen; ferner soll sie zu Karne-
vals-, Disco- und Tanzveranstaltungen genutzt werden, bei denen teilweise auch Livebands auftreten. Solche Veranstaltungen sollen ca.
fünfmal im Jahr stattfinden, mehr wäre aus gaststättenrechtlichen
Gründen auch nicht erlaubt.*

*Nachbar K befürchtet Lärmbelästigungen und klagt nach erfolglosem
Widerspruch gegen die Baugenehmigung. Hat er die Klagebefugnis?*

(a) Möglicherweise verletzte Rechtsnorm(en)

Wir befinden uns im beplanten Bereich. Ob es sich um einen »einfachen« oder um einen »qualifizierten« Bebauungsplan handelt, ist egal,
denn fest steht, dass er das betroffene Gebiet als »allgemeines Wohngebiet« gemäß § 4 BauNVO definiert. Und dann richtet sich die hier in
Frage stehende Art der baulichen Nutzung nach § 4 BauNVO. Sogar,
wenn es keinen Plan gibt, aber faktisch eine dem § 4 BauNVO entsprechende Bebauung vorgefunden wird, ist dies so.

Sängerhalle »typisch« für
allgemeines Wohngebiet?
Oder »Gebietsverände-
rung«?

Nach § 4 II Nr. 3 BauNVO könnte die Sängerhalle als »Anlage für
kulturelle Zwecke« zulässig sein. Nach dem Wortlaut der Norm ist
eine solche Anlage nicht nur »ausnahmsweise«, sondern generell zulässig (anders z.B. im »reinen« Wohngebiet, vgl. § 3 III Nr. 2
BauNVO). Es existiert jedoch die ungeschriebene Voraussetzung, dass
eine Anlage nicht »gebietsverändernd« sein darf, sondern für ein all-

gemeines Wohngebiet noch »typisch« sein muss. Umgangssprachlich gesagt: Die Halle darf nicht dazu führen, dass das Gebiet nicht mehr als »allgemeines Wohngebiet« wiederzuerkennen ist.

Der Senat teilt die Auffassung ..., dass die an sich als Vereinsheim dienende Sängerhalle eine Anlage für kulturelle Zwecke gemäß § 4 Abs. 2 Nr. 3 BauNVO ist und daher zur gebietstypischen Regelbebauung eines allgemeinen Wohngebietes ... gehört. Der Einwand des Klägers ... überzeugt nicht. Der Senat hält ... daran fest, dass die Anzahl der Live-Musik-Veranstaltungen, gegen die eingeschritten werden soll, hier derart gering ist, dass sie nicht prägend für den planungsrechtlichen Charakter der Sängerhalle sein können.

OVG Rheinland-Pfalz

Also kein Verstoß gegen § 4 BauNVO. Alles scheint in schönster Ordnung zu sein, aber jetzt kommt § 15 I BauNVO.

Die in den §§ 2 bis 14 aufgeführten baulichen und sonstigen Anlagen sind im Einzelfall unzulässig, wenn sie nach Anzahl, Lage, Umfang oder Zweckbestimmung der Eigenart des Baugebiets widersprechen. Sie sind auch unzulässig, wenn von ihnen Belästigungen oder Störungen ausgehen können, die nach der Eigenart des Baugebiets im Baugebiet selbst oder in dessen Umgebung unzumutbar sind, oder wenn sie solchen Belästigungen oder Störungen ausgesetzt werden.

§ 15 I BauNVO

§ 15 I BauNVO stellt eine Erweiterung der Unzulässigkeitsgründe dar und betrifft Fälle, in denen – wie hier – gegen die Art der baulichen Nutzung »an sich« nichts zu sagen ist. Mit »an sich« ist das Folgende gemeint:

§ 15 I BauNVO stellt eine Erweiterung der Unzulässigkeitsgründe dar.

Zwar entspricht eine bauliche Nutzungsart formell dem Gebietstyp, der im Bebauungsplan festgelegt ist oder faktisch vorgefunden wird, aber selbst dann können

- die Eigenart des Baugebietes gefährdet sein (§ 15 I 1 BauNVO)
- oder Belästigungen und/oder Störungen drohen (§ 15 I 2 BauNVO).

In einem solchen Fall ist eine Baumaßnahme unzulässig.

Diese Norm könnte im vorliegenden Fall verletzt sein. Übrigens kann man sie unabhängig davon anwenden, ob es einen qualifizierten Bebauungsplan, einen einfachen Bebauungsplan oder eine typengemäße Bebauung gibt.

Verschiedene Anwendungsgebiete der Norm

Ob sie tatsächlich verletzt ist, braucht erst geklärt zu werden, wenn wir wissen, ob sich K überhaupt darauf berufen darf, ob also § 15 I BauNVO eine drittschützende Norm ist. Wie auch in den vorherigen Fällen stellt sich also die Frage, ob § 15 I BauNVO dem K ein subjektives öffentliches Recht verleiht.

(b) Subjektives öffentliches Recht

§ 15 I BauNVO wird als spezielle Ausprägung des baurechtlichen Rücksichtnahmegebotes verstanden, d.h. über diese Norm soll ein Ausgleich verschiedener Individualinteressen herbeigeführt werden. Damit ist § 15 I BauNVO eine Norm mit relativem Drittschutz. Es gilt insoweit das zum Merkmal des »Einfügens« nach § 34 I BauGB Gesagte:

• Rücksichtnahmegebot
• Konkreter Fall
• Abgegrenzter
  Personenkreis

§ 15 I BauNVO entfaltet Drittschutz, wenn sich aus dem Rücksichtnahmegebot in einem konkreten Fall ergibt, dass in qualifizierter und zugleich individualisierter Weise auf einen erkennbar abgegrenzten Personenkreis Rücksicht zu nehmen ist.

Besonders deutlich wird dies bei Satz 2 des § 15 I BauNVO, wenn dort von »Belästigungen oder Störungen« die Rede ist. Diese Begriffe bringt man üblicherweise nicht mit einer undefinierbaren »Allgemeinheit« in Verbindung, sondern mit konkret identifizierbaren Individuen, die »belästigt« oder »gestört« werden. Dies wird auch dadurch deutlich, dass es sich nach § 15 I 2 BauNVO um Belästigungen oder Störungen handelt, die nicht »irgendwo« drohen, sondern im Baugebiet selbst oder in der Umgebung.

Der zweite Satz des § 15 I BauNVO ist praktisch wesentlich bedeutsamer als der erste. Denn im ersten Satz geht es ja »nur« um die Eigenart des Baugebietes, die gewahrt werden muss. Nun ist dieses Kriterium aber nach einhelliger Meinung auch dann schon zu beachten, wenn man die Genehmigungsfähigkeit nach den Vorgaben für die einzelnen Baugebietstypen prüft (§§ 2-11 BauNVO). So haben wir es im voranstehenden Punkt anhand von § 4 BauNVO auch in diesem Fall gemacht. Man kommt also gar nicht mehr zu § 15 I 1 BauNVO.

Anders bei § 15 I 2 BauNVO, denn »Belästigungen und Störungen« können durchaus zu befürchten sein, wenn die Zulässigkeit nach der zum jeweiligen Baugebietstyp »passenden« BauNVO-Vorschrift (hier § 4 BauNVO) gegeben ist. Also ist hier zu fragen, ob Belästigungen und/oder Störungen gemäß § 15 I 2 BauNVO zu befürchten sind und ob gerade der K in qualifizierter und individualisierter Weise davon bedroht ist.

OVG Rheinland-Pfalz

Die strittige Nutzung der Halle verstößt aber entgegen der Auffassung der Vorinstanz gegen die als Ausprägung des Rücksichtnahmegebotes nachbarschützende ... Vorschrift des § 15 Abs. 1 Satz 2 BauNVO. Denn von der Sängerhalle gehen bei der Durchführung von Live-Musik-Veranstaltungen unzumutbare Lärmbelästigungen für das Grundstück des Klägers aus. *[Dies wird dann detailliert begründet.]*

Der Kläger, der in unmittelbarer Nähe der Sängerhalle wohnte, konnte unproblematisch eine individuelle Betroffenheit nachweisen. Die bloße Tatsache, im selben Baugebiet zu wohnen, würde insoweit allerdings nicht genügen!

ff) Außenbereich, § 35 BauGB

K wendet sich nach erfolglosem Widerspruch mit einer Klage gegen eine dem A erteilte Baugenehmigung für ein Einfamilienwohnhaus. K ist Inhaber eines Gartenbaubetriebs; sein Betriebsgrundstück wird lediglich durch einen Wirtschaftsweg von dem Baugrundstück des A getrennt. Beide Grundstücke liegen im Außenbereich. K beheizt seine Gewächshäuser mit einer Feuerungsanlage, die mit Holz betrieben wird. Er macht geltend, das Grundstück des A sei Emissionen der Feuerungsanlage ausgesetzt. Wenn das Grundstück mit einem Wohnhaus bebaut werde, müsse er befürchten, dass ihm das Verbrennen von Holz verboten werde. Hat K die Klagebefugnis?

Gehen Sie davon aus, dass von der Feuerungsanlage keine »schädlichen Umwelteinwirkungen« i.S.v. § 35 III Nr. 3 BauGB ausgehen, aber das Einfamilienhaus die Gefahr einer Splittersiedlung begründet.

Fall 31

Fundstellen Originalfall:
• DÖV 2000, 81
• NVwZ 2000, 552

(a) Möglicherweise verletzte Rechtsnorm(en)

Lesen Sie nochmals § 35 BauGB (Seite 64 f., 73, 74). Da wir uns im Außenbereich befinden, könnte die Baugenehmigung für das Einfamilienhaus gegen Vorschriften des § 35 BauGB verstoßen. Ein Wohnhaus ist nicht »privilegiert« nach § 35 I BauGB, so dass sich die Zulässigkeit nach den strengeren Absätzen 2 und 3 von § 35 BauGB beurteilt. Hier ergibt sich die Unzulässigkeit des Bauvorhabens aus der Gefahr einer Splittersiedlung, § 35 II, III Nr. 7 BauGB.

(b) Subjektives öffentliches Recht

Fraglich ist, ob die Nichteinhaltung von § 35 II, III Nr. 7 BauGB drittschützend ist und dem K ein subjektives öffentliches Recht darauf verleiht, dass einem anderen – dem A – keine rechtswidrige Baugenehmigung erteilt wird. Der Drittschutz kommt hier unter zwei Aspekten in Betracht:

(aa) Abwehranspruch über § 35 I BauGB?

Nach älterer Rechtsprechung und Lehre konnte in Fällen wie dem Vorliegenden ein Trick angewandt werden, um den Drittschutz pauschal zu bejahen, sogar unabhängig von der Norm, die der Gegner verletzt hatte: Man begründete den Drittschutz folgendermaßen: Wenn der Kläger ein »privilegiertes Vorhaben« (§ 35 I BauGB) rechtmäßig im Außenbereich genehmigt bekommen bzw. errichtet hatte, so hatte er einen Anspruch darauf, dass auch alle anderen Bauherrn im Außenbe-

Ältere Rechtsprechung: Bauherr eines Vorhabens nach § 35 I BauGB hatte Drittschutz gegen alles.

reich sich an das geltende Baurecht halten. § 35 I BauGB hatte also eine generell drittschützende Wirkung. Das führte dazu, dass jeder Verstoß gegen irgendeine Baurechtsnorm Drittschutz für denjenigen entfaltete, der einen nach § 35 I BauGB privilegierten Betrieb führte.

Im vorliegenden Fall ist K Inhaber eines Gartenbaubetriebes, der ein »privilegierter Betrieb« nach § 35 I Nr. 2 BauGB ist. Allein deswegen könnte er sich darauf berufen, dass die dem A erteilte Baugenehmigung gegen § 35 III Nr. 7 BauGB verstößt. § 35 III Nr. 7 BauGB würde ihm also in Verbindung mit § 35 I BauGB ein subjektives öffentliches Recht verleihen.

**Neu: Keine Schicksals-
gemeinschaft im Außen-
bereich**

Indes hat das Bundesverwaltungsgericht diese Rechtsprechung mittlerweile geändert. In einer Entscheidung, der der voranstehende Fall z.T. nachgebildet ist, argumentiert es in etwa wie folgt: Würde § 35 I BauGB jedem Außenbereichsansässigen mit einem privilegierten Betrieb einen Anspruch verleihen, dass sich andere im Außenbereich an das Baurecht halten, so hätte der unbeplante Außenbereich die gleiche Funktion wie ein beplanter Innenbereich oder eine typengemäße Bebauung im unbeplanten Innenbereich: Dort kann bekanntlich wechselseitig eingefordert werden, dass alle Gebietsansässigen sich an den Bebauungsplan/den faktisch vorhandenen Baugebietstyp bezüglich der Nutzungsart halten (»Schicksalsgemeinschaft«, siehe Seite 122). Der Nachbarschutz zielt dort also auf die »Erhaltung der Gebietsart«. Dies aber soll im Außenbereich gerade nicht möglich sein, wie das Gericht betont:

BVerwG

Der auf die Erhaltung der Gebietsart gerichtete Nachbarschutz setzt also Gebiete voraus, die – wie die Baugebiete der Baunutzungsverordnung – durch eine einheitliche bauliche Nutzung gekennzeichnet sind. Daran fehlt es schon im unbeplanten Innenbereich nach § 34 Abs. 1 BauGB, erst recht aber im Außenbereich. Der Außenbereich ist kein Baugebiet, sondern soll tendenziell von Bebauung freigehalten werden. Vorhaben gemäß § 35 Abs. 1 BauGB sind zwar im Außenbereich privilegiert, zulässig aber nur dann, wenn öffentliche Belange nicht entgegenstehen. Wegen der unterschiedlichen Privilegierungstatbestände des § 35 Abs. 1 BauGB fehlt dem Außenbereich ein bestimmter Gebietscharakter, dessen Erhaltung gerade das Ziel des Nachbarschutzes in den Baugebieten der Baunutzungsverordnung ist.

Eine »Schicksalsgemeinschaft im Außenbereich« gibt es also nicht. Über § 35 I BauGB lässt sich keine generell drittschützende Wirkung für Verstöße gegen andere Außenbereichsvorschriften konstruieren.

(bb) Rücksichtnahmegebot

Nachdem der »Trick« mit § 35 I BauGB nicht funktionierte, muss man sich fragen, ob § 35 II, III BauGB nach allgemeinen Kriterien einen Drittschutz entfaltet. Es geht darum, ob diese Normen nach Sinn und Zweck auch Personen schützen, die

- außerhalb des Verhältnisses Bauherr/Behörde stehen
- und individualisierbar sind.

Mit »Bauherr« ist jetzt derjenige gemeint, der gegen § 35 II, III BauGB verstößt, also im vorliegenden Fall nicht K, sondern A.

Die einzige Bestimmung des § 35 II, III BauGB, bei der ein Drittschutz anerkannt ist, ist Absatz 3 Nr. 3, denn »schädliche Umwelteinwirkungen« betreffen

- nicht nur den Bauherrn und die Behörde, sondern auch Dritte,
- und diese Dritten bestehen nicht nur aus einer nicht näher konkretisierbaren »Allgemeinheit« – gerade bei Umwelteinwirkungen ist die Nachbarschaft in besonders qualifizierter und zugleich individualisierter Weise betroffen.

> Bei den Belangen des § 35 III BauGB entfaltet nur die Nr. 3 (schädliche Umwelteinwirkungen) Drittschutz!

Das Gebot, auf schutzwürdige Individualinteressen Rücksicht zu nehmen, wird zwar in § 35 Abs. 3 BauGB nicht ausdrücklich aufgeführt; ... . Es hat im Beispielskatalog des § 35 Abs. 3 BauGB insofern Niederschlag gefunden, als es sich bei dem Erfordernis, schädliche Umwelteinwirkungen zu vermeiden, um nichts anderes als eine besondere gesetzliche Ausformung dieses Gebots, wenn auch eingeschränkt auf Immissionskonflikte, handelt.

> **BVerwG**
>
> Fundstellen Originalfall:
> - BRS 55, Nr. 168
> - DVBl. 1994, 697

Der Begriff »Schädliche Umwelteinwirkungen« in § 35 III Nr. 3 BauGB ist also derjenige, der wiederum – genau wie beim »Einwirken« des § 34 I BauGB – das »Rücksichtnahmegebot« einfließen lässt und unter den genannten Voraussetzungen Individualschutz vermittelt.

Man kann kritisch fragen, warum nicht auch die anderen Belange des § 35 III BauGB individualschützend sein sollen, z.B. wieso Belange des Naturschutzes (§ 35 III Nr. 5 BauGB) nur eine »Allgemeinheit« und nicht auch benachbarte Individuen besonders betreffen. Erstaunlicherweise hat die Rechtsprechung bislang höchst unvollständig in Bezug auf die einzelnen Nummern des § 35 III BauGB nachgefragt – was einen Großteil des Schrifttums nicht stört. Lassen wir das mal so stehen, Sie müssen es ja nicht lieben, nur wissen.

Immerhin hat die Rechtsprechung zumindest punktuell gesagt, warum die Nummern 1,2 und 4-7 des § 35 III BauGB keinen Drittschutz gewährleisten. So führte es für die auch in unserem Fall maßgebliche Nr. 7 (Splittersiedlung) aus:

BVerwG

Gefahr einer Splitter-
siedlung begründet
keinen Drittschutz.

... das ... öffentliche Interesse, die Entstehung einer Splittersiedlung zu vermeiden, [hat] außer Betracht zu bleiben; denn es handelt sich um einen der öffentlichen Belange, deren Schutz sich nicht dadurch sicherstellen lässt, dass ein nachbarlicher Interessenausgleich herbeigeführt wird. Nur so lässt sich verhindern, dass § 35 BauGB die Funktion einer allgemein nachbarschützenden Norm erlangt. Ist der Nachbar, der sich gegen ein Vorhaben zur Wehr setzt, nicht in der Lage, eine der Rücksichtnahme bedürftige Position aufzuzeigen, so kann er dieses Defizit nicht dadurch ausgleichen, dass er die zur objektivrechtlichen Unzulässigkeit des Vorhabens führende Beeinträchtigung eines öffentlichen Interesses, aus der allein ihm kein Abwehrrecht erwächst, ins Feld führt und mit sonstigen für ihn nachteiligen Folgen des Vorhabens zu einer subjektiven Rechtsverletzung gleichsam aufwertet.

Letztlich ist auch diese Argumentation angreifbar, denn warum die Gefahr einer Splittersiedlung keine »der Rücksichtnahme bedürftige Position« ist, wird hier nicht erklärt, sondern vorausgesetzt. Wir merken uns trotz allem: Möchte man vor Gericht oder in einer Klausur Erfolg haben, sollte man sich den vorletzten Kasten gut merken.

§ 35 II, III BauGB kann in
der Variante des Abs. 3
Nr. 3 relativen Drittschutz
gewähren, der über das
Rücksichtnahmegebot in
die Norm einfließt.

§ 35 II, III BauGB kann also nur in der Variante des Abs. 3 Nr. 3 Drittschutz gewähren, und zwar dann auch nur relativen Drittschutz, der über das Rücksichtnahmegebot in die genannte Norm einfließt.

Im Fall 31 ist Nr. 3 gerade nicht verletzt (s. Sachverhalt) und die verletzte Nr. 7 verleiht keinen Drittschutz, d.h. der Kläger K kann sich nicht darauf berufen, dass A bzw. die Baugenehmigungsbehörde sich nicht an Nr. 7 hält. K fehlt demnach die Klagebefugnis.

c) Nachbarschutz im Bauordnungsrecht

aa) Grenzabstände – Licht, Luft und Sonne dienen dem Nachbarn

Das Recht der Grenzabstände wurde in Grundzügen ab Seite 79 erläutert. Dort haben wir festgestellt, dass es der ausreichenden »Belichtung, Belüftung und Besonnung« und damit der »Herstellung gesunder Wohn- und Arbeitsverhältnisse« dient. Hiervon ist natürlich nicht nur eine Allgemeinheit betroffen. Ein Abstand muss ja ein Abstand »zwischen zweien« sein, also zwischen zwei Nachbarn. Wird ein Abstand nicht eingehalten, so kann man ganz genau sagen, wer der Leidtragende davon ist. Ein Betroffener ist also individualisierbar. Daher entfaltet das Recht der Grenzabstände Nachbarschutz, aber auch wirklich nur für den Nachbarn, an den das Gebäude mit dem zu knapp geratenen Abstand angrenzt. Erweiterungen sind insoweit denkbar, als ein zu geringer Grenzabstand auch andere als die angrenzenden Häuser über Gebühr von »Licht, Luft und Sonne« abschneiden könnte, z.B. ein schräg gegenüber liegendes Haus. Dies ist Frage des Einzelfalles und kann hier aus Platzgründen nicht im Detail erörtert werden.

Die Bauordnungen einiger Bundesländer schreiben vor, dass nur ein gewisser Teil des Mindestabstands nachbarschützend ist; ein Beispiel wäre § 5 VII 3 LBO BW. Das mag im praktischen Fall ärgerlich sein, hat aber zumindest den Vorteil, dass man klare Kriterien hat. Je nach Bundesland müssten Sie also, wenn es einmal darauf ankommt, die jeweiligen Normen genau lesen.

bb) Weitere Themen

In den Landesbauordnungen sind beispielsweise Vorschriften gegen Verunstaltung, Stellplatzvorschriften (Thema 4, Seite 320) und Ausnahmen und Befreiungen geregelt. Für den Nachbarschutz gilt:

- Die Vorschriften gegen Verunstaltung entfalten nach herrschender Ansicht keinen Nachbarschutz, sondern dienen dem (allgemeinen) öffentlichen Interesse an einer ästhetisch hinnehmbaren Einfügung des Bauvorhabens in seine Umgebung.

  Die Vorschriften gegen Verunstaltung entfalten keinen Nachbarschutz.

- Bei Stellplatzvorschriften kommt es darauf an, ob sie nach der jeweiligen Landesbauordnung so formuliert sind, dass sie einen Schutz vor Störungen und/oder Belästigungen gewähren. Wenn dies so ist, kommt ihnen relativer Nachbarschutz zu, d.h. es kann sich nicht jeder darauf berufen, sondern nur, wer tatsächlich durch den Bau von Stellplätzen gestört wird. Hierzu ein Beispiel:

  Stellplatzvorschriften

(1) Garagen, insbesondere Parkhäuser, sowie im Freien außerhalb der öffentlichen Verkehrsflächen gelegene Flächen zum Abstellen von Kraftfahrzeugen (Stellplätze) müssen einschließlich ihrer Nebenanlagen verkehrs- und betriebssicher sein und dem Brandschutz genügen. Sie müssen so angeordnet und beschaffen sein, dass ihre Benutzung nicht zu *unzumutbaren Belästigungen* oder zu einer Gefährdung der Sicherheit oder Ordnung des Verkehrs führt. ... *[Hervorhebung des Verfassers]*

§ 46 NBauO

Der Begriff der »unzumutbaren Belästigungen« wird als Ausfluss des Rücksichtnahmegebotes angesehen. *In einem Fall beantragte jemand die Baugenehmigung für 23 Garagen auf einem Grundstück, auf dem sich bereits zwei Wohnblocks mit insgesamt 78 Wohnungen befanden. Die Garagen sollten auf dem rückwärtigen Grundstücksteil errichtet werden, auf dem sich eine Rasenfläche mit Wäschetrocknerpfählen befand. Die Baugenehmigung wurde versagt, da bei 23 Garagen die Wohnruhe erheblich gestört werde. Wäre die Baugenehmigung dem Bauherrn erteilt worden, so hätte ein Dritter, der durch die Garagen einer Belästigung ausgesetzt würde (»Nachbar«), Widerspruch und Klage erheben können.*

Fundstelle Originalfall: NVwZ-RR 2001, 504

Befreiungen nach
Bauordnungsrecht
(Landesrecht)
- Bei Befreiungen kann auf die Erörterungen zu § 31 II BauGB verwiesen werden (Seite 42). Dies gilt indes nur insoweit, als in den
  landesrechtlichen Vorschriften zu Ausnahmen und Befreiungen
  eine Bezugnahme auf »nachbarliche Interessen« vorgesehen ist. In
  den meisten Landesbauordnungen ist dies der Fall; sie sind in gewisser Weise mit § 31 II BauGB vergleichbar. Siehe z.B.:

§ 86 NBauO – Befreiungen	§ 31 II BauGB
(1) Von Vorschriften dieses Gesetzes oder von Vorschriften aufgrund dieses Gesetzes kann auf ausdrücklichen Antrag Befreiung erteilt werden, wenn	Von den Festsetzungen des Bebauungsplans kann befreit werden, wenn die Grundzüge der Planung nicht berührt werden und
1. die Einhaltung der Vorschrift im Einzelfall zu einer offenbar nicht beabsichtigten Härte führen würde und die **Abweichung auch unter Würdigung nachbarlicher Interessen** mit den öffentlichen Belangen vereinbar ist oder	1. Gründe des Wohls der Allgemeinheit die Befreiung erfordern oder
2. das Wohl der Allgemeinheit die Abweichung erfordert.	2. die Abweichung städtebaulich vertretbar ist oder
	3. die Durchführung des Bebauungsplans zu einer offenbar nicht beabsichtigten Härte führen würde
	und wenn die **Abweichung auch unter Würdigung nachbarlicher Interessen** mit den öffentlichen Belangen vereinbar ist.

Ausnahmen
- Bei Ausnahmen kann dies ebenso sein, muss es aber nicht. So
  schreibt z.B. § 85 I NBauO lediglich vor, dass Ausnahmen zugelassen werden können, wenn sie mit den öffentlichen Belangen
  vereinbar sind. Hier fehlt also der Bezug auf nachbarliche Interessen. § 85 I NBauO kann daher auch keinen Nachbarschutz gewähren.

Es würde den Rahmen sprengen, hier jede landesrechtliche Norm ab-
zudrucken. Sie können aber anhand Thema 19 der Tabelle auf Seite
320 »Ihre« Norm herausfinden und leicht feststellen, ob sie im Sinne
einer nachbarschützenden Norm formuliert ist oder nicht.

5.2.3. Prozessuale Fragen: Widerspruch, Anfechtungsklage und einstweiliger Rechtsschutz

Es wurden bereits ab Seite 91 Widerspruch und Verpflichtungsklage in
dem Fall erläutert, dass jemand einen (tatsächlichen oder vermeintlichen) Anspruch auf die eigene Baugenehmigung durchsetzen möchte.
Im Folgenden ergeben sich hierzu viele Parallelen. Es werden daher
nur noch Besonderheiten gegenüber der obigen Konstellation erläutert,

ansonsten erfolgen Querverweise (im Folgenden nicht mehr jedes Mal mit der speziellen Seitenangabe; es empfiehlt sich ohnehin, das nun Folgende mit Seite 91 ff. parallel zu lesen und zu vergleichen).

a) Anfechtungsklage

aa) Verwaltungsrechtsweg

Hier ergeben sich keine Besonderheiten gegenüber der Verpflichtungsklage.

bb) Zulässigkeit – ausgewählte Punkte

(a) Statthafte Klageart, hier: Anfechtungsklage nach § 42 I Var. 1 VwGO (in Form der Drittanfechtungsklage)

Durch Klage kann die Aufhebung eines Verwaltungsakts (Anfechtungsklage) ... begehrt werden.

§ 42 I Var. 1 VwGO

Die angegriffene Baugenehmigung müsste ein »Verwaltungsakt sein, also eine »Verfügung, Entscheidung oder andere hoheitliche Maßnahme, die eine Behörde zur Regelung eines Einzelfalls auf dem Gebiet des öffentlichen Rechts trifft und die auf unmittelbare Rechtswirkung nach außen gerichtet ist« (§ 35 S. 1 VwVfG). Baugenehmigungen fallen unproblematisch unter diese Definition.

Der Kläger müsste die Aufhebung dieses Aktes begehren. Dies ist regelmäßig der Fall, wenn er sich »gegen eine Baugenehmigung wendet, die einem anderen erteilt wurde«, alles Andere wäre lebensfremd.

Ziel: Aufhebung eines Verwaltungsaktes, der noch nicht erledigt ist.

Der angegriffene Verwaltungsakt (dies ist jetzt »zwischen den Zeilen« von § 42 I Var. 1 VwGO zu lesen) müsste noch fortbestehen, dürfte sich »noch nicht erledigt« haben. Dies wird regelmäßig unproblematisch sein, denn eine Baugenehmigung enthält den Erklärungsgehalt, dass ein Bauvorhaben rechtmäßig ist. Dieser Erklärungsgehalt besteht z.B. auch fort, wenn das Vorhaben schon errichtet wurde; durch den Bau »erledigt« sich die Baugenehmigung also nicht. Sie könnte sich durch Rücknahme und Widerruf von Seiten der Verwaltung erledigen, oder auch durch Aufhebung im Widerspruchsverfahren, aber dann würde niemand klagen!

Teilweise wird in Konstellationen wie der vorliegenden von einer »Drittanfechtungsklage« gesprochen, da wir uns in einem Dreiecksverhältnis befinden. Der Bürger geht gegen die Behörde vor und greift eine einem Anderen (dem »Dritten«) erteilte Baugenehmigung an. Die »Drittanfechtungsklage« ist indes keine eigenständige Klageart.

Zum Begriff der Drittanfechtungsklage

(b) Klagebefugnis, § 42 II VwGO: Mögliche Rechtsverletzung

Nach § 42 II VwGO muss der Kläger geltend machen, durch den angegriffenen Verwaltungsakt, also hier die einem Anderen erteilte Baugenehmigung, in seinen Rechten verletzt zu sein.

Da der Kläger nicht selbst Adressat der Baugenehmigung ist, muss er darlegen,

- warum sie möglicherweise rechtswidrig ist,
- und warum gerade er ein subjektives öffentliches Recht aus der behaupteten Rechtsverletzung hätte.

Das ist genau das, was wir beim »Nachbarschutz« ausführlich erörtert hatten. Diese Dinge sind also im prozessualen Gutachten beim Punkt »Klagebefugnis« unterzubringen.

(c) Vorverfahren

Nach § 68 I VwGO sind vor der Anfechtungsklage Recht- und Zweckmäßigkeit des Verwaltungsakts in einem Vorverfahren, dem Widerspruchsverfahren, nachzuprüfen.

Das Widerspruchsverfahren ist in der Regel auch im hier vorliegenden Dreiecksverhältnis erforderlich. A muss also Widerspruch dagegen einlegen, dass B einen begünstigenden Verwaltungsakt – die Baugenehmigung – erhalten hat. Indes gibt es eine wichtige Konstellation, bei der ein Widerspruch unstatthaft und daher vor einer Klage nicht erforderlich ist:

§ 68 I 2 VwGO

Vor Erhebung der Anfechtungsklage sind Rechtmäßigkeit und Zweckmäßigkeit des Verwaltungsakts in einem Vorverfahren nachzuprüfen. Einer solchen Nachprüfung bedarf es nicht, wenn ...

2. der Abhilfebescheid oder der Widerspruchsbescheid erstmalig eine Beschwer enthält.

Fall 32

A und B sind Nachbarn und mögen sich nicht sonderlich. A beantragt eine Baugenehmigung, B besticht den Bauamtsleiter L, diese zu versagen. So geschieht es. A erhebt Widerspruch, die ganze Sache kommt heraus, und die zuständige Widerspruchsbehörde erteilt die Baugenehmigung, da das Vorhaben dem Baurecht entspricht. B erhebt (Dritt-) Anfechtungsklage, ohne Widerspruch gegen die Baugenehmigung einzulegen. Hätte er zunächst Widerspruch einlegen müssen?

Abwandlung

Abwandlung: Bauamtsleiter L erteilt auf den Widerspruch des A in einem Anflug von Reue die Baugenehmigung selbst.

Bringen Sie den Widerspruch des A (den es gab) und den des B (von dem gefragt wird, ob es ihn geben müsste) nicht durcheinander, dann dürfte dieser Fall für Sie leicht zu lösen sein.

Die Regel besagt: B klagt gegen eine Baugenehmigung des A, also hätte er auch Widerspruch gegen diese Baugenehmigung einlegen müssen. Im vorliegenden Fall leuchtet indes der Zweck der Regel nicht so leicht ein. Es gab ja schon einen Widerspruch, wenngleich mit zwei Unterschieden:

Die Regel, dass ein Widerspruch nötig ist, leuchtet hier nicht ein!

- Der Widerspruch wurde nicht gegen die Baugenehmigung, sondern gegen die Versagung der Baugenehmigung eingelegt.
- Der Widerspruch wurde nicht von B, sondern von A eingelegt.

Dennoch: De facto ist derselbe Streitgegenstand betroffen, die Behörden haben sich schon im Widerspruchsverfahren mit der Baugenehmigung befasst, dies muss reichen. B muss nicht noch einmal Widerspruch einlegen. Darum heißt es in § 68 I 2 Nr. 2 VwGO, es bedürfe einer Nachprüfung nicht, wenn »der Widerspruchsbescheid eine erstmalige Beschwer enthält.« Diese »Beschwer« bezieht sich auf denjenigen, der ohne Vorverfahren klagen möchte, hier also auf B. Und die Norm passt:

Hier Fall »erstmalige Beschwer durch Widerspruchsbescheid«

- Der Ausgangsbescheid – Versagung der Baugenehmigung – war dem B ja gerade recht, er enthielt für ihn keine Beschwer.
- Der Widerspruchsbescheid – Erteilung der Baugenehmigung – enthält erstmals einen Nachteil für B, er ist durch den Widerspruchsbescheid erstmalig beschwert.

Zur Fallabwandlung: Ohne in die Details zu gehen, sei gesagt: Sind die »Ausgangsbehörde« und die »Widerspruchsbehörde« nicht identisch, so soll die Ausgangsbehörde (also die, die den angegriffenen Akt erlassen hat, hier die Ablehnung des Bauantrages) zunächst sich selbst kritisch fragen, ob das denn so richtig war. Kommt sie – wie eben im Abwandlungsfall – zu einer höheren Einsicht, so kann sie ihren Fehler selbst korrigieren. Sie hilft dem Widerspruch ab, man spricht vom »Abhilfebescheid«. Andernfalls gibt sie den Fall an die Widerspruchsbehörde ab, von dieser ergeht dann ein »Widerspruchsbescheid«. Darum regelt § 68 I 2 Nr. 2 VwGO den Fall, dass »der Abhilfebescheid oder der Widerspruchsbescheid erstmalig eine Beschwer enthält.« Diese beiden Fälle werden gleichgesetzt, so dass der Abwandlungsfall ebenso wie der Ausgangsfall zu lösen ist.

Zur Fallabwandlung: Erstmalige Beschwer durch Abhilfebescheid

(d) Klagefrist

Es gilt das zur Verpflichtungsklage in der Form der Versagungsgegenklage Gesagte; die Regel-Frist beträgt nach § 74 I VwGO einen Monat ab Zustellung des Widerspruchsbescheides.

Die wichtigen Ausführungen zur Fristberechnung und zur Jahresfrist bei unrichtigen Belehrungen gelten auch bei der Anfechtungsklage. Hier kann es übrigens sehr häufig zur Jahresfrist wegen unterbliebener

Belehrung kommen, denn es ist fraglich, ob der potenzielle Kläger überhaupt etwas von seinen Widerspruchsmöglichkeiten erfährt – schließlich ergeht die Baugenehmigung nicht an ihn selbst! Es gibt zwei Möglichkeiten:

- Die Baugenehmigung wird nur dem Antragsteller A, nicht aber dem Nachbarn B zugestellt. Dann ist B nicht ordnungsgemäß über sein Widerspruchsrecht und die Widerspruchsfrist belehrt worden, statt Monatsfrist gilt Jahresfrist. Im Gegensatz zum oben Gesagten beginnt die Frist nicht schon mit Erlass der Baugenehmigung zu laufen, da sie dem B nicht ordnungsgemäß bekannt gegeben wurde. Sie läuft aber, sobald B die Baugenehmigung kennt oder kennen müsste (z.B. A erzählt es und/oder beginnt mit dem Bau).
- Möchte die Behörde auch bezüglich des Nachbarn sichergehen, dass nach einem Monat keine Widersprüche mehr drohen, so muss sie die Baugenehmigung nicht nur dem Antragsteller, sondern auch dem Nachbarn bekannt geben. Die Rechtsbehelfsbelehrung muss dann auch darauf hinweisen, dass der Nachbar Widerspruch und Klage erheben kann.

(e) Klagegegner

Es ergeben sich keine Besonderheiten gegenüber der Verpflichtungsklage.

cc) Beiladung

Derjenige, dessen Baugenehmigung angefochten wird, ist weder Kläger noch Beklagter (Letzteres ist eine Behörde oder Körperschaft, vgl. zum Klagegegner bei der Verpflichtungsklage). Er ist aber notwendig beizuladen. Eine Entscheidung kann gegenüber den beiden Nachbarn nur einheitlich ergehen; da die Baugenehmigung, um die es geht, gegenüber allen gleichermaßen gilt oder nicht gilt oder mit Auflagen gilt oder wie auch immer das Gericht über sie entscheiden wird. Für diesen Fall der notwendig einheitlichen Entscheidung ordnet § 65 II VwGO die notwendige Beiladung eines Dritten an.

VwGO im Internet unter:
http://bundesrecht.juris.de

dd) Begründetheit

Aus § 113 I 1 VwGO folgt, dass die Anfechtungsklage begründet ist, soweit

- die Baugenehmigung rechtswidrig ist
- und der Kläger dadurch in seinen Rechten verletzt ist.

§ 113 I 1 VwGO

Soweit der Verwaltungsakt rechtswidrig und der Kläger dadurch in seinen Rechten verletzt ist, hebt das Gericht den Verwaltungsakt und den etwaigen Widerspruchsbescheid auf.

Die Rechtswidrigkeit der Baugenehmigung und die Rechtsverletzung des Klägers tauchten schon bei der Zulässigkeit der Klage, Stichwort »Klagebefugnis« auf. Dort war zu erörtern,

- ob eine Norm möglicherweise verletzt ist (⇨ ob also die Baugenehmigung möglicherweise rechtswidrig sein könnte)
- und ob diese Norm dem Kläger ein subjektives öffentliches Recht verleiht (»Nachbarschutz«), so dass aus der möglichen Rechtswidrigkeit auch eine mögliche Rechtsverletzung des Klägers resultiert.

Nun, bei der Begründetheit der Klage, muss aus der Möglichkeit eine Gewissheit werden.

(a) Rechtswidrigkeit der Baugenehmigung

Wir prüfen hier, ob das Vorhaben, um das es geht, gegen das Baurecht verstößt – so wie das ab Seite 25 dargestellt wurde. Tut es dies, so war die Genehmigung rechtswidrig.

(b) Rechtsverletzung des Klägers

Haben wir festgestellt, dass die Baugenehmigung nicht rechtswidrig war, so entfällt der Punkt »Rechtsverletzung des Klägers«, denn was nicht rechtswidrig ist, kann niemandes Rechte verletzen.

Steht indes die Rechtswidrigkeit fest, so müssen wir jetzt genau schauen, gegen welche Baurechtsnorm das Vorhaben verstößt. Handelt es sich um eine nachbarschützende Norm und gehört der Kläger zum geschützten Personenkreis, so liegt eine Rechtsverletzung des Klägers vor. Verstößt das Bauvorhaben gegen mehrere Baurechtsnormen, so genügt es, wenn mindestens eine davon nachbarschützend ist und der Nachbarschutz sich auch auf den Kläger erstreckt. Zum Nachbarschutz selbst wurde alles ab Seite 119 gesagt.

(c) Entscheidung des Gerichts

Wie schon für die Verpflichtungsklage (ab Seite 102) erläutert, gibt es drei Möglichkeiten. Die Klage kann begründet, unbegründet oder teilweise begründet sein. Unbegründetheit ist immer gegeben, wenn die Baugenehmigung nicht rechtswidrig ist, oder wenn sie dies zwar ist, aber der Kläger daraus nicht in einem eigenen Recht verletzt ist. Begründetheit ist gegeben, wenn umgekehrt beide Punkte gegeben sind.

Die teilweise Begründetheit ist gegeben, wenn ein Verwaltungsakt »teilbar« ist und einzelne Teile rechtswidrig sind und Klägerrechte verletzen, andere Teile aber nicht. Die schwierige Frage, ob etwa eine Baugenehmigung mit zahlreichen Nebenbestimmungen in rechtmäßige und rechtswidrige Teile aufgesplittet werden kann, lassen wir hier einmal weg. Geht es um den Standardfall »eine einzelne, vorbehaltlose Baugenehmigung für ein Vorhaben, das nicht in mehrere selbstständige

Teile zerfällt«, so wird man in der Regel zu einer vollen Unbegründetheit oder zu einer vollen Begründetheit der Klage kommen.

Eine teilweise Begründetheit bei Ermessensfehler, so wie für die Verpflichtungsklage ab S. 104 erläutert, gibt es hier nicht. Eine unter einem Ermessensfehler leidende Baugenehmigung wird bei der Anfechtungsklage aufgehoben, die Klage ist also (voll) begründet. Der Unterschied zur Verpflichtungsklage erklärt sich daraus, dass bei der Anfechtungsklage die Aufhebung der Genehmigung noch nicht dazu führt, dass die Behörde nicht evtl. eine neue (unter Vereidung des Ermessensfehlers) erlassen kann. Umgekehrt geht es bei der Verpflichtungsklage um den Wunsch der *Erteilung* der Genehmigung. Wäre hier die Klage bei einer ermessensfehlerhaften Versagung voll begründet, würde dies bedeuten, dass das Gericht statt der Behörde die Genehmigung erteilt und der Behörde damit ihr Ermessen nimmt. In beiden Fällen soll also die Behörde die Möglichkeit haben, das Ermessen noch einmal fehlerfrei auszuüben.

ee) Zusammenfassende Übersicht

A. Verwaltungsrechtsweg: wenn (-): Klage vor Zivilgericht (hier irrelevant)

B. Zulässigkeit der Klage (ausgewählte Punkte)
  I. Klageart (hier: Anfechtungsklage in Form der Drittanfechtungsklage)
  II. Klagebefugnis
  III. Vorverfahren
  IV. Klagefrist
  V. Klagegegner

C. Beiladung des Dritten

D. Begründetheit der Klage
  I. Rechtswidrigkeit der Baugenehmigung
     wenn (-): Klage unbegründet
     wenn (+):
  II. Rechtsverletzung des Klägers

↗	⇩	↘
Ja, wenn verletzte Norm nachbarschützend ist und Kläger zum geschützten Personenkreis gehört	Nein, wenn eins der links genannten Dinge nicht gegeben ist	Volle Begründetheit auch bei Ermessensfehler: Anders als bei Verpflichtungsklage verpflichtet Gericht die Behörde nicht nur zur Neubescheidung, sondern hebt ermessensfehlerhaft erteilte Baugenehmigung auf.

b) Widerspruch

Das Nötige zum Widerspruch wurde ab Seite 107 gesagt; einige Besonderheiten im »Drittanfechtungsfall« wurden bereits im Punkt »Vorverfahren« bei der Zulässigkeit der Anfechtungsklage erörtert.

c) Einstweiliger Rechtsschutz (grober Überblick)

Ein schwieriges Thema, das leider so gar nicht mit dem einstweiligen Rechtsschutz im Verpflichtungsfall zu vergleichen ist. Vielleicht machen wir uns erst einmal klar, worum es geht und welches die Interessen der Beteiligten sind.

A möchte gegen eine dem Nachbarn B erteilte Baugenehmigung vorgehen. Er hat in »Baurecht schnell erfasst« gelesen, dass ihm die Möglichkeiten des Widerspruchs und der Anfechtungsklage zur Verfügung stehen. Die ganze Angelegenheit kostet natürlich Zeit, die Mühlen der Justiz mahlen langsam. B meint, solange seine Baugenehmigung noch nicht rechtskräftig vernichtet sei, könne er bauen. A möchte wissen, ob dies stimmt. Wenn ja, möchte er es verhindern.

Zunächst die erste Frage: Darf B in der Schwebezeit bauen? Darf er den Verwaltungsakt, die Baugenehmigung also »vollziehen«? Es geht darum, ob Widerspruch und Anfechtungsklage den Verwaltungsakt (bis zu einer rechtskräftigen, stattgebenden Entscheidung) unangetastet und vollziehbar lassen, oder ob der Vollzug aufgeschoben, aber noch nicht aufgehoben ist. Man spricht von der aufschiebenden Wirkung, die Widerspruch und Anfechtungsklage haben – oder eben nicht.

Bauen in der Schwebezeit? Aufschiebende Wirkung von Widerspruch und Anfechtungsklage?

Bei Fällen wie dem vorliegenden gibt es die aufschiebende Wirkung nicht; dies folgt aus ein paar gesetzlichen Bestimmungen, die in Kombination miteinander gebracht werden müssen:

(1) Widerspruch und Anfechtungsklage haben aufschiebende Wirkung. ...

(2) Die aufschiebende Wirkung entfällt nur ...

3. in anderen durch Bundesgesetz oder für Landesrecht durch Landesgesetz vorgeschriebenen Fällen, insbesondere für Widersprüche und Klagen Dritter gegen Verwaltungsakte, die Investitionen oder die Schaffung von Arbeitsplätzen betreffen.

§ 80 VwGO

Widerspruch und Anfechtungsklage eines Dritten gegen die bauaufsichtliche Zulassung eines Vorhabens haben keine aufschiebende Wirkung.

§ 212 a I BauGB

Also im Regelfall aufschiebende Wirkung ja, in einigen Ausnahmefällen nein. Der hier passende Ausnahmefall ist § 80 II Nr. 3 VwGO, der den Ausschluss der aufschiebenden Wirkung per Gesetz vorschreibt.

§ 212 a BauGB ist ein solches Gesetz, das auch erkennbar den in § 80 II Nr. 3 VwGO genannten Zweck hat (Ankurbeln der Bauwirtschaft).

Folglich kann B erst einmal bauen. Was kann A dagegen tun?

Antrag auf Anordnung der
aufschiebenden Wirkung

Er kann einen Antrag auf Anordnung der aufschiebenden Wirkung stellen, d.h. einen Antrag darauf, dass B bis zur endgültigen Entscheidung über die Baugenehmigung vorläufig nicht bauen darf. Darum ist dies eine Variante des »vorläufigen Rechtsschutzes«.

§ 80 V VwGO

(§§ 80 a I Nr. 2, 80 a III
VwGO stellen klar, dass es
diese Möglichkeit auch für
den Dritten gibt, an den
der strittige Verwaltungsakt
gar nicht gerichtet ist, auf
den er sich aber auswirkt.)

Auf Antrag kann das Gericht der Hauptsache die aufschiebende Wirkung in den Fällen des Absatzes 2 Nr. 1 bis 3 ganz oder teilweise anordnen, ... Der Antrag ist schon vor Erhebung der Anfechtungsklage zulässig. ...

A muss, wenn er einen solchen Antrag stellt, gleichzeitig das »Hauptsacheverfahren« betreiben, also Widerspruch und Anfechtungsklage gegen die Baugenehmigung des B erheben. In zeitlicher Hinsicht gilt nach herrschender Meinung: Mindestens der Widerspruch muss bereits eingelegt sein, braucht aber noch nicht entschieden zu sein.

Die Zulässigkeit des Antrags ist ähnlich wie bei Widerspruch und Anfechtungsklage.

Die Begründetheit ist gegeben, wenn »das Aussetzungsinteresse des Antragstellers das Vollzugsinteresse überwiegt«. Wann ist das der Fall?

Aussetzungs- und
Vollzugsinteresse

- Aussetzungsinteresse: Wie groß ist das Interesse des Antragstellers, dass der Nachbar vorläufig nicht bauen darf?
- Vollzugsinteresse: Wie groß ist das Interesse des Nachbarn, bauen zu dürfen, obwohl die Rechtmäßigkeit der Baugenehmigung noch in der Schwebe steht?

Was schiefgehen kann,
geht auch schief.

Diese Interessen müssen abgewogen werden. Und da kommt man mit »Murphys Gesetz« weiter. Wir gehen davon aus, dass alles, was schiefgehen kann, auch schiefgehen wird. Was wäre, wenn das Gericht feststellt, im vorläufigen Rechtsschutz falsch entschieden zu haben? Zwei Möglichkeiten sind denkbar:

- Im vorläufigen Rechtsschutz hat das Gericht angeordnet, dass B vorerst nicht bauen darf. Jahre später (so lange dauern nun mal Gerichtsverfahren in allen Instanzen) stellt sich heraus, dass die Baugenehmigung die ganze Zeit völlig rechtmäßig war.
- Im vorläufigen Rechtsschutz hat das Gericht angeordnet, dass B bauen darf; es stellt sich aber später heraus, dass die Baugenehmigung rechtswidrig war und den A in seinen Rechten verletzt hat.

»MURPHYS LAW«

Und aus diesen beiden »Murphys-Law«-Beispielen folgt doch: Das Aussetzungsinteresse des Antragstellers überwiegt, wenn er Widerspruch und Klage voraussichtlich gewinnen wird. / Das Vollzugsinteresse des Baugenehmigungsinhabers überwiegt, wenn der Antragsteller Widerspruch und Klage voraussichtlich verlieren wird.

Mit dieser Formel kommen Sie in den allermeisten Fällen hin. Man prüft im Ergebnis die Begründetheit des Antrags auf Anordnung der aufschiebenden Wirkung genau so wie die Begründetheit von Widerspruch und Anfechtungsklage. Bei Gericht gibt es noch den Unterschied, dass dieses hier etwas oberflächlicher (»summarisch«) prüft – es muss schließlich eine Eilentscheidung fällen und hat noch nicht so viele Sachverhaltsinformationen, wie sich im Laufe der Anfechtungsklage ansammeln werden. Umfangreiche Beweiserhebungen sollen ja gerade vermieden werden, es muss (erst einmal) schnell gehen.

Wenn Ihnen aber ein Antrag auf vorläufigen Rechtsschutz in der Klausur oder Hausarbeit droht, ist es völlig egal, ob Sie nun oberflächlich oder detailliert prüfen sollen. Denn der Klausur- oder Hausarbeitstext gibt Ihnen einen bestimmten Sachverhalt vor, und den müssen Sie immer vollständig verwerten, d.h. alle Sachverhaltsinformationen, die Ihnen der Aufgabensteller gibt, nutzen, sofern sie für die Falllösung relevant sind. Sie sollten also niemals bewusst unpräzise argumentieren nach dem Motto: »Das Gericht dürfte das bei dem hier vorliegenden Antrag auf vorläufigen Rechtsschutz auch tun.«

5.3. Rechtsschutz einer Behörde – Nochmals gemeindliches Einvernehmen

Wir hatten gesehen, dass in den Fällen des gemeindlichen Einvernehmens Dreiecksverhältnisse zustande kommen können, wenn die Gemeinde nicht die Baugenehmigungsbehörde ist.

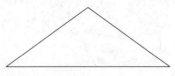

Baugenehmigungsbehörde (B)

Antragsteller (A)   **Gemeinde (G)**

Bislang ging es ausschließlich um den Rechtsschutz des Bürgers, aber hier kann es auch Rechtsschutzinteressen von G oder B geben, und zwar wenn sie sich untereinander uneins sind. Hier sind zwei Möglichkeiten denkbar: Widerspruch und Klage der Gemeinde gegen die Baugenehmigungsbehörde oder umgekehrt.

5.3.1. Widerspruch/Klage der Gemeinde gegen die Baugenehmigungsbehörde

Die Baugenehmigungsbehörde erteilt die Baugenehmigung, obwohl die Gemeinde das Einvernehmen (fristgerecht) versagt hat. Was kann die Gemeinde dagegen tun?

Fall 33

Fundstelle Originalfall:
NVwZ 1999, 442

Die klagende Stadt S wendet sich gegen die Erteilung einer Baugenehmigung im unbeplanten Innenbereich (= § 34 BauGB). Die Gemeinde versagt ihr Einvernehmen. Der für die Baugenehmigungserteilung zuständige Landrat L (Organ des Landkreises) meint, das Einvernehmen der Gemeinde sei zu Unrecht versagt worden, da kein Verstoß gegen das Gebot des »Sich-Einfügens« vorliege (§ 34 I BauGB). Er erteilt die Baugenehmigung. Die Gemeinde meint, dass sehr wohl ein Verstoß gegen § 34 I BauGB vorliege und möchte gegen die Erteilung der Baugenehmigung vorgehen. Hätten Widerspruch und Klage Aussicht auf Erfolg?

Wer sind die
Streitparteien?

Zunächst einmal sollten wir uns vergegenwärtigen, wer hier eigentlich gegen wen kämpft. Der Bauherr scheint außen vor zu sein: Die Gemeinde hat etwas gegen einen Akt der Baugenehmigungsbehörde einzuwenden. Daher ist die Gemeinde Klägerin (vorher: Widerspruchsführerin) und der Landkreis Beklagter (vorher: Widerspruchsgegner).

(In einigen Bundesländern werden Klage und Widerspruch direkt gegen das intern zuständige Organ gerichtet, also hier gegen den Landrat statt den Landkreis, siehe dazu Seite 101.)

Indes darf der Bauherr nicht außen vor blieben, denn es geht immerhin um seine Baugenehmigung. Gewinnt die Gemeinde Widerspruch und Klage, wird die Baugenehmigung aufgehoben. Der Bauherr ist daher nach § 65 II VwGO notwendig beizuladen.

Bundesrecht im Internet: http://bundesrecht.juris.de

In der Sache verhält es sich so, dass eine Versagung des Einvernehmens die Baugenehmigungsbehörde bindet. Wird die Baugenehmigung dennoch erteilt, so ist dies rechtswidrig. Dies gilt auch dann, wenn die Versagung des Einvernehmens ihrerseits rechtswidrig war! Stellvertretend für eine ständige, bis hinauf zum Bundesverwaltungsgericht einheitliche Rechtsprechung:

Hat das Landratsamt (= Behörde des Landkreises) die Baugenehmigungen rechtswidrig ohne das erforderliche Einvernehmen der Gemeinde erteilt, sind sie auf Widerspruch und Klage der Gemeinde hin aufzuheben, ohne dass es insoweit darauf ankommt, ob die Gemeinde ihr Einvernehmen in der Sache zu Recht oder zu Unrecht verweigert hat.

Die Gemeinde gewinnt!

Auch die Möglichkeit und evtl. sogar die Pflicht der Einvernehmensersetzung ändert an dieser Rechtsprechung nichts. Denn wie wir auf Seite 85 gesehen haben, kann bundesrechtlich nicht einheitlich mit Sicherheit bestimmt werden, ob die für die Einvernehmensersetzung zuständige Behörde überhaupt die gleiche ist wie die, die über die Baugenehmigung zu entscheiden hat. Im Übrigen wurde im Anschluss daran gezeigt: Auch wenn die »Ersetzungsbehörde« und die Baugenehmigungsbehörde identisch sein sollten, kann in die Erteilung der Baugenehmigung entgegen der Versagung des gemeindlichen Einvernehmens nicht einfach eine Ersetzung des Einvernehmens »hineingelesen« werden. Die Ersetzung muss ausdrücklich erklärt werden. Ist dies nicht geschehen, so ist die Gemeinde in einem Recht verletzt worden, denn: Auch wenn die Gemeinde das Einvernehmen zu Unrecht versagt hat, hat sie ein Recht darauf, dass die Baugenehmigungsbehörde dies nicht einfach übergeht, sondern – wenn sie dafür zuständig ist – das Einvernehmen ausdrücklich ersetzt. Tut sie dies nicht, so kann die Gemeinde mit Widerspruch und Klage erwirken, dass die Baugenehmigung aufgehoben wird.

Die Gemeinde gewinnt auch, wenn sie das Einvernehmen zu Unrecht versagt hat (außer bei Einvernehmensersetzung).

5.3.2. Widerspruch / Klage der Baugenehmigungsbehörde gegen die Gemeinde

Die Gemeinde versagt das Einvernehmen. Kann die Baugenehmigungsbehörde die Gemeinde mit (Widerspruch und) Klage dazu verpflichten, das Einvernehmen zu erteilen?

Benötigt die Genehmigungsbehörde überhaupt Rechtsschutz?

Unabhängig davon, ob die Gemeinde das Einvernehmen zu Recht oder zu Unrecht versagt hat, stellen sich einige prozessuale Probleme. Dies hat damit zu tun, dass Widerspruch und Klage eventuell gar nicht nötig sind, denn § 36 II 3 BauGB sieht ja die Möglichkeit vor, ein rechtswidrig versagtes Einvernehmen zu ersetzen. Hier sind in Bezug auf Rechtsschutzprobleme zwei Unterfälle zu unterscheiden.

Unterfall 1: Baugenehmigungsbehörde ist gleichzeitig Ersetzungsbehörde

Ist die Baugenehmigungsbehörde nach Landesrecht ebenfalls zuständig für die Ersetzung des gemeindlichen Einvernehmens, so braucht sie nicht gegen die Gemeinde Widerspruch zu erheben und zu klagen. Sie ersetzt das Einvernehmen einfach. Widerspruch und Klage wäre deshalb mangels Rechtsschutzbedürfnisses unzulässig.

Unterfall 2: Baugenehmigungsbehörde ist nicht gleichzeitig Ersetzungsbehörde

Denken Sie sich einmal in eine Behörde hinein. Sie möchten gern eine Baugenehmigung erteilen, dürfen aber nicht. Ersetzen können Sie das fehlende gemeindliche Einvernehmen auch nicht, dafür sind Sie nicht zuständig. Hätten Sie echt Lust, auf Einvernehmenserteilung gegen die Gemeinde zu klagen? Das geht doch viel einfacher: Es ist absolut rechtmäßig, dem Bauherrn gegenüber die Baugenehmigung zu versagen und sich dabei auf das fehlende gemeindliche Einvernehmen zu berufen. Dann lässt man halt den Bauherrn auf Erteilung der Baugenehmigung klagen.

Ein Problem indes gibt es: Wurde das gemeindliche Einvernehmen zu Unrecht versagt, so verliert die Baugenehmigungsbehörde den Prozess und wird zur Erteilung der Baugenehmigung verpflichtet. Obwohl sie für die vorherige Versagung gar nicht verantwortlich ist. Nun gut, warum nicht mal absichtlich einen Prozess verlieren? Ganz einfach: Weil man dann üblicherweise auf den Kosten des Verfahrens sitzen bleibt. Stellt sich die Frage, ob man die Kosten nicht der Gemeinde aufbürden kann, die ja an allem Schuld war.

Und in der Tat gibt es diese Möglichkeit, wenngleich mit einem Haken: Die Gemeinde ist nur dann kostenpflichtig, wenn die Versagung des Einvernehmens offensichtlich rechtswidrig ist. Wenn nicht, müssen wir mit der etwas seltsamen Konstellation leben:

Die Baugenehmigungsbehörde ist zwar an eine rechtswidrige Versagung des gemeindlichen Einvernehmens gebunden. Sie darf eine Baugenehmigung nicht erteilen, wird aber am Ende genau dazu verurteilt und hat auch noch die Kosten des Verfahrens zu tragen.

Paradox: Die Baugenehmigungsbehörde darf eine Genehmigung nicht erteilen, wird aber am Ende genau dazu verurteilt.

Sollte deswegen ein Verantwortlicher der Baugenehmigungsbehörde tatsächlich einmal auf die Idee kommen, eine Gemeinde auf Einvernehmenserteilung zu verklagen, so ist ihm dennoch entgegenzuhalten: Die Klage wäre unzulässig; es fehlt schon die Klagebefugnis nach § 42 II VwGO. Hierzu müsste die Baugenehmigungsbehörde nämlich darlegen, dass sie möglicherweise in eigenen Rechten verletzt ist, wenn sie die Baugenehmigung nicht erteilen darf. Dieses ist aber undenkbar. Sie hat kein Recht, entgegen dem gemeindlichen Einvernehmen die Baugenehmigung zu erteilen.

Ganz anders ist es beim Bürger: Er hat einen Anspruch auf Erteilung der Baugenehmigung, wenn sein Vorhaben mit dem Baurecht vereinbar ist. Daher ist er zur Klage auf Erteilung der Baugenehmigung befugt, wie auf Seite 94 gezeigt.

6. Was vom Stoffe übrig blieb

6.1. Was ist, wenn man die Genehmigung hat?

Dann kann man bauen, was sonst? Aber es kann ja immer mal was dazwischen kommen. Zum Beispiel wechselt der Grundstückseigentümer. Das ist kein Problem, denn die Genehmigung ist grundstücks-, nicht personengebunden. Oder es wird nicht gebaut, z.B. weil der Bauberechtigte inzwischen pleite ist. Hierfür gibt es Regeln in den Landesbauordnungen zur Geltungsdauer der Baugenehmigung, z.B.

Geltungsdauer der Baugenehmigung

§ 77 NBauO

Die Baugenehmigung und die Teilbaugenehmigung erlöschen, wenn innerhalb von drei Jahren nach ihrer Erteilung mit der Ausführung der Baumaßnahme nicht begonnen oder wenn die Ausführung drei Jahre unterbrochen worden ist. Wird die Baugenehmigung oder die Teilbaugenehmigung angefochten, so wird der Lauf der Frist bis zur rechtskräftigen Entscheidung gehemmt. Die Frist kann auf schriftlichen Antrag um jeweils höchstens drei Jahre verlängert werden. Sie kann auch rückwirkend verlängert werden, wenn der Antrag vor Fristablauf bei der Bauaufsichtsbehörde eingegangen ist.

In den anderen Landesbauordnungen ist es ähnlich, die Vorschriften können der Tabelle auf Seite 320 (Thema 16) entnommen werden.

Inhalt der Genehmigung einhalten!

Im Übrigen darf man nicht nur ohne Genehmigung nicht bauen (falls der Bau genehmigungspflichtig ist), man darf auch nicht gegen den Inhalt der Genehmigung (z.B. Höhenbegrenzungen, Auflagen bzgl. Baustoffe etc.) verstoßen. Was passieren kann, wenn man auf die eine oder andere Weise »illegal« baut oder gebaut hat, davon soll ab S. 153 die Rede sein.

6.2. Was es daneben noch gibt: Bauvoranfrage, Bauvorbescheid

Der Bauvorbescheid, der von der Behörde auf Bauvoranfrage erteilt werden kann, ist ein in der Praxis äußerst bedeutsames Instrument. Warum wurde er hier noch nicht behandelt und wird er auch jetzt nur in aller Kürze erwähnt? In theoretischer Sicht ist er nicht sonderlich spannend; man kann die Erkenntnisse, die man bei der Baugenehmigung gewonnen hat, auf den Bauvorbescheid übertragen. Einige der bisher behandelten Fälle, in denen es laut diesem Lehrbuch um eine Baugenehmigung ging, betrafen in Wirklichkeit Bauvorbescheide, aber das konnte man guten Gewissens abändern, denn die jeweiligen Probleme bleiben die gleichen.

Für eine Baumaßnahme ist auf Antrag (Bauvoranfrage) über einzelne Fragen, über die im Baugenehmigungsverfahren zu entscheiden wäre und die selbständig beurteilt werden können, durch Bauvorbescheid zu entscheiden. Dies gilt auch für die Frage, ob eine Baumaßnahme nach städtebaulichem Planungsrecht zulässig ist.

§ 74 I NBauO

Solche Regelungen gibt es in allen Landesbauordnungen. Es bietet sich bei komplexen Vorhaben an, die Zulässigkeit schon mal vorab für einen bestimmten Teilbereich zu klären. Man prüft dann genau so wie bei der Baugenehmigung, nur eben auf die »einzelnen Fragen« bezogen, die in der Bauvoranfrage gestellt werden. Die Prüfung betrifft also einen Ausschnitt der Baugenehmigungsprüfung, aber bezogen auf diesen Ausschnitt ändert sich nichts.

Eine Liste der Normen der anderen Bundesländer findet sich wieder einmal in der Tabelle auf Seite 320 (Thema 14).

7. Wiederholungsfragen

1. Wer erteilt üblicherweise eine Baugenehmigung? Lösung S. 12 ff.

2. Auf welche Arten kann man zu einer Genehmigungsfreistellung kommen? Lösung S. 20 ff.

3. Warum können große Supermärkte nicht einmal in Gewerbegebieten errichtet werden? Lösung S. 31 ff.

4. Was versteht man unter Ermessen und der Ermessensfehlerlehre? Lösung S. 46 ff.

5. Was bedeutet das »Einfügen« bei § 34 I 1 BauGB? Lösung S. 58 ff.

6. Was ist der Außenbereich? Lösung S. 64

7. Worin unterscheiden sich privilegierte und sonstige Vorhaben? Lösung S. 64 ff.

8. Was ist eine Splittersiedlung, wie kann eine solche entstehen und in welchem Bereich ist dies bedeutsam? Lösung S. 75 ff.

9. Wie misst man den Abstand eines Baus zur Grundstücksgrenze? Lösung S. 80 f.

10. Es heißt, eine Behörde »kann« das versagte Einvernehmen ersetzen. Was bedeutet das? Lösung S. 87 f.

11. Ist unmittelbar nach der Versagung der Baugenehmigung eine Klage möglich? Lösung S. 96 f.

12. Wie wirkt es sich auf die Begründetheit der Klage aus, wenn die Ablehnung des Bauantrags ermessensfehlerhaft war? Lösung S. 104 ff.

13. Was ist »Nachbarschutz« und warum muss man das wissen? Lösung S. 119 ff.

14. Wann gibt es Nachbarschutz für eine »Schicksalsgemeinschaft«? Lösung S. 122, 126

15. Welche Bedeutung haben die »Belästigungen und Störungen« des § 15 I 2 BauNVO? Lösung S. 128 ff.

16. Mit welcher Klageart geht man gegen die Baugenehmigung eines Anderen vor? Lösung S. 136 ff.

17. Kann man während einer schwebenden Klage gegen die Baugenehmigung des Nachbarn dessen Bautätigkeit verhindern? Lösung S. 143

18. Was sind Bauvoranfrage und Bauvorbescheid? Lösung S. 150 f.

Einschreiten gegen illegale Bauten

1. Einführung

Die Bauaufsichtsbehörden haben bei weitem nicht nur die Aufgabe, Baugenehmigungen zu erteilen oder dies zu verweigern. Denn allein damit kann man Verstöße gegen das Baurecht nicht unterbinden. Dies wird deutlich, wenn man sich die Situation eines »Schwarzbaus« vergegenwärtigt: Jemand beginnt einfach mit dem Bau, ohne eine Baugenehmigung erhalten zu haben. Die Versagung eines Bauantrags ist wirkungslos, wenn jemand trotzdem baut oder einen Antrag erst gar nicht gestellt hat.

EINSCHREITEN GEGEN ILLEGALE BAUTEN

Auch wenn jemand mit Genehmigung baut, ist darauf zu achten, dass er nicht vom Bauantrag oder von Genehmigungsauflagen abweicht. Bauaufsichtsbehörden haben also unabhängig von ihrer Aufgabe der Genehmigungserteilung/-versagung permanent baurechtswidrige Zustände aufzuspüren, zu prüfen und zu bekämpfen. Dies kann eine Überwachung während des Baus sein, aber auch eine Überprüfung von Bauwerken, die schon lange fertig sind und genutzt werden.

Allgemeine Aufgabe
der Bauüberwachung

Diese allgemeine Aufgabe der Bauüberwachung findet sich in allen Landesbauordnungen, siehe Thema 7 der Tabelle auf Seite 320. Beispiel Nordrhein-Westfalen:

§ 61 I 1 BauO NW

Die Bauaufsichtsbehörden haben bei der Errichtung, der Änderung, dem Abbruch, der Nutzung, der Nutzungsänderung sowie der Instandhaltung baulicher Anlagen ... darüber zu wachen, dass die öffentlich-rechtlichen Vorschriften und die aufgrund dieser Vorschriften erlassenen Anordnungen eingehalten werden.

Diese, stellvertretend für alle Bundesländer genannte, Norm deutet schon an, dass es neben der Aufgabe der Bauüberwachung auch Mittel zur Herbeiführung rechtmäßiger Zustände gegen muss. Man muss nicht nur »wachen«, sondern auch »darauf hinwirken«. Denn ansonsten wäre die Überwachungstätigkeit ein stumpfes Schwert.

Die einzelnen Mittel, die eine Bauaufsichtsbehörde hat, um baurechtswidrige Zustände zu beseitigen, sind in den meisten Landesbauordnungen genau aufgeführt. Nötig ist dies indes nicht; so begnügt sich beispielsweise Nordrhein-Westfalen mit der Formulierung, die Behörden »haben in Wahrnehmung dieser Aufgaben nach pflichtgemäßem Ermessen die erforderlichen Maßnahmen zu treffen« (§ 61 I 2 BauO NW).

Speziell die Verwendung bestimmter, nicht vorschriftsmäßiger Bauprodukte kann untersagt werden. Dieser Fall soll indes im Folgenden nicht behandelt werden. Es wird vielmehr um Maßnahmen gegen, die den Bau als solchen betreffen. Und da haben sich drei Standardmaßnahmen herauskristallisiert, die in den meisten Landesbauordnungen auch ausdrücklich erwähnt sind: Nutzungsuntersagung, Stilllegungsverfügung und Abbruchverfügung (Synonym: Beseitigungsanordnung).

2. Die einzelnen Maßnahmen: Nutzungsuntersagung, Stilllegungsverfügung, Abbruchverfügung

- Die Nutzungsuntersagung ist die Anordnung, die Benutzung von baulichen Anlagen zu untersagen (Wer hätte das gedacht?).
- Die Stilllegungsverfügung ist die Anordnung, Baumaßnahmen einzustellen.
- Die Abbruchverfügung ist die Anordnung, bauliche Anlagen oder Teile hiervon zu beseitigen.

Die Nutzungsuntersagung kommt nur bei fertigen, benutzbaren baulichen Anlagen in Betracht, die Stilllegungsverfügung nur bei noch nicht abgeschlossenen Baumaßnahmen, die Abbruchverfügung bei beidem. Wobei eine Stilllegungsverfügung auch bezüglich Erweiterungs- oder Instandhaltungsmaßnahmen von an sich fertigen Bauten in Betracht gezogen werden kann.

Die Nutzungsuntersagung kommt speziell dann in Betracht, wenn zwar nicht der Bau selbst, wohl aber die Nutzung rechtswidrig ist (siehe z.B. den Fall 3, Seite 30, »Ein Bordell im allgemeinen Wohngebiet«).

Alle drei Maßnahmen sind an bestimmte Voraussetzungen geknüpft; hierbei kann man zwischen »Tatbestand« und »Rechtsfolge« unterscheiden:

Maßnahmen gegen illegale Bauten

Tatbestand

das »Wenn«

Beispiel Niedersachsen: § 89 I 1 NBauO: »Widersprechen bauliche Anlagen, Grundstücke, Bauprodukte oder Baumaßnahmen dem öffentlichen Baurecht oder ist dies zu besorgen, ...«

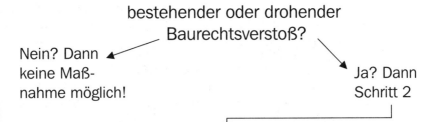

bestehender oder drohender Baurechtsverstoß?

Nein? Dann keine Maß-nahme möglich!

Ja? Dann Schritt 2

Rechtsfolge

das »Dann«

»... so kann die Bauaufsichtsbehörde nach pflichtgemäßem Ermessen die Maßnahmen anordnen, die zur Herstellung oder Sicherung rechtmäßiger Zustände erforderlich sind.«
(Es folgt die Aufzählung der Standardmaßnahmen.)

Die Behörde »kann«; das bedeutet Ermessen in zwei Schritten:

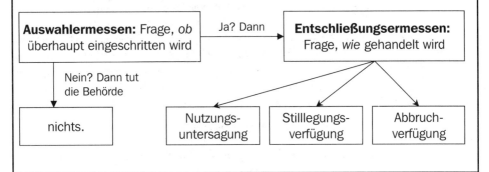

Auswahlermessen: Frage, *ob* überhaupt eingeschritten wird

Ja? Dann

Entschließungsermessen: Frage, *wie* gehandelt wird

Nein? Dann tut die Behörde

nichts.

Nutzungs-untersagung

Stilllegungs-verfügung

Abbruch-verfügung

2.1. Tatbestand

2.1.1. Bestehender baurechtswidriger Zustand: formelle und materielle Illegalität

Beim Thema »Anspruch auf eine Baugenehmigung« ging es eine ganze Weile darum, dass ein beantragtes Vorhaben mit dem gesamten öffentlichen Baurecht (Bauplanungs- und Bauordnungsrecht) vereinbar sein muss. Dies ist auch hier zu prüfen. Ist dies nicht der Fall, so liegt ein baurechtswidriger Zustand vor, gegen den die Behörde grundsätzlich Aufsichtsmaßnahmen einleiten kann. Eine Baumaßnahme oder ein fertiges Bauwerk (»bauliche Anlage«), im Folgenden kurz umgangssprachlich »Bau«, ist »illegal«. In diesem Zusammenhang unterscheidet man formelle und materielle Illegalität. Einiges in diesem Zusammenhang ist umstritten, aber in den meisten Fällen kommt man – von der herrschenden Meinung ausgehend – mit folgenden Faustformeln aus.

Formelle und materielle
Illegalität

- materielle Illegalität liegt vor, wenn ein Bau inhaltlichen Vorgaben des Baurechts widerspricht. *Beispiel: Ein Bebauungsplan setzt eine Höhenbegrenzung von 10 m fest, das Haus des B misst aber 12 m.* Es ist hier all das zu prüfen, was schon ab Seite 25 erläutert wurde, und zwar sowohl Bauplanungs- als auch Bauordnungsrecht. Ist ein Bau genehmigungsbedürftig, so läuft das darauf hinaus, dass ein materiell illegaler Bau nicht genehmigungsfähig ist. Materielle Illegalität kann – von Fällen des vereinfachten Genehmigungsverfahrens abgesehen – übersetzt werden mit Fehlen der Genehmigungsfähigkeit.

- formelle Illegalität liegt vor, wenn ein Bau ohne Genehmigung errichtet wurde/wird, obwohl eine Genehmigung nötig wäre (entsprechend bei Erleichterungen gegenüber dem Genehmigungserfordernis, z.B. Bauanzeige ist nötig, wurde aber nicht gemacht). Formell illegal ist ein Bau auch, wenn zwar eine Genehmigung vorliegt, aber konkrete Maßnahmen von der Genehmigung nicht gedeckt sind *(z.B. Genehmigung für drei Geschosse, Bau mit vier Geschossen).*

Aus diesen beiden Fallgruppen lassen sich vier Kombinationen bilden.

Kombination 1: Weder formelle noch materielle Illegalität

In einem solchen Fall ist der Bau komplett baurechtmäßig. Der »Tatbestand« ist schon zu verneinen, zur »Rechtsfolge« kommt man nicht mehr. Die Behörden dürfen keine Aufsichtsmaßnahmen erlassen.

Kombination 2: Nur formelle Illegalität

Ein Bau wurde/wird zwar ohne Genehmigung errichtet oder geht über die erteilte Genehmigung hinaus. Indessen liegt inhaltlich gar kein Verstoß gegen Baurecht vor. Hätte man also eine Genehmigung entsprechend der tatsächlichen Baumaßnahme beantragt, so hätte sie einem nicht versagt werden können. Der Bau ist also nicht genehmigt, aber »genehmigungsfähig«.

Trotzdem liegt ein Rechtsverstoß vor, da man nicht einfach ohne Genehmigung bauen darf, wenn das Gesetz die Genehmigungspflichtigkeit vorsieht. Also sind Aufsichtsmaßnahmen grundsätzlich möglich. Man kann aber jetzt schon ahnen, dass die Behörden hier aus Gründen der Verhältnismäßigkeit zur Besonnenheit gezwungen sein werden, denn der Rechtsverstoß wiegt nicht so schwer, als wenn ein Vorhaben ohnehin nicht genehmigt werden könnte, also materiell illegal wäre.

Kombination 3: Nur materielle Illegalität

Diese Fallgruppe spielt bei Vorliegen einer Genehmigungspflicht keine Rolle. Denn ein materiell illegaler, aber formell legaler Bau ist einer, der genehmigt wurde, obwohl er nicht hätte genehmigt werden dürfen. In solch einem Fall darf sich der Bauherr aber auf die fehlerhafte Baugenehmigung verlassen, sie hat »Bindungswirkung«. Also sind keine Aufsichtsmaßnahmen möglich.

Braucht man keine Baugenehmigung, so ist es absurd, von »formeller Illegalität« zu sprechen, denn die definiert sich dadurch, dass ein genehmigungspflichtiges Vorhaben nicht genehmigt wurde. Bei nicht genehmigungspflichtigen Vorhaben ist also die Fallgruppe der nur materiellen Illegalität durchaus bedeutsam. Sie rechtfertigt grundsätzlich alle Aufsichtsmaßnahmen. Es kann auf die Erörterungen zur formellen und materiellen Illegalität verwiesen werden.

Kombination 4: Formelle und materielle Illegalität

Man kann die formelle und die materielle Illegalität miteinander kombinieren, also: Ein Vorhaben wurde nicht genehmigt und könnte wegen inhaltlicher Verstöße gegen das Baurecht auch nicht genehmigt werden. Dies ist der am schwersten wiegende Rechtsverstoß und rechtfertigt einschneidendere Maßnahmen als die nur formelle Illegalität. Näheres wird bei den einzelnen möglichen Maßnahmen erörtert.

2.1.2. Drohender baurechtswidriger Zustand

»Typisch, man darf erst einschreiten, wenn schon etwas passiert ist.« Diese aus Fernsehkrimis bekannte Spruchweisheit gilt im Bau(aufsichts)recht nicht. All das oben Gesagte gilt nicht nur bei bestehender, sondern auch bei drohender Illegalität. Die Bauordnungsgesetze drücken das häufig so aus, dass ein baurechtswidriger Zustand »zu besorgen ist«, dass man sich also um ihn Sorgen machen muss. »Drohende« oder »zu besorgende« Illegalität ist indes erst bei einer sogenannten konkreten Gefahr gegeben. Der Eintritt der Illegalität muss im Einzelfall mit hinreichender Wahrscheinlichkeit zu erwarten sein. Hat jemand eine Baugenehmigung für drei Geschosse, darf aber kein Penthouse oben draufsetzen, so würde es genügen, wenn

- er mit dem Penthouse-Bau begonnen hat,
- er konkrete Bauaufträge erteilt.

2.2. Rechtsfolge

Wir gehen jetzt davon aus, dass die Bauaufsichtsbehörde irgendwo einen formell illegalen oder formell und materiell illegalen Zustand entdeckt hat. Nun heißt es handeln, und die erste Frage, die sich stellt, ist diese: Muss die Behörde einschreiten oder kann sie untätig bleiben? Es geht also ums Ermessen in der Frage des »Ob«, also des Entschlusses zum Handeln, und daher heißt das »Entschließungsermessen«.

2.2.1. Entschließungsermessen: Muss die Behörde überhaupt etwas unternehmen?

In allen Bauordnungsgesetzen heißt es, dass die Behörde einschreiten kann, wenn baurechtswidrige Zustände vorliegen oder drohen. Also kann sie auch fünfe gerade sein lassen? Es gilt hier das, was ab Seite 46 allgemein zum Ermessen und zu Ermessensfehlern gesagt wurde. So wird beispielsweise das Entschließungsermessen durch das Willkürverbot und den Grundsatz der Selbstbindung der Verwaltung beschränkt.

Beispiele für Ermessensfehler

- *Die Behörde findet eine komplett schwarz errichtete Siedlung von 30 Wochenendhäusern vor, ordnet aber nur bei einem den Abbruch an.*
- *Die Behörde hat bislang stets eine Überschreitung der Grenzabstände bis zu 50 cm toleriert, bei Bauherrn E tut sie das nicht mehr.*

In Beispiel 1 ist Gleichbehandlung geboten (legitim ist aber ein schrittweises Vorgehen, falls ansonsten der Verwaltungsaufwand zu groß wäre).

Gleichbehandlung im Unrecht?

Über Beispiel 2 kann man streiten, denn nach einer weit verbreiteten Ansicht gibt es keine Gleichbehandlung im Unrecht, d.h. wenn A, B, C und D einen Vorteil erhalten haben, der ihnen nicht zusteht, kann E diesen Vorteil nicht ebenfalls beanspruchen. Indes sprechen die besseren Argumente dafür, auch hier eine Gleichbehandlung von A, B, C, D und E zu verlangen. Zum einen war es ja gar nicht rechtswidrig, A bis D gewähren zu lassen, da die Behörde eben das Ermessen und daher die Freiheit zum Nichtstun hatte. Zum Zweiten ist es ja eventuell immer noch möglich, gegen die Häuser von A bis D parallel zum Fall des E vorzugehen. Eine andere Beurteilung scheint indes geboten, wenn dies bei A bis D einen höheren Aufwand bedeuten würde, z.B. einen komplizierten und teuren Rückbau, während der Bau des E noch nicht fertig ist und ohne allzu großen Aufwand korrigiert werden kann. Entscheidend sind also wieder einmal die Umstände des Einzelfalls.

Das Problem des Entschließungsermessens stellt sich im Übrigen, wenn ein Bürger von einer Behörde verlangt, dass sie gegen den Nachbarn vorgeht, die Behörde dies aber nicht möchte. Ob es einen Anspruch auf Bauaufsichtsmaßnahmen gegen den Nachbarn gibt oder die Behörde sich auf freies Entschließungsermessen berufen kann, wird beim Thema »Nachbarschutz« ab Seite 188 behandelt.

2.2.2. Auswahlermessen: Welche Maßnahmen muss oder darf die Behörde (nicht) auswählen?

Beim Auswahlermessen geht es um die Frage des »Wie«, d.h. die Behörde möchte handeln und muss sich zwischen verschiedenen Möglichkeiten entscheiden. Praktisch bedeutsam ist eine Verkennung des Verhältnismäßigkeitsprinzips, wobei umstritten ist, zu welcher der ab S. 47 erläuterten Fehlergruppen dies gehört. Man darf es offen lassen und allgemein von einem Ermessensfehler sprechen.

a) Einführung in das Verhältnismäßigkeitsprinzip

Wenn im Folgenden Fallgruppen erörtert werden, in denen das Auswahlermessen der Behörde beschränkt ist, so folgt dies stets aus dem Verhältnismäßigkeitsprinzip. Dieses ist ein allgemeiner Rechtsgrundsatz, der seinerseits aus einem anderen Grundsatz folgt, dem Rechtsstaatsprinzip. In einen Rechtsstaat dürfen Freiheitsbeschränkungen nicht außer Verhältnis zum verfolgten Zweck stehen. Und eine Bauaufsichtsmaßnahme ist eine Beschränkung der Freiheit des Bauherrn, mit seinem Eigentum nach Belieben zu verfahren (entsprechend für Mieter und Pächter, da sie ein eigentumsähnliches Recht haben). Dabei unterscheidet das Verhältnismäßigkeitsprinzip vier Elemente:

Rechtsstaatsprinzip als Quelle des Verhältnismäßigkeitsprinzips

Die Verhältnismäßigkeitsprüfung – speziell bei Bauaufsichtsmaßnahmen

Legitimer Zweck

- Dient eine Freiheitsbeschränkung einem erlaubten Zweck? Nein, wenn kein baurechtswidriger Zustand vorliegt oder droht.

Geeignetheit

- Kann die Maßnahme den Zweck überhaupt erreichen oder zumindest fördern? ⇨ Verbot ungeeigneter Maßnahmen.

Erforderlichkeit

- Erforderlich ist eine Maßnahme nur dann, wenn es kein für den Betroffenen milderes Mittel gibt, welches den beabsichtigten Erfolg gleich wirksam erreichen kann.

Angemessenheit

- Auch eine erforderliche Maßnahme kann unangemessen sein, wenn eine Abwägung ergibt, dass die Schwere des Eingriffs außer Verhältnis zur Wichtigkeit des angestrebten Zieles steht (»nicht mit Kanonen auf Spatzen schießen«).

Prüfungsreihenfolge

Die Prüfung geht in obiger Reihenfolge vonstatten, und zwar müssen alle vier Elemente kumulativ, also gleichzeitig, vorhanden sein. Das bedeutet: Hat man keinen legitimen Zweck, kann man aufhören, da eine Maßnahme wegen Verstoßes gegen das Verhältnismäßigkeitsprinzip rechtswidrig ist. Ansonsten kommt man zur Geeignetheit. Ist diese zu verneinen, kann man wieder aufhören, ansonsten geht's zur Erforderlichkeit etc. Erst wenn man am Ende ist und auch noch die Angemessenheit bejaht hat, kann man sagen, eine Maßnahme ist verhältnismäßig.

Hier: legitimen Zweck auslassen!

Im vorliegenden Zusammenhang kann man den »legitimen Zweck« auslassen, denn da man für jegliches Einschreiten einen baurechtswidrigen Zustand braucht, wurde dies schon im Tatbestand der Eingriffsnorm ab Seite 158 erörtert.

b) Geeignetheit – nur erfolgversprechende Maßnahmen

Eine Bauaufsichtsmaßnahme stellt immer einen Eingriff in die Rechte des Betroffenen dar und kann nur verhältnismäßig sein, wenn dieser Eingriff einen Sinn hat, also einen legitimen Zweck fördert.

Beispiele für fehlende Geeignetheit

- *Das Haus des A droht einzustürzen. Die Behörde erlässt eine Nutzungsuntersagung. A darf nicht mehr in seinem Haus wohnen, aber einstürzen könnte es trotzdem. Der Einschränkung des A steht (außer dem Selbstschutz) kein Nutzen gegenüber, daher ist dies unverhältnismäßig und rechtswidrig.*
- *Das Haus des B ist mit Asbestplatten gebaut. Die Behörde ordnet den Abbruch an, dadurch würde aber erst recht der Asbest freigesetzt.*

Insgesamt ergibt sich, dass eine Stilllegungsverfügung nur bei unfertigen und eine Nutzungsuntersagung nur bei fertiggestellten Bauten einen Sinn ergibt. In der Praxis entscheidet sich eine Behörde daher zwischen Stilllegungs- und Abbruchverfügung oder zwischen Nutzungsuntersagung und Abbruchverfügung.

c) Erforderlichkeit

Die Behörde muss das für den Betroffenen mildeste Mittel wählen, aber nur unter der Bedingung, dass es den angestrebten Erfolg gleich wirksam herbeiführen kann. Eine Maßnahme ist daher nicht erforderlich, wenn es mildere, gleich geeignete Mittel gibt (der Bestandteil »gleich geeignet« wird von Studenten gern einmal vergessen).

Mildere, gleich geeignete Mittel?

- *Eine Garage droht einzustürzen. Es ergeht eine Abbruchverfügung für das ganze Haus.* *Man muss sich fragen, ob es für die Einsturzgefahr nicht auch ausreichend wäre, eine Abbruchverfügung nur für die Garage zu erlassen, was in der Regel technisch möglich sein dürfte. Auch wäre zu prüfen, ob Stützungsmaßnahmen technisch möglich wären. Dies wären mildere Mittel, die zusätzlich mit derselben Sicherheit zur Beseitigung der Einsturzgefahr geeignet sein müssten. Dann wäre ein Totalabriss nicht erforderlich und damit unverhältnismäßig.*

Beispiele für Unverhältnismäßigkeit

- *Beobachtungen des Nachbarn Norbert Neider haben ergeben, dass Bauherr B, der gerade sein Einfamilienhaus errichtet, einen Balkon bauen möchte, der die Grenzabstände nicht einhalten würde. Ist dieser Balkon noch nicht gebaut, so genügt eine Stilllegungsverfügung, bis mit Architekten und Ingenieuren geklärt ist, ob der Balkon nicht an eine andere Stelle gesetzt, schmaler werden oder ganz entfallen kann. Eine Anordnung, den bisherigen Rohbau des Balkons wieder einzureißen (Abbruchverfügung) wäre nicht erforderlich und damit unverhältnismäßig.*

d) Angemessenheit – speziell Maßnahmen bei lediglich formeller Illegalität

Hier müssen Sie abwägen, ob die Schwere eines Eingriffs im Verhältnis zum damit verfolgten Ziel steht. Meist liegt man mit der »Pi-mal-Daumen«-Methode genau richtig. Hat z.B. jemand eine Baugenehmigung beantragt und ist bekannt, dass diese erteilt werden wird, wenn Amtmann A aus dem Urlaub zurück ist, so wäre es unangemessen, vor der Rückkehr des A begonnene Bauarbeiten zu stoppen. Indes gibt es auch Fälle, die regelmäßig Probleme bereiten. So wird sich in Fall 38 (Seite 193) noch zeigen, dass (nach allerdings umstrittener Ansicht) jemand von seinem Nachbarn auch bei geringer Unterschreitung von Grenzabständen einen teuren Rückbau verlangen kann (genauer: Er kann von der Behörde verlangen, dass sie den Nachbarn zum Rückbau verpflichtet).

Meist liegt man mit der »Pi-mal-Daumen«-Methode genau richtig.

Und dann gibt es da noch die in jeder zweiten Baurechtsklausur zu findende Frage, ob man denn bei einer ausschließlich formellen Illega-

Was geht bei formeller
Illegalität?

lität eine Nutzungsuntersagung oder eine Abbruchverfügung erlassen darf. Dies ist nach Ansicht des Verfassers ein Angemessenheitsproblem. Es geht um Folgendes, wobei immer von einer Genehmigungspflicht auszugehen ist:

Wichtiges
Problem!

Jemand hat ohne Baugenehmigung (»schwarz«) gebaut oder die Nutzung eines bestehenden Gebäudes geändert. Er hätte aber eine Baugenehmigung erhalten, wenn er sie denn beantragt hätte. Das Vorhaben ist nur formell illegal, da die Genehmigung fehlt, entspricht aber im Übrigen dem Baurecht und hätte genehmigt werden können. Was tun?

Einigkeit besteht insoweit,
dass eine Abbruchver-
fügung unverhältnismäßig
wäre.

Einigkeit besteht insoweit, dass eine Abbruchverfügung unverhältnismäßig wäre. Warum sollte man auch einen Bau einreißen lassen, der niemanden stören würde, wenn er genehmigt worden wäre? Man kann sich einen solchen Bau sogar nachträglich genehmigen lassen. Es ist daher scheinbar nicht einmal erforderlich, ihn abreißen zu lassen. Eine nachträgliche Genehmigung scheint ein milderes, gleich geeignetes Mittel zu sein, um einen baurechtmäßigen Zustand herzustellen. Obwohl es so ähnlich gelegentlich in Fachliteratur zu lesen ist, haben wir es dennoch nicht mit einem Erforderlichkeitsproblem zu tun. Denn was tun, wenn sich ein »bockiger« Bauherr schlicht weigert, einen Genehmigungsantrag zu stellen? Dann kann man die nachträgliche Genehmigung nicht erteilen, sie ist also nicht in jedem Fall »gleich geeignet«, so dass es sich empfiehlt, das Problem der Maßnahmen bei formeller Illegalität im Rahmen der Angemessenheit zu erörtern.

Begründung: Verfassungs-
rechtliche Eigentums-
garantie

Zum oben genannten Ergebnis kommt man nämlich auch, indem man argumentiert, mit dem Abbruch eines materiell rechtmäßigen Baus werde »mit Kanonen auf Spatzen geschossen«. Schreiben Sie das vielleicht besser nicht so, sondern argumentieren Sie an dieser Stelle (wie auch die Fachwelt) mit der verfassungsrechtlichen Eigentumsgarantie (Art. 14 I Grundgesetz), aus der auch die Baufreiheit folgt. Diese würden über Gebühr eingeschränkt, ließe man Bauten abbrechen, die zwar formell ohne Genehmigung sind, aber den inhaltlichen (= materiellen) Vorgaben des Bauplanungs- und Bauordnungsrechts voll entsprechen.

Stilllegungsverfügung
ist möglich.

Ebenfalls Einigkeit besteht darüber, dass eine Stilllegungsverfügung als mildeste der Standardmaßnahmen bei bloß formeller Illegalität möglich ist.

Umstritten ist Nutzungs-
untersagung.

Umstritten ist hingegen, ob dann auch die Nutzungsuntersagung unverhältnismäßig wäre. Hier lässt sich sowohl Angemessenheit als auch Unangemessenheit vertreten. Im Wesentlichen kommt es darauf an, ob man die Nutzungsuntersagung eher in die Nähe der (erlaubten) Stilllegungsverfügung oder der (verbotenen) Abbruchverfügung rückt.

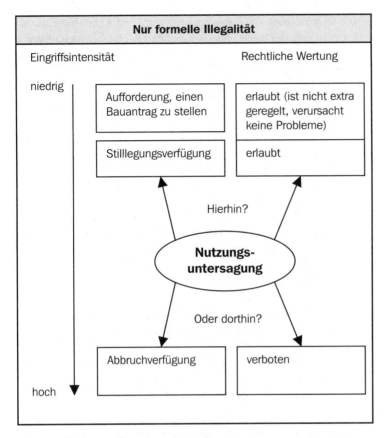

Dagobert Duck war einmal auf der Suche nach einem sagenumwobe-
nen Schatz, der in unsichtbaren Bergen aus Glas verborgen sein sollte.
Als er ihn gefunden hatte, musste er feststellen, dass es keine Möglichkeit gab, an ihn heranzukommen, weil die Berge in Wirklichkeit aus
massivem Granit waren, durch das sich kein Weg bahnen ließ. Donald
tröstete Dagobert mit dem Rat, er möge sich vorstellen, die Berge seien
seine Schatzkammer. Gehen wir einmal davon aus, dass Dagobert das
Land, auf dem sich die Berge befinden, wirklich im Eigentum hat, so ist
Donalds Rat dennoch nur ein schwacher Trost. Den Schatz kann er
nicht zu seinen ohnehin schon beträchtlichen Aktiva rechnen. Gehen
wir ferner davon aus, dass sich die Glasberge auch nicht als Alpinis-
ten- und/oder Touristenattraktion vermarkten lassen, so ist klar: Ob
eine Sache zerstört wird oder die Nutzbarkeit anderweitig vollständig
entzogen wird, ist völlig egal. Das spricht dafür, die Nutzungsuntersagung in die Nähe der Abbruchverfügung zu rücken, so dass sie bei nur
formeller Illegalität unangemessen und daher unverhältnismäßig und
verboten wäre.

Die Gleichsetzung von
Nutzungsuntersagung und
Abbruchverfügung hat sich
im Baurecht nicht durch-
gesetzt.

Die Gleichsetzung von Nutzungsuntersagung und Abbruchverfügung hat sich im Baurecht jedoch nicht durchgesetzt. Das mag verschiedene Gründe haben.

- Erstens gibt es bei Bauwerken gelegentlich mehr als eine mögliche Nutzung. Es kann zum Beispiel vorkommen, dass im reinen oder allgemeinen Wohngebiet rechtswidrig ein Bordell betrieben wird, aber baurechtlich nichts dagegen einzuwenden wäre, dasselbe Haus zu Wohn- statt zu Beiwohnzwecken zu nutzen. Dann wäre eine Teil-Nutzungsuntersagung eben weniger einschneidend als eine Abbruchverfügung.
- Zweitens ist eine Abbruchverfügung nicht mehr rückgängig zu machen, wenn der Bauherr erst einmal im wörtlichen Sinne vor seinem Trümmerhaufen steht. Die Nutzungsuntersagung kann aufgehoben werden und das Gebäude ist in Zukunft nutzbar. Für den Nutzungsausfall mag die Behörde schadensersatzpflichtig sein, aber endgültige Fakten hat sie nicht geschaffen.
- Drittens kann eine Nutzungsuntersagung bei nur formeller Illegalität ein sinnvolles Mittel sein, damit die Behörde überprüfen kann, ob die materielle Illegalität überhaupt gegeben ist. Auch hier hinkt der Vergleich mit der Abbruchverfügung gewaltig.
- Viertens entspricht die Nutzungsuntersagung bei fertigen Bauten exakt der Stilllegungsverfügung bei unfertigen Bauten. In beiden Fällen ist der Betroffene zum Nichtstun verdammt. Die Stilllegungsverfügung ist aber unstreitig bei nur formeller Illegalität möglich.

Einzelfallorientierte
Betrachtungsweise

All dies führt den Verfasser dazu, sich denjenigen anzuschließen, die eine einzelfallorientierte Betrachtungsweise fordern, bei der man folgendermaßen differenzieren kann:

- Ist eine Nutzung offensichtlich rechtmäßig, so darf sie wegen nur formeller Illegalität nicht untersagt werden.
- Erfordert die materielle Rechtmäßigkeitsprüfung indes einen erhöhten Aufwand, so darf die Nutzung vorläufig untersagt werden. Dies ist auch rechtmäßig, wenn sich später herausstellt, dass die untersagte Nutzung die ganze Zeit materiell legal war, denn sie war immerhin formell illegal, und wer ohne Baugenehmigung baut bzw. einen Bau nutzt, macht sich halt verdächtig und ist daran selbst Schuld.
- Stellt sich heraus, dass eine Nutzung materiell legal ist, ist die Nutzungsuntersagung aufzuheben. Eine endgültige Nutzungsuntersagung ist also niemals bei nur formeller Illegalität möglich.
- Im Übrigen ist darauf abzustellen, wie einschneidend die Nutzungsuntersagung ist.

1. *Bei einem Wohnhaus wird die Wohnnutzung untersagt. Dies kommt einem Eigentumsentzug gleich und ist bei nur formeller Illegalität unverhältnismäßig, speziell unangemessen.*

Beispiele für die einzelfallorientierte Betrachtungsweise

2. *Rentner A betreibt in einem Raum seines im reinen Wohngebiet gelegenen Familienheims eine Schusterwerkstatt, mit der er seine Rente aufbessern möchte. Er hat sie sich indes nicht als »Handwerksbetrieb« i.S.v. § 3 III Nr. 1 BauNVO genehmigen lassen. Die zuständige Behörde fordert A zur nachträglichen Beantragung dieser Nutzung auf und untersagt sie bis zum Abschluss der Prüfung, ob die Schusterwerkstatt »nicht störend« nach § 3 III Nr. 1 BauNVO ist und somit genehmigt werden kann.*

Da A mit seiner Familie noch sein Haus bewohnen darf, von der Schusterei zwar seine Rente aufbessert, aber nicht davon lebt und sie sich nicht hat genehmigen lassen, erscheint eine nur vorübergehende Nutzungsuntersagung hier nicht unangemessen, ist also verhältnismäßig. Sie ist es auch dann, wenn sich später herausstellt, dass die Schusterwerkstatt »nicht störend« ist (dann muss die Untersagung allerdings aufgehoben werden).

e) Einige Worte zur Prüfungsreihenfolge

Formell legal, materiell illegal, alles egal? Falls Sie, liebe Leserinnen und Leser, auch mal ein anderes Baurechtsbuch als dieses zur Hand nehmen (und das ist zu Vertiefungszwecken sehr zu empfehlen), werden Sie vielleicht feststellen, dass die Reihenfolge der voranstehenden Punkte dort eine völlig andere ist. Sind Sie Praktiker, so können Sie die folgenden Seiten getrost überblättert; müssen Sie aber Klausuren und/oder Hausarbeiten im Baurecht überstehen, möchte dieses Buch wenigstens darauf hingewiesen haben, dass und wie man das Vorangegangene auch noch anders aufbauen kann und darf. Es kann zwischen dem »Tatbestandsaufbau« und dem »Rechtsfolgenaufbau« unterschieden werden, in diesem Buch wurde Letzterer gewählt.

Tatbestandsaufbau	Rechtsfolgenaufbau
Rechtmäßigkeit einer Maßnahme	**Rechtmäßigkeit einer Maßnahme**
I. **Tatbestand:** Ist *eine bestimmte* Maßnahme (nämlich die, um die es im konkreten Fall geht) möglich? ⇨ Schon hier werden ggf. die Probleme bei nur formeller Illegalität erörtert; nämlich immer dann, wenn man eine Nutzungsuntersagung oder eine Abbruchverfügung prüft	**I. Tatbestand:** Ist überhaupt ein bauaufsichtliches Einschreiten möglich? Ja, wenn Zustand formell und / oder materiell illegal / wenn dies droht
II. **Rechtsfolge: Ermessensfehler?** Übliche Ermessenskontrolle, vor allem kommt Ermessensfehler bei unverhältnismäßigen Maßnahmen in Betracht. Die Probleme bei nur formeller Illegalität werden hier allerdings nicht erörtert; man hat schon im Tatbestand gesagt, ob sie für eine Nutzungsuntersagung oder eine Abbruchverfügung ausreicht.	**II.** **Rechtsfolge: Ermessensfehler?** Übliche Ermessenskontrolle, vor allem kommt Ermessensfehler bei unverhältnismäßigen Maßnahmen in Betracht. Die Probleme bei nur formeller Illegalität werden hier erörtert. Im Tatbestand hat man sich bloß festgelegt, ob *überhaupt* ein Einschreiten möglich ist, die Fragen rund um die nur formelle Illegalität betreffen indes die *Auswahl* eines geeigneten Mittels und somit das behördliche Ermessen.
So kann man es auch machen.	**So wurde es oben erklärt.**

Der Verfasser hatte mehrere Gründe, sich für den Rechtsfolgenaufbau zu entscheiden. So kann man im Tatbestandsaufbau schlecht die von ihm bei der Nutzungsuntersagung bevorzugte einzelfallbezogene Betrachtungsweise unterbringen. Man müsste sich zu einer Aussage dazu durchringen, was generell die Voraussetzungen für eine Nutzungsuntersagung sind. Möchte man dies aber nicht tun und hat das mit der Schwere der Auswirkungen von Nutzungsänderungen zu tun, so ist dies eine Frage von verhältnismäßig oder unverhältnismäßig.

Nun werden Sie entgegnen, wenigstens bei der Abbruchverfügung sei doch unbestritten, dass sie bei bloß formeller Illegalität immer rechtswidrig sei – da könne man dann doch im Tatbestand sagen, eine Abbruchverfügung setze formelle und materielle Illegalität voraus, und wenn das nicht gegeben sei, lägen die Voraussetzungen für eine Abbruchverfügung eben nicht vor. Die materielle Illegalität scheint man somit zur Tatbestandsvoraussetzung für eine Abbruchverfügung erklären zu können.

Hier nun muss sich der Verfasser mit seiner niedersächsischen Herkunft herausreden. In § 89 der Niedersächsischen Bauordnung, der Grundlage für die besprochenen Bauaufsichtsmaßnahmen ist, gibt es ein und dieselbe Voraussetzung für alle Maßnahmen, nämlich einen (bestehenden oder drohenden) Widerspruch zum öffentlichen Baurecht. Und der ist eben schon bei formeller Illegalität gegeben. Erst bei der Rechtsfolge heißt es, man kann eine Maßnahme auswählen. Es wird also Ermessen eröffnet. Wenn sich dann herausstellt, dass man nicht alle Maßnahmen auswählen darf, so hat das mit verfassungsrechtlichem Eigentumsschutz und/oder Verhältnismäßigkeit zu tun; dies sind Verfassungsgrundsätze, die das Auswahlermessen beschränken und daher erst auf Rechtsfolgenseite zu prüfen sind. Fast alle anderen Bundesländer haben indes eine etwas andere Regelungssystematik. Sie nennen nicht die Voraussetzungen für alle Maßnahmen einheitlich, sondern jede Maßnahme hat ihren eigenen Paragrafen und ihre eigenen Voraussetzungen. Beispiel:

Unterschiedliche Landesgesetze

Der teilweise oder vollständige Abbruch einer Anlage, die im Widerspruch zu öffentlich-rechtlichen Vorschriften errichtet wurde, kann angeordnet werden, wenn nicht auf andere Weise rechtmäßige Zustände hergestellt werden können. Werden Anlagen im Widerspruch zu öffentlich-rechtlichen Vorschriften genutzt, so kann diese Nutzung untersagt werden.

§ 65 BauO BW

Es steht also bei der Abbruchverfügung schon drin, dass diese nur in Betracht kommt, wenn ein baurechtmäßiger Zustand nicht anders erreichbar ist. Und einen nur formell illegalen Bau kann man sich eben nachträglich genehmigen lassen. Also könnte man sagen, die materielle Illegalität ist schon eine tatbestandliche Voraussetzung für eine Abbruchverfügung. In einem Fall, in dem es um eine Abbruchverfügung geht, nennt man ausschließlich § 65 Satz 1 BauO BW als Rechtsgrundlage, Satz 2 oder andere Normen der Baden-Württembergischen Bauordnung erwähnt man gar nicht. Und dann prüft man § 65 Satz 1 stumpf durch, nach dem Prinzip: Tatbestand ist alles, was zum »Wenn«, also zu den Voraussetzungen für ein Einschreiten gehört, und das steht ja drin: Baurechtswidrige Zustände, die anders nicht beseitigt werden können, also formell und materiell illegal sind.

Übrigens: Außer Niedersachsen hat nur noch Nordrhein-Westfalen einen »allgemeinen« Gesetzestext. Der ist sogar noch offener. Es heißt bloß, die Behörden haben darüber zu wachen, dass die öffentlich-rechtlichen Vorschriften und die aufgrund dieser Vorschriften erlassenen Anordnungen eingehalten werden. In Erfüllung dieser Aufgabe haben sie nach pflichtgemäßem Ermessen die erforderlichen Maßnahmen zu treffen (§ 61 I 1, 2 BauO NW).

f) Bestandsschutz

Rechtsordnungen ändern sich. Früher war der Ehebruch strafbar, heute ist es die eheliche Vergewaltigung (die früher bloß »Nötigung«, nicht aber Vergewaltigung im Rechtssinne war). Rechtsordnungen dürfen sich ändern, und das ist auch gut so. Die Gesellschaft ändert sich ja auch. Einiges wird heute liberaler, anderes strenger gehandhabt als früher. Könnte sich die Rechtsordnung nicht ändern, könnte man überhaupt keine Gesetze erlassen. Ein Gesetz regelt selten ausschließlich etwas, das ohne das Gesetz schon geltendes (Gewohnheits-)Recht war. Eine neue Rechtsregel bedeutet meist Veränderung, sei es durch Abschaffung, Erneuerung, Ergänzung, Verstärkung oder Abschwächung der alten Regel. Es leuchtet ein, dass Veränderungen möglich sein müssen.

Kann dies aber schrankenlos gelten? Rechtsregeln vergehen, aber bleibt nicht auch etwas bestehen? Muss irgendetwas bestehen bleiben? Ist ein »Bestand geschützt«? Gibt es »Bestandsschutz«? Ja, natürlich. Das Grundgesetz schreibt vor, dass bestimmte Werte und Regeln niemals geändert werden dürfen (die vielbeschworene freiheitlich-demokratische Grundordnung zum Beispiel).

Das heißt aber auch, dass man Bestandsschutz nicht schon deswegen einfordern kann, weil »etwas immer schon so war«. Man stelle sich das bloß einmal beim ehelichen Vergewaltiger vor; der lieber wieder das alte Strafrecht hätte! Es müssen andere Gründe hinzukommen.

Nach diesen Einführungsworten schauen wir uns einmal an, was Bestandsschutz im Baurecht bedeutet. Es geht um das oben Gesagte: Rechtsordnungen ändern sich. Das Baurecht ändert sich. Häufig zu Ungunsten der Bauherren, zum Beispiel durch ein erhöhtes Bewusstsein für Umwelt- und Naturschutz. Oder um einem baulichen Wildwuchs entgegenzuwirken. Oder einfach nur wegen allgemein grassierender Regelungswut. Egal warum, die Situation kann unangenehm werden. Stellen Sie sich vor, Sie haben ein Bauwerk zum Eigentum, zur Miete oder zur Pacht, nutzen dies schon über Jahrzehnte, und auf einmal heißt es, zack, es gibt jetzt ein neues Baurecht, das Ding ist jetzt illegal, das muss weg. Fänden Sie das lustig? Nein? Verständlich. Darum können Sie Bauaufsichtsmaßnahmen gelegentlich mit Bestandsschutz kontern.

aa) Bestandsschutz gegen Bauaufsichtsmaßnahmen – passiver Bestandsschutz

Von »passivem Bestandsschutz« spricht man, wenn man selbst keine Baumaßnahmen einleiten, sondern nur von Aufsichtsmaßnahmen verschont bleiben möchte. In Betracht kommt das passive Bestandsschutz also als »Waffe« gegen die Nutzungsuntersagung und die Abbruchverfügung (nicht gegen die Stilllegungsverfügung, da sie sich definitionsgemäß immer auf einen unfertigen Bau, nicht auf einen schon »bestehenden« bezieht). Zwei Konstellationen sind grundsätzlich zu unterscheiden:

- Ein Bau war früher wie heute formell und materiell illegal (bzw., wenn es wegen Genehmigungsfreiheit formelle Illegalität nicht gibt: nur materiell illegal). Hier gibt es keinen Bestandsschutz! Diese Fallgruppe ist durchaus praxisrelevant. *Es kam schon mehr als ein Mal vor, dass jemand vor langer, langer Zeit eine »Baugenehmigung« vom Bürgermeister per Handschlag erhalten hat, dass sich 30 Jahre lang niemand um eine illegale Wohnsiedlung gekümmert hat, bis ein neuer Baubeamter kam etc.*

  Kein Bestandsschutz bei illegalen Bauten!

- Ein Bau war früher einmal formell und/oder materiell legal, ist es heute aber nicht mehr. Hier kann Bestandsschutz greifen, muss es aber nicht. Man kann diesen Fall in Untergruppen aufteilen.

(a) Materieller Bestandsschutz

Hier geht es um Bestandsschutz für Vorhaben, die

- formell illegal, aber materiell legal waren (also nicht genehmigt waren, obwohl sie genehmigungsfähig gewesen wären),
- oder die materiell legal und genehmigungsfrei waren.

Die Gruppe der formell und materiell legalen Vorhaben fällt indes unter den »formellen Bestandsschutz«; dort zählt allein, dass der Bürger sich auf die Baugenehmigung verlassen darf und daher Bestandsschutz hat. Bei dem materiellen Bestandsschutz ist es indes komplizierter; es bietet sich eine Trennung nach »unveränderter Nutzung« und »veränderter Nutzung« an.

(aa) Unveränderte Nutzung

Die herkömmliche Rechtsprechung ließ es ausreichen, wenn ein Bau irgendwann einmal – nicht notwendig bei der Errichtung – für drei Monate formell und materiell legal war. Dann sollte aus Gründen des verfassungsrechtlichen Eigentumsschutzes (Art. 14 I Grundgesetz) Bestandsschutz greifen, d.h. Bauaufsichtsmaßnahmen waren nicht möglich.

Alte Rechtsprechung: Schutz, wenn Bau drei Monate legal war.

Ob dies heute noch gilt, ist umstritten. Das Bundesverwaltungsgericht hatte nämlich (in einer anderen Konstellation) argumentiert, den Bestandsschutz könne man nicht unmittelbar aus der grundgesetzlichen Eigentumsgarantie herleiten. Denn im Grundgesetz heißt es:

Art. 14 I GG

Das Eigentum und das Erbrecht werden gewährleistet. Inhalt und Schranken werden durch die Gesetze bestimmt.

Wenn der Gesetzgeber aber auch den Inhalt des Eigentums bestimmen darf, so komme es allein darauf an, für welche Inhaltsbestimmung er sich entschieden habe. Und das bedeutet bei bauaufsichtlichen Maßnahmen: Der Landesgesetzgeber hat geregelt, wann das Eigentum durch Stilllegungsverfügung, Nutzungsuntersagung und/oder Abbruchverfügung beschränkt werden darf. Die Wertung des Landesgesetzgeber dürfe nicht durch einen Rückgriff auf das Grundgesetz ausgehöhlt werden. Also könne es Bestandsschutz nur dann geben, wenn die jeweilige Landesbauordnung dies selbst vorsehe. Ansonsten dürfe man nicht das Grundgesetz darüber stülpen.

Heutzutage ist vieles umstritten.

Hier nun wird's leider extrem unübersichtlich, da dieser Streit noch nicht ausgefochten ist und so ziemlich alles vertreten werden kann. Zunächst die beiden Extrememeinungen:

Kein Bestandsschutz aus Art. 14 I GG

Man kann den zuletzt genannten Ansatz der Rechtsprechung übernehmen und vertreten, es gebe aus den soeben genannten Gründen keinen Bestandsschutz direkt aus Art. 14 I GG (also keinen »verfassungsunmittelbaren Bestandsschutz«); sondern nur dann Bestandsschutz, wenn die jeweilige Landesbauordnung dies ausdrücklich regelt.

Bestandsschutz aus Art. 14 I GG

Man kann den zuletzt genannten Ansatz der Rechtsprechung ablehnen. Zwar ist richtig, dass nach Art. 14 I GG der Gesetzgeber den Inhalt des Eigentums bestimmen darf, aber dem müssen Grenzen gesetzt werden, damit das Eigentumsrecht nicht ausgehöhlt werden kann. Die Verfassung steht immerhin im Rang höher als eine Landesbauordnung! Es lässt sich weiterhin vertreten, dass eine Bauaufsichtsmaßnahme bei einem Bau, der für mindestens drei Monate formell und materiell legal war, wegen »verfassungsunmittelbaren Bestandsschutzes« grundgesetzwidrig ist – und zwar selbst dann, wenn die Landesbauordnung nichts dagegen einzuwenden hätte.

Bestandsschutz in Abhängigkeit von der gesetzlichen Formulierung der Landesbauordnung

Schließlich ließe sich im Sinne eines Mittelweges argumentieren. Man kann nämlich einen verfassungsunmittelbaren Bestandsschutz ablehnen und trotzdem Schlupflöcher in den Landesbauordnungen finden, in die sich Art. 14 I GG hineinmogelt und für Bestandsschutz sorgt.

Wenn mit der neueren Rechtsprechung argumentiert wird, ein Einfluss von Art. 14 I GG habe in den Landesbauordnungen nichts mehr zu suchen, so kann man diesen Satz relativieren: Ein Einfluss des Art. 14 I GG hat nichts mehr in den Landesbauordnungen zu suchen, soweit sie keine Wertungsspielräume offenlassen. Damit würde dem Gebot, dass der Landesgesetzgeber den Inhalt des Eigentums bestimmen darf, Genüge getan. Hat er es im Sinne einer zwingenden Regelung getan, so darf Art. 14 I GG nicht mehr korrigierend eingreifen. Hat er es jedoch im Sinne einer »offenen« Regelung getan, die dem Rechtsanwender Spielräume lässt, so können diese Spielräume durch die Wertungen des Art. 14 I GG ausgefüllt werden.

> Ein Einfluss des Art. 14 I GG hat nichts mehr in den Landesbauordnungen zu suchen, soweit sie keine Wertungsspielräume offenlassen.

A hat einen Schwarzbau errichtet. Er wäre zwar genehmigungsfähig, aber A hatte keine Lust auf »den Behördenkram« und die anfallenden Verwaltungsgebühren, so dass er keine Baugenehmigung beantragte.

Fall 34

Nach einem Jahr wird die Landesbauordnung so geändert, dass Häuser wie seins nur noch anzeigepflichtig sind. »Das ist ja viel einfacher als das Genehmigungsverfahren«, denkt sich A und zeigt seinen Bau an. Er ist nach wie vor materiell legal.

Nach einem weiteren Jahr tritt ein neuer Bebauungsplan in Kraft. Danach ist das Haus des A materiell illegal. Im Übrigen hat der Gesetzgeber mit der Abschaffung der Genehmigungspflicht keine guten Erfahrungen gemacht und führt sie wieder ein.

Die zuständige Bauaufsichtsbehörde ordnet den Abbruch des Hauses von A an. Kann A sich auf Bestandsschutz berufen?

Variante 1: Der Fall spielt in Niedersachsen oder Nordrhein-Westfalen

Variante 2: Der Fall spielt in einem anderen Bundesland.

Gesetzestexte in Niedersachsen und Nordrhein-Westfalen

Der Bau war zunächst materiell legal, durch die erfolgte und ausreichende Anmeldung wurde er es auch in formeller Hinsicht und blieb dies länger als drei Monate, nämlich ein Jahr lang. Inzwischen ist er jedoch materiell illegal. Auch formell illegal ist er geworden, wobei es keine Rolle spielt, ob A die Genehmigung nach der Wiedereinführung der Genehmigungspflicht erfolglos oder überhaupt nicht beantragt hat. Es liegt also ein baurechtswidriger Zustand vor, der die Bauaufsichtsbehörde dem Gesetzeswortlaut nach zu einem Einschreiten – auch im Wege der Abbruchverfügung – ermächtigt. Zur Erinnerung:

Die Bauaufsichtsbehörden haben bei der Errichtung, der Änderung, dem Abbruch, der Nutzung, der Nutzungsänderung sowie der Instandhaltung baulicher Anlagen ... darüber zu wachen, dass die öffentlich-rechtlichen Vorschriften und die aufgrund dieser Vorschriften erlasse-

§ 61 I 1 BauO NW

nen Anordnungen eingehalten werden. Sie haben in Wahrnehmung dieser Aufgaben nach pflichtgemäßem Ermessen die erforderlichen Maßnahmen zu treffen.

§ 89 I 1 NBauO

Widersprechen bauliche Anlagen, Grundstücke, Bauprodukte oder Baumaßnahmen dem öffentlichen Baurecht oder ist dies zu besorgen, so kann die Bauaufsichtsbehörde nach pflichtgemäßem Ermessen die Maßnahmen anordnen, die zur Herstellung oder Sicherung rechtmäßiger Zustände erforderlich sind.

Da »das Haus«, wie es in der Sachverhaltsschilderung heißt, illegal ist (also nicht nur eine bestimmte Nutzungsart), kann man diese Illegalität nur durch den Abbruch des Hauses beseitigen. Eine Abbruchverfügung ist also nach dem Gesetz die geeignete und erforderliche Maßnahme.

Kann der Bestandsschutz eine Abbruchverfügung verhindern?

Fragt sich beim Punkt »Angemessenheit« ob der Bestandsschutz entgegen dem Gesetzeswortlaut eine Abbruchverfügung verhindern kann; hier gehen die Ansichten auseinander:

Eine Ansicht sagt: nein!

Erste Ansicht: Einen »verfassungsunmittelbaren Bestandsschutz« (also einen, der direkt aus der Eigentumsgarantie des Art. 14 I GG hergeleitet wird) gebe es nicht. Der Landesgesetzgeber dürfe den Inhalt des Eigentums regeln. Dies haben er in § 61 BauO NW bzw. § 89 NBauO getan, und zwar mit der Maßgabe, dass der Eigentumsschutz nicht illegale Bauten schütze; auch wenn sie früher einmal legal waren. § 61 BauO NW bzw. § 89 NBauO sprechen ja nur von »die öffentlichen Vorschriften einhalten« / »dem Baurecht widersprechen«, und das ist bei lebensnaher Auslegung so zu verstehen, dass es sich auf den gegenwärtigen Zeitpunkt bezieht. Gewähren die genannten Normen also keinen Bestandsschutz (und wir wollen einmal davon ausgehen, dass es Normen an anderer Stelle der BauO NW / der NBauO auch nicht tun), so kann die Verfassung auch keinen Bestandsschutz gewähren.

Eine Ansicht sagt: ja!

Zweite Ansicht: Es gibt Bestandsschutz, da die Landesbauordnungen das Eigentum nicht so weit einschränken dürften, dass ein Abbruch eines ehemals mindestens drei Monate lang legalen Baus möglich würde.

Und eine sagt auch: vielleicht...

Die dritte Ansicht folgt vom Grundsatz her der zuerst genannten Ansicht und akzeptiert, dass die Landesbauordnung den Eigentumsinhalt regeln darf. Indes ist im vorliegenden Fall fraglich, ob sie dies überhaupt abschließend getan hat. Denn die genannten Normen eröffnen auf der Rechtsfolgenseite ein Ermessen. Es heißt zwar, dass gegenwärtige baurechtswidrige Zustände als Voraussetzung für ein Einschreiten ausreichend sind, aber es heißt nicht, dass die Behörde einschreiten muss, sondern dass sie es kann. Weil dies aber so ist, hat der Gesetzgeber den Eigentumsinhalt nicht abschließend, nicht in einem zwingenden Sinne geregelt, sondern dem Rechtsanwender einen Spielraum gelassen. Es ist ein allgemeiner Rechtsgrundsatz, dass gesetzgeberische Spielräume vom Verfassungsrecht überlagert werden, dass das Verfassungsrecht also in solche Spielräume »hineinwirkt« und auf sie »ausstrahlt«. Man spricht übrigens von der sogenannten Ausstrahlungswirkung. Diese Ausstrahlungswirkung führt dazu, dass hier doch der verfassungsrechtliche Bestandsschutz im Sinne der zweiten Ansicht greift. Der Bestandsschutz wirkt daher als Ermessensreduzierung; so dass die Behörde nicht mehr die Möglichkeit hat, eine Abbruchverfügung zu erlassen. Daher ist ihr Ermessen reduziert. Im Ergebnis also genau wie die zweite Ansicht.

> Ausstrahlungswirkung der Grundrechte führt dazu, dass das Ermessen reduziert ist. Abbruchverfügung nicht möglich!

Man könnte von einer vierten Ansicht sprechen, wenn man dem Ansatz der dritten Ansicht zwar folgt, aber folgendermaßen argumentiert: Der Gesetzgeber eröffne der Behörde zwar ein Ermessen, ob und welche Aufsichtsmaßnahme sie ergreifen möchte. Indes lasse der Wortlaut erkennen, dass bei gegenwärtig illegalen Zuständen grundsätzlich alle Maßnahmen möglich sein sollen. Sonst hätte der Gesetzgeber ja sinngemäß schreiben können: »Eine Abbruchverfügung ist nur möglich, wenn ein Bau auch in der Vergangenheit nie legal war.« Hat er aber nicht. Und weil das so ist, dürfe der Bestandsschutz das Ermessen nicht so reduzieren wie zuvor beschrieben. Denn dann wäre eine Abbruchverfügung bei ehemals (mindestens drei Monate lang) legalen Bauten niemals möglich. Der gewählte Gesetzeswortlaut lasse aber erkennen, dass sie möglich sein soll.

> Vierte Ansicht?

Sie können selbst entscheiden, welcher Ansicht sie folgen, es gibt kein »richtig« oder »falsch«.

Gesetzestexte in anderen Bundesländern

Der teilweise oder vollständige Abbruch einer Anlage, die im Widerspruch zu öffentlich-rechtlichen Vorschriften errichtet wurde, kann angeordnet werden, wenn nicht auf andere Weise rechtmäßige Zustände hergestellt werden können.

> § 65 S. 1 BauO BW

In diesem baden-württembergischen Beispiel ist eine Abbruchverfügung nicht möglich, und zwar schon aus Gründen, die nichts mit dem Bestandsschutz zu tun haben. Anders als in Niedersachsen und Nordrhein-Westfalen ist schon die tatbestandliche Voraussetzung für eine Abbruchverfügung eine andere, und es zeigt sich wieder einmal, dass man Vorschriften mitunter sehr genau lesen sollte. Hier muss nämlich eine Anlage baurechtswidrig *errichtet* worden sein, das war bei Niedersachsen und Nordrhein-Westfalen anders. Und errichtet wurde das Haus des A zwar formell illegal, aber materiell legal, so dass eine Abbruchverfügung nach dem oben Gesagten unverhältnismäßig wäre.

(bb) Veränderte Nutzung

Zunächst eine Vorbemerkung: Die folgenden Ausführungen gelten nicht nur für den Fall der ehemals (ausschließlich) materiellen Legalität, sondern auch für den der formellen Legalität. Die Erörterung zur veränderten Nutzung betreffen also nicht nur den materiellen, sondern auch den formellen Bestandsschutz.

Das für die unveränderte Nutzung (ab Seite 171) Gesagte gilt nicht unbedingt für eine veränderte Nutzung. Denn eine Nutzungsänderung ist ja in der Regel wiederum nach § 29 BauGB baugenehmigungspflichtig. Wenn also jemand, sagen wir mal, Geschäftsräume baurechtlich illegal betreibt, so kann er sich meist nicht darauf berufen, früher seien die gleichen Räume als Wohnhaus genutzt worden und als Wohnhaus auch legal gewesen.

Indes, die obigen Formulierungen wie »in der Regel« und »meist« zeigen schon, dass die Abgrenzung ganz so einfach nicht ist.

Fall 35

Fundstellen Originalfall:
• BauR 1977, 253
• NJW 1977, 1932

K hatte ihr bebautes Grundstück legal mit einem Kohlenhandel und einer Spedition (Güterfernverkehr) genutzt. Im Laufe der Zeit beschränkte sie den Güterverkehr auf Ablieferungen der Kohlen an nahe gelegene Adressen, hierzu hatte sie nur noch zwei LKW.

Dann jedoch eröffnete sie einen Kranbetrieb sowie einen Schwerlastbetrieb. Infolge dessen schaffte K mehrere schwere mobile Kräne und Schwertransportfahrzeuge an.

Der Aufforderung, eine Nutzungsänderung zu beantragen, kommt sie nicht nach, da sie sich auf Bestandsschutz beruft. Dieser komme ihr zugute, weil das Abstellen ihrer Kräne gegenüber der früheren Nutzung keine bauplanungsrechtlich relevante Änderung darstelle. Insbesondere entstehe kein größerer Lärm. Zeitweise befinde sich kein einziges ihrer Fahrzeuge auf dem Hofe. Reparaturen würden nur gelegentlich und in geringem Umfange durchgeführt, so dass auch insoweit kein nennenswerter Lärm entstehe.

Indes war es zu Beschwerden der Anlieger gekommen, welche sich durch Geräusche und Gerüche belästigt fühlten, die auf Reparaturen, Montagearbeiten, Probeläufe sowie auf die Zufahrten und Abfahrten der mit schweren Motoren ausgerüsteten Fahrzeuge und Geräte der K zurückzuführen waren. Während früher in der vorhandenen Halle Brennstoffvorräte gelagert und Transportfahrzeuge abgestellt worden waren, stellt die Klägerin dort jetzt überschwere Zugmaschinen, Kräne und Tieflader ab und repariert sie.

Kann ein Bestandsschutz aus Art. 14 I Grundgesetz in Erwägung gezogen werden?

Die etwas seltsame Formulierung der Fallfrage (»in Erwägung gezogen«, nicht »bejaht« o.ä.) beruht auf folgendem Gedanken: Es geht hier – anders als in der schon etwas älteren Originalentscheidung – nicht um ein schlichtes »Bestandsschutz ja oder nein«. Es geht um die Frage, ob die Nutzungsänderung so gravierend ist, dass sie den Bestandsschutz ohne Wenn und Aber ausschließt. Tut sie das nicht, heißt das noch lange nicht, dass der Bestandsschutz dann automatisch gegeben ist. Es hieße dann bloß, dass die Frage des Bestandsschutzes nicht mit einem einfachen »Nein« beantwortet werden kann, sondern wieder genauso strittig ist, wie dies für unveränderte Nutzungen bereits erläutert wurde.

Vorüberlegung

Wir wollen uns hier nur mit der Frage beschäftigen, ob die Nutzungsänderung hier einen eindeutigen Ausschluss des Bestandsschutzes rechtfertigt oder nicht.

Rechtfertigt die Nutzungsänderung einen eindeutigen Ausschluss des Bestandsschutzes?

BVerwG

Ohne weiteres einzuräumen ist der Klägerin, daß – innerhalb bestimmter Grenzen – auch eine Nutzungsänderung im Sinne des § 29 BBauG [heute BauGB] vom Bestandsschutz gedeckt sein kann, und daß dies auch dann möglich ist, wenn keine völlige Gleichartigkeit zwischen der alten und der neuen Nutzung besteht. Der Bestandsschutz ist ferner nicht personengebunden mit der Folge, daß ein Wechsel in der Person des Nutzers die Fortdauer des Bestandsschutzes grundsätzlich beenden müßte; das kann ... für den Betriebsübergang infolge eines Erbfalls, eines Verkaufs oder einer Verpachtung von Bedeutung sein. Schließlich hängt das Fortbestehen des Bestandsschutzes auch nicht davon ab, daß die von der neuen Nutzung ausgehenden Emissionen nach Art oder Umfang denen der vorherigen Nutzung uneingeschränkt entsprechen.

Die Bestandsschutzdiskussion gibt es also nicht nur bei hundertprozentiger Identität der alten und der neuen Nutzung. Aber wo ist die Grenze, bei der man sagt, die Nutzungsänderung ist so gravierend, dass Bestandsschutz unabhängig von allen sonstigen Streitigkeiten ausgeschlossen ist? Das Bundesverwaltungsgericht spricht von »qualitativ oder quantitativ wesentlichen Änderungen«. Es geht in zwei Schritten vor.

Grenze des Bestandsschutzes sind qualitativ oder quantitativ wesentliche Änderungen.

BVerwG

Schritt 1

Wird der durch Kohlenhandel und Nahtransport gekennzeichneten Nutzung eines bebauten Grundstücks ein Kranbetrieb mit sieben schweren mobilen Kränen hinzugefügt, so liegt eine Nutzungsänderung im Sinne des § 29 BBauG [heute BauGB] vor; denn schon im Hinblick auf die mehr industrielle Prägung eines solchen Kranbetriebes und die möglichen nach Quantität und Qualität andersartigen Emissionen können bodenrechtliche Belange berührt werden; folglich stellt sich auch unter bodenrechtlichen Gesichtspunkten die Frage nach der materiellen Rechtmäßigkeit dieser Nutzungsänderung.

Das BVerwG zum Bestandsschutz bei Nutzungsänderung

Schritt 1: Ist eine Nutzungsänderung i.S.v. §29 BauGB gegeben?

Dies ist der Fall, wenn die Änderung der Nutzung »bodenrechtliche Relevanz« aufweist. Bei der bodenrechtlichen Relevanz geht es darum, ob bestimmte bodenrechtliche Belange berührt werden oder zumindest berührt werden können. Es handelt sich um Belange, die eine Gemeinde auch bei der Aufstellung von Bauleitplänen berücksichtigen müsste (z.B. Naturschutz, Lärmschutz; siehe ausführlich ab Seite 207. Auch ohne dass es Bauleitpläne gibt, würde aus einer Nutzungsänderung mit bodenrechtlicher Relevanz ein Konfliktpotenzial widerstreitender Interessen entstehen, so dass sich die Genehmigungsfrage gegenüber der alten Situation erneut stellen würde.

nein　　　　　　　　　　　　　　　　**ja**

Bestandsschutz wie bei unveränderter Nutzung (also umstritten)

Schritt 2: Kann der Bestandsschutz noch greifen?

Frage nach **wesentlichen Veränderungen** anhand dreier Unter-Kriterien:
- War die Nutzung schon vor ihrer Änderung **reduziert** gewesen, so kann nicht mehr die ursprüngliche, sondern nur noch die reduzierte Nutzung Bestandsschutz genießen.
- **Veränderungen »von außen«** sind zu berücksichtigen, z.B. Veränderungen der Umgegend. Ist z.B. eine Wohnbebauung dichter an einen Betrieb herangerückt, kann der Bestandsschutz wegen Lärmschutzes geringer ausfallen.
- Bewertung der qualitativen und/oder quantitativen Veränderungen

Änderung nicht wesentlich　　⟷　　Änderung wesentlich: Kein Bestandsschutz

BVerfG

Schritt 2

... bestand die von der [K] ... ausgeübte Nutzung in einem Kohlenhandel nebst Nahtransport mit zwei Lastwagen. Alles, was an Nutzungen größeren Umfangs in früheren Jahren geschützt gewesen sein mag, hatte ... bereits sein Ende gefunden. Der so geminderte Bestandsschutz ermöglicht es zwar der [K], ihren Betrieb in der reduzierten Form weiterzuführen, deckt aber nicht die neue und zusätzliche betriebliche Nutzung ... (Abstellen und Reparieren von sieben mobilen Telekränen).

Denn die mit der Ansiedlung des Kranbetriebes verbundene Vergrößerung ... um ein Mehrfaches scheitert ohne weiteres an der quantitativen
Grenze, die dem Bestandsschutz gesetzt ist. Daß die Nutzungsänderung
darüber hinaus auch wegen der bereits hervorgehobenen mehr indus-
triellen Prägung des Kranbetriebes zu einer »qualitativ wesentlichen
Veränderung« führt und deswegen auch an der qualitativen Grenze
scheitert, ohne daß dabei ein Vergleich der früheren und der heutigen
Emissionen nach Zeit, Dauer, Art und Ausmaß entscheidend wäre,
bedarf hiernach keiner näheren Erläuterung.

Hier finden sich das erste und das dritte Kriterium wieder, welche in
der voranstehenden Übersicht bei Schritt 2 genannt wurden. Zum einen
kann K nur noch den reduzierten Bestandsschutz, gemessen an der
zuletzt ausgeübten Nutzung vor der maßgeblichen Nutzungsänderung,
für sich beanspruchen (wenn überhaupt, da heutzutage der Bestandsschutz auch in solchen Fällen umstritten ist, siehe ab Seite 171). Zum
zweiten ist vor diesem Hintergrund die qualitative und quantitative
Veränderung beträchtlich.

Ungeachtet aller Streitigkeiten beim Bestandsschutz für unveränderte
Nutzung kann also hier eindeutig gesagt werden, dass ein Bestandsschutz wegen einer relevanten Nutzungsänderung nicht besteht.

(b) Formeller Bestandsschutz, gesetzliche Sonderregeln, zusammenfassendes Schema

Beim formellen Bestandsschutz geht es um Vorhaben, die genehmigt
worden waren. Grundsätzlich besteht Bestandsschutz (zu Nutzungsänderungen siehe allerdings das Voranstehende). Dies lässt sich daraus
erklären, dass eine Baugenehmigung die materielle Legalität eines
Vorhabens feststellt und der Bürger sich darauf verlassen darf. Das gilt
sogar dann, wenn die Baugenehmigung zu Unrecht erteilt wurde. Man
spricht von Vertrauensschutz, d.h. der Bürger vertraut auf die Richtig-
keit und Bestandskraft einer Baugenehmigung, und dieses Vertrauen
ist (übrigens aus Gründen des auch grundgesetzlich verankerten
Rechtsstaatsprinzips) geschützt.

Vertrauensschutz: Auch, wenn Baugenehmigung zu Unrecht erteilt wurde.

Rechtsstaatsprinzip

Für die Verwaltung bleibt nur noch die Möglichkeit, eine rechtswidrige
Baugenehmigung zurückzunehmen; hierzu können Sie sich § 48 des
Verwaltungsverfahrensgesetzes durchlesen, aber das führt uns jetzt zu
sehr aus dem Baurecht heraus.

http://bundesrecht.juris.de/ bundesrecht/vwvfg/

Indes drängt sich für den gesunden Menschenverstand die Frage auf,
ob dieser auf Vertrauensschutz beruhende Bestandsschutz wirklich
»auf ewig« wirken kann. Jedermann weiß doch, dass vor vielen Jahr-
zehnten die Anforderungen an Sicherheit, Umweltschutz etc. noch andere waren als heute. Ein Vertrauen, einen einmal genehmigten Bau

Vertrauensschutz auf ewig?

nie mehr modernisieren zu müssen, ist nicht geschützt. Es ist daher in gewissen Grenzen legitim, wenn der Gesetzgeber in den Landesbauordnungen den Vertrauensschutz im Sinne von »Kompromisslösungen« regelt.

Als Beispiel für eine solche Sonderregelung diene § 99 der Niedersächsischen Bauordnung. Zu den anderen Bundesländern siehe Thema 22 der Tabelle auf Seite 320.

§ 99 I-IV NBauO

Anforderungen an bestehende und genehmigte bauliche Anlagen

(1) Bauliche Anlagen, die vor dem 1. Januar 1974 rechtmäßig errichtet oder begonnen wurden oder am 1. Januar 1974 aufgrund einer Baugenehmigung oder Bauanzeige errichtet werden dürfen, brauchen an Vorschriften dieses Gesetzes, die vom bisherigen Recht abweichen, nur in den Fällen der Absätze 2 bis 4 angepasst zu werden.

(2) Die Bauaufsichtsbehörde kann eine Anpassung verlangen, wenn dies zur Erfüllung der Anforderungen des § 1 Abs. 1 erforderlich ist.

(3) Wird eine bauliche Anlage geändert, so kann die Bauaufsichtsbehörde verlangen, dass auch von der Änderung nicht betroffene Teile der baulichen Anlage angepasst werden, wenn sich die Kosten der Änderung dadurch um nicht mehr als 20 vom Hundert erhöhen.

(4) Soweit bauliche Anlagen an die Vorschriften dieses Gesetzes anzupassen sind, können nach bisherigem Recht erteilte Baugenehmigungen ohne Entschädigung widerrufen werden. Dies gilt sinngemäß für Vorbescheide und Bauanzeigen.

Es geht um formellen Bestandsschutz.

Absatz 1 zeigt, dass hier nur die Fälle des formellen Bestandsschutzes geregelt sind. Denn eine Anlage muss »rechtmäßig errichtet« worden sein, also auch formell rechtmäßig, also auch (im Falle der Genehmigungspflicht) mit Genehmigung oder ggf. Bauanzeige.

Bei materiellem Bestandsschutz bleibt es bei dem oben Dargestellten.

Die Probleme, die beim materiellen Bestandsschutz breit diskutiert wurden, sind also durch § 99 NBauO nicht einfach »erledigt«. § 99 NBauO enthält nur Sonderregelungen für den formellen Bestandsschutz, bei Fällen des materiellen Bestandsschutzes bleibt es bei dem oben dargestellten Streitstand.

Die Systematik der Aufsichtsmaßnahmen und des Bestandsschutzes bei verschiedenen Konstellationen mag noch einmal durch ein Schema verdeutlicht werden, wobei dort nur der Fall der genehmigungspflichtigen Vorhaben beleuchtet wird und wiederum beispielhaft die niedersächsischen Normen herangezogen werden.

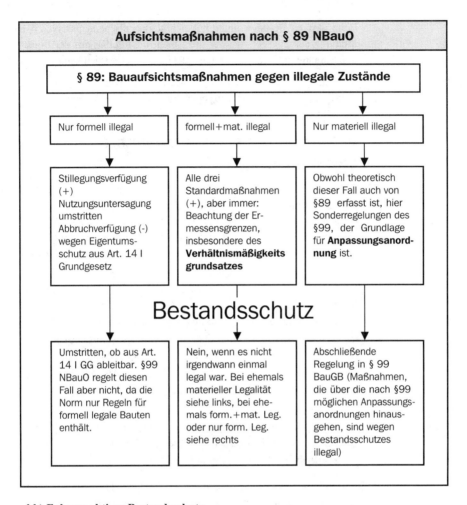

bb) Exkurs: aktiver Bestandsschutz

Der aktive Bestandsschutz gehört streng genommen gar nicht hierher. Es geht beim aktiven Bestandsschutz um einen Anspruch auf Erteilung einer Baugenehmigung für eine mittlerweile eigentlich unzulässige Erweiterungs- oder Erneuerungsmaßnahme. Beim passiven Bestandsschutz geht es hingegen um die Abwehr von bauaufsichtlichen Maßnahmen. Und wir befinden uns ja gerade in einem Teil über »Einschreiten gegen illegale Bauten«.

- Wer sich auf passiven Bestandsschutz beruft, möchte nur von der Behörde in Ruhe gelassen werden; möchte also, dass sie passiv bleibt.
- Wer sich auf aktiven Bestandsschutz beruft, möchte eine Baugenehmigung, möchte also, dass die Behörde aktiv wird.

Beim aktiven Bestandsschutz hat sich stärker als beim passiven die Meinung durchgesetzt, dass er nicht mehr unmittelbar aus der Eigentumsgarantie des Art. 14 I Grundgesetz hergeleitet werden kann.

BVerwG

BVerwGE 106, 228

> Außerhalb der gesetzlichen Regelungen gibt es keinen Anspruch auf Zulassung eines Vorhabens aus eigentumsrechtlichem Bestandsschutz.

2.2. Anhörung als ausgewählte Verfahrensfrage

Bevor die Behörde eine Bauaufsichtsmaßnahme erlässt, muss sie dem Betroffenen in einer Anhörung Gelegenheit zur Stellungnahme geben. Dies folgt schon aus einem allgemeinen Grundsatz aus dem Recht des Verwaltungsverfahrens (gilt also von Ausnahmen abgesehen auch in anderen Verwaltungsverfahren als baurechtlichen). Aus dem Verwaltungsverfahrensgesetz der Grundsatz und die wichtigste Ausnahme:

§ 28 I, II VwVfG

> (1) Bevor ein Verwaltungsakt erlassen wird, der in Rechte eines Beteiligten eingreift, ist diesem Gelegenheit zu geben, sich zu den für die Entscheidung erheblichen Tatsachen zu äußern.
>
> (2) Von der Anhörung kann abgesehen werden, wenn sie nach den Umständen des Einzelfalls nicht geboten ist, insbesondere wenn
>
> 1. eine sofortige Entscheidung wegen Gefahr im Verzug oder im öffentlichen Interesse notwendig erscheint, ...

Ähnlich z.B. im
Landesrecht

§ 89 III NBauO

> Die Bauaufsichtsbehörde soll vor Anordnungen nach Absatz 1 die Angelegenheit mit den Betroffenen erörtern, sofern die Umstände nicht ein sofortiges Einschreiten erfordern.

Beispiele für die Notwendigkeit einer sofortigen Entscheidung wäre eine hohe Einsturzgefahr eines Baus, die sich jederzeit realisieren kann, oder eine hohe Gesundheitsgefährdung durch Asbest o.ä.

Da derartige Dinge indes kaum einmal urplötzlich herauskommen werden, sondern immer Ergebnis längerer Untersuchungen sind, hat man auch die Möglichkeit, in dieser Zeit eine Anhörung vorzunehmen, ohne dass ein Zeitverlust eintritt. Eine Entscheidung ohne Anhörung wird daher kaum einmal »notwendig« sein.

Wurde die Anhörung unterlassen, so kann die Behörde sie bis zum Abschluss des gerichtlichen Verfahrens nachholen.

3. Rechtsschutz

3.1. Vorgehen gegen Aufsichtsmaßnahmen in eigener Sache (Zwei-Personen-Verhältnis)

Es wurden bereits ab Seite 91 Widerspruch und Verpflichtungsklage in dem Fall erläutert, dass jemand einen (tatsächlichen oder vermeintlichen) Anspruch auf die eigene Baugenehmigung durchsetzen möchte. Ferner wurde ab Seite 137 die Anfechtungsklage in Form der »Drittanfechtungsklage« vorgestellt. Hier haben wir es mit einer Anfechtungsklage im Zwei-Personen-Verhältnis zu tun. Der Bürger klagt gegen einen Akt, den die beklagte Behörde gegen ihn selbst erlassen hat, ein Dritter hat damit nichts zu tun.

Im Folgenden ergeben sich viele Parallelen zu den bereits behandelten Konstellationen. Es werden daher nur noch Besonderheiten erläutert, ansonsten erfolgen Querverweise (im Folgenden nicht mehr jedes Mal mit der speziellen Seitenangabe; es empfiehlt sich ohnehin, das nun Folgende mit Seite 91 ff. und Seite 137 ff. parallel zu lesen und zu vergleichen).

Beim Widerspruch ergeben sich keine Besonderheiten. Daher wird er im Folgenden nicht erörtert.

3.1.1. Anfechtungsklage

a) Verwaltungsrechtsweg

Hier ergeben sich keine Besonderheiten gegenüber der Verpflichtungsklage.

b) Zulässigkeit – ausgewählte Punkte

aa) Statthafte Klageart, hier: Anfechtungsklage nach § 42 I Var. 1 VwGO

Durch Klage kann die Aufhebung eines Verwaltungsakts (Anfechtungsklage) ... begehrt werden. | § 42 I Var. 1 VwGO

Eine Bauaufsichtsmaßnahme müsste ein »Verwaltungsakt« sein, dies ist der Fall.

bb) Klagebefugnis, § 42 II VwGO: Mögliche Rechtsverletzung

§ 42 II VwGO

Soweit gesetzlich nichts anderes bestimmt ist, ist die Klage nur zulässig, wenn der Kläger geltend macht, durch den Verwaltungsakt oder seine Ablehnung oder Unterlassung in seinen Rechten verletzt zu sein.

Während bei der Verpflichtungsklage (und vor allem bei der Drittanfechtungsklage) lange Ausführungen hierzu nötig sein können, ist es bei der Anfechtungsklage im Zwei-Personen-Verhältnis ganz einfach. Es kann nie mit Sicherheit ausgeschlossen werden, dass der Adressat eines belastenden Verwaltungsaktes in seinen Rechten verletzt ist (»Adressatentheorie«). Die Bauaufsichtsmaßnahme ist natürlich »belastend«, und es muss der Adressat, also der Betroffene sein, der klagt. Dann hat er auch die Klagebefugnis.

Adressatentheorie

Welche »Rechte« es genau sind, die verletzt sein könnten, muss man hier nicht sagen. Das liegt daran, dass, wenn alle Stricke reißen sollten, man sich auf Art. 2 I des Grundgesetzes berufen kann (»Jeder hat das Recht auf die freie Entfaltung seiner Persönlichkeit...«). Man schreibt dann, dass »jedenfalls eine Verletzung von Art. 2 I GG beim Adressaten eines belastenden Verwaltungsaktes nicht ausgeschlossen werden kann«, oder so ähnlich.

Im Zweifel kann eine Verletzung von Art. 2 I GG nie ausgeschlossen werden.

cc) Vorverfahren

Man muss gegen eine Bauaufsichtsmaßnahme zunächst mit einem Widerspruch vorgehen, s.o.

dd) Klagefrist

Es gilt das zur Verpflichtungsklage in der Form der Versagungsgegenklage Gesagte; die Regel-Frist beträgt einen Monat (§ 74 I VwGO). Die wichtigen Ausführungen zur Fristberechnung und zur Jahresfrist bei unrichtigen Belehrungen gelten auch bei der Anfechtungsklage.

ee) Klagegegner

Es ergeben sich keine Besonderheiten gegenüber der Verpflichtungsklage.

c) Begründetheit

Aus § 113 I 1 der Verwaltungsgerichtsordnung folgt, dass die Anfechtungsklage begründet ist, soweit

- die Bauaufsichtsmaßnahme rechtswidrig ist
- und der Kläger dadurch in seinen Rechten verletzt ist.

> Soweit der Verwaltungsakt rechtswidrig und der Kläger dadurch in seinen Rechten verletzt ist, hebt das Gericht den Verwaltungsakt und den etwaigen Widerspruchsbescheid auf.

§ 113 I 1 VwGO

Wir befinden uns in einer Anfechtungsklage gegen einen Akt, der gegen den Kläger gerichtet und an ihn adressiert ist. In einem solchen Fall ist der Schluss von der Rechtswidrigkeit auf die Rechtsverletzung nicht schwer. Ist die Bauaufsichtsmaßnahme rechtmäßig, so kann keine Rechtsverletzung des Klägers vorliegen. Ist die Maßnahme aber rechtswidrig, so liegt auch eine Rechtsverletzung des Klägers vor. Denn der Kläger hat das Recht, von rechtswidrigen belastenden Maßnahmen verschont zu bleiben.

Hier ist bei der Rechtswidrigkeit immer auch die Rechtsverletzung gegeben.

Aus welcher Norm dieses Recht folgt, kann aus den bei der Klagebefugnis erörterten Gründen offen gelassen werden. Man kann schreiben, dass »jedenfalls Art. 2 I GG« dieses Recht gewährt (und gegebenenfalls, dass das Recht aus Art. 2 I GG verletzt ist).

Dies folgt aus Art. 2 I des Grundgesetzes, s. Klagebefugnis

Für die Prüfung, ob eine Bauaufsichtsmaßnahme rechtmäßig oder rechtswidrig ist, gilt das ab Seite 156 Gesagte. Insbesondere kann eine Ermessenskontrolle gefordert sein; siehe zum Ermessen allgemein ab Seite 46 und speziell für Bauaufsichtsmaßnahmen ab Seite 160.

Eine ermessensfehlerhafte Maßnahme wird vom Gericht aufgehoben, die Klage ist also voll begründet, und zwar auch dann, wenn unter Vermeidung des Ermessensfehlers genau die gleiche Maßnahme nötig wäre (und vielleicht tatsächlich nach der stattgebenden Klage von der Behörde noch kommt).

Klage ist bei Ermessensfehler voll begründet.

d) Zusammenfassende Übersicht

A. Verwaltungsrechtsweg: wenn (-): Klage vor Zivilgericht (bei Bauaufsichtsmaßnahme irrelevant)

B. Zulässigkeit der Klage (ausgewählte Punkte)

    I. Klageart (hier: Anfechtungsklage)

    II. Klagebefugnis

    III. Vorverfahren

    IV. Klagefrist

    V. Klagegegner

C. Begründetheit der Klage

    I. Rechtswidrigkeit der Bauaufsichtsmaßnahme: wenn (-), Klage unbegründet, wenn (+):

    II. Rechtsverletzung des Klägers

3.1.2. Einstweiliger Rechtsschutz

Hier kommen wir mit einem Querverweis nicht hin, denn das Interesse des Antragstellers (der im einstweiligen Rechtsschutz nicht »Kläger« genannt wird) ist ein anderes als in den bisherigen Konstellationen. Dennoch lohnt es sich, zur Feststellung der Unterschiede, aber auch einiger Gemeinsamkeiten, diesen Abschnitt in Parallele zu den Erörterungen zum einstweiligen Rechtsschutz ab Seite 115 und 143 zu lesen. Worum es geht, zeigt folgendes Beispiel:

A hat eine Bauaufsichtsmaßnahme (Stilllegungsverfügung, Nutzungsuntersagung oder Abbruchverfügung) aufgedrückt bekommen und möchte mit Widerspruch, ggf. auch mit Klage dagegen vorgehen. Er möchte wissen, ob vor einer rechtskräftigen Entscheidung die Aufsichtsmaßnahme schon vollstreckt werden darf (z.B. Absperrung der Baustelle, Abriss gegen den Willen des A, zwangsweise Nutzungshinderung) und ob er ggf. etwas dagegen tun kann.

Vollstreckung vor einer rechtskräftigen Entscheidung?

Zunächst die erste Frage: Darf die Behörde schon in der Schwebezeit die Verfügung vollziehen, also ausführen, falls A ihr nicht freiwillig nachkommt? Es geht wieder um die aufschiebende Wirkung von Widerspruch und Anfechtungsklage.

§ 80 VwGO

(1) Widerspruch und Anfechtungsklage haben aufschiebende Wirkung. ...

(2) Die aufschiebende Wirkung entfällt nur ...

4. in den Fällen, in denen die sofortige Vollziehung im öffentlichen Interesse oder im überwiegenden Interesse eines Beteiligten von der Behörde, die den Verwaltungsakt erlassen oder über den Widerspruch zu entscheiden hat, besonders angeordnet wird.

Die Behörde kann die sofortige Vollziehung anordnen.

Die aufschiebende Wirkung kann hier nach § 80 II Nr. 4 VwGO entfallen. Dann muss dies gesondert angeordnet worden sein. Die Behörde kann dies in ein und demselben Schreiben mit der Anordnung der Aufsichtsmaßnahme verbinden. Die Anordnung der sofortigen Vollziehung, wie man das entsprechend dem Wortlaut des § 80 II Nr. 4 VwGO nennt, muss gesondert begründet werden. Sie kann auch noch von der Widerspruchsbehörde vorgenommen werden, wenn die Ausgangsbehörde das gar nicht gemacht hat (so dass der Widerspruch also dazu führen kann, dass man hinterher noch schlechter steht als vorher, so genannte Verböserung, oder auf Lateinisch: reformatio in peius).

Was kann A tun, wenn die sofortige Vollziehbarkeit angeordnet ist?

Also kommt es für die sofortige Vollziehbarkeit darauf an, ob sie angeordnet ist. Nehmen wir einmal an, dies ist der Fall. Was kann A dagegen tun? Er kann einen Antrag auf Wiederherstellung der aufschiebenden Wirkung stellen, d.h. einen Antrag darauf, dass A die Aufsichtsmaßnahme bis zur rechtskräftigen Entscheidung nicht befolgen muss.

> Auf Antrag kann das Gericht der Hauptsache die aufschiebende Wirkung in den Fällen des Absatzes 2 Nr. 1 bis 3 ganz oder teilweise anordnen, im Falle des Absatzes 2 Nr. 4 ganz oder teilweise wiederherstellen. Der Antrag ist schon vor Erhebung der Anfechtungsklage zulässig.

§ 80 V 1 VwGO
Antrag auf Wiederherstellung der aufschiebenden Wirkung

Beachten Sie die sprachlichen Feinheiten. Es heißt »Wiederherstellung«, nicht »Anordnung« der aufschiebenden Wirkung; und zwar nur im Falle des § 80 II Nr. 4 VwGO, der hier ja vorliegt. Das ist darauf zurückzuführen, dass in den Fällen des § 80 II Nr. 1-3 die aufschiebende Wirkung durch Gesetz wegfällt; sie würde also vom Gericht erstmalig angeordnet. Bei § 80 II Nr. 4 VwGO fällt die aufschiebende Wirkung nicht durch Gesetz weg; vielmehr gibt es schon eine »Anordnung«, nämlich eine behördliche. Daher spricht man beim Gericht von »Wiederherstellung« der aufschiebenden Wirkung.

»Anordnung« und »Wiederherstellung«

Die Zulässigkeit des Antrags ist ähnlich wie bei Widerspruch und Anfechtungsklage. Die Begründetheit ist gegeben, wenn »das Aussetzungsinteresse des Antragstellers das Vollzugsinteresse (hier: der Verwaltung) überwiegt«. Dies ist, wie schon bei der erläuterten Drei-Personen-Konstellation, in der Regel der Fall, wenn die Aufsichtsmaßnahme (vermutlich) rechtswidrig ist.

Aussetzungs- und Vollzugsinteresse

Auf eine Besonderheit ist hinzuweisen; sie hat damit zu tun, dass das Gericht hier zwei Akte zu überprüfen hat, und zwar

Das Gericht prüft zwei Akte!

- die Bauaufsichtsmaßnahme selbst,
- die Anordnung der sofortigen Vollziehung.

Es kann der Fall eintreten, dass die Bauaufsichtsmaßnahme sich voraussichtlich als rechtmäßig erweisen wird, die Anordnung der sofortigen Vollziehung indes rechtswidrig ist. Dies kann z.B. bei einer unzureichenden Begründung dieser Anordnung der Fall sein. In einem solchen Fall ist der Antrag teilweise begründet: Zwar wird die Anordnung der sofortigen Vollziehung aufgehoben (denn sie ist rechtswidrig), aber die aufschiebende Wirkung wird nicht vom Gericht wiederhergestellt (denn die Bauaufsichtsmaßnahme ist wohl rechtmäßig). Zugegeben: Die Aufhebung der Anordnung der sofortigen Vollziehung hat zunächst denselben Effekt: Widerspruch und Anfechtungsklage haben wieder aufschiebende Wirkung. Aber:

Unterschied zwischen Wiederherstellung der aufschiebenden Wirkung und Aufhebung der Sofortvollzugsanordnung

- Wird die Anordnung der sofortigen Vollziehung aufgehoben, kann die zuständige Behörde eine neue Anordnung erlassen (wobei sie natürlich die Umstände, die bei der alten Anordnung zur Rechtswidrigkeit geführt haben, zu vermeiden hat).

- Stellt das Gericht darüber hinaus die aufschiebende Wirkung wieder her, so ist die Behörde auch in Zukunft daran gebunden, kann also keine neue Anordnung der sofortigen Vollziehung erlassen.

3.2. Nachbarschutz: Anspruch auf Aufsichtsmaßnahmen gegen einen Anderen (Drei-Personen-Verhältnis)

Im Voranstehenden ging es immer darum, dass eine pflichtbewusste (oder manchmal auch übereifrige) Bauaufsichtsbehörde von sich aus Maßnahmen gegen einen Eigentümer oder Nutzer ergriff und gefragt wurde, ob diese behördliche Initiative rechtmäßig war. Es kann aber natürlich auch genau umgekehrt sein. Ein Zustand ist (möglicherweise) baurechtswidrig, und die Behörde tut nichts dagegen. Das kann dem Eigentümer oder Nutzer nur recht sein, aber: Es kann der Frömmste nicht in Frieden leben, wenn es dem (bösen?) Nachbarn nicht gefällt. Muss sich der Nachbar denn gefallen lassen, dass vor seinem Haus ein »baurechtswidriger Zustand« existiert? Kann er eine Behörde auffordern, vielleicht sogar verpflichten, etwas gegen einen anderen zu unternehmen? Darum soll es in diesem Abschnitt gehen. Schon dieser Problemaufriss zeigt, dass es wieder um »Nachbarschutz« geht, nämlich um ein Drei-Personen-Verhältnis:

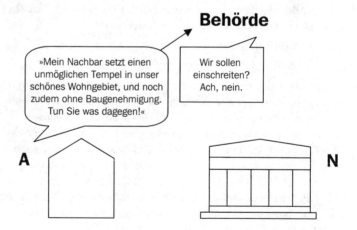

Streitparteien sind A und die Behörde, nicht N.

In einem Rechtsstreit stünden sich übrigens nicht A und N gegenüber, sondern (darum der Pfeil) A und die Behörde, die er evtl. auf ein Tätigwerden gegen N verklagen müsste. N ist dennoch betroffen, denn: Hat die Klage Erfolg, so werden Maßnahmen gegen ihn ergehen.

In einem Prozess würde N deswegen beigeladen und könnte so Einfluss auf den Rechtsstreit nehmen. Streitparteien wären aber nach wie vor A und die Behörde.

3.2.1. Verletzung einer nachbarschützenden Norm / Antragsteller/Kläger gehört zum geschützten Personenkreis

In einer Konstellation wie der oben geschilderten stellt sich zunächst die Frage, ob der Zustand, gegen den ein Antragsteller (später: Widerspruchsführer, noch später: Kläger) vorgehen möchte, tatsächlich baurechtswidrig ist. Ohne dies kann er eine Behörde nicht zu Aufsichtsmaßnahmen verpflichten.

Stellt sich tatsächlich die Baurechtswidrigkeit eines Zustandes heraus, muss man weiter fragen, woraus diese Baurechtswidrigkeit resultiert. Und dann gilt genau das, was auf Seite 119 schon zum Nachbarschutz gesagt wurde:

- Wird gegen eine nachbarschützende (oder: »drittschützende«) Norm verstoßen?
- Gehört derjenige, der die Behörde um Aufsichtsmaßnahmen ersucht, zum geschützten Personenkreis?

Ist nur eine dieser beiden Voraussetzungen zu verneinen, so kann ein Anspruch auf bauaufsichtliches Einschreiten nicht bestehen.

Sind aber beide Voraussetzungen gegeben, besteht nicht schon automatisch ein Anspruch auf behördliches Einscheiten, denn die maßgeblichen Normen sind als Kann-Bestimmungen formuliert (wieder einmal § 89 NBauO bzw. für die anderen Bundesländer die aus Thema 21 auf Seite 320 ersichtlichen Normen). Es muss dann weiter geprüft werden, ob das Nichtstun der Behörde auf einem »Ermessensfehler« beruht.

3.2.2. Ermessenskontrolle

Genauso wie im Zwei-Personen-Verhältnis wird auch in den Nachbarschutz-Fällen untersucht, ob die Behörde einen »Ermessensfehler« begangen hat.

a) Ermessensfehler – Rechtsfolge

Zu Ermessen, Ermessensfehler und Rechtsfolgen vgl. bereits ab Seite 46 und 104, das Folgende sollte parallel zu diesen Stellen gelesen werden.

Regel: Behörde muss
nicht dem Begehren des
Antragstellers entspre-
chen.

Was nützt es dem Anspruchsteller, wenn das behördliche Nicht-Ein-
schreiten gegen einen Anderen auf einem Ermessensfehler beruht? In
der Regel nicht viel, im Ausnahmefall durchaus etwas.

Die Regel – das ist die »Rechtsfolge des Ermessensfehlers«: Entgegen
einer weitläufigen Meinung ist eine Behörde, wurde ein Ermessensfehler festgestellt, noch nicht lange verpflichtet, dem Begehren des An-
spruchstellers zu entsprechen. Dies würde auch dem Wortlaut einer
Ermessensnorm widersprechen, in der es ja heißt, dass die Behörde
bauaufsichtlich einschreiten kann, aber nicht muss. Vielmehr kann sie
ein Einschreiten immer noch ablehnen, aber sie muss es »ermessensfehlerfrei« begründen.

Fall 36

*A, Nachbar von B, möchte neben sein genehmigtes Haus ein Partyzelt
ohne Genehmigung bauen und fängt auch gleich damit an. Als er erfährt, dass entgegen seiner Ansicht eine Genehmigungspflicht besteht,
reicht A einen Bauantrag nach. Die Errichtung und Nutzung des Zeltes
ist mit dem gesamten Bauplanungs- und Bauordnungsrecht vereinbar.
Die Behörde sichert dem A zu, den Bauantrag schnellstmöglich zu
bearbeiten und in der Zwischenzeit keine Aufsichtsmaßnahmen zu ergreifen.*

*B ist empört: Ein Schwarzbau neben seinem Gärtchen, das gehe doch
wohl nicht an. Er bittet die Behörde um Einschreiten mittels einer Abbruchverfügung oder einer Stilllegungsverfügung.*

*Die Behörde schreibt zurück, dass sie weder das eine noch das andere
unternehmen werde. Sowohl eine Abbruchverfügung als auch eine
Stilllegungsverfügung seien verboten, wenn bekannt sei, dass eine
Maßnahme alsbald genehmigt werden könne. Selbst wenn sie dem B
helfen wolle, seien ihr aus Rechtsgründen die Hände gebunden.*

*B erhebt nach erfolglosem Widerspruch Klage auf bauaufsichtliches
Einschreiten. Mit Erfolg?*

Formell illegal, aber
materiell legal

Wir haben es mit einem Bau zu tun, der formell illegal, aber materiell
legal ist.

Zur Erinnerung: Er ist »formell illegal«, weil er trotz Genehmigungspflicht ohne Baugenehmigung errichtet wird. Er ist aber materiell legal,
da er »genehmigungsfähig« ist, d.h. er ist mit dem Baurecht vereinbar
und wäre genehmigt worden, wenn ein Bauantrag gestellt worden
wäre. Dem entsprechend ist ja auch die nachträgliche Genehmigung in
rechtmäßiger Weise in Aussicht gestellt worden.

Hier Ermessensfehler
in Form des Ermessens-
nichtgebrauchs

Auf Seite 164 hatten wir gesehen, dass eine Abbruchverfügung für
einen Bau, der genehmigt werden könnte, als unverhältnismäßige Einschränkung der grundgesetzlich garantierten Eigentumsfreiheit (Art. 14
GG) angesehen wird und damit bei einem »nur formell illegalen« Bau

rechtswidrig ist. Insoweit hat also die Behörde völlig richtig argumentiert. Indes ist eine Stilllegungsverfügung (für die Zeit, bis die Genehmigung erfolgt ist) nicht aus Rechtsgründen ausgeschlossen. Die Behörde muss »nach pflichtgemäßem Ermessen« entscheiden, ob sie eine solche erlassen möchte. Dies hat sie nicht getan; sie ist davon ausgegangen, dass sie auch dies nicht dürfte, selbst wenn sie wollte. Man spricht von einem Ermessensnichtgebrauch. Hat die Behörde verkannt, dass sie einen Ermessensspielraum hätte, so liegt ein Ermessensfehler vor.

Und was nützt das dem B? Nicht viel! Denn: Hat die Behörde einen Ermessensfehler begangen, so muss sie ihn zwar korrigieren, aber auch nur ihn und nichts anderes. B hat also einen Anspruch darauf, dass die Behörde erneut über die Frage eines Einschreitens entscheidet, und zwar ohne den Ermessensfehler. Das bedeutet noch nicht, dass die Behörde nun gegen A einschreiten muss.

Und was nützt das dem B? Hier nichts!

Und so würde sie es in einem Fall wie dem Vorliegenden sicherlich hinbekommen, dem B zu schreiben, dass sie zwar nun erkannt habe, einen Spielraum zu haben – aber nach Abwägung aller Argumente wiege der unterlassene und inzwischen nachgereichte Bauantrag nicht so schwer, dass eine Stilllegungsverfügung vonnöten sei.

Man kann also bei Ermessensentscheidungen grundsätzlich zu jedem Ergebnis mit einer korrekten oder einer (ermessens-)fehlerhaften Begründung kommen. Ein Anspruch besteht immer nur auf eine (ermessens-)fehlerfreie Begründung, nicht auf ein bestimmtes Ergebnis.

Nur Anspruch auf korrekte Begründung, nicht auf bestimmtes Ergebnis

b) Ermessensreduzierung

Zu dem soeben Gesagten gilt wieder einmal: Keine Regel ohne Ausnahme, und die Ausnahme heißt: Ermessensreduzierung. Eine solche liegt vor, wenn bestimmte Alternativen ermessensfehlerhaft wären, andere aber nicht.

Bestimmte Alternativen wären ermessensfehlerhaft, andere aber nicht.

Für den Bürger, der einen Anspruch der Behörde auf Einschreiten gegen einen anderen reklamiert, kann das unter zwei Gesichtspunkten interessant sein. Hierzu muss man den Unterschied zwischen Auswahl- und Entschließungsermessen kennen.

Entschließungsermessen und Auswahlermessen

- Das »Entschließungsermessen« betrifft die Frage des »Ob«: Soll eine Behörde überhaupt handeln oder soll sie den baurechtswidrigen Zustand dulden?

- Das »Auswahlermessen« betrifft das »Wie«: Wenn die Behörde handeln will (oder muss), kann sie dann frei zwischen den Alternativen wählen?

aa) Entschließungsermessen

Wann ist ein behördliches
Gewährenlassen nicht
mehr im »pflichtgemäßen«
Ermessen?

In den entsprechenden, bereits besprochenen Gesetzen heißt es: »Die Behörde kann«, muss also nicht handeln. Nun geht es um die Ausnahme dieser Regel: Wann ist ein behördliches Gewährenlassen nicht mehr im »pflichtgemäßen« Ermessen?

(a) Beispielsfall

Fall 37

Die Kläger begehren die Durchsetzung einer Baugenehmigungsauflage, wonach ein im Bebauungsplan festgesetzter Lärmschutzwall zwischen ihrem an die freie Landschaft grenzenden Villengarten und einem nördlich benachbarten Reiterhof zu errichten ist.

Die zuständige Behörde meint, es liege in ihrem Ermessen, ob sie den Nachbarn verpflichte, den Lärmschutzwall zu bauen. Trifft dies zu?

OVG Lüneburg

(sinngemäße Wiedergabe)
Fundstellen Originalfall:
• BauR 1993, 456
• BRS 55, Nr. 164

Zwar hat der Kläger nur einen Anspruch auf eine ermessensfehlerfreie Entscheidung. In Ausnahmefällen kann sich jedoch der dem Bauaufsichtsamt eingeräumte Ermessensspielraum derart reduzieren, dass nur eine einzige ermessensfehlerfreie Entscheidung, nämlich die zum Einschreiten, denkbar ist und höchstens für die Art des Einschreitens noch ein Ermessensspielraum der Behörde offen bleibt (also Reduzierung des Entschließungs-, nicht des Auswahlermessens).

Die Voraussetzungen einer Pflicht zum Einschreiten sind hier gegeben. Dies kann keinesfalls nur bei besonders schwerer Störung oder Gefährdung der Fall sein, sondern auch bei durchschnittlichen Beeinträchtigungen betroffener Nachbarn, wenn diese in ihrem Vertrauen auf die Durchsetzung nachbarschützender Maßnahmen schutzwürdig sind.

Der Senat hat bereits entschieden, dass die Anlieger einer durch Bebauungsplan festgesetzten lärmintensiven Straße einen Anspruch darauf haben, dass eine zu ihrem Schutz festgesetzte Lärmschutzwand mit der Verkehrsübergabe errichtet wird. Mit einer derartigen Planfestsetzung des Ortsgesetzgebers entfällt die Möglichkeit, den betroffenen Nachbarn die durch Bebauungsplan satzungsmäßig zugesicherte Lärmschutzanlage vorzuenthalten oder von dem Nachweis unzumutbarer Störungen abhängig zu machen. Entsprechendes gilt auch hier.

Entscheidend war also, dass die betroffene Straße als »lärmintensive Straße« geplant worden war, aber im gleichen Plan auch eine Lärmschutzwand vorgesehen war. Wer A sagt (lärmintensiv), muss auch B sagen (Schutzwand). Es kann nicht der für den Kläger ungünstige Teil des Plans realisiert werden, der günstige Teil aber nicht. Zumal dieser

Hier Reduzierung des
Entschließungsermessens
wegen Vertrauensschutzes

»günstige Teil« sich ja gerade auf den ungünstigen bezieht und seine Folgen abmildern soll. Man spricht auch von Vertrauensschutz: Ein Bebauungsplan kann nur rechtmäßig sein, wenn er (dazu noch genauer ab Seite 209) unter Abwägung widerstreitender Interessen zustande gekommen ist. Der Bürger, der die Kröte der »lärmintensiven Straße« geschluckt hat, tat dies ja nur, weil er darauf vertraute, dass das Herunterschlucken durch den Lärmschutzwall versüßt werde. Die Abwägung widerstreitender Interessen darf nicht nur auf dem Papier existieren. Das Gericht hat daher entschieden, dass die Behörde entgegen dem Gesetzeswortlaut nicht nur gegen den Eigentümer des Reiterhofes einschreiten »kann«, sondern »muss«.

(b) Ermessensreduzierung bei Verletzung nachbarschützender Normen?

B hat die Grenzabstände zu N bei seinem Bau um 20 cm nicht eingehalten. Damit verstößt er gegen Abstandsvorschriften der Landesbauordnung (welches Bundesland betroffen ist, tut nichts zur Sache).

N ersucht die zuständige Behörde um bauaufsichtliche Maßnahmen. Die Behörde entscheidet sich, nichts zu unternehmen. Zur Begründung teilt sie mit, sie habe sich um Abwägung der widerstreitenden Interessen bemüht. Dabei habe sich herausgestellt, dass die Wertminderung des Grundstückes des N eher geringfügig sei, dass er (was zutrifft) vom B Entschädigung im Zivilrechtsweg einfordern könne und dass umgekehrt ein Rückbau mit ungleich höheren Kosten für den B verbunden sei.

N ist empört. Er hat vom »Nachbarschutz im Baurecht« gehört. Hier habe der B doch wohl eindeutig eine nachbarschützende Norm verletzt. Was solle das ganze Gerede mit dem Nachbarschutz, wenn der Nachbar nichts dagegen tun könne?

N erhebt nach erfolglosem Widerspruch Klage auf behördliches Einschreiten. Mit Erfolg?

Fall 38

Fundstellen Originalfall:
• NJW 1984, 883
• BRS 40, Nr. 191

Diese Frage wird in verschiedenen Bundesländern von den Gerichten unterschiedlich beantwortet. Und das, obwohl die Normen der Landesbauordnungen, die das bauaufsichtliche Einschreiten regeln, im Wesentlichen gleich sind. Vor allem sind es stets »Ermessensnormen«, die eine behördliche Entscheidung »nach pflichtgemäßem Ermessen« verlangen. Sechzehn Lösungen kann der Verfasser nicht bieten. Im Folgenden werden – wegen der gegensätzlichen Standpunkte und zugegebenermaßen wegen der Herkunft des Verfassers – zwei Lösungsvarianten aufgezeigt, nämlich die nordrhein-westfälische und die niedersächsische. Letztere ist die herrschende Ansicht, erstere wird z.B. noch vom Oberverwaltungsgericht Berlin vertreten (Fundstellen: LKV 2003, 276; NuR 2004, 50).

(aa) Die nordrhein-westfälische Lösung

Das nordrhein-westfälische Oberverwaltungsgericht hat die oben aufgeworfenen Fragen im Grundsatz zu Gunsten des Klägers (also hier des N) entschieden.

OVG NW

Aus dem Zweck der bauordnungsbehördlichen Eingriffsermächtigung [also der gesetzlichen »Kann-Bestimmung« zu bauaufsichtlichen Maßnahmen] folgt, dass die Behörde regelmäßig zugunsten des in seinen Rechten verletzten Nachbarn einschreiten muss. ...

Die Höhe der dem Bauherrn bei der Beseitigung der Nachbarbeeinträchtigung erwachsenden Kosten ist in der Regel kein sachgerechter Gesichtspunkt, um ein Einschreiten zugunsten des beschwerten Nachbarn abzulehnen.

Die Bauordnung des Landes Nordrhein-Westfalen enthält ebenfalls eine Vorschrift zum bauaufsichtlichen Einschreiten (§ 61 I 1, 2 BauO NW, Seite 154, 173). Zwar ist sie allgemeiner formuliert als die Vorschriften einiger anderer Bundesländer, aber es bleibt dabei: Maßnahmen stehen im »pflichtgemäßen Ermessen«.

Zweckgebundenes Ermessen

Zu einer Vorgängerversion dieser Norm – für den uns interessierenden Aspekt vergleichbar – argumentierte das Oberverwaltungsgericht in etwa wie folgt: Das Ermessen sei nicht »frei«, sondern, wie der Wortlaut schon sagt, ein »pflichtgemäßes Ermessen«. Daher sei es gebunden durch den Zweck, dem es dient, bestimmt durch die Aufgabe, zu deren Erfüllung es der Behörde eingeräumt ist. Diese Aufgabe ist hier die der Bauaufsichtsbehörde übertragene Pflicht, über die Einhaltung der öffentlichrechtlichen Bauvorschriften zu wachen. Soweit eine Bauvorschrift nachbarschützend ist, sei es deshalb Aufgabe der Bauaufsichtsbehörde, über die Einhaltung des Nachbarschutzes zu wachen. Deshalb sei es (auch) Zweck der Norm, diesen Nachbarschutz durchzusetzen. Diese zweckbestimmte Ausrichtung des Ermessens bewirke, dass die Behörde nicht frei sei zu entscheiden, ob sie einschreite oder nicht. Vielmehr sei sie (außer in besonderen Ausnahmefällen) zum Einschreiten verpflichtet. Ein solcher Ausnahmefall könne z.B. sein, dass der Kläger noch gar nicht wisse, ob er sein Grundstück in Richtung des Nachbarn bebauen wolle, und daher nicht die Nutzung, sondern nur die Nutzungsmöglichkeit eingeschränkt sei (so war es übrigens im Originalfall).

Hohe Kosten eines Rückbaus sind egal!

Nicht hingegen als Ausnahmefall wurde angesehen, dass der Rückbau für den Nachbarn mit hohen Kosten verbunden wäre. Der Bauherr trage für eine rechtswidrige Baumaßnahme das finanzielle Risiko. Anzumerken ist insoweit, dass sich der Bauherr möglicherweise das Geld von anderen Personen, die schuld sind, wiederholen könnte, z.B. von einem Architekten. Hierzu das Gericht:

Der Aufwand, der auf den rechtswidrig handelnden Bauherrn durch das Beseitigungsverlangen zukommt, ist durch den Rechtsverstoß und die Notwendigkeit seiner Beseitigung bedingt und deshalb grundsätzlich vom rechtswidrig Handelnden zu tragen. Etwas anderes gilt auch dann nicht, wenn der zur Wiederherstellung der Nachbarrechte notwendige Aufwand hoch ist. Wollte man in einem solchen Falle zugunsten des rechtswidrig Handelnden die Höhe des Beseitigungsaufwandes entscheidend berücksichtigen, so würde dies bedeuten, dass bei besonders hohen Investitionen der Verletzte und nicht der Verletzende das wirtschaftliche Risiko der Baumaßnahme tragen müsste – ein Ergebnis, auf dessen Unbilligkeit der Kl.[äger] zu Recht hingewiesen hat.

OVG NW

Nach der nordrhein-westfälischen Lösung kehren sich Regel und Ausnahme um:

Regel	Ausnahme
Ermessen (+)	Ermessen (-)

⇧   ⇧

Ausnahme   Regel

⇧   ⇧

Fall: Verstoß gegen nachbarschützendes Baurecht

(bb) Die niedersächsische Lösung

Die niedersächsischen Gerichte würden einen Fall wie den geschilderten anders lösen. Hier kehren sich Ausnahme und Regel nicht um, bloß weil eine nachbarschützende Norm verletzt wurde. In einem Fall, in dem es ebenfalls um Nichteinhaltung von Mindestabständen ging, meinte das OVG Lüneburg:

Wenn der Bauherr von den genehmigten Bauzeichnungen abweicht, ist die Bauaufsichtsbehörde nicht automatisch verpflichtet, im Interesse des Nachbarn hiergegen einzuschreiten. Sie darf vielmehr auch in diesem Fall berücksichtigen, welche Auswirkungen der Verstoß gegen die nachbarschützenden Vorschriften hat.

OVG Lüneburg

Fundstelle:
• NVwZ-RR 2003, 484

Das Gericht setzte sich auch mit der anders lautenden Rechtsprechung der Nachbarn in Nordrhein-Westfalen auseinander, übernahm sie aber bewusst nicht. In einem Fall wie dem obigen, in dem die Behörde sehr wohl die Auswirkungen des Rechtsverstoßes berücksichtigt und gegenüber den Folgen einer Beseitigungsmaßnahme abgewogen hat, würde ein niedersächsisches Gericht nicht dazu kommen, dass hierin ein Ermessensfehler zu sehen ist. In Nordrhein-Westfalen hätte die Klage des N also Erfolg, in Niedersachsen nicht.

Ermessen bleibt erhalten.

bb) Auswahlermessen

Auch das Auswahlermessen kann reduziert sein, nämlich dann, wenn nicht nur das »Nichtstun« ermessensfehlerhaft wäre, sondern darüber hinaus auch einzelne der verschiedenen Maßnahmen (Stilllegungsverfügung, Nutzungsuntersagung, Abbruchverfügung).

Sind zwar eine oder mehrere Maßnahmen nicht möglich, stehen der Behörde aber noch mindestens zwei Möglichkeiten zur Verfügung, kann man allgemein von »Ermessensreduzierung« sprechen. Ein Beispiel wäre die Tatsache, dass bei einem formell illegalen, aber materiell legalen Bau eine Abbruchverfügung als unverhältnismäßiger Eingriff in die verfassungsrechtliche Eigentumsgarantie angesehen wird (vgl. Seite 164). Eine Stilllegungsverfügung wäre weiterhin möglich, bei der Nutzungsuntersagung ist dies umstritten.

Eine solche Ermessensreduzierung kann demjenigen nützen, der von einer fehlerhaften Maßnahme betroffen ist und sich dagegen wehren möchte. Bei der Frage, ob ein Nachbar eine Maßnahme gegen einen anderen erwirken kann, würde seinen Interessen vollständig nur entsprochen, wenn nur noch eine einzige rechtmäßige Möglichkeit übrig bliebe.

Sind alle bis auf eine bestimmte Maßnahme ermessensfehlerhaft, so spricht man von einer Ermessensreduzierung auf Null. Auch dies ist ein Fall des Oberbegriffs »Ermessensreduzierung«. Dass er dennoch eine herausgehobene Bedeutung hat, zeigt sich daran, was der Nachbar von der Behörde verlangen kann, wenn das Ermessen tatsächlich auf Null reduziert ist. Dann, und nur dann, hat er einen Anspruch auf die Vornahme einer ganz bestimmten Maßnahme (nämlich der einzigen, die rechtmäßig ist).

Ein Beispiel wäre der Fall 38, wenn man der nordrein-westfälischen Lösung folgt.

Wie im folgenden Schema gezeigt wird, wäre nicht nur das Nichtstun fehlerhaft (Reduzierung des Entschließungsermessens). Aus dem reichhaltigen Katalog der generell zur Verfügung stehenden Maßnahmen kommt darüber hinaus nur eine einzige in Betracht (Reduzierung des Auswahlermessens auf Null). Wenn dies so ist, dann hat der Nachbar

- nicht nur einen Anspruch darauf, dass die Behörde ermessensfehlerfrei entscheidet, egal mit welchem Ergebnis (Normalfall),
- nicht nur einen Anspruch darauf, dass die Behörde irgend etwas unternimmt (Reduzierung des Entschließungsermessens),
- nicht nur einen Anspruch darauf, dass die Behörde irgend etwas unternimmt, wobei ihre Möglichkeiten begrenzt sind (Reduzierung des Auswahlermessens),

Sind alle bis auf eine bestimmte Maßnahme ermessensfehlerhaft, so spricht man von einer Ermessensreduzierung auf Null.

- sondern einen Anspruch darauf, dass die Behörde etwas ganz Bestimmtes gegen den baurechtswidrigen Zustand des Nachbarn unternimmt (Reduzierung des Auswahlermessens auf Null).

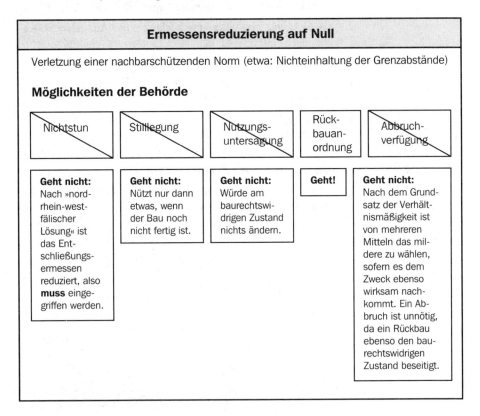

Ermessensreduzierung auf Null

Verletzung einer nachbarschützenden Norm (etwa: Nichteinhaltung der Grenzabstände)

Möglichkeiten der Behörde

Nichtstun	Stillegung	Nutzungs-untersagung	Rück-bauan-ordnung	Abbruch-verfügung
Geht nicht: Nach »nordrhein-westfälischer Lösung« ist das Entschließungsermessen reduziert, also **muss** eingegriffen werden.	**Geht nicht:** Nützt nur dann etwas, wenn der Bau noch nicht fertig ist.	**Geht nicht:** Würde am baurechtswidrigen Zustand nichts ändern.	**Geht!**	**Geht nicht:** Nach dem Grundsatz der Verhältnismäßigkeit ist von mehreren Mitteln das mildere zu wählen, sofern es dem Zweck ebenso wirksam nachkommt. Ein Abbruch ist unnötig, da ein Rückbau ebenso den baurechtswidrigen Zustand beseitigt.

3.2.3. Prozessuale Fragen

In verwaltungsprozessualer Hinsicht geht es bei dem Begehren, die Behörde möge etwas gegen den Nachbarn tun, um eine Verpflichtungsklage (mit vorgeschaltetem Verpflichtungswiderspruch), es wird daher auf die Ausführungen ab Seite 91 verwiesen (inklusive der Ausführungen zum einstweiligen Rechtsschutz).

4. Wiederholungsfragen

1. Was ist formelle, was materielle Illegalität? Lösung S. 158 f.

2. Was versteht man unter Entschließungs- und Auswahlermessen? Lösung S. 160 ff.

3. Was ist der Verhältnismäßigkeitsgrundsatz? Lösung S. 161 ff.

4. Welche Maßnahme ist bei lediglich formeller Illegalität unstatthaft und warum? Lösung S. 163 ff.

5. Was ist der Unterschied zwischen passivem und aktivem Bestandsschutz? Lösung S. 171/181

6. Kann man Bestandsschutz unmittelbar aus der grundgesetzlichen Eigentumsgarantie herleiten? Lösung S. 171 ff.

7. Hat man einen Anspruch darauf, dass die Behörde gegen baurechtswidrige Zustände des Nachbarn einschreitet? Lösung S. 193 ff.

Die Bauleitplanung

Nachdem wir in vergangenen Kapiteln immer davon ausgegangen sind, die Bebauungspläne seien schon ordnungsgemäß aufgestellt worden, fragen wir uns nun endlich: Wie stellt man Bebauungspläne eigentlich auf? Während bisher schwerpunktmäßig der Bürger betroffen war, der dieses oder jenes Problem mit zuständigen oder auch mal unzuständigen Behörden hatte, müssen Sie sich nun vorstellen, selbst »Behörde« zu sein. Das kann z.B. jemand in einer Gemeinde sein (Angestellter oder Beamter der Gemeinde, gewähltes Stadtratsmitglied, etc.), denn die Gemeinden sind zuständig für die Aufstellung von Bauleitplänen.

Die Gemeinden sind zuständig für die Aufstellung von Bauleitplänen.

Während in den vergangenen Teilen des Buches eher die Situation des Bürgers beschrieben wurde, der »von außen« einen Konflikt mit »denen von der Verwaltung« hatte, schauen wir nun nach innen. *Sie* sind die Verwaltung und gestalten Bauleitpläne. Mal sehen, wie das geht.

Kleine Einschränkung: Auch die Situation des außerhalb der Verwaltung stehenden Bürgers dürfen wir nicht ganz aus den Augen lassen, denn er hat durchaus ein Wörtchen bei der Bauleitplanung mitzureden (siehe noch ab Seite 224, 230).

1. Vorbemerkung zu Fachbegriffen

Ziemlich am Anfang des Buches wurde schon einmal darauf hingewiesen, dass es zwei Planarten gibt, den Flächennutzungsplan und den Bebauungsplan. Der Oberbegriff ist Bauleitpläne. Bitte schauen Sie sich jetzt noch einmal die Skizze auf Seite 6 an.

Meist gelten für Flächennutzungspläne und Bebauungspläne die gleichen Grundsätze. Das BauGB verdeutlicht das dadurch, dass es einen ersten Abschnitt »Allgemeine Vorschriften« (§§ 1 bis 4 c) und erst danach die Unterteilung in Flächennutzungsplan (§§ 5 bis 7) und Bebauungsplan (§§ 8 bis 10) gibt.

Das führt im Folgenden dazu, dass die Begriffe ein wenig durcheinander gehen. Ging es in einem bestimmten Originalfall um einen Flächennutzungsplan oder einen Bebauungsplan, so wird der jeweilige Begriff übernommen. Ansonsten ist meist von dem allgemeinen Begriff »Bauleitpläne« die Rede. Sofern es einmal je nach Art des Plans unterschiedliche Regelungen gibt, wird im Folgenden besonders darauf hingewiesen.

2. Grundsätze der Bauleitplanung, § 1 BauGB

Das war ja mal wieder klar. Das Baugesetzbuch wurde kürzlich aufgrund europarechtlicher Vorgaben durch das »Europarechtsanpassungsgesetz Bau« neu gefasst. Und gerade im Bauplanungsrecht hat dies erhebliche Auswirkungen. Und wie das bei modernen Gesetzesnovellen so ist, wurden die Paragrafen beileibe nicht kürzer, sondern länger, viel länger. Allein die »Grundsätze der Bauleitplanung«: Wenn Sie wirklich wollen, so lesen Sie § 1 BauGB doch einmal am Stück. Man glaubt es kaum, was so alles bei der Bauleitplanung beachtet werden muss, und fragt sich, wie das gehen soll.

*Europarechts-
anpassungsgesetz
Bau*

http://bundesrecht.juris.de/
bundesrecht/bbaug/

(1) Aufgabe der Bauleitplanung ist es, die bauliche und sonstige Nutzung der Grundstücke in der Gemeinde nach Maßgabe dieses Gesetzbuchs vorzubereiten und zu leiten.

(2) Bauleitpläne sind der Flächennutzungsplan (vorbereitender Bauleitplan) und der Bebauungsplan (verbindlicher Bauleitplan).

§ 1 I, II BauGB

Absätze 1 und 2 versteht man ja zum Glück noch so. Im Übrigen bietet sich der Stofffülle wegen eine weitere Untergliederung an.

2.1. Erstplanungspflicht der Gemeinde, § 1 III BauGB

Die Gemeinden haben die Bauleitpläne aufzustellen, sobald und soweit es für die städtebauliche Entwicklung und Ordnung erforderlich ist. Auf die Aufstellung von Bauleitplänen und städtebaulichen Satzungen besteht kein Anspruch; ein Anspruch kann auch nicht durch Vertrag begründet werden.

§ 1 III BauGB

Sie wissen ja inzwischen: Es gibt »beplante Bereiche« und »unbeplante Bereiche«, also existiert nicht für jedes Fleckchen Erde in Deutschland ein Bebauungs- oder Flächennutzungsplan. Selbst im »Innenbereich« (also einem im Zusammenhang bebauten Bereich) gibt es nicht stets einen Bauleitplan. Gebaut wird dort trotzdem; ein Bau muss sich dann eben gemäß § 34 I BauGB in die vorhandene Bebauung »einfügen«. Und für den Außenbereich kann man auch ohne Bauleitpläne auf der Grundlage von § 35 BauGB über Bauanträge entscheiden.

§ 1 III BauGB stellt nun klar: Das Nebeneinander von beplanten und unbeplanten Bereichen bedeutet keinesfalls, dass eine Gemeinde nur zu planen braucht, wenn sie will. § 1 III 1 BauGB enthält nämlich die

Wann ist eine Planung für
die städtebauliche Ent-
wicklung und Ordnung
erforderlich?

Fall 39

Fundstellen Originalfall:
• BRS 66, Nr. 1
• BVerwGE 119, 25

»Erstplanungspflicht«: »Die Gemeinden haben die Bauleitpläne aufzustellen, sobald und soweit es für die städtebauliche Entwicklung und
Ordnung erforderlich ist.« Das ist – sprachlich zumindest – gar nicht
mal so schwer zu verstehen. Aber: Wann ist denn eine Planung für die
städtebauliche Entwicklung und Ordnung erforderlich?

*Das Stadtgebiet der Gemeinde K liegt in einem hochverdichteten Bal-
lungsraum, der die Städte A und N, K und L umfasst. An der nord-
westlichen Grenze von K liegt ein Gewerbepark. Die Ansiedlung von
Einzelhandelsbetrieben in dem »Gewerbepark« geschah zunächst auf
der Grundlage eines Bebauungsplanes, der Anfang der neunziger
Jahre jedoch in einem Rechtsstreit für nichtig erklärt wurde (warum,
ist hier egal). Ein neuer Bebauungsplan wurde nie aufgestellt.*

*Im Folgenden wurden weitere, insbesondere großflächige Einzelhan-
delsbetriebe auf der Grundlage von § 34 BauGB genehmigt. 1996 be-
liefen sich die Einzelhandelsverkaufsflächen im »Gewerbepark« auf
insgesamt 120.000 m². Im November 1997 lagen Bauanfragen für zwei
weitere SB-Warenhäuser (30.600 und 11.000 m²) vor. Außerdem wurden Bauvoranfragen für verschiedene Einzelhandelsprojekte (insgesamt etwa 8.000 m²) sowie für zehn große Verkaufshallen gestellt.*

*Die massive Vergrößerung der Einzelhandelsverkaufsflächen im »Ge-
werbepark« hat einen Verdrängungswettbewerb ausgelöst und bereits
1996 zu einem deutlichen Kaufkraftabfluss aus benachbarten Gemeinden in den »Gewerbepark«, insbesondere zum Nachteil der Stadt A,
geführt. Im November 1997 stand eine weitere gravierende Ver-
schlechterung der Situation unmittelbar bevor.*

*Daher ordnet die zuständige Kommunalaufsichtsbehörde an, dass die
Gemeinde K die Bauleitplanung durch Fassung eines »Planaufstel-
lungsbeschlusses« einzuleiten habe. Ziel der Anordnung sei es, durch
»Ziehen der Notbremse« das auf der »grünen Wiese« entstandene
»Einkaufszentrum« in geordnete Bahnen zu lenken.*

*Die Gemeinde K hält die Anordnung für rechtswidrig; insbesondere sei
ihre »Planungshoheit« verletzt. Ist die Anordnung rechtmäßig?*

Ein Ausflug ins
Grundgesetz

Um die Bedeutung von § 1 III 1 BauGB zu ermessen, ist ein Ausflug
ins Grundsätzliche bzw. hier Grundgesetzliche vonnöten. Das Grundgesetz garantiert den Gemeinden das Recht auf Selbstverwaltung, und
dazu gehört auch das Recht zur eigenverantwortlichen Bauleitplanung
(Planungshoheit). § 1 III 1 BauGB stellt eine Ausnahme von der Planungshoheit dar und reduziert das gemeindliche Planungsermessen auf
Null.

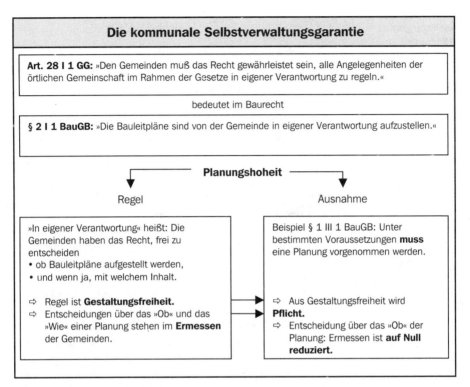

Die kommunale Selbstverwaltungsgarantie

Art. 28 I 1 GG: »Den Gemeinden muß das Recht gewährleistet sein, alle Angelegenheiten der örtlichen Gemeinschaft im Rahmen der Gesetze in eigener Verantwortung zu regeln.«

bedeutet im Baurecht

§ 2 I 1 BauGB: »Die Bauleitpläne sind von der Gemeinde in eigener Verantwortung aufzustellen.«

Planungshoheit

Regel — Ausnahme

»In eigener Verantwortung« heißt: Die Gemeinden haben das Recht, frei zu entscheiden
• ob Bauleitpläne aufgestellt werden,
• und wenn ja, mit welchem Inhalt.

⇨ Regel ist **Gestaltungsfreiheit.**
⇨ Entscheidungen über das »Ob« und das »Wie« einer Planung stehen im **Ermessen** der Gemeinden.

Beispiel § 1 III 1 BauGB: Unter bestimmten Voraussetzungen **muss** eine Planung vorgenommen werden.

⇨ Aus Gestaltungsfreiheit wird **Pflicht.**
⇨ Entscheidung über das »Ob« der Planung: Ermessen ist **auf Null reduziert.**

Die zentrale Argumentation des Bundesverwaltungsgerichts zu § 1 III 1 BauGB (damals einziger Satz des § 1 III BauGB) kann man in vier Denkschritte gliedern:

Warum führt § 1 III 1 BauGB überhaupt zur Planungspflicht?

Könnte man nicht stets Maßnahmen im unbeplanten Innenbereich nach § 34 BauGB und Maßnahmen im Außenbereich nach § 35 BauGB genehmigen und darüber alle Probleme lösen?

Das Baugesetzbuch bestimmt in § 1 Abs. 1 BauGB die Bauleitplanung zum zentralen städtebaulichen Gestaltungsinstrument. Der Gesetzgeber geht davon aus, dass die städtebauliche Entwicklung nicht vollständig dem »Spiel der freien Kräfte« ... oder isolierten Einzelentscheidungen nach §§ 34 und 35 BauGB überlassen bleiben soll, sondern der Lenkung und Ordnung durch Planung bedarf ... . Die Regelungen in §§ 34 und 35 BauGB sind kein vollwertiger Ersatz für einen Bebauungsplan:
...

Vier Denkschritte:

1. Warum führt § 1 III 1 BauGB überhaupt zur Planungspflicht?

BVerwG

2. Ist diese Planungspflicht
mit dem Grundgesetz
vereinbar?

Ist diese Planungspflicht mit dem Grundgesetz vereinbar?

Schließlich steht die Rede von der »kommunalen Selbstverwaltungsgarantie« im höchsten aller Gesetze, der Verfassung (Grundgesetz).

BVerwG

Die prinzipielle Verankerung dieser Planungspflicht in § 1 Abs. 3 BauGB ist mit der Garantie der kommunalen Selbstverwaltung (Art. 28 Abs. 2 Satz 1 GG) vereinbar. Die Bauleitplanung ist der Gemeinde nicht zu beliebiger Handhabung, sondern als öffentliche Aufgabe anvertraut, die sie nach Maßgabe des Baugesetzbuchs im Interesse einer geordneten städtebaulichen Entwicklung zu erfüllen hat.

3. Wann tritt die
Planungspflicht ein?

BVerwG

Missstände, die schon
konkret eingetreten sind
oder drohen

Und wann tritt die Pflicht ein? (hier bezogen auf den Innenbereich)

Das Planungsermessen der Gemeinde verdichtet sich im unbeplanten Innenbereich zur strikten Planungspflicht, wenn qualifizierte städtebauliche Gründe von besonderem Gewicht vorliegen ... . Ein qualifizierter (gesteigerter) Planungsbedarf besteht, wenn die Genehmigungspraxis auf der Grundlage von § 34 Abs. 1 und 2 BauGB städtebauliche Konflikte auslöst oder auszulösen droht, die eine Gesamtkoordination der widerstreitenden öffentlichen und privaten Belange in einem förmlichen Planungsverfahren dringend erfordern. Die Gemeinde muss planerisch einschreiten, wenn ihre Einschätzung, die planersetzende Vorschrift des § 34 BauGB reiche zur Steuerung der städtebaulichen Ordnung und Entwicklung aus, eindeutig nicht mehr vertretbar ist ... . Dieser Zustand ist jedenfalls dann erreicht, wenn städtebauliche Missstände oder Fehlentwicklungen bereits eingetreten sind oder in naher Zukunft einzutreten drohen.

4. Missstände im
konkreten Fall?

BVerwG

Lagen im konkreten Fall Missstände vor oder drohten sie?

Die Schilderung des Sachverhaltes verweist auf Kaufkraftabfluss zum Nachteil mehrerer, insbesondere einer Nachbargemeinde. Hierzu das Gericht: »Es liegt auf der Hand, dass die Ansiedlung des großflächigen Einzelhandels in städtischen Randlagen geeignet sein kann, die Verwirklichung der Einzelhandelskonzeption einer Nachbargemeinde erheblich zu beeinträchtigen. Auswirkungen auf die Nahversorgung für den kurzfristigen Bedarf können sich u.a. daraus ergeben, dass innenstadtnahen Einzelhandelsbetrieben durch Kaufkraftabfluss die Existenzgrundlage entzogen wird und eine Unterversorgung der nicht motorisierten Bevölkerung droht ... . Die Fernwirkungen eines Einkaufszentrums »auf der grünen Wiese« können auch die Attraktivität eines mit erheblichen Investitionen zum wohnungsnahen Einkaufszentrum umgestalteten Innenstadtbereichs einer Nachbarkommune gefährden ... .«

Es folgten detaillierte Berechnungen über das Maß des bisher eingetretenen Kaufkraftabflusses, und es konnte prognostiziert werden, dass sich dies durch die neu geplanten Bauvorhaben noch erheblich verschlimmern könnte, so dass dringender Planungsbedarf bestand. Die Anordnung der Kommunalaufsichtsbehörde war also rechtmäßig.

Dringender Planungsbedarf bestand. Die Anordnung der Kommunalaufsichtsbehörde war also rechtmäßig.

Wichtig ist noch Folgendes: Bei der Beurteilung der Missstände sind Belange der Nachbargemeinden mit zu berücksichtigen, obwohl man bei den Worten »städtebauliche Entwicklung« in § 1 III 1 BauGB meinen könnte, es handele sich nur um die Entwicklung genau der Stadt, über deren Planungspflicht gestritten wird. Hierzu das Gericht:

Bei der Beurteilung der Missstände sind Belange der Nachbargemeinden mit zu berücksichtigen.

Diese gemeindegebietsübergreifende Sichtweise bei der Bestimmung des »städtebaulich Erforderlichen« im Sinne von § 1 Abs. 3 BauGB ist zutreffend und geboten. Das gilt in besonderem Maße für die städtebaulich relevanten Auswirkungen von Einkaufszentren und großflächigen Einzelhandelsbetrieben auf zentrale Versorgungsbereiche der Nachbargemeinden.

BVerwG

2.2. Planungsverbot aus § 1 III BauGB

§ 1 III 1 BauGB: »Die Gemeinden haben die Bauleitpläne aufzustellen, sobald und soweit es für die städtebauliche Entwicklung und Ordnung erforderlich ist.«	**Umkehr-schluss** ⇨	Die Gemeinden dürfen Bauleitpläne **nicht** aufstellen, soweit es für die städtebauliche Entwicklung und Ordnung **nicht** erforderlich ist.

Einer der wichtigsten praktischen Fälle ist der, in dem ein Bebauungsplan erlassen wird, der ohnehin nicht realisiert werden kann. Letzteres kann verschiedene Gründe haben. Fest steht aber: Was ohnehin nicht durchsetzbar ist, braucht man auch nicht zu planen, es ist also nicht »erforderlich« im Sinne des Gesetzes.

Planungsverbot bei Plänen, die nicht realisiert werden können.

Plan für Trasse einer Landesstraße, die in den nächsten Jahren wegen fehlender Finanzmittel nicht wird gebaut werden können: Rechtswidrig, wenn Bau in einem Zeitraum von etwa zehn Jahren nicht möglich (Bundesverwaltungsgericht, Fundstelle: BVerwGE 120, 239).

Fall 40

Plan mit Sondergebiet »Erzeugung, Entwicklung und Erforschung von Energie durch nichtnukleare Energiegewinnungsanlagen« für ein Gelände, auf dem noch ein AKW läuft: Rechtswidrig, da Realisierung erst in über 20 Jahren möglich (bedingt durch Restlaufzeit und Rückbau des AKW nach dem Energiekonsens zum Atomausstieg).

Fall 41

Fundstellen:
• NuR 2004, 469
• NVwZ 2004, 1136

Fall 42

Fundstellen Originalfall:
• BRS 62, Nr. 1
• BVerwGE 109, 246

In einem Bebauungsplan werden die baurechtlichen Voraussetzungen für die Erweiterung eines Sportgeländes geschaffen. Indes können Erweiterungsmaßnahmen ohnehin nicht genehmigt werden, da sie gegen Immissionsschutzbestimmungen (hier: Lärmschutz) verstoßen. Also ist auch der Plan rechtswidrig.

2.3. Abstimmung mit den Zielen der Raumordnung, § 1 IV BauGB

§ 1 IV BauGB

Die Bauleitpläne sind den Zielen der Raumordnung anzupassen.

Raumordnung ist die zusammenfassende und übergeordnete Planung und Ordnung des Raumes. Es handelt sich im Gegensatz zur Bauleitplanung um eine Planung, die sich nicht auf die städtebauliche Nutzung des Gemeindegebietes beschränkt. Die Grundsätze der Raumordnung bringt § 1 des »Raumordnungsgesetzes« (ROG, = ein Bundesgesetz) zum Ausdruck.

§ 1 ROG

Aufgabe und Leitvorstellung der Raumordnung

(1) Der Gesamtraum der Bundesrepublik Deutschland und sein Teilräume sind durch zusammenfassende, übergeordnete Raumordnungspläne und durch Abstimmung raumbedeutsamer Planungen und Maßnahmen zu entwickeln, zu ordnen und zu sichern. ...

(2) Leitvorstellung bei der Erfüllung der Aufgabe nach Absatz 1 ist eine nachhaltige Raumentwicklung, die die sozialen und wirtschaftlichen Ansprüche an den Raum mit seinen ökologischen Funktionen in Einklang bringt und zu einer dauerhaften, großräumig ausgewogenen Ordnung führt.

Fall 43

Fundstelle Originalfall:
BRS 24, Nr. 7

Die saarländische Gemeinde G stellt einen Flächennutzungsplan auf, in dem ein den derzeitig bebauten Ortsteil überschreitender Bereich als Wohngebiet ausgewiesen wird. Im Saarland wurde von den zuständigen Stellen ein landesweit geltendes »Raumordnungsprogramm« erstellt, nach dem eine Zersiedelung der Landschaft zu verhindern und der Wald besonders zu schützen ist. Der Flächennutzungsplan widerspricht dem.

Hier war Flächennutzungsplan rechtswidrig.

Ziele der Raumordnung müssen verbindlich und hinreichend konkret sein. Im Fall (+)

In diesem Fall entschied das OVG des Saarlandes, dass der Flächennutzungsplan wegen Verstoßes gegen § 1 IV BauGB (damals § 1 III Bundesbaugesetz) rechtswidrig war.

Wichtig ist dabei, dass die Ziele der Raumordnung verbindlich und hinreichend konkret sein müssen. Dies wurde hier bejaht. Ein »Raumordnungsprogramm« ist eine Maßnahme, die nach dem Landespla-

nungsgesetz des Saarlandes Verbindlichkeit hat. Dies war entscheidend. Es würde also nicht genügen, wenn im obigen Fall die für die
Raumordnung zuständige Behörde beispielsweise gesagt hätte, sie
plane, den Schutz des Waldes irgendwann einmal zu verbessern, ohne
bereits konkrete Maßnahmen ergriffen zu haben. Auch eine bereits
vorliegende, aber unverbindliche Absichtserklärung hätte nicht genügt.

Übrigens kann § 1 IV BauGB nicht nur dazu führen, dass eine tatsächlich vorgenommene Planung den Zielen der Raumordnung anzupassen
ist. »Drückt« sich eine Gemeinde vor der Planung, um nicht der Pflicht
des § 1 IV BauGB zu unterfallen, und widerspricht die »planlose« Situation den Raumordnungszielen, so wird auch dies als Verstoß gegen
§ 1 IV BauGB angesehen. Dies hat dann zur Folge, dass die Erstplanungspflicht der Gemeinde (§ 1 III BauGB) ausgelöst wird und bei
dieser Planung die Vorgaben der Raumordnung zu beachten sind.

2.4. Nachhaltige städtebauliche Entwicklung, insbesondere Umweltschutz und Umweltprüfung

(5) Die Bauleitpläne sollen eine nachhaltige städtebauliche Entwicklung, die die sozialen, wirtschaftlichen und umweltschützenden Anforderungen auch in Verantwortung gegenüber künftigen Generationen
miteinander in Einklang bringt, und eine dem Wohl der Allgemeinheit
dienende sozialgerechte Bodennutzung gewährleisten. Sie sollen dazu
beitragen, eine menschenwürdige Umwelt zu sichern und die natürli-
chen Lebensgrundlagen zu schützen und zu entwickeln, auch in Verantwortung für den allgemeinen Klimaschutz, sowie die städtebauliche
Gestalt und das Orts- und Landschaftsbild baukulturell zu erhalten und
zu entwickeln.

(6) Bei der Aufstellung der Bauleitpläne sind insbesondere zu berücksichtigen:

1. die allgemeinen Anforderungen an gesunde Wohn- und Arbeitsverhältnisse und die Sicherheit der Wohn- und Arbeitsbevölkerung,
   ...

7. die Belange des Umweltschutzes, einschließlich des Naturschutzes
   und der Landschaftspflege, insbesondere

a) die Auswirkungen auf Tiere, Pflanzen, Boden, Wasser, Luft, Klima
   und das Wirkungsgefüge zwischen ihnen sowie die Landschaft und
   die biologische Vielfalt, ...

8. die Belange

a) der Wirtschaft, auch ihrer mittelständischen Struktur im Interesse
   einer verbrauchernahen Versorgung der Bevölkerung, ...

§ 1 V, VI BauGB
(Auszüge)

Und das (und noch mehr) sollen die Gemeinden alles können? Ja, sie müssen es! Die Norm ist im Zuge der Gesetzesänderung durch das »Europarechtsanpassungsgesetz Bau« wesentlich erweitert worden. Hierbei haben die Belange des Umweltschutzes einen besonders hohen Stellenwert (siehe § 1 V und Nr. 7 des § 1 VI BauGB). Diese Ziele sind in besonders detaillierter und ausdifferenzierter Weise aufgeführt. Indes sind sie bloß »zu berücksichtigen«, wie es am Anfang von § 1 VI BauGB heißt. Das bedeutet: Diese Ziele haben in einer Abwägung nicht automatisch ein größeres Gewicht als z.B. die eher wirtschaftlich orientierten Belange des § 1 VI Nr. 8. a) BauGB. Ferner heißt es in § 1 VI BauGB, die folgenden Belange seien »insbesondere« zu berücksichtigen. So lang die Liste also auch ist, es handelt sich bloß um nicht abschließende Beispiele.

§ 1 BauGB wird in Bezug auf den Umweltschutz durch zwei weitere Normen ergänzt. Zum einen enthält § 1 a BauGB zusätzliche Umweltschutzbestimmungen, die bei der Bauleitplanung zu berücksichtigen sind, z.B. wird die Darstellung von Ausgleichsflächen bei der Bauleitplanung in Abs. 3 vorgeschrieben.

Darstellung von Ausgleichsflächen *(margin note)*

§ 1 a BauGB *(margin note)*

(1) Bei der Aufstellung der Bauleitpläne sind die nachfolgenden Vorschriften zum Umweltschutz anzuwenden.

(2) Mit Grund und Boden soll sparsam und schonend umgegangen werden; dabei sind zur Verringerung der zusätzlichen Inanspruchnahme von Flächen für bauliche Nutzungen die Möglichkeiten der Entwicklung der Gemeinde insbesondere durch Wiedernutzbarmachung von Flächen, Nachverdichtung und andere Maßnahmen zur Innenentwicklung zu nutzen sowie Bodenversiegelungen auf das notwendige Maß zu begrenzen. Landwirtschaftlich, als Wald oder für Wohnzwecke genutzte Flächen sollen nur im notwendigen Umfang umgenutzt werden. Die Grundsätze nach den Sätzen 1 und 2 sind nach § 1 Abs. 7 in der Abwägung zu berücksichtigen.

(3) Die Vermeidung und der Ausgleich voraussichtlich erheblicher Beeinträchtigungen des Landschaftsbildes sowie der Leistungs- und Funktionsfähigkeit des Naturhaushalts in seinen in § 1 Abs. 6 Nr. 7 Buchstabe a bezeichneten Bestandteilen (Eingriffsregelung nach dem Bundesnaturschutzgesetz) sind in der Abwägung nach § 1 Abs. 7 zu berücksichtigen. Der Ausgleich erfolgt durch geeignete Darstellungen und Festsetzungen nach den §§ 5 und 9 als Flächen oder Maßnahmen zum Ausgleich. ...

Umweltprüfung *(margin note)*

Zum Zweiten – und das ist die vielleicht wichtigste Neuerung des Europarechtsanpassungsgesetzes Bau – erfordert nun die Aufstellung aller Bauleitpläne eine Umweltprüfung. Eine Ausnahme bilden die »be-

standswahrenden Bebauungspläne« die lediglich die Bebauung fest-
schreiben, die ohnehin schon existiert.

Für die Belange des Umweltschutzes nach § 1 Abs. 6 Nr. 7 und § 1a
wird eine Umweltprüfung durchgeführt, in der die voraussichtlichen
erheblichen Umweltauswirkungen ermittelt werden und in einem Umweltbericht beschrieben und bewertet werden; die Anlage zu diesem
Gesetzbuch ist anzuwenden. Die Gemeinde legt dazu für jeden Bauleitplan fest, in welchem Umfang und Detaillierungsgrad die Ermittlung der Belange für die Abwägung erforderlich ist. Die Umweltprüfung bezieht sich auf das, was nach gegenwärtigem Wissensstand und
allgemein anerkannten Prüfmethoden sowie nach Inhalt und Detaillierungsgrad des Bauleitplans angemessenerweise verlangt werden kann.
Das Ergebnis der Umweltprüfung ist in der Abwägung zu berücksichtigen. ...

§ 2 IV BauGB

Die im obigen Gesetzesauszug erwähnte »Anlage« enthält Anforderungen an den Inhalt des zu erstellenden Umweltberichts.

http://bundesrecht.juris.
de/bundesrecht/bbaug/
anlage_325.html

2.5. Abwägungsgebot

Bei der Aufstellung der Bauleitpläne sind die öffentlichen und privaten
Belange gegeneinander und untereinander gerecht abzuwägen.

§ 1 VI BauGB

Bei der Aufstellung der Bauleitpläne sind die Belange, die für die Abwägung von Bedeutung sind (Abwägungsmaterial), zu ermitteln und zu
bewerten.

§ 2 III BauGB

Das Abwägungsgebot ist das Herzstück des baurechtlichen Konflikt-
bewältigungsgebotes, nach dem alle der Planung zuzurechnenden Konflikte in der Bauleitplanung möglichst einer umfassenden Lösung zuge-
führt werden müssen.

Abwägungsgebot:
Herzstück des bau-
rechtlichen Konflikt-
bewältigungsgebotes

2.5.1. Input: Was muss in eine Abwägung einfließen?

§ 1 VII BauGB spricht von »den öffentlichen und privaten Belangen«.
Davon werden einige in § 1 V, VI BauGB genannt. Ferner gibt es die
Umweltbelange des § 1 a BauGB. Bei diesen und bei den Umweltbelangen des § 1 VI Nr. 7 BauGB ist zu beachten, dass sie in einer besonderen Form einzufließen haben, nämlich als Ergebnis einer Umweltprüfung.

Das komplizierte Geflecht der bei der Abwägung zu berücksichtigenden Elemente sei in einem Schema dargestellt, aus dem hervorgeht,

- was in die Abwägung einfließen muss (Input)
- und was dann bei der Abwägung zu geschehen hat (Output).

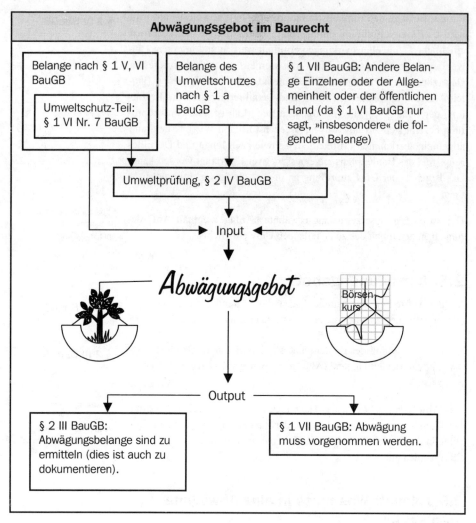

Abwägungsgebot im Baurecht

Belange nach § 1 V, VI BauGB

Umweltschutz-Teil: § 1 VI Nr. 7 BauGB

Belange des Umweltschutzes nach § 1 a BauGB

§ 1 VII BauGB: Andere Belange Einzelner oder der Allgemeinheit oder der öffentlichen Hand (da § 1 VI BauGB nur sagt, »insbesondere« die folgenden Belange)

Umweltprüfung, § 2 IV BauGB

Input

Abwägungsgebot

Börsenkurs

Output

§ 2 III BauGB: Abwägungsbelange sind zu ermitteln (dies ist auch zu dokumentieren).

§ 1 VII BauGB: Abwägung muss vorgenommen werden.

Verfahrensrechtliche Absicherung des Abwägungsgebotes

§ 2 III BauGB ist in erster Linie verfahrensrechtliche Absicherung des Abwägungsgebotes. Gerichte sollen die Möglichkeit haben, die Abwägung zu überprüfen.

a) Öffentliche und private Belange, § 1 VII BauGB

Die öffentlichen und privaten Belange führt das Gesetz nicht abschließend auf. Einige Beispiele, die eher als »öffentliche« Belange angesehen werden, finden sich in § 1 VI BauGB.

Bei der Aufstellung der Bauleitpläne sind insbesondere zu berücksichtigen:

§ 1 VI BauGB

1. die allgemeinen Anforderungen an gesunde Wohn- und Arbeitsverhältnisse und die Sicherheit der Wohn- und Arbeitsbevölkerung,
2. die Wohnbedürfnisse der Bevölkerung, die Schaffung und Erhaltung sozial stabiler Bewohnerstrukturen, die Eigentumsbildung
   weiter Kreise der Bevölkerung und die Anforderungen Kosten spa-
   renden Bauens sowie die Bevölkerungsentwicklung,
3. die sozialen und kulturellen Bedürfnisse der Bevölkerung, insbesondere die Bedürfnisse der Familien, der jungen, alten und behin-
   derten Menschen, unterschiedliche Auswirkungen auf Frauen und
   Männer sowie die Belange des Bildungswesens und von Sport,
   Freizeit und Erholung, ...

Als Faustformel kann man sich merken: »Öffentliche« Belange dienen
dem Gemeinwohl, »private« Belange dem Individualinteresse. Natürlich ist das stark vergröbert, da sich auch ein Gemeinwohl aus Individualinteressen zusammensetzen kann. Man braucht die Abgrenzung
zwischen »öffentlich« und »privat« nur, da es einige – ausschließlich
private – Belange gibt, die nicht in eine Abwägung einfließen müssen.

»Öffentlich«
und »privat«

b) Insbesondere: Nicht abwägungserhebliche private Belange

Nicht jeder private Belang ist ... für die Abwägung erheblich, sondern
nur solche, die in der konkreten Planungssituation einen städtebaulichen Bezug haben. Nicht abwägungsbeachtlich sind nach der ständigen
Rechtsprechung des erkennenden Senats ... insbesondere geringwertige
oder mit einem Makel behaftete Interessen sowie solche, auf deren
Fortbestand kein schutzwürdiges Vertrauen besteht, oder solche, die
für die Gemeinde bei der Entscheidung über den Bebauungsplan nicht
erkennbar waren.

BVerwG

Es gibt demnach vier Gruppen von »unerheblichen« privaten Belangen, dementsprechend ist im folgenden gegliedert.:

aa) Geringwertige Interessen

Geringwertige Interessen sind anzunehmen,

- wenn ein Belang nur gering betroffen ist, und zwar
  - mit geringer Intensität
  - und/oder mit geringer Wahrscheinlichkeit

- wenn ein Belang zwar mehr als geringwertig betroffen sein kann, aber keinen oder nur einen sehr entfernten Bezug zur Planung aufweist (»städtebaulicher Bezug«).

Diese Fallgruppen und Untergruppen lassen sich auch miteinander kombinieren.

Fall 44

In der Nachbarschaft von E soll eine Bebauung mit Bungalows entstehen. E weiß, dass sein verhasster Ex-Mitschüler M ein Grundstück für eine Bungalow-Bebauung sucht. Er befürchtet, dass M das Nachbargrundstück des E erwischen und den E mit einem »Nachbarkrieg« terrorisieren könnte. Ist dieser Belang des E abwägungsrelevant?

Zum einen ist es recht unwahrscheinlich, dass gerade der M zum Nachbarn des E wird. Zum anderen wird man auch sagen müssen: Da kann dann die Planung echt nichts dafür, dieses Problem ist nicht auf die Planung zurückzuführen. Daher ist der Belang nicht abwägungsrelevant, und zwar aus zwei Gründen:

- Der Belang des E ist mit geringer Wahrscheinlichkeit betroffen,
- Der Belang des E hat keinen städtebaulichen Bezug (= Bezug zur Planung).

Natürlich sind die Fälle nicht immer so einfach. Oftmals wird man in Grenzbereichen landen, in denen man »Pi mal Daumen« abschätzen muss, was denn nun geringwertig ist. Feste Kriterien gibt es nicht. Es wird immer mit unbestimmten Rechtsbegriffen wie »mehr als nur unerheblich« etc. gearbeitet werden müssen. Dann dürfen und müssen Sie eben, wenn Ihnen eine Falllösungsaufgabe droht, mit gesundem Menschenverstand und Gerechtigkeitsgefühl an die Sache herangehen. Eine Begründung kann nicht genauer sein als beispielsweise die folgende – es ging um einen Golfplatz neben einer Landwirtschaftsfläche; die Geringwertigkeit wurde verneint.

Saarl. OVG

Zu Golfplatz neben Landwirtschaftsfläche

Fundstellen Originalfall:
- BRS 65, Nr. 42
- NVwZ-RR 2003, 265

Es ist keineswegs gewährleistet, daß es den Golfspielern – bei Zugrundelegung einer bestimmungsgemäßen Nutzung der Anlagen – gelingt, ihre Bälle so zu schlagen, daß sie ausschließlich innerhalb der Spielbahnen niedergehen. Auch ist keineswegs offenkundig, daß die Zahl der Fehlschläge, bei denen es zu einem Abirren von Golfbällen auf Nachbargrundstücke kommt, so gering ist, daß das Interesse von Nachbarn, hiervon verschont zu bleiben, von vorneherein vernachlässigbar ist.

Natürlich gab es dazu noch Gutachten etc. pp., und die muss ein Richter eben notfalls einholen. Glück für Sie in der Klausur: Können Sie nicht! Daher kommt man mit Gerechtigkeitsgefühl und gesundem Menschenverstand in solchen Fällen zum Ziel.

bb) »Bemakelte« Interessen

Sie müssen nicht wissen, was das ist. Denn das Kriterium spielt in der Praxis keine Rolle. Nicht einmal in der Theorie. Wir haben es hier mit dem Phänomen zu tun, dass die Gerichte eine Formel so lange und so häufig wiederholen, bis es zur »ständigen Rechtsprechung« wird und einem suggeriert wird, da wird sich irgendwann einmal jemand was dabei gedacht haben. Hat aber niemand, zumindest wird es uns in Urteilsbegründungen nicht mitgeteilt. Es heißt in schnöden Wiederholungen, ein geringwertiges oder mit einem Makel behaftetes Interesse sei nicht abwägungserheblich, aber wir finden nirgendwo ein Anwendungsbeispiel für Letzteres.

cc) Interessen ohne Vertrauensschutz in ihr Fortbestehen – das »Dumm-gelaufen«-Prinzip

Es gibt Dinge, gegen die kann man einfach nichts tun, da muss man sich drauf einstellen, damit muss man leben.

Auch die Gerichte sagen: Es gibt Dinge, die kann man nicht ändern, mit denen muss man rechnen, die sind sozusagen »normal«, und wenn man sie ändern würde, dann wäre überhaupt keine Bauplanung, die widerstreitende Interessen unter einen Hut bringt, mehr möglich. Im Juristendeutsch:

Nicht schutzwürdig ... sind Interessen ..., wenn sich deren Träger vernünftigerweise darauf einstellen müssen, daß »so etwas geschieht«, und wenn deshalb ihrem etwaigen Vertrauen in den Bestand oder Fortbestand etwa einer bestimmten Marktlage oder Verkehrslage die Schutzbedürftigkeit fehlt.

BVerwG

Dem Ganzen lag Folgendes zugrunde:

Die K betreibt in der Gemeinde A ein Kaufhaus. Das Betriebsgrundstück liegt im räumlichen Geltungsbereich eines 1972 erlassenen Bebauungsplanes. Im November 1977 beschloss A für das sich nördlich anschließende Gebiet einen Bebauungsplan. Dieser Plan setzt ein »Kerngebiet« fest, in dem u.a. ein Großwarenhaus errichtet werden soll.

Fall 45

Fundstellen Originalfall:
• NVerwGE 59, 87
• NJW 1980, 1061

K wendet sich gegen den Bebauungsplan und macht geltend, dass das Abwägungsgebot zu ihren Lasten verletzt worden sei. Die Ansiedlung des Konkurrenzunternehmens stelle eine wettbewerbsverzerrende Wirtschaftsförderung dar und werde sie in ihrer wirtschaftlichen Existenz vernichten. Liegt ein abwägungsrelevanter Belang vor, wenn davon auszugehen ist, dass der Bebauungsplan kein Deckmäntelchen für eine gezielte Existenzvernichtung der K ist?

Konkurrenz ist nur
in Ausnahmefällen
»verboten«!

Konkurrenz belebt das Geschäft. Und es muss schon sehr viel passieren, damit eine durch einen Bebauungsplan verschlechterte Wettbewerbssituation zu einem abwägungsrelevanten Belang wird. Es gehört halt zum normalen Lauf der Dinge, dass Bebauungspläne zu Veränderungen führen, auch zu Veränderungen der angesiedelten Wirtschaftsbetriebe. Man hat keinen Anspruch, für immer und ewig von Konkurrenz verschont zu bleiben. Dann könnte eine Gemeinde praktisch niemals eine Veränderung durch Bauleitplanung in ihrem Gemeindebild erreichen. So hat es im obigen Fall auch das Bundesverwaltungsgericht ausgedrückt und praktischerweise gleich noch ein paar Beispiele für diese These genannt, die der Verfasser Ihnen nicht vorenthalten möchte.

BVerwG

Warum es keinen Schutz
der Marktlage geben kann.

Das [= dass der Erhalt der gegenwärtigen Marktlage nicht schutzwürdig ist] wird bei einer von Bebauungsplänen ausgehenden allgemeinen Beeinflussung der Marktverhältnisse besonders deutlich: Es liegt in der Natur der Sache, daß planerische Festsetzungen auf Marktchancen und Erwerbschancen Einfluß nehmen, nämlich in der einen Richtung Chancen eröffnen und in einer anderen Richtung Chancen beseitigen. Unterschiede bestehen insoweit im Grunde nur darin, daß Einflüsse dieser Art mehr oder weniger greifbar zutage treten. Die Festsetzung eines Mischgebietes ermöglicht die Errichtung von Betrieben des Beherbergungsgewerbes, und diese Gestattung ist potentiell von Einfluß auf die in dieser Gegend bereits vorhandenen Betriebe. Die Festsetzung eines Campingplatzgebietes anstatt eines Ferienhausgebietes wirkt sich auf Baustoffhersteller ungünstig aus. ... Einflüsse dieser Art gehen letztlich von so gut wie jeder planerischen Festsetzung aus. Sie sind unvermeidbar; auch sie noch in ihrer jeweiligen konkreten Konstellation bei der Abwägung in Rechnung stellen zu müssen, würde die (Bebauungs-)Planung überfordern.

dd) Nicht erkennbare Interessen

Die Gemeinde hat nicht nur solche privaten Belange zu berücksichtigen, die im Zuge der Bürgerbeteiligung vorgetragen wurden, sondern auch solche, die sich ihr aufdrängen mussten. Was aber muss sich ihr aufdrängen? Auch hier besteht keine andere Möglichkeit, als einen Beispielsfall zu nennen und ansonsten auf den gesunden Menschenverstand des Lesers zu verweisen.

Fall 46

Fundstelle Originalfall:
SächsVBl. 2002, 245

Ein Bebauungsplan wurde erlassen. Im Aufstellungsverfahren wurden die frühzeitige und die förmliche Bürgerbeteiligung durchgeführt. Bürger B erhob keine Einwände.

Einige Zeit nach Inkrafttreten des Plans bemerkt B erst so richtig, welche Tücken der Plan hat. Er äußert schriftlich seine Bedenken gegen-

über der Stadt, die weder geringfügig noch mit einem Makel behaftet noch schutzunwürdig sind.

In einem späteren Planänderungsverfahren ignoriert die Gemeinde die Bedenken des B. B hatte sich wiederum nicht bei der Bürgerbeteiligung geäußert, da er es wegen seines zwischenzeitlichen Schreibens für überflüssig hielt. Die Gemeinde ist der Ansicht, was nicht in der Bürgerbeteiligung vorgetragen worden sei, könne sie behandeln, als wäre es nie geäußert worden. Hat B abwägungsrelevante Belange?

Ja, denn die Behörde kannte die Belange bzw. musste sie zumindest kennen. Es kommt also nicht auf eine Teilnahme an der Bürgerbeteiligung an, wenn man seine Bedenken in anderer Weise äußert und die Behörde dadurch Kenntnis der Belange hat oder haben muss. So war es hier.

2.5.2. Output: Wie muss man abwägen? Die Abwägungsfehlerlehre

Das Grundstück des Landwirts L liegt in einem Gebiet, das durch einen Bebauungsplan als reines Wohngebiet ausgewiesen ist. Da jedoch sein Grundstück wegemäßig nicht ausreichend erschlossen und nicht an das Entwässerungssystem angeschlossen ist, könnte er zur Zeit keine Baugenehmigung für ein Wohngebäude bekommen. Sein Grundstück nutzt er aber landwirtschaftlich.

Durch einen neuen Bebauungsplan wird das Grundstück als Aufforstungsfläche ausgewiesen. Bei der Abwägung argumentiert die Gemeinde mit Gründen des Naturschutzes. Demgegenüber hätten Belange des L zurückzutreten. Ein Eingriff in sein Eigentum liege höchstens beim Entzug von »Bauland« vor, aber nicht hier, da das Grundstück mangels Erschließung nicht bebaubar sei.

Unstreitig ist, dass das Grundstück durch die Änderung erheblich an Wert verliert, denn vorher bestand zumindest die Aussicht, dass es erschlossen und damit bebaubar werden wird. Ist die Abwägung fehlerhaft?

Fall 47

Fundstelle Originalfall:
• NVwZ-RR 2004, 89

Offenbar scheint alles in Ordnung, denn § 1 VII BauGB sagt: Die Behörde (Gemeinde) muss abwägen. Und das hat sie ja auch. Aber die Rechtsprechung hat bestimmte Grundsätze entwickelt, wie eine Abwägung vonstatten zu gehen hat. Wie beim Ermessen gilt: Wir leben in einem Rechtsstaat. Und so beschwichtigend-beschwörend das Wort auch klingt – das hat eine große juristische Bedeutung, gerade hier. Genau wie »Ermessen« aus Gründen der Rechtsstaatlichkeit nicht bedeutet, dass eine Behörde machen kann, was sie will, gilt dies auch für

Anforderungen an eine Abwägung folgen aus dem Rechtsstaatsprinzip.

die Abwägung, in der ja ebenfalls dem Begriff nach ein gewisser Spielraum besteht, wie eine Behörde verschiedene Belange gewichtet. Also gibt es neben der Ermessensfehlerlehre auch eine Abwägungsfehlerlehre.

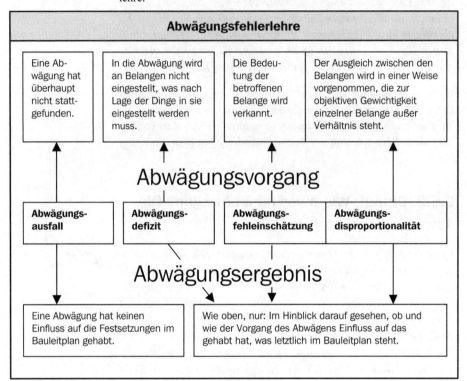

Abwägungsfehlerlehre			
Eine Abwägung hat überhaupt nicht stattgefunden.	In die Abwägung wird an Belangen nicht eingestellt, was nach Lage der Dinge in sie eingestellt werden muss.	Die Bedeutung der betroffenen Belange wird verkannt.	Der Ausgleich zwischen den Belangen wird in einer Weise vorgenommen, die zur objektiven Gewichtigkeit einzelner Belange außer Verhältnis steht.

Abwägungsvorgang

Abwägungs-ausfall	Abwägungs-defizit	Abwägungs-fehleinschätzung	Abwägungs-disproportionalität

Abwägungsergebnis

Eine Abwägung hat keinen Einfluss auf die Festsetzungen im Bauleitplan gehabt.	Wie oben, nur: Im Hinblick darauf gesehen, ob und wie der Vorgang des Abwägens Einfluss auf das gehabt hat, was letztlich im Bauleitplan steht.

Untrennbarer Zusammenhang zwischen Abwägungsfehleinschätzung und Abwägungsdisproportionalität

Die Abwägungsfehleinschätzung und die Abwägungsdisproportionalität hängen eng miteinander zusammen. Teilweise werden sie als verschiedene Gruppen, teils als dieselbe Gruppe behandelt. Überzeugend hat der Bayerische Verwaltungsgerichtshof in Fall 47 kurzen Prozess mit der Abwägungsdisproportionalität gemacht und spricht nur noch von einer Abwägungsfehleinschätzung. Diese liege vor, »wenn die Bedeutung der betroffenen Belange verkannt und dadurch die Gewichtung verschiedener Belange in ihrem Verhältnis zueinander in einer Weise vorgenommen wird, durch die die objektive Gewichtigkeit eines dieser Belange völlig verfehlt wird«. Besser kann man den untrennbaren Zusammenhang zwischen Abwägungsfehleinschätzung und Abwägungsdisproportionalität und die Überflüssigkeit Letzterer als eigenständiger Fallgruppe nicht auf den Punkt bringen.

Die Abwägungsdisproportionalität wird daher im Folgenden nicht als eigene Gruppe behandelt, obwohl der überwiegende Teil in Rechtsprechung und Lehre dies tut.

Es gibt also nach Ansicht des Verfassers nur drei Arten von Abwägungsfehlern in jeweils zwei Varianten. Sie dürfen beim Abwägungsvorgang nicht passieren, und sie dürfen nicht ursächlich für das Abwägungsergebnis sein. Es folgen Beispiele, Gliederung s. am Seitenrand.

Die Begründung des Bauleitplanes lässt keinen Hinweis darauf erkennen, dass überhaupt eine Abwägung stattgefunden hat.

Durch intensive, auf Gutachten gestützte Berichterstattung in der Lokalpresse ist bekannt, dass die Bebauung eines bestimmten Flurstücks negative Auswirkungen für die Luftqualität hätte. Die Bebaubarkeit wird trotzdem in einem Bebauungsplan beschlossen. In der Begründung heißt es, negative Umwelteinwirkungen seien nicht zu befürchten.

Aus Gründen des Umweltschutzes soll eine bestimmte, bislang bebaubare Fläche der Bebaubarkeit entzogen werden. Im entsprechenden Bebauungsplan sind die Interessen der Grundstückseigentümer gegen die des Umweltschutzes abgewogen worden. Hierbei heißt es, die Eigentümerinteressen seien offensichtlich nachrangig, da – was zutrifft – bislang noch niemand dort gebaut hat und es daher nicht schlimm sei, wenn dies in Zukunft nicht mehr möglich wäre.

Hierbei wird der Belang der Eigentümer grob fehlbewertet: Denn zum einen möchten sie vielleicht noch bauen. Zum anderen haben sie zur Zeit Bauland, das ungleich wertvoller ist als ein nicht bebaubares Grundstück. Selbst, wenn die Eigentümer nicht bauen möchten, ist es eine empfindliche Einbuße, wenn der Wert ihres Grundstücks erheblich gemindert wird (sie möchten es ja vielleicht verkaufen, vererben, als Banksicherheit einsetzen etc.). Auch ist der Entzug der Bebaubarkeit evtl. schon als Enteignung zu sehen, die strengen Maßstäben unterliegt.

Wie Abwägungsausfall oben, nur: Eine Abwägung hat stattgefunden, jedoch keine Auswirkungen auf das Ergebnis gehabt. Also wurden z.B. in den Beratungen des Bebauungsplanes Belange der bisherigen Eigentümer, der Wirtschaft und des Naturschutzes diskutiert. Im Ergebnis heißt es dann aber nicht etwa: Die Belange X und Y haben gegenüber Z zurückzutreten (denn dann wäre ja abgewogen worden), sondern: Wegen X wird der Bebauungsplan erlassen (Y und Z tauchen gar nicht mehr auf) ⇨ *Die Begründung für den Bebauungsplan ist also genauso schlecht, als ob es eine Abwägung nie gegeben hätte.*

b), c) Abwägungsdefizit,
Abwägungsfehlbewertung

*Wie oben; zwar hat man die Abwägung zunächst korrekt vorgenom-
men, dies dann aber im Ergebnis wieder beiseite gelegt, so wie soeben
beim Abwägungsausfall beschrieben.*

Häufig kann man in der Praxis Fehler im Abwägungsvorgang und im
Abwägungsergebnis nicht scharf trennen. Denn ein Abwägungsfehler
erschließt sich den Gerichten nur über Begründungsmängel im Bebauungsplan. Dort aber kann häufig nicht mehr festgestellt werden, ob
dieser oder jener Abwägungsfehler schon beim Vorgang des Abwägens
oder erst beim Ergebnis der Abwägung passiert ist. Keine Behörde
wird in eine Begründung schreiben: »Wir haben zunächst alles wohl
abgewogen, uns dann aber im Ergebnis darüber hinweggesetzt!« Daher
kann in Falllösungen – außer es ist eindeutig feststellbar – darauf verzichtet werden, zu bestimmen, ob ein Fehler auf Ebene des Abwägungsvorgangs oder des Abwägungsergebnisses passiert ist.

Zu Fall 47

Kommen wir nun zum Fall: Das Gericht hat zunächst einmal die
Grundzüge der Abwägungsfehlerlehre wiederholt und auf einen wichtigen Aspekt hingewiesen:

BayVGH

Innerhalb des so gezogenen Rahmens wird das Abwägungsgebot nicht
verletzt, wenn sich die zur Planung berufene Gemeinde in der Kolli-
sion zwischen verschiedenen Belangen dafür entscheidet, den einen zu
bevorzugen und damit notwendig den anderen zurückzustellen.

**Auch hier: Eingeschränkte
Überprüfbarkeit**

Ähnlich der Ermessensfehlerlehre bedeutet die Abwägungsfehlerlehre
also eine eingeschränkte Überprüfbarkeit der Abwägung. Der Behörde
(hier: Gemeinde) wird nicht die Luft zum Atmen genommen. Sie muss
viele widerstreitende Belange berücksichtigen; dabei muss notwendig
das eine oder andere unter den Tisch fallen. Die Gemeinde hat eine
gewisse Entscheidungsfreiheit, was das sein soll – unter der Voraussetzung, dass sie keinen der genannten Abwägungsfehler begeht.

**Abwägungsfehler lag
dennoch vor.**

Indes hat das Gericht hier einen Abwägungsfehler gesehen. Eine Einordnung nach »Abwägungsvorgang« und »Abwägungsergebnis« wird
nicht vorgenommen, ist aber auch nicht nötig. Nach den zur Verfügung
stehenden Unterlagen, aus denen sich die Begründung der Gemeinde
ergibt, deutet es eher darauf hin, dass die mangelhafte Würdigung der
Eigentümerposition schon den Abwägungsvorgang beeinflusst hat.

**Und zwar: Abwägungs-
defizit**

Als Art des Abwägungsfehlers wird vom Gericht ein Abwägungsdefi-
zit ausgemacht. Die Gemeinde hat nämlich gemeint, L genieße keinen
Eigentumsschutz. Damit wurde »ein Belang nicht eingestellt, der nach
Lage der Dinge eingestellt werden musste«. Warum ist das so?

Das Abwägungsdefizit

Die Definition des Abwägungsdefizits enthält drei Elemente:

L muss einen (schützenswerten) Belang haben.	Hier: Eigentumsschutz hat man auch bei Wertminderung des Grundstücks; diese tritt auch ein, wenn derzeit noch keine Bebaubarkeit gegeben ist. L hatte zwar noch kein Bauland, aber **Bauerwartungsland**, da mit einer zukünftigen Bebaubarkeit gerechnet werden konnte.
Dieser Belang wurde in der Abwägung nicht berücksichtigt.	Das Gericht meinte daher zu Recht: **Die Änderung der Nutzungsart zum Nachteil des Eigentümers unterliegt wegen der verfassungsrechtlichen Eigentumsgarantie strengen Anforderungen und muss unbedingt in die Abwägung einfließen.**
Er hätte nach Lage der Dinge aber berücksichtigt werden müssen.	Dass eine Berücksichtigungspflicht »nach Lage der Dinge« besteht, ergibt sich hier aus • verfassungsrechtlichem Eigentumsschutz (siehe oberer Kasten) • **Offenkundigkeit** des Belanges. Diese begründete das Gericht damit, dass der Belang **auf einer Festsetzung des Bebauungsplans beruhe.** Ändert die Gemeinde die Nutzungsart zum Nachteil von Grundstückseigentümern, so muss sie wissen, dass dies Eigentümerpositionen beeinträchtigt und in eine Abwägung einzufließen hat.

Ein Abwägungsfehler in Form eines Abwägungsdefizits lag also vor.

2.6. Interkommunales Abstimmungsgebot, § 2 II BauGB

2.6.1. Normalfall: Abstimmungsgebot bei der Planung

Die Bauleitpläne benachbarter Gemeinden sind aufeinander abzustimmen. Dabei können sich Gemeinden auch auf die ihnen durch Ziele der Raumordnung zugewiesenen Funktionen sowie auf Auswirkungen auf ihre zentralen Versorgungsbereiche berufen.

§ 2 II BauGB

Eine kommunale Bauleitplanung findet nicht in einem Glaskasten statt, sondern berührt oft zwangsläufig die angrenzenden Gemeinden. Was Gemeinde A macht, wirkt sich auf Nachbargemeinde B aus. Man

Warum Abstimmungsgebot?

denke bloß einmal an ein Gewerbegebiet, welches Besucher aus dem Umland anzieht zu einem empfindlichen »Kaufkraftabfluss« aus den Nachbargemeinden führt. Oder an eine Hochhaussiedlung in A, die genau an eine Bungalowsiedlung in B angrenzt und Bewohnern an der Gemeindegrenze die Aussicht nimmt. Oder an ein Gewerbegebiet in B mit entsprechend lauten Fertigungshallen neben einem reinen Wohngebiet in A. Oder: Die giftigen Dämpfe eines Industriegebietes werden nicht von einem Schild mit der Aufschrift »Halt. Hier Gemeindegrenze. Ab hier Naturschutzgebiet« beeindruckt sein und kehrt machen.

Parallelen zum Abwägungsgebot

Das »Abstimmungsgebot« ist eng mit dem »Abwägungsgebot« verwandt. Gibt es relevante Belange der Nachbargemeinde(n), so sind diese im Wege einer gegenseitigen Abstimmung der Bauleitpläne zu berücksichtigen. Damit ist § 2 II BauGB eine besondere gesetzliche Ausprägung des Abwägungsgebotes für den Fall, dass Belange von Nachbargemeinden berührt sind. Bitte sehen Sie sich jetzt noch einmal das Schema auf S. 216 an. Obwohl die Rechtsprechung das nicht wörtlich tut, könnte man auch von einer »Abstimmungsfehlerlehre« sprechen, die sich in »Abstimmungsausfall«, »Abstimmungsdefizit« und »Abstimmungsfehlbewertung« unterteilt. Auch kann man hier von einem »Abstimmungsvorgang« und von einem »Abstimmungsergebnis« sprechen.

Hier aber: Belange verschiedener Gemeinden betroffen.

Der einzige Unterschied zwischen der interkommunalen Abstimmung und der allgemeinen Abwägung widerstreitender Interessen besteht darin, dass bei der Abstimmung Belange verschiedener Behörden (genauer: Gemeinden) betroffen sind. Während die Gemeinde den allgemeinen Abwägungsvorgang des § 1 VII BauGB noch »unter sich« durchführen konnte, gibt es für den »Abstimmungsvorgang« zusätzliche Verfahrenserfordernisse. Grob gesagt: Da (mindestens) zwei Gemeinden betroffen sind, müssen beide (oder noch mehr) Gemeinden auch mitreden können. Anders als bei dem allgemeinen Abwägungsgebot des § 1 VII BauGB genügt es also nicht, wenn die Gemeinde die Abstimmung im stillen Kämmerlein vornimmt und sagt: »Wir haben uns die Planung der Nachbargemeinde genau angesehen und unseren Plan darauf abgestimmt«, ohne mit dieser Gemeinde einmal geredet zu haben. Näheres ist in § 4 BauGB geregelt.

2.6.2. Abstimmungsgebot auch ohne Planung: bei Planungspflicht

In Fall 39 (Seite 202) ging es darum, dass die Gemeinde K ohne Bauplanung einen Gewerbepark hatte entstehen lassen, der einen Verdrängungswettbewerb ausgelöst und zu einem deutlichen Kaufkraftabfluss aus benachbarten Gemeinden in den Gewerbepark geführt hat. Eine Abstimmung mit den betroffenen Nachbargemeinden hat nie stattgefunden. Der zuständige Bedienstete K meint, dies sei auch nicht nötig. Trifft dies zu? Wenn nein, welche Folgen hat das?

Fall 48

Na, das sieht doch sehr nach Missbrauch aus. Auf gut deutsch: Da will sich einer vor der Abstimmungspflicht drücken. Und daher hat sich der folgende Grundsatz in der Rechtsprechung herausgebildet:

Gemeinden verstoßen auch dadurch gegen das Abstimmungsgebot des § 2 II 1 BauGB, dass sie in der Absicht, der gesetzlich angeordneten Abstimmung aus dem Wege zu gehen, von einer an sich erforderlichen Bauleitplanung Abstand nehmen.

BVerwG

Die Rechtsfolge dieses Grundsatzes ist übrigens nicht, dass die Gemeinde jetzt eine »Abstimmung ohne Planung« vornehmen muss, sondern eine Abstimmung mit Planung. Ein Verstoß gegen § 2 II 1 BauGB führt also zu einer Planungspflicht nach § 1 III BauGB, sofern noch kein Plan vorliegt.

Verletzung des Abstimmungsgebots durch Nichtplanung führt zu Planungspflicht.

3. Die Rechtmäßigkeit von Bauleitplänen

3.1. Formelle Rechtmäßigkeit

3.1.1. Zuständigkeit

Zuständig sind die
Gemeinden

Zuständig für die Aufstellung von Bauleitplänen sind die Gemeinden. Es sei noch einmal daran erinnert, dass auch eine »Stadt« eine Gemeinde ist. Die Zuständigkeit der Gemeinden ergibt sich aus verschiedenen Normen:

§ 1 III 1 BauGB

Die Gemeinden haben die Bauleitpläne aufzustellen, sobald und soweit es für die städtebauliche Entwicklung und Ordnung erforderlich ist.

§ 2 I BauGB

Die Bauleitpläne sind von der Gemeinde in eigener Verantwortung aufzustellen.

3.1.2. Verfahren

Verfahren der Bauleitplanung	

a) Planaufstellungsbeschluss
b) Frühzeitige Beteiligung
   aa) Öffentlichkeit (Bürger)
   bb) Behörden
   (aa und bb können in der
   Reihenfolge vertauscht werden)
d) Förmliche Beteiligung
e) Abwägung
f) Beschluss des Plans
g) Genehmigung des Plans
h) Bekanntmachung, Inkrafttreten
	Umweltprüfung
	
	▸ Ermittlung des Prüfungs-
	   Bedarfs (scoping)
	c) Umweltprüfung,
	   Umweltbericht

Oben sind die Buchstaben so gewählt worden, wie sie in der nun folgenden Gliederung auftauchen werden.

a) Planaufstellungsbeschluss

Die Bauleitpläne sind von der Gemeinde in eigener Verantwortung aufzustellen. Der Beschluss, einen Bauleitplan aufzustellen, ist ortsüblich bekanntzumachen.

§ 2 I BauGB

Der »Beschluss, einen Bauleitplan aufzustellen« wird Planaufstellungsbeschluss genannt. Er ist nicht zu verwechseln mit dem Beschluss eines fertigen Plans. Im Planaufstellungsbeschluss beschließt man erstmal, dass überhaupt ein Plan erarbeitet und aufgestellt werden soll.

Der »Beschluss, einen Bauleitplan aufzustellen« wird Planaufstellungsbeschluss genannt.

Zuständig innerhalb der Gemeinde ist der Gemeinderat oder ein beschlussfähiger Ausschuss je nach den Gemeindeordnungen (= Gesetzen) der Bundesländer.

Zuständigkeit

Bei § 2 I 2 BauGB ist eine gewisse Spitzfindigkeit zu beachten: Die Norm sagt nur: Wenn es einen Planaufstellungsbeschluss gibt, dann ist er auch bekanntzumachen. Die Norm sagt also nicht, dass es einen Planaufstellungsbeschluss geben muss.

Spitzfindigkeit!

Die Bedeutung des Planaufstellungsbeschlusses liegt darin, dass er gewisse Rechtswirkungen schon während des schwebenden Planungsverfahrens entfaltet, und zwar sind dies hauptsächlich drei.

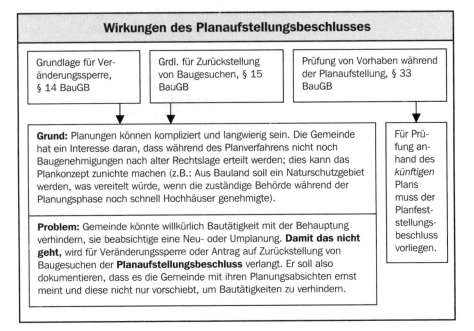

Wirkungen des Planaufstellungsbeschlusses

Grundlage für Veränderungssperre, § 14 BauGB	Grdl. für Zurückstellung von Baugesuchen, § 15 BauGB	Prüfung von Vorhaben während der Planaufstellung, § 33 BauGB

Grund: Planungen können kompliziert und langwierig sein. Die Gemeinde hat ein Interesse daran, dass während des Planverfahrens nicht noch Baugenehmigungen nach alter Rechtslage erteilt werden; dies kann das Plankonzept zunichte machen (z.B.: Aus Bauland soll ein Naturschutzgebiet werden, was vereitelt würde, wenn die zuständige Behörde während der Planungsphase noch schnell Hochhäuser genehmigte).

Problem: Gemeinde könnte willkürlich Bautätigkeit mit der Behauptung verhindern, sie beabsichtige eine Neu- oder Umplanung. **Damit das nicht geht,** wird für Veränderungssperre oder Antrag auf Zurückstellung von Baugesuchen der **Planaufstellungsbeschluss** verlangt. Er soll also dokumentieren, dass es die Gemeinde mit ihren Planungsabsichten ernst meint und diese nicht nur vorschiebt, um Bautätigkeiten zu verhindern.

Für Prüfung anhand des *künftigen* Plans muss der Planfeststellungsbeschluss vorliegen.

Die Form der in § 2 I 2 BauGB vorgeschriebenen ortsüblichen Bekanntmachung richtet sich nach Landes- und Ortsrecht. In Betracht kommt z.B.

Form der Bekanntmachung

- Veröffentlichung im Amtsblatt der Gemeinde,
- Veröffentlichung in einer bestimmten Zeitung,
- bei kleinen Gemeinden Anschlag an der Verkündungstafel des Rathauses.

b) Frühzeitige Beteiligung

aa) Öffentlichkeit (Bürger)

(a) Regel: Beteiligung muss stattfinden

§ 3 I 1 BauGB

Die Öffentlichkeit ist möglichst frühzeitig über die allgemeinen Ziele und Zwecke der Planung, sich wesentlich unterscheidende Lösungen, die für die Neugestaltung oder Entwicklung eines Gebiets in Betracht kommen, und die voraussichtlichen Auswirkungen der Planung öffentlich zu unterrichten; ihr ist Gelegenheit zur Äußerung und Erörterung zu geben.

Mit der »Öffentlichkeit« sind schlicht und ergreifend die Bürger gemeint, und so hieß das auch in der alten Fassung des BauGB, die bis Mitte 2004 galt. Daher spricht man häufig auch von Bürgerbeteiligung. Der Gesetzgeber hat den Begriff durch »Öffentlichkeit« ersetzt, um die Sprache an europarechtliche Normen, die die BauGB-Änderungen bedingt haben, anzupassen. Außerdem, so munkelt man, um die politisch korrekte, aber sprachlich zu Bandwurmsätzen führende geschlechtsneutrale Variante »Bürgerinnen und Bürger« zu vermeiden.

§ 3 I 1 BauGB hat sich freilich nicht inhaltlich geändert. Die Bürger sind so umfassend wie möglich zu informieren, auch über Alternativen zur beabsichtigten Planung (»sich wesentlich unterscheidende Lösungen«). In Bezug auf die neue obligatorische Umweltprüfung kann die frühzeitige Bürgerbeteiligung schon dazu dienen, dass die Behörde Hinweise darauf erhält, wie umfangreich und detailliert die Prüfung wird sein müssen, z.B. von Bürgerinitiativen oder interessierten Einzelpersonen. Indes ist die Gemeinde nicht rechtlich verpflichtet, bereits bei der frühzeitigen Bürgerbeteiligung Informationen im Hinblick auf den erforderlichen Umfang und den Detaillierungsgrad der Umweltprüfung zu geben. (Dies muss sie allerdings bei der frühzeitigen Behördenbeteiligung).

(b) Ausnahme: Beteiligung braucht nicht stattzufinden

§ 3 I 2 BauGB

Von der Unterrichtung und Erörterung kann abgesehen werden, wenn

1. ein Bebauungsplan aufgestellt oder aufgehoben wird und sich dies auf das Plangebiet und die Nachbargebiete nicht oder nur unwesentlich auswirkt oder
2. die Unterrichtung und Erörterung bereits zuvor auf anderer Grundlage erfolgt sind.

Nummer 2 sorgt für keinerlei Schwierigkeiten – entweder wurde schon anderweitig erörtert oder nicht. Nummer 1 ist da schon delikater, weil die Norm unbestimmte Rechtsbegriffe enthält (»Auswirkung«, »unwesentlich«), die ausgelegt werden müssen – sollte man jedenfalls annehmen. Indes ergibt eine Recherche in Rechtsprechungsdatenbanken: Dazu sind verflixt noch mal keine Fälle zu finden. Und das hat seinen Grund. Verstöße gegen § 3 I BauGB führen nicht zur Unwirksamkeit eines Bauleitplans. Es ist also völlig egal, ob eine Pflicht zur frühzeitigen Bürgerbeteiligung besteht oder nicht; ein Pflichtverstoß kann den Bauleitplan nicht ins Wanken bringen. (Näher zu der Frage, welche Verstöße welche Rechtsfolgen haben, ab Seite 259.)

> Verstöße gegen § 3 I BauGB führen nicht zur Unwirksamkeit eines Bauleitplans.

(c) Auswirkung von Planungsänderungen

An die Unterrichtung und Erörterung schließt sich das Verfahren nach Absatz 2 auch an, wenn die Erörterung zu einer Änderung der Planung führt.

§ 3 I 3 BauGB

Das »Verfahren nach Absatz 2« ist die so genannte förmliche Bürgerbeteiligung, die sich an die frühzeitige Bürgerbeteiligung anschließt. Die Norm hat den Sinn, dass nicht nach einer Planänderung nochmals eine frühzeitige Bürgerbeteiligung durchgeführt werden muss. Es könnte ansonsten ja zu endlosen Planänderungen und endlosen frühzeitigen Bürgerbeteiligungen kommen. Also stellt § 3 I 3 BauGB klipp und klar fest: Eine einzige frühzeitige Bürgerbeteiligung reicht in jedem Falle!

bb) Behörden

Die Behörden und sonstigen Träger öffentlicher Belange, deren Aufgabenbereich durch die Planung berührt werden kann, sind entsprechend § 3 Abs. 1 Satz 1 Halbsatz 1 zu unterrichten und zur Äußerung auch im Hinblick auf den erforderlichen Umfang und Detaillierungsgrad der Umweltprüfung nach § 2 Abs. 4 aufzufordern.

§ 4 I 1 BauGB

Neu eingeführt wurde durch das Europarechtsanpassungsgesetz Bau eine frühzeitige Behördenbeteiligung. Die Struktur mag ein Schema verdeutlichen:

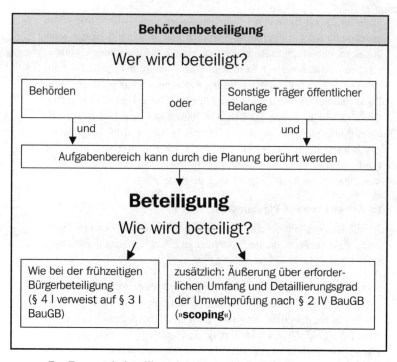

Zur Frage, wie beteiligt wird, kann auf die frühzeitige Bürgerbeteiligung verwiesen werden. Zusätzlich können sich die Äußerungsberechtigten, wie der untere rechte Kasten und die dort genannte Norm zeigen, über das scoping äußern.

Wer wird beteiligt?

Erörterungsbedürftig ist hier die Frage: Wer wird beteiligt? Es sind laut Gesetz »Behörden oder sonstige Träger öffentlicher Belange, deren Aufgabenbereich durch die Planung berührt werden kann«. Beispiele: Gewerbeaufsichtsamt, Umweltamt, Denkmalschutz- und Naturschutzbehörde, Träger der Straßenbaulast, aber auch Träger der funktionalen Selbstverwaltung wie Industrie- und Handelskammern sowie Handwerkskammern.

Der Unterschied zwischen »Behörden« und »sonstigen Trägern« kann vernachlässigt werden.

Der Unterschied zwischen »Behörden« und »sonstigen Trägern« kann hier vernachlässigt werden. Er hat im Wesentlichen damit zu tun, dass z.T. auch private Personen und/oder Organisationen öffentliche Aufgaben wahrnehmen wie die genannten Kammern, Kirchen, private kommunale Wirtschafts- und Versorgungsbetriebe (z.B. Stadtwerke, die vielerorts eine GmbH oder eine AG sind). In anderen Abschnitten außer diesem wird aus Gründen der sprachlichen Übersichtlichkeit (Vermeidung von Bandwurmsätzen) allgemein von »Behördenbeteiligung« gesprochen. Damit sind dann auch andere Träger öffentlicher Belange gemeint.

Ferner genügt es nach dem Gesetzeswortlaut nicht, dass die Betroffenen generell öffentliche Belange wahrnehmen, sondern es müssen solche sein, deren Aufgabenbereich durch die Bauleitplanung konkret betroffen sein kann. Das bedeutet, dass die betroffenen öffentlichen Belange eine Art bauplanungsrechtliche Relevanz haben müssen. Diese Relevanz ist – auch im Hinblick auf die nötige Konkretisierung – gegeben, wenn ein öffentliches Interesse betroffen ist, welches sich auf Art und Maß der Bodennutzung innerhalb des Plangebietes auswirkt und daher in die Interessenabwägung nach § 1 VII BauGB einfließen muss. Diese Definition ist zwar immer noch ein wenig vage, aber es ist ja in § 1 IV, § 1 VI und § 1 a BauGB recht detailliert (wenn auch nicht abschließend) beschrieben, was alles bei der Bauleitplanung zu berücksichtigen ist (hierzu ab Seite 207). Wenn es sich dabei um Belange handelt, die nicht ausschließlich dem Schutz von Privatpersonen dienen (z.B. Eigentumsschutz), so handelt es sich um öffentliche Belange. Im Übrigen wird ohnehin oftmals auf der Hand liegen, welche Belange betroffen sind, z.B. der Umweltschutz. Dann wird es z.B. das Umweltamt der Gemeinde oder des Landkreises sein, das am Planaufstellungsverfahren zu beteiligen ist.

> *Die betroffenen öffentlichen Belange müssen bauplanungsrechtliche Relevanz haben.*

Nach dem Bundesnaturschutzgesetz sowie den Naturschutzgesetzen der Bundesländer können Naturschutzverbände unter bestimmten Voraussetzungen öffentlich »anerkannt« werden. Dadurch haben sie bestimmte Mitwirkungsrechte bei verschiedenen Verwaltungsaktivitäten wie z.B. Aufstellung von so genannten Landschaftsprogrammen und Landschaftsplänen (= Planungsmaßnahmen nach Naturschutzgesetzen). Haben die »anerkannten Naturschutzverbände« auch ein Recht, an der frühzeitigen Behördenbeteiligung mitzuwirken?

Fall 49

> Fundstellen Originalfall:
> • BVerwGE 104, 367
> • DVBl. 1997 1123

Das Bundesverwaltungsgericht verneinte dies. Zwar nähmen die anerkannten Naturschutzverbände wichtige Aufgaben von öffentlichem Interesse wahr, aber das mache sie noch nicht zu Trägern öffentlicher Belange.

> *Verwirrende Aussage!*

Sie halten Sie den letzten Satz für typisch haarspalterisches Juristendeutsch, dem gesunden Menschenverstand nicht erschließbar? Sie wissen tatsächlich nicht, wo der Unterschied zwischen dem Träger einer »Aufgabe von öffentlichem Interesse« und dem »Träger öffentlicher Belange« liegt? Dann haben Sie die Sympathie des Verfassers!

Anerkannte Naturschutzverbände sind keine Träger öffentlicher Belange. ...

Maßgeblich ist hierfür die Erwägung, daß den Verbänden mit ihrer Anerkennung ... die Förderung von Naturschutz und Landschaftspflege nicht als öffentliche Aufgabe übertragen wird. ... es bleibt dabei, daß die Naturschutzverbände sich im Rahmen ihrer satzungsmäßigen – und

> **BVerwG**

damit ausschließlich privaten – Zwecke ... einer öffentlichen Aufgabe widmen.

Immer noch nicht klar? Kann der Verfasser gut verstehen. Mal ehrlich, das muss man sich auf der Zunge zergehen lassen. Wir übertragen eine Aufgabe (Förderung von Naturschutz und Landschaftspflege), und die ist natürlich unglaublich wichtig. Naturschutz geht uns alle an, also nicht nur bestimmte Privatpersonen, und damit wird es, wie es am Ende des Zitats heißt, eine öffentliche Aufgabe. Kombiniert man das mit der zuvor vom Gericht gemachten Aussage, so heißt das:

Was das Gericht eigentlich sagt:

Eine öffentliche Aufgabe wird nicht als öffentliche Aufgabe übertragen.

Vergessen wir am besten einmal die hochtrabende Begründung des Bundesverwaltungsgerichts und merken uns das auf ganz andere Art und Weise: Der Gesetzgeber hat im Bundesnaturschutzgesetz und in den Landesnaturschutzgesetzen genau festgelegt, bei welchen Verwaltungstätigkeiten die anerkannten Naturschutzverbände mitwirken dürfen. Und das heißt: Woanders haben sie keine Mitwirkungsrechte als Träger öffentlicher Belange. Also mal wieder ein Lehrstück aus dem Kapitel »Warum einfach, wenn's auch kompliziert geht?«

Warum einfach, wenn's auch kompliziert geht?

Naturschutzverbände können bei der Bürgerbeteiligung mitwirken.

Übrigens heißt das nicht, dass Naturschutzverbände außen vor sind. Da sie ja aus Bürgern bestehen und somit einen Teil der in § 3 BauGB angesprochenen »Öffentlichkeit« bilden, haben sie im Rahmen der Bürgerbeteiligung (juristisches Neudeutsch: Öffentlichkeitsbeteiligung) dieselben Rechte wie alle anderen Bürger auch.

scoping

Und nun noch ein Wort zum *scoping*. Der Begriff meint das Verfahren zur Festlegung von Umfang und Detaillierungsgrad der Umweltprüfung. Hierzu werden die Träger öffentlicher Belange in der frühzeitigen Beteiligung gehört; dadurch soll die zuständige Baubehörde von dem speziellen Umwelt-Sachverstand anderer Träger öffentlicher Belange wie z.B. einem Umweltamt profitieren.

Für die frühzeitige Bürgerbeteiligung ist eine solche Pflicht der Beteiligung am scoping nicht vorgesehen. Das bedeutet aber nicht, dass es verboten ist, die Bürger auch hierzu anzuhören.

Wenn die Träger öffentlicher Belange zum scoping etwas sagen dürfen, bedeutet das noch nicht »mitentscheiden«. Es ist die für die Bauplanung zuständige Gemeinde (bzw. das innerhalb der Gemeinde für die Bauplanung zuständige Organ), welche am Ende über Umfang und Detaillierung der Umweltprüfung entscheidet. Doch das heißt nicht, dass sich die Gemeinde über alle Ratschläge und Mahnungen der anderen Träger öffentlicher Belange nach Gutdünken hinwegsetzen kann: Das Ergebnis der Umweltprüfung fließt schließlich in die Abwägung

nach § 1 VII BauGB ein, und dabei kann man böse, böse Abwägungsfehler begehen... (Seite 215).

Noch eines am Ende. Wenn in diesem Buch erst die Bürger- und dann
die Behördenbeteiligung behandelt wird, bedeutet das nicht, dass diese
Reihenfolge gewählt werden muss. Die frühzeitige Beteiligung muss
zwar vor der förmlichen Beteiligung erfolgen, wie der Name schon
sagt, aber es ist jeweils frei wählbar, ob man erst die Bürger oder erst
die Behörden beteiligt. So könnte es sich bei sehr umfangreichen Plan-
vorhaben empfehlen, die frühzeitige Behördenbeteiligung vorzuziehen,
um auf dieser Grundlage das scoping durchzuführen und erst dann die
Bürger zu beteiligen. Dies hätte den Vorteil, den Bürger schon besser
informieren zu können (andererseits könnte er dann für das scoping
keine Anregungen mehr geben, was das Gesetz in § 3 I BauGB allerdings auch nicht vorschreibt).

Reihenfolge von Bürger- und Behördenbeteiligung

c) Umweltprüfung, Umweltbericht, Begründung des Planentwurfs

Für die Belange des Umweltschutzes nach § 1 Abs. 6 Nr. 7 und § 1a
wird eine Umweltprüfung durchgeführt, in der die voraussichtlichen
erheblichen Umweltauswirkungen ermittelt werden und in einem Umweltbericht beschrieben und bewertet werden; die Anlage zu diesem
Gesetzbuch ist anzuwenden. Die Gemeinde legt dazu für jeden Bauleitplan fest, in welchem Umfang und Detaillierungsgrad die Ermittlung der Belange für die Abwägung erforderlich ist. Die Umweltprüfung bezieht sich auf das, was nach gegenwärtigem Wissensstand und
allgemein anerkannten Prüfmethoden sowie nach Inhalt und Detaillierungsgrad des Bauleitplans angemessenerweise verlangt werden kann.
Das Ergebnis der Umweltprüfung ist in der Abwägung zu berücksichtigen. ...

§ 2 IV BauGB

Eine Pflicht zur Umweltprüfung existierte schon in bestimmten Teilbe-
reichen vor dem Europarechtsanpassungsgesetz Bau (2004). Neu ist
nun die *generelle* Pflicht einer Umweltprüfung. Die Prüfung gliedert
sich in drei Schritte:

Prüfungsschritte

- Festlegung von Umfang und Detaillierung der Prüfung (*scoping*),
- Durchführung der Prüfung,
- Erstellung eines Umweltberichts.

Zum *scoping* werden gemäß § 4 I 1 BauGB die berührten Träger öffentlicher Belange im Rahmen der »frühzeitigen Behördenbeteiligung«
gehört. Auch bei der frühzeitigen Bürgerbeteiligung besteht diese
Möglichkeit; der Gesetzgeber verzichtete indes darauf, dies zur Pflicht
zu machen.

scoping

Die Durchführung der Prüfung bezieht sich auf das, was nach gegenwärtigem Wissensstand und allgemein anerkannten Prüfmethoden so-

Durchführung der Prüfung

wie nach Inhalt und Detaillierungsgrad des Bauleitplans angemessenerweise verlangt werden kann (wie es § 2 IV 3 BauGB so schön sagt).

Zum Umweltbericht enthält ein Anhang zum BauGB einige Regelungen. Bemerkenswert ist hierbei der letzte Passus: Das Gesetz verlangt
eine »allgemein verständliche Zusammenfassung der erforderlichen
Angaben«. Dies soll vor allem dazu dienen, dass in den nachfolgenden
Beteiligungsverfahren die betroffenen Behörden, vor allem aber auch
die interessierten Bürger etwas mit dem Umweltbericht anfangen können. Bleibt zu hoffen, dass sich die Gemeinden daran halten.

Auch dafür, dass im Folgenden die Bürger und Behörden den Umweltbericht zur Kenntnis bekommen können, sorgt das Gesetz. Ein Bebauungsplanentwurf ist nämlich mit einer Begründung zu versehen, von
der der Umweltbericht einen gesonderten Teil darstellt.

§ 2 a BauGB

Die Gemeinde hat im Aufstellungsverfahren dem Entwurf des Bauleitplans eine Begründung beizufügen. In ihr sind entsprechend dem Stand
des Verfahrens

1. die Ziele, Zwecke und wesentlichen Auswirkungen des Bauleitplans und

2. in dem Umweltbericht nach der Anlage zu diesem Gesetzbuch die
   auf Grund der Umweltprüfung nach § 2 Abs. 4 ermittelten und be-
   werteten Belange des Umweltschutzes darzulegen.

Der Umweltbericht bildet einen gesonderten Teil der Begründung.

Es ist wichtig, diese Norm im Folgenden stets im Hinterkopf zu behal-
ten. Wenn davon die Rede sein wird, dass der Bauleitplan(entwurf)
samt Begründung auszulegen, zu übermitteln, bekanntzugeben etc. ist,
so bezieht sich das immer auf die Begründung im Sinne von § 2 a
BauGB. Und das bedeutet: Der Umweltbericht ist mit dabei.

d) Förmliche Beteiligung

aa) Öffentlichkeit (Bürger)

§ 3 II BauGB

[1] Die Entwürfe der Bauleitpläne sind mit der Begründung und den nach
Einschätzung der Gemeinde wesentlichen, bereits vorliegenden um-
weltbezogenen Stellungnahmen für die Dauer eines Monats öffentlich
auszulegen. [2] Ort und Dauer der Auslegung sowie Angaben dazu, welche Arten umweltbezogener Informationen verfügbar sind, sind mindestens eine Woche vorher ortsüblich bekannt zu machen; dabei ist
darauf hinzuweisen, dass Stellungnahmen während der Auslegungsfrist
abgegeben werden können und dass nicht fristgerecht abgegebene Stellungnahmen bei der Beschlussfassung über den Bauleitplan unberücksichtigt bleiben können. [3] Die nach § 4 Abs. 2 Beteiligten sollen von
der Auslegung benachrichtigt werden. [4] Die fristgemäß abgegebenen

Umweltbericht
http://bundesrecht.juris.de/
bundesrecht/bbaug/
anlage_325.html

Das Gesetz verlangt eine
allgemein verständliche
Zusammenfassung der
erforderlichen Angaben.

Stellungnahmen sind zu prüfen; das Ergebnis ist mitzuteilen. [5] Haben mehr als fünfzig Personen Stellungnahmen mit im Wesentlichen gleichem Inhalt abgegeben, kann die Mitteilung dadurch ersetzt werden, dass diesen Personen die Einsicht in das Ergebnis ermöglicht wird; die Stelle, bei der das Ergebnis der Prüfung während der Dienststunden eingesehen werden kann, ist ortsüblich bekannt zu machen. [6] Bei der Vorlage der Bauleitpläne nach § 6 oder § 10 Abs. 2 sind die nicht berücksichtigten Stellungnahmen mit einer Stellungnahme der Gemeinde beizufügen.

(a) Gegenstand der Auslegung

Zur förmlichen Bürgerbeteiligung ist nach Satz 1 der soeben zitierten Norm so einiges auszulegen:

- Planentwürfe,
- Begründung (mit Umweltbericht, der ein Teil der Begründung gemäß § 2 a S. 3 BauGB ist),
- wesentliche umweltbezogene Stellungnahmen, soweit bereits vorhanden.

(b) Art und Weise der Auslegung (»öffentlich«)

Ebenfalls in Satz 1 steht, dass das Material »öffentlich« auszulegen ist. Das bedeutet, dass jedermann angestoßen werden soll, Bedenken und Anregungen zwecks einer Vervollständigung des Abwägungsmaterials vorzutragen. Diese »Anstoßfunktion« kann natürlich nur gewährleistet werden, wenn »öffentlich« auch heißt, dass die Öffentlichkeit sich tatsächlich hinreichend informieren kann. Die Rechtsprechung ist uneinheitlich:

- *Auslegung für einen Monat in den Sommer-Schulferien während der üblichen Öffnungszeiten des Bürgermeisteramtes für den Publikumsverkehr: OK*
- *33 Wochenstunden, 2x die Woche bis 17.30 Uhr: OK*
- *28,5 Wochenstunden, Donnerstags bis 18 UHR: OK*
- *22 Wochenstunden: »in jedem Fall hinreichend«*
- *19 Wochenstunden: ausreichend*
- *20 Wochenstunden, nur an Vormittagen: »zwar knapp«, aber ausreichend*
- *18 Wochenstunden: nicht ausreichend*
- *12 Wochenstunden: ausreichend, was sich aus einer Besonderheit ergab: »In Kleingemeinden, die ausschließlich von ehrenamtlichem Personal verwaltet werden, kann eine Auslegung des Planentwurfs während der üblichen Amtsstunden selbst dann ... genügen, wenn als Amtsstunden lediglich Montag und Donnerstag von*

Fälle

50-57

BayVGH

18.00 bis 20.00 Uhr sowie Samstag von 8.00 bis 16.00 Uhr festgesetzt sind.«

Insgesamt also ein recht inhomogenes Bild. Nach Ansicht des Verfassers sollte darauf geachtet werden, dass Vollerwerbsleute eine Möglichkeit der Einsichtnahme haben, d.h. mindestens an einem Tag die Pläne auch außerhalb der allgemein üblichen Kernarbeitszeiten eingesehen werden können. Die Entscheidung »12 Stunden« erscheint daher sachgerecht, die Entscheidung »20 Stunden, ausschließlich an Vormittagen« etwas bedenklich.

(c) Auslegungsfrist

Monatsfrist

Die Auslegungsfrist beträgt einen Monat (§ 3 II 1 BauGB), hierbei wird der erste Tag der Frist nicht mitgerechnet. Beginnt die Frist beispielsweise am 15. eines Monats, so endet sie nicht bereits am 14., sondern am 15. des Folgemonats, und zwar am Ende dieses Tages (unter Berücksichtigung der behördlichen Öffnungszeiten). Fällt das Fristende auf einen Sonn- oder Feiertag, so gibt's den nächsten Werktag noch drauf. Sind mittendrin Feiertage, hat man jedoch Pech gehabt. Eine Frist kann so z.B. vom 27.11. bis zum 27.12. laufen.

(d) Bekanntmachung der Auslegung, § 3 II 2 BauGB

§ 3 II 2 BauGB

Ort und Dauer der Auslegung sowie Angaben dazu, welche Arten umweltbezogener Informationen verfügbar sind, sind mindestens eine Woche vorher ortsüblich bekannt zu machen; dabei ist darauf hinzuweisen, dass Stellungnahmen während der Auslegungsfrist abgegeben werden können und dass nicht fristgerecht abgegebene Stellungnahmen bei der Beschlussfassung über den Bauleitplan unberücksichtigt bleiben können.

Die Norm ist weitgehend eindeutig, lediglich die »ortsübliche Bekanntmachung« bedarf der Konkretisierung. Wie macht man denn etwas »ortsüblich« bekannt? Hierauf kann keine zusammenfassende Antwort gegeben werden, denn grundsätzlich hat jede Gemeinde und jeder Landkreis die Möglichkeit, dies in ihrer/seiner Hauptsatzung eigenverantwortlich zu regeln. Teilweise gibt es Bekanntmachungsverordnungen der Bundesländer. In Betracht kommt zum Beispiel ein Hinweis im Amtsblatt der Gemeinde/des Landkreises, in einer lokal verbreiteten Zeitung, evtl. auch ein Aushang an der Anschlagtafel des Rathauses.

Inhalt der Bekanntmachung

Der Inhalt der Bekanntmachung muss so sein, dass der interessierte Bürger die Möglichkeit hat, zu verstehen, worum es eigentlich geht. Es würde also nicht reichen zu sagen: »Ein Bauleitplanentwurf ist (Zeit, Ort) einsehbar.« Da weiß man ja gar nicht, welcher Teil des Gemeindegebietes betroffen ist bzw. ob das eigene Grundstück betroffen ist. Hierzu ein Fall:

Die Auslegung eines Bauleitplans wurde bekannt gemacht, indem das Plangebiet durch die Auflistung der Flurstücknummern der ganz oder teilweise betroffenen Grundstücke kenntlich gemacht wurde. Eine geographische Umschreibung (z.B. »Für das Gebiet zwischen A-Straße und B-Straße im Viertel C wird ein Bauleitplanentwurf ausgelegt.«) oder eine Skizze/Karte gab es nicht. Genügt dies der »ortsüblichen Bekanntmachung«?

Fall 58

Fundstelle
BRS 64, Nr. 44

Der Verwaltungsgerichtshof (= Oberverwaltungsgericht) Baden-Württemberg hat dies verneint. Die Bekanntmachung erfülle eine »Anstoß-funktion«:

Anstoßfunktion

Die Bekanntmachung hat ... in einer Weise zu erfolgen, die geeignet ist, dem an der Planung interessierten Bürger sein Interesse an Information und Beteiligung durch Anregungen und Bedenken bewusst zu machen und dadurch Öffentlichkeit herzustellen. Der Inhalt der Bekanntmachung muss deshalb so konkret gefasst sein, dass der interessierte Bürger erkennen kann, ob er betroffen ist und gegebenenfalls Einsicht in die Entwurfsunterlagen nehmen muss, um die konkrete Beeinträchtigung seiner Belange zu erkunden und notfalls gegen das geplante Vorhaben Einwendungen zu erheben (»Anstoßfunktion«, ...).

VGH BW

Hierfür genügte dem Gericht die für den Laien abstrakte Nennung von Flurstücknummern nicht.

BEKANNTMACHUNG DES BAULEITPLANS

Da die Bekanntmachung den Sinn und Zweck hat, Anstoß zur Bürgerbeteiligung zu geben, ist in ihr alles zu unterlassen, was die Bürgerbeteiligung erschwert bzw. den Bürger davon abhält, sich zu beteiligen. Im Juristendeutsch:

VGH BW

> Die Bekanntmachung der Auslegung des Planentwurfs darf keine Zusätze oder Einschränkungen enthalten, die geeignet sein könnten, auch nur einzelne an dieser Bauleitplanung interessierte Bürger von der Erhebung von Bedenken und Anregungen abzuhalten; denn die Bekanntmachung hat die Aufgabe, dem an der beabsichtigten Bauleitplanung interessierten Bürger sein Interesse an Information und Beteiligung durch Anregung und Bedenken bewußt zu machen und dadurch eine gemeindliche Öffentlichkeit herzustellen.

Das Aufstellen abschreckender Hürden für eine Einsichtnahme ist zu unterlassen.

Das Aufstellen abschreckender Hürden ist zu unterlassen. Eine Bekanntmachung darf beispielsweise nicht mit dem Hinweis versehen werden, die interessierten Bürger dürften die Planentwürfe nur dann einsehen und Stellungnahmen nur dann abgeben, wenn »dringende Gründe« vorlägen, da der Entwurf möglichst nicht mehr geändert werden soll, denn

- zum einen sieht das Gesetz ein Einsichtsrecht und ein Recht zu Stellungnahmen auch ohne irgendwelche besonderen Gründe vor (siehe § 3 II 2 BauGB),
- zum zweiten ist der Begriff der »dringenden Gründe« derart unbestimmt, dass er geeignet ist, den beteiligungswilligen Bürger abzuschrecken und ihm vorzugaukeln, er habe ohnehin keine Beteiligungsrechte,
- zum dritten deutet die Formulierung, der Planentwurf solle möglichst nicht mehr geändert werden, darauf hin, dass die Einmischung des Bürgers extrem unerwünscht ist. Auch dies ist abschreckend. Es mag zwar in Einzelfällen den Behördenalltag widerspiegeln, aber das Gesetz wünscht nun einmal, dass dem Bürger ohne wenn und aber die Beteiligungsmöglichkeiten eingeräumt werden, und wenn das der planenden Gemeinde nicht passt, muss sie da halt durch und darf den Bürger nicht von vornherein herauszuhalten versuchen.

(e) Einzelprüfung und Mitteilung, § 3 II 4 BauGB

§ 3 II 4 BauGB

> Die fristgemäß abgegebenen Stellungnahmen sind zu prüfen; das Ergebnis ist mitzuteilen.

Prüfung

Wie prüft man die Stellungnahmen? Das Gesetz schweigt, und auch in anderen, kommunalrechtlichen Regelungen findet man keine Antwort. Probleme tauchen in der Praxis meist auf, wenn innerhalb der Gemeinde die Kommunikation zwischen verschiedenen Organen nicht so läuft, wie sie nach Ansicht einiger Bürger laufen sollte. Für den endgültigen Beschluss des Bauleitplans wird (dies kann nach Bundesländern unterschiedlich sein) häufig der Gemeinderat zuständig sein, die vorbereitenden Arbeiten werden aber regelmäßig von anderen Verwaltungseinheiten erledigt (z.B. Bauamt). Und da läuft es dann gelegentlich genau so, wie Sie das vielleicht auch vom Bundestag kennen. Irgendwelche Fachausschüsse basteln einen hochkomplizierten Gesetzesentwurf zusammen und die Abgeordneten nicken ihn ab, ohne zu wissen, was sie da eigentlich genau beschließen.

Der Stadtrat hatte über einen Bebauungsplan zu entscheiden. Die Vorarbeiten waren vom Bau- und Planungsausschuss der Stadt erledigt worden. Dieser Ausschuss nahm auch bei der Bürgerbeteiligung die Stellungnahmen entgegen und machte Vorschläge, ob diese zu berücksichtigen seien oder nicht. Diese Vorschläge wurden in einer »Verwaltungsvorlage« gesammelt und dem Stadtrat unterbreitet. Der Stadtrat machte sich die Vorlage zu eigen und beschloss den Bebauungsplan entsprechend dieser Vorlage; dies dauerte in der Stadtratssitzung eine Minute.

Bürger B, dessen Einwendungen übergangen wurden, meint, dass der Stadtrat seine Einwendung nicht »geprüft« hätte, wie § 3 II 4 BauGB es verlangt. Trifft dies zu?

Fall 59

Fundstelle
BRS 59, Nr. 21

Weder das Baugesetzbuch noch gegebenenfalls ergänzend heranzuziehende Bestimmungen regeln näher, in welcher Weise die Prüfungspflicht des § 3 II 4 BauGB zu erfüllen ist. Daher muss ein Gemeinderat, der den Bauleitplan beschließt, die Prüfung der Bürger-Einwendungen nicht selbst vornehmen, sondern kann dies von einer anderen Verwaltungseinheit erledigen lassen. So jedenfalls die Rechtsprechung. Sie müssen das nicht lieben, nur wissen.

Unterrichtung

§ 3 II 4 BauGB gewährt einen Anspruch darauf, davon unterrichtet zu werden, ob und wie sich die Gemeinde mit den privaten Interessen der Einwender auseinandergesetzt hat. Das heißt aber umgekehrt: Eine bloße Information des Bürgers reicht; auch wenn dann bereits vollendete Tatsachen geschaffen sind. Eine Gemeinde kann z.B. die Einwendungen verwerfen, den Bebauungsplan beschließen und in Kraft treten lassen und erst danach den Bürger darüber informieren, dass seine Bedenken übergangen wurden. § 3 II 4 BauGB bezweckt eben nur die Mitteilung des Prüfungsergebnisses und nicht, den Bürgern Gelegenheit zu nochmaligem Vorbringen im Bebauungsplanverfahren selbst zu geben.

(f) Masseverfahren, § 3 II 5 BauGB

§ 3 II 5 BauGB

Haben mehr als fünfzig Personen Stellungnahmen mit im Wesentlichen gleichem Inhalt abgegeben, kann die Mitteilung dadurch ersetzt werden, dass diesen Personen die Einsicht in das Ergebnis ermöglicht wird; die Stelle, bei der das Ergebnis der Prüfung während der Dienststunden eingesehen werden kann, ist ortsüblich bekannt zu machen.

Die Norm ist glücklicherweise nicht so schwer zu verstehen, zumal uns der Begriff der »ortsüblichen Bekanntmachung« schon auf Seite 232 begegnet ist. Ein Beispiel für »wesentlich gleiche« Stellungnahmen wäre, dass anliegende Familienheimeigentümer sich gegen eine Hochhausbebauung in der Nachbarschaft wehren. Hierbei dürfen Alternativvorschläge der Bürger unterschiedlich sein; als Gemeinsamkeit genügt, dass die Hochhäuser unerwünscht sind.

Keine bestimmte
Einsichtnahmefrist
vorgesehen!

Eine Frist für die Einsichtnahme sieht das Gesetz nicht vor. Man kann das Ergebnis auf Dauer oder befristet zugänglich machen. Eine Frist muss »angemessen« sein; und was das ist, weiß bei § 3 II 5 BauGB niemand so genau. Da die Bürger den Fortgang der Planung nach Einreichung ihrer Einwendungen ohnehin nicht mehr beeinflussen können und das Ergebnis der Einwendungsprüfung sogar noch nach Inkrafttreten des Bauleitplans bekanntgegeben werden kann, ist es ohnehin von geringer Bedeutung, wie lang die Frist nun sein muss. Die Wirksamkeit eines Bebauungsplanes kann durch eine zu kurze Einsichtsfrist nicht mehr berührt werden.

(g) Was von § 3 II BauGB übrig blieb

Satz 3 haben wir bislang noch nicht erläutert, das ist auch kaum nötig. »Die nach § 4 Abs. 2 BauGB Beteiligten sollen von der Auslegung benachrichtigt werden«, heißt es dort. Das sind die »Träger öffentlicher Belange«, mit denen wir uns schon bei ihrer frühzeitigen Beteiligung (Seite 225) beschäftigt haben und auf die im Rahmen ihrer förmlichen Beteiligung im folgenden Punkt zurückzukommen ist.

Satz 6 betrifft Sonderfälle, in denen Bauleitpläne von der Gemeinde zwar aufgestellt werden, von anderen Behörden aber genehmigt werden müssen. Mit »Vorlage« ist also nicht die Planauslegung zwecks Bürgerbeteiligung, sondern die später stattfindende Vorlage bei der Genehmigungsbehörde gemeint. Diese soll erfahren, welche Stellungnahmen der Bürger die Gemeinde nicht berücksichtigt hat, denn so kann sie besser prüfen, ob die Gemeinde die privaten und öffentlichen Belange nach § 1 VII BauGB korrekt abgewogen hat. Davon hängt nämlich ab, ob sie die Plangenehmigung erteilen wird.

bb) Behörden, § 4 II BauGB

[1] Die Gemeinde holt die Stellungnahmen der Behörden und sonstigen Träger öffentlicher Belange, deren Aufgabenbereich durch die Planung berührt werden kann, zum Planentwurf und der Begründung ein. [2] Sie haben ihre Stellungnahmen innerhalb eines Monats abzugeben; die Gemeinde soll diese Frist bei Vorliegen eines wichtigen Grundes angemessen verlängern. [3] In den Stellungnahmen sollen sich die Behörden und sonstigen Träger öffentlicher Belange auf ihren Aufgabenbereich beschränken; sie haben auch Aufschluss über von ihnen beabsichtigte oder bereits eingeleitete Planungen und sonstige Maßnahmen sowie deren zeitliche Abwicklung zu geben, die für die städtebauliche Entwicklung und Ordnung des Gebietes bedeutsam sein können. [4] Verfügen sie über Informationen, die für die Ermittlung und Bewertung des Abwägungsmaterials zweckdienlich sind, haben sie diese Informationen der Gemeinde zur Verfügung zu stellen.

§ 4 II BauGB

(a) »Einholung« nach § 4 II 1 BauGB

Wer »Träger öffentlicher Belange« ist, wurde schon ab Seite 226 gesagt. Ferner ergibt sich aus § 4 II 1 BauGB, dass diese Träger zur Stellungnahme verpflichtet sind, denn die Stellungnahme »kann« die Gemeinde nicht einholen, sondern die Gemeinde »holt ... ein«. Von Interesse ist darüber hinaus, wie eine Gemeinde die Stellungnahmen einholt, d.h. in welcher Weise sie einen Träger öffentlicher Belange zur Stellungnahme auffordern muss. Das Bundesverwaltungsgericht tendiert dazu, dies von den jeweiligen Umständen des Einzelfalls abhängig zu machen. Wichtig ist, dass den betroffenen Trägern erkennbar sein muss, zur Stellungnahme aufgefordert zu sein. Dass ist natürlich bei einer ausdrücklichen Aufforderung gegeben, aber auch dann, wenn sich das eindeutig aus Begleitumständen entnehmen lässt. So kann es z.B. genügen, wenn den betroffenen Trägern der Planentwurf übersandt wird (wenngleich auch dies nicht für jeden denkbaren Einzelfall gesagt werden kann). Unabhängig von spezifischen Umständen reicht es jedoch niemals aus, wenn die betroffenen Träger lediglich ohne Entwurfsübersendung davon informiert werden, dass die Pläne für die Bürger einsehbar sind. Daraus können sie nicht entnehmen, dass sie jetzt auch ihre Stellungnahmen vorbringen sollen, denn: Die Bürger- und Behördenbeteiligung kann zwar zeitgleich durchgeführt werden, muss es aber nicht:

Die Unterrichtung nach § 3 Abs. 1 kann gleichzeitig mit der Unterrichtung nach § 4 Abs. 1, die Auslegung nach § 3 Abs. 2 kann gleichzeitig mit der Einholung der Stellungnahmen nach § 4 Abs. 2 durchgeführt werden.

§ 4 a II BauGB

(b) Frist, Fristverlängerung, § 4 II 2 BauGB

In § 4 II 2 BauGB gibt es eine Monatsfrist, und wie man eine solche berechnet, steht schon auf Seite 97. Die Norm behandelt ferner die Fristverlängerung aus wichtigem Grund. Ein wichtiger Grund ist gegeben bei großer Komplexität der Planung, nicht aber bei internen (Organisations-)Problemen der zu beteiligenden Behörde *(z.B.: »Der Sachbearbeiter X des Umweltamtes hat Urlaub und niemand anderes kennt sich aus.«)*. Liegt ein wichtiger Grund vor, so soll die Frist verlängert werden. »Soll« bedeutet, dass von einer Fristverlängerung nur in atypischen Situationen abzusehen ist. Eine solche ist beispielsweise gegeben, wenn die Gemeinde die Einwendungen einer anderen Stelle inklusive Begründung schon kennt, warum auch immer. Was schließlich eine angemessene Verlängerung ist, ergibt sich aus dem wichtigen Grund, also daraus, wie lange die zu beteiligende Stelle legitimerweise für ihre Äußerungen wird brauchen dürfen. All diese hastig heruntergeratterten Aspekte entziehen sich festen Kriterien und müssen den Bedürfnissen des Einzelfalls angepasst werden. Genauer kann eine Darstellung hier leider nicht sein, zumal sich nur äußerst dünne Angaben in der Fachliteratur und keine Gerichtsentscheidungen hierzu finden lassen.

(c) Inhalt der Stellungnahmen, § 4 II 3 BauGB

Mit der in § 4 II 3 BauGB enthaltenen Beschränkung auf den Aufgabenbereich befinden wir uns in einer Grauzone, denn in der Praxis wird es häufig vorkommen, dass eine bestimmte Behörde ihre allgemeinen städtebaulichen Wunschvorstellungen zum Besten gibt, statt sich auf ihr Fachgebiet zu beschränken. So soll eine Umweltbehörde sich strikt auf Umweltaspekte beschränken, ein Denkmalamt sich auf Fragen des Denkmalschutzes etc. Die Norm wird so interpretiert, dass eine »fachfremde« Beeinflussung zwar verboten ist, eine unverbindliche Anregung aber gegeben werden darf. Da fällt die Abgrenzung nicht einfach. Offenbar funktioniert das ganze nach dem Prinzip: Wo kein Kläger ist, da ist auch kein Richter. Seit 1998, als die »Beschränkung auf den Aufgabenbereich« im Gesetz eingeführt wurde, gibt es kaum Rechtsprechung hierzu.

§ 4 II 3 BauGB enthält ferner die Pflicht zu Informationen über anderweitige Planungen. Die Bauplanung ist ja nur ein kleiner Ausschnitt des gesamten Planungswesens, für dessen verschiedene Bereiche gilt: Alles kann mit allem zusammenhängen. Beispielsweise könnte es zu Verwicklungen kommen, wenn gleichzeitig eine Bauplanung und eine Straßenplanung von verschiedenen Behörden entwickelt werden und die eine von der anderen nichts erfährt. So müsste nach § 4 II 3 BauGB die Straßenbaubehörde Informationen über ihre Planung an die (bau)planende Stelle der Gemeinde weitergeben.

(d) Zurverfügungstellung weiterer Informationen, § 4 II 4 BauGB

§ 4 II 4 BauGB ist durch das Europarechtsanpassungsgesetz Bau neu gefasst worden und erweitert die Pflicht der Träger öffentlicher Belange, der planenden Gemeinde Informationen zur Verfügung zu stellen. Mit »Abwägungsmaterial« ist gemeint: Alles, was in die Abwägung nach § 1 VII BauGB einfließen muss, vgl. ab Seite 209. Entscheidend ist, dass die Träger öffentlicher Belange jede relevante Information, die sie haben, herausgeben müssen, also auch solche, die nicht in ihren Aufgabenbereich gehören.

e) Abwägung

Hat nun die Gemeinde alle relevanten Informationen gesammelt, so sind alle öffentlichen und privaten Belange gegen- und untereinander abzuwägen. Dies gehört zu den elementaren »Grundsätzen« der Bauleitplanung und wurde daher schon ab Seite 209 behandelt.

f) Beschluss des Plans

Die Gemeinde beschließt den Bebauungsplan als Satzung.   **§ 10 I BauGB**

Wie nun so ein Beschluss gefasst wird, ist in den Gemeindeordnungen (das sind Gesetze) der Bundesländer geregelt. Häufig wird der Gemeinderat zuständig sein, es kann aber auch ein anderes Gemeindeorgan wie z.B. ein Bauausschuss sein. Für einen ordnungsgemäßen Gemeinderatsbeschluss ist im Wesentlichen erforderlich, dass der Gemeinderat ordnungsgemäß einberufen wird und die Ratsmitglieder rechtzeitig die Tagesordnung der Ratssitzung kennen. Bei der Sitzung muss der Rat »beschlussfähig« sein, was in der Regel eine Mindest-Teilnehmerzahl erfordert oder generell bei fehlender Rüge gegeben ist. Sodann muss einen Beschluss mit Mehrheit gefasst werden, wobei i.d.R. die einfache Mehrheit (mehr Ja- als Neinstimmen) genügt.

Auch ein Flächennutzungsplan muss beschlossen werden, wenngleich dies nicht ausdrücklich so im BauGB steht.

g) Genehmigung des Plans

Ein Bebauungsplan muss nur ausnahmsweise genehmigt werden (§ 10 II BauGB), ein Flächennutzungsplan regelmäßig. Die Genehmigung entfällt aber in Hamburg, Bremen und Berlin (§ 246 BauGB, in Bremen i.V.m. Landesrecht). Ansonsten gilt:

(1) Der Flächennutzungsplan bedarf der Genehmigung der höheren   **§ 6 I-IV BauGB**
Verwaltungsbehörde.

(2) Die Genehmigung darf nur versagt werden, wenn der Flächennutzungsplan nicht ordnungsgemäß zu Stande gekommen ist oder diesem Gesetzbuch, den auf Grund dieses Gesetzbuchs erlassenen oder sonstigen Rechtsvorschriften widerspricht.

(3) Können Versagungsgründe nicht ausgeräumt werden, kann die höhere Verwaltungsbehörde räumliche oder sachliche Teile des Flächennutzungsplans von der Genehmigung ausnehmen.

(4) Über die Genehmigung ist binnen drei Monaten zu entscheiden; die höhere Verwaltungsbehörde kann räumliche und sachliche Teile des Flächennutzungsplans vorweg genehmigen. Aus wichtigen Gründen kann die Frist auf Antrag der Genehmigungsbehörde von der zuständigen übergeordneten Behörde verlängert werden, in der Regel jedoch nur bis zu drei Monaten. Die Gemeinde ist von der Fristverlängerung in Kenntnis zu setzen. Die Genehmigung gilt als erteilt, wenn sie nicht innerhalb der Frist unter Angabe von Gründen abgelehnt wird.

aa) Zuständige Genehmigungsbehörde, § 6 I BauGB

Jeder Flächennutzungsplan muss genehmigt werden, und zwar von der »höheren Verwaltungsbehörde«. Welche das ist, richtet sich nach Landesrecht, es kann z.B., sofern in dem jeweiligen Land vorhanden, eine Bezirksregierung sein (in manchen Bundesländern heißen diese anders).

bb) Genehmigungs- und Versagungspflicht

Nach § 6 II BauGB darf die Genehmigung nur versagt werden, wenn der Plan aus welchen Gründen auch immer rechtswidrig ist. Die Genehmigungsbehörde prüft also die ganze Rechtmäßigkeit des Plans, also alles ab Seite 222 inklusive das, was zur Rechtmäßigkeit noch kommen wird. Ist der Plan rechtmäßig, so muss er genehmigt werden. Ist er es nicht, so »darf« nach § 6 II BauGB die Genehmigung versagt werden. Die Norm wird indes so ausgelegt, dass die Genehmigung in diesem Falle versagt werden muss.

Die Genehmigung zu einem rechtswidrigen Plan muss versagt werden!

cc) Genehmigungsfrist, Genehmigungsfiktion, § 6 IV BauGB

Eine Genehmigung wird zunächst einmal von der planenden Gemeinde bei der zuständigen höheren Verwaltungsbehörde beantragt. Dem Antrag sind alle Begleitmaterialien wie der Planentwurf mit Begründung und Erläuterungsbericht beizufügen. Wenn alles bei der höheren Verwaltungsbehörde eingeht, beginnt die Drei-Monats-Frist zu laufen. Die Berechnung des Fristendes läuft wie auf Seite 97 erläutert, nur dass es statt einem halt drei Monate sind. Eine Fristverlängerung kann die Behörde sich nicht selbst genehmigen, sondern bedarf dafür der »zuständigen übergeordneten Behörde«. Dies ist in der Regel ein Landesministerium.

Wird binnen drei Monaten bzw. einer verlängerten Frist die Genehmigung weder erteilt noch verweigert, so »gilt sie als erteilt«, d.h. es gibt zwar keine Genehmigung, aber rechtlich ist der Zustand so, als wenn es sie gäbe. Die Genehmigung wird dann also fingiert, daher »Genehmigungsfiktion«.

Alles Weitere sei dem Gesetzestext entnommen.

h) Bekanntmachung, Inkrafttreten

Hierfür gibt es unterschiedliche Normen für den Flächennutzungs- und den Bebauungsplan, die aber im Wesentlichen den gleichen Inhalt haben.

§ 6 V BauGB: »Die Erteilung der Genehmigung ist ortsüblich bekannt zu machen. Mit der Bekanntmachung wird der Flächennutzungsplan wirksam. Ihm ist eine zusammenfassende Erklärung beizufügen über die Art und Weise, wie die Umweltbelange und die Ergebnisse der Öffentlichkeits- und Behördenbeteiligung in dem Flächennutzungsplan berücksichtigt wurden, und aus welchen Gründen der Plan nach Abwägung mit den geprüften, in Betracht kommenden anderweitigen Planungsmöglichkeiten gewählt wurde. Jedermann kann den Flächennutzungsplan, die Begründung und die zusammenfassende Erklärung einsehen und über deren Inhalt Auskunft verlangen.«	**§ 10 III BauGB**: »Die Erteilung der Genehmigung oder, soweit eine Genehmigung nicht erforderlich ist, der Beschluss des Bebauungsplans durch die Gemeinde ist ortsüblich bekannt zu machen. Der Bebauungsplan ist mit der Begründung und der zusammenfassenden Erklärung nach Absatz 4 zu jedermanns Einsicht bereitzuhalten; über den Inhalt ist auf Verlangen Auskunft zu geben. In der Bekanntmachung ist darauf hinzuweisen, wo der Bebauungsplan eingesehen werden kann. Mit der Bekanntmachung tritt der Bebauungsplan in Kraft.« ... **§ 10 IV BauGB**: »Dem Bebauungsplan ist eine zusammenfassende Erklärung beizufügen über die Art und Weise, wie die Umweltbelange und die Ergebnisse der Öffentlichkeits- und Behördenbeteiligung in dem Bebauungsplan berücksichtigt wurden, und aus welchen Gründen der Plan nach Abwägung mit den geprüften, in Betracht kommenden anderweitigen Planungsmöglichkeiten gewählt wurde.«

aa) Inhalt der Bekanntmachung

Nach § 6 V 1 bzw. § 10 III 1 BauGB muss – je nachdem – der Beschluss oder die Genehmigung des Bauleitplans bekannt gemacht werden.

Natürlich kann man nicht den gesamten Bauleitplan, die Begründung mit Umweltbericht und die Umwelterklärung in einem Amtsblatt oder einer Zeitung abdrucken bzw. an der Rathaustafel aushängen. Die Gemeinde muss nur bekannt machen, dass diese ganzen Dinge vorliegen bzw. der Bauleitplan beschlossen / genehmigt wurde und zur Einsicht bereitliegt.

Der Inhalt der Bekanntmachung richtet sich nach der Funktion der Bekanntmachung..

Es taucht dabei das gleicht Problem wie bei der förmlichen Bürgerbeteiligung auf: Wie genau muss der Hinweis auf die Einsichtsmöglichkeit denn sein? Dies bestimmt sich wiederum aus der Funktion der Bekanntmachung. Bei der Bürgerbeteiligung wurde gesagt, dass die Bekanntgabe eine »Anstoßfunktion« erfüllen muss, damit der interessierte Bürger, der evtl. Stellungnahmen einlegen möchte, schon durch die Bekanntmachung weiß, um welches Plangebiet es gehen wird und ob er betroffen sein wird (ab Seite 233). Jetzt aber kann der Bürger nichts mehr machen: Der Bebauungsplan ist beschlossen, vollendete Tatsachen sind geschaffen. Daher sind die Anforderungen an die Bekanntgabe des endgültigen Planbeschlusses geringer. Aber andererseits: Das Gesetz sieht nun einmal vor, dass der interessierte Bürger sich auch über die fertigen Bebauungspläne Kenntnis verschaffen kann und dass ihm dies bekannt gegeben wird. Also wird es ein Mindestmaß an Konkretisierung bei der Bekanntgabe geben. Ein Hinweis »Gemeinde X hat mal wieder ein Bebauungsplan beschlossen«, ohne eine auch nur ungefähre Angabe des Plangebietes, könnte daher keinesfalls genügen.

Fall 60

Fundstellen Originalfall:
• BRS 63, Nr. 42
• DVBl. 2000, 1861

In der Bekanntmachung eines Bebauungsplans wurde lediglich die Nummer des Plans angegeben; eine Angabe über das Plangebiet fehlte völlig. Bürgermeister B meint, seine Gemeinde sei so klein, dass ohnehin jeder jeden kenne und sich die Planung hinreichend herumgesprochen habe. Die Gemeinde hat nur einen einzigen Bebauungsplan, der das ganze Gemeindegebiet umfasst, das sei allgemein bekannt. Im Übrigen könne man sich den Plan ja ansehen, worauf in der Bekanntmachung auch hingewiesen wurde. Liegt eine »Bekanntmachung« gemäß § 10 III 1 BauGB vor?

Das Bundesverwaltungsgericht hielt dies für nicht ausreichend:

BVerwG

Aus der Angabe »Nummer 1« ergibt sich auch nicht, dass es sich um den möglicherweise allseits bekannten einzigen Bebauungsplan handeln muss; denkbar ist, dass an anderer Stelle ein zweiter Bebauungsplan im Entstehen war oder ist. Letztlich wird mit der Angabe der

Nummer nur mitgeteilt, dass »ein« Bebauungsplan in Kraft getreten ist. Nicht die Bekanntmachung, sondern erst das private Wissen der Bürger identifiziert gegebenenfalls den Bebauungsplan.

bb) Form der Bekanntmachung

Es wird eine »ortsübliche Bekanntmachung« verlangt, deren Form sich nach Landes- oder Ortsrecht richtet (vgl. Seite 232).

cc) Wirkung der Bekanntmachung

Nach § 10 III 4 BauGB tritt der Bebauungsplan mit der Bekanntmachung in Kraft. Wird er im Amtsblatt oder einer Zeitung bekannt gemacht, so wird er an deren Erscheinungstag wirksam.

dd) Umfang des zur Einsicht bereitzuhaltenden Materials

Drei Dinge sind zur Einsichtnahme bereitzustellen, die für den Flächennutzungsplan in § 6 V 4 BauGB und für den Bebauungsplan in § 10 III 2 BauGB genannt sind:

- der Plan selbst,
- seine Begründung (zur Begründung gehört auch der Umweltbericht),
- eine »Umwelterklärung«, im Gesetz als »zusammenfassende Erklärung« bezeichnet.

Die Umwelterklärung ist in § 6 V 2 BauGB für den Flächennutzungsplan und in § 10 IV BauGB für den Bebauungsplan identisch beschrieben. Sie ist durch das Europarechtsanpassungsgesetz Bau (2004) neu eingeführt worden. Die Verpflichtung zur Erstellung und Bekanntmachung der Umwelterklärung sollte ursprünglich sogar schon für Bauleitpläne im Entwurfsstadium gelten, aber der Gesetzgeber entschied sich dann doch anders, was nach dem maßgeblichen EG-Recht auch gestattet war. Die Umwelterklärung kann wie eine Presseerklärung gestaltet sein. Sie wird, anders als der Umweltbericht, erst beim abschließenden Beschluss des Bauleitplans erstellt und unterliegt daher nicht der Bürger- und Behördenbeteiligung.

i) Exkurs: Vereinfachte Planänderung und -ergänzung

Zum »vereinfachten Verfahren« können Sie in einer ruhigen Minute einmal § 13 BauGB lesen. Das nötige Hintergrundwissen zum Verständnis dürften Sie nach der Lektüre zum »normalen« Verfahren haben. Das vereinfachte Verfahren gilt nur für die Änderung und Ergänzung, nicht für die Neuaufstellung von Plänen. Im Übrigen dürfen die Grundzüge der Planung nicht berührt werden, d.h. die Planungskonzeption des Bebauungsplanes muss unangetastet bleiben.

3.1.3. Form der Pläne

Die Bauleitpläne sind in schriftlicher Form auszufertigen. Wie soeben erwähnt, sind eine Begründung und eine Umwelterklärung beizufügen.

§ 10 I BauGB sieht vor, dass ein Bebauungsplan die Rechtsform einer »Satzung« hat. Für den Flächennutzungsplan fehlt eine derartige Bestimmung.

Bebauungsplan als Satzung

Eine »Satzung« ist eine Rechtsnorm. Ähnlich wie ein Gesetz regelt sie (anders als z.B. eine Baugenehmigung) nicht nur einen Einzelfall, sondern enthält eine generell-abstrakte Rechtsetzung. Für eine theoretisch nach oben offene Anzahl von Personen und/oder Sachverhalten werden Rechtsregeln aufgestellt. Der räumliche Geltungsbereich darf hingegen durch ein bestimmtes Gebiet begrenzt sein (wie auch ein Bundesgesetz nicht im Ausland und ein Niedersächsisches Gesetz nicht in Bayern gilt und trotzdem »Gesetz« ist). So ist es auch bei Bebauungsplänen. Sie enthalten Festsetzungen für ein bestimmtes Gebiet, aber nicht für einen bestimmten Einzelfall. Jeder, der im betroffenen Gebiet ein Grundstück nutzen möchte, ist den Rechtsregeln des Bebauungsplans unterworfen. Auch, wenn durch einen Bebauungsplan gezielt ein Einzelvorhaben ermöglicht werden soll, ist dies zumindest theoretisch so. Dies genügt für das Charakteristikum einer »Satzung«.

Anders beim Flächennutzungsplan

Die generell-abstrakte Geltung findet man auch beim Flächennutzungsplan, dennoch definiert ihn das Gesetz nicht als Satzung, und er ist es auch nicht etwa nach ungeschriebenen Grundsätzen. Was ihm nämlich fehlt, ist die Außenwirkung. Während der Bebauungsplan für den Bürger verbindlich ist, dient der Flächennutzungsplan lediglich der Vorbereitung einer detaillierteren Planung. Insoweit ist er zwar ebenfalls verbindlich, aber nur für die weiterplanende Gemeinde. Die Wirkung des Flächennutzungsplanes dringt somit nicht aus dem Verwaltungsinternen heraus, daher hat er keine Außenwirkung. Nach vorherrschender Ansicht ist er eine »hoheitliche Maßnahme eigener Art«. Anders als ein einzelner »Verwaltungsakt« hat er generalisierende Wirkung. Er hat aber keine Außenwirkung. Daher kann ein Bürger nur gegen einen Bebauungsplan, nicht aber gegen einen Flächennutzungsplan Klage erheben.

3.2. Materielle Rechtmäßigkeit – Einleitung und Abgrenzung zur formellen Rechtmäßigkeit

In der »materiellen Rechtmäßigkeit« geht es darum, ob die Pläne dem Inhalt nach mit »höherrangigem Recht« vereinbar sind. Höherrangiges Recht sind sämtliche Gesetze und Rechtsverordnungen, sofern sie im jeweiligen Plangebiet gelten (also nicht etwa Verordnung aus Bayern für Bebauungsplan in Niedersachsen). Hierzu gehört z.B. auch das höchste der deutschen Gesetze, das Grundgesetz. Wir hatten schon des öfteren die Eigentumsgarantie (Art. 14 GG) erwähnt, gegen die z.B. verstoßen würde, wenn großflächig jegliche Bebauungsmöglichkeit verhindert würde.

Die Überprüfung sämtlichen höherrangigen Rechts ist natürlich ein sehr weites Feld, das es hier zu strukturieren, aber auch zu begrenzen gilt. Besonders wichtig ist die Überprüfung von Verstößen gegen einige Normen des BauGB. Diese Prüfung läuft im Wesentlichen auf eine Ermessenskontrolle hinaus, denn eine Gemeinde hat ein Planungsermessen, und es gilt nun herauszufinden, ob sie dieses korrekt ausgeübt hat. Hierbei wird uns einiges wieder begegnen, was schon bei den »Grundsätzen der Bauleitplanung« (ab Seite 201) behandelt wurde.

Häufig ist Kontrolle des Planungsermessens vorzunehmen.

Es ist nicht immer ganz leicht zu verstehen, warum dieses oder jenes bei der »formellen Rechtmäßigkeit« geprüft wird, etwas scheinbar Ähnliches aber bei der »materiellen Rechtmäßigkeit«. So setzt sich die formelle Rechtmäßigkeit eines Aktes (hier: Plans) immer aus drei Elementen zusammen, nämlich Zuständigkeit, Verfahren, Form.

Formelle Rechtmäßigkeit:
- *Zuständigkeit*
- *Verfahren*
- *Form*

Nun wurden ab Seite 222 beim »Verfahren« alle Punkte genannt, die die planende Gemeinde und evtl. andere Behörden durchlaufen müssen. Kommen wir aber zur Kontrolle, ob dies alles auch eingehalten wurde, so wird einiges davon bei der formellen Rechtmäßigkeit und anderes bei der materiellen Rechtmäßigkeit kontrolliert. Warum ist das so? Ganz einfach: Es gibt Verfahrensschritte, die sich in Formalitäten erschöpfen und bei denen man mit einem »Entweder/Oder« sagen kann, ob sie eingehalten wurden oder nicht. Dies gehört dann bei der Kontrolle eines Bauleitplans in den formellen Teil. *Beispiel: Entweder wurden die Bürger ordnungsgemäß beteiligt oder sie wurden es nicht; ggf. liegt ein »formeller Fehler« vor.*

Wo man was kontrolliert, mag sich aus folgender Übersicht ergeben:

Prüfung der Rechtmäßigkeit		
Verfahrensschritt	**Standort der Prüfung**	**Grund**
1 Vorüberlegung: Soll oder muss geplant werden (§ 1 III BauGB)?	materielle Rechtmäßigkeit	In § 1 III BauGB geht es nicht um eine förmliche, sondern um eine inhaltliche Anforderung: Pläne müssen für die städtebauliche Ordnung erforderlich sein.
2 Planfeststellungsbeschluss	formelle Rechtmäßigkeit	Es wird nur kontrolliert, ob der Beschluss formell ordnungsgemäß ist. Erfährt man durch den Beschluss, dass evtl. schon die »Vorüberlegung« fehlerhaft war, so rutscht dies in die materielle Kontrolle des § 1 III BauGB (siehe Zeile 1).
3 frühzeitige Beteiligung (Behörden/Bürger)	formelle Rechtmäßigkeit	Man prüft hier nur, ob die Beteiligungsrechte gewahrt wurden, nicht, wie die inhaltlichen Auswirkungen der Beteiligung auf den Bauleitplan sein müssen. Diese »inhaltliche Auswirkung« wird im materiellen Teil, bei der Kontrolle der Abwägung (Zeile 6) vorgenommen, denn es kann vorkommen, dass bei der Beteiligung geäußerte Belange falsch oder gar nicht abgewogen wurden.
4 Umweltprüfung, Umweltbericht	formelle Rechtmäßigkeit	Ähnlich wie in Zeile 3 prüft man unter dem Stichwort »Umweltprüfung und Umweltbericht« im formellen Teil zunächst nur, ob Prüfung und Bericht erfolgt sind. Es können »Folgefehler« auftreten, die dort geprüft werden, wo sie sich auswirken. Bsp. 1: Wird der Umweltbericht nicht in die Begründung zum Bebauungsplanentwurf mit aufgenommen, so könnte dies zu einer fehlerhaften Entwurfsauslegung bei der förmlichen Bürgerbeteiligung führen, was (Zeile 5) in der formellen Rechtmäßigkeit zu prüfen ist. Bsp. 2: Gehen die Ergebnisse des Umweltberichts nicht in die Abwägung nach § 1 VII BauGB ein, so prüft man das beim Punkt »Abwägungsfehler«, (Zeile 6, Teil der materiellen Prüfung).
5 förmliche Beteiligung (Behörden/Bürger)	formelle Rechtmäßigkeit	Gleiche Begründung und Aufspaltung zwischen dem »Ob« und den Auswirkungen wie bei 3 und 4.
6 Abwägung	materielle Rechtmäßigkeit	Abwägung steht unter gewissen Grenzen im Ermessen der Planungsbehörde, Ermessensausübung ist aber kein rein formeller Akt, sondern eine Entscheidung über den Inhalt des Bauleitplans.
7 Genehmigung oder Beschluss des Plans	formelle Rechtmäßigkeit	Genehmigung oder Beschluss ist formeller Akt. Man prüft hier wie in Zeilen 3-5 aber nur, ob Beschluss oder Genehmigung formell fehlerfrei sind. Besondere inhaltliche Auswirkungen kann das nicht haben.
8 Bekanntmachung, Inkrafttreten	formelle Rechtmäßigkeit	Bekanntmachung ist ein formeller Akt, Inkrafttreten ist die Folge davon. Besondere inhaltliche Auswirkungen kann dies ebenfalls nicht haben.

Bei anderen Verfahrensschritten hat die planende Gemeinde einen Ermessensspielraum; Paradebeispiel ist die Abwägung aller relevanten Belange nach § 1 VII BauGB. Hier kann die Gemeinde gestaltend tätig werden. Entscheidungen über die Frage, ob und mit welchem Inhalt ein Bauleitplan aufgestellt wird, betreffen dessen materiell-inhaltliche Seite. Wenngleich diese Entscheidungen ebenfalls »im Verfahren« gefällt werden müssen, sind es doch inhaltliche Entscheidungen, deren Kontrolle zum Punkt »materielle Rechtmäßigkeit des Bauleitplans« gehört.

Für die Prüfung eines Bauleitplans ergibt sich damit folgendes Schema:

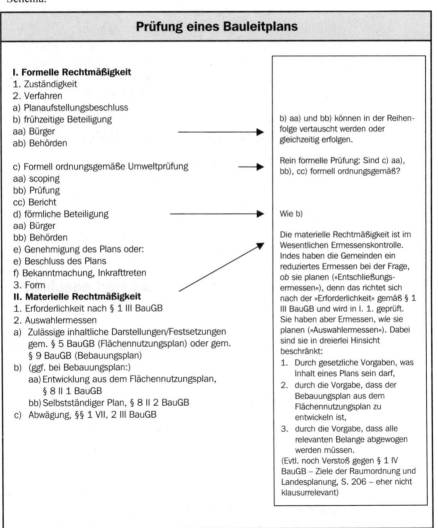

Prüfung eines Bauleitplans

I. Formelle Rechtmäßigkeit
1. Zuständigkeit
2. Verfahren
a) Planaufstellungsbeschluss
b) frühzeitige Beteiligung   ⟶ b) aa) und bb) können in der Reihenfolge vertauscht werden oder gleichzeitig erfolgen.
aa) Bürger
ab) Behörden

c) Formell ordnungsgemäße Umweltprüfung ⟶ Rein formelle Prüfung: Sind c) aa), bb), cc) formell ordnungsgemäß?
aa) scoping
bb) Prüfung
cc) Bericht
d) förmliche Beteiligung   ⟶ Wie b)
aa) Bürger
bb) Behörden
e) Genehmigung des Plans oder:
e) Beschluss des Plans
f) Bekanntmachung, Inkrafttreten
3. Form
II. Materielle Rechtmäßigkeit
1. Erforderlichkeit nach § 1 III BauGB
2. Auswahlermessen
a) Zulässige inhaltliche Darstellungen/Festsetzungen gem. § 5 BauGB (Flächennutzungsplan) oder gem. § 9 BauGB (Bebauungsplan)
b) (ggf. bei Bebauungsplan:)
aa) Entwicklung aus dem Flächennutzungsplan, § 8 II 1 BauGB
bb) Selbstständiger Plan, § 8 II 2 BauGB
c) Abwägung, §§ 1 VII, 2 III BauGB

Die materielle Rechtmäßigkeit ist im Wesentlichen Ermessenskontrolle. Indes haben die Gemeinden ein reduziertes Ermessen bei der Frage, *ob* sie planen (»Entschließungsermessen«), denn das richtet sich nach der »Erforderlichkeit« gemäß § 1 III BauGB und wird in I. 1. geprüft. Sie haben aber Ermessen, *wie* sie planen (»Auswahlermessen«). Dabei sind sie in dreierlei Hinsicht beschränkt:
1. Durch gesetzliche Vorgaben, was Inhalt eines Plans sein darf,
2. durch die Vorgabe, dass der Bebauungsplan aus dem Flächennutzungsplan zu entwickeln ist,
3. durch die Vorgabe, dass alle relevanten Belange abgewogen werden müssen.
(Evtl. noch Verstoß gegen § 1 IV BauGB – Ziele der Raumordnung und Landesplanung, S. 206 – eher nicht klausurrelevant)

Anzumerken ist, dass bei II. 2. b) immer nur aa) oder bb) geprüft werden kann, denn entweder habt man einen Bebauungsplan, der auf einem Flächennutzungsplan basiert, oder man hat einen, der ohne Flächennutzungsplan erlassen wurde (»selbstständiger Plan«). Man würde also in einem klausurmäßigen Gutachten hier nicht in aa) und bb) untergliedern, sondern ohne weitere Untergliederung dasjenige prüfen, was passt. Dass oben die Aufteilung in aa) und bb) dennoch vorgenommen wird, hat damit zu tun, dass die folgende Gliederung der materiellen Punkte ab der Ebene a) mit obigem Schema übereinstimmen soll – und im Folgenden wird eben nicht nur ein Fall erläutert, sondern es wird um verschiedene Varianten gehen, also auch um beide soeben genannte Arten von Bebauungsplänen, die folglich als aa) und bb) zu erörtern sind.

Schemata nicht schulmäßig herunterbeten!

Im Übrigen: Seien Sie bitte davor gewarnt, Schemata allzu schulmäßig herunterzubeten, man schreibt in einer Klausur üblicherweise nur zu den Punkten etwas, bei denen die Sachverhaltsschilderung im Aufgabentext Anlaß zu Zweifeln an der Rechtmäßigkeit gibt.

3.3. Die Elemente der materiellen Rechtmäßigkeitsprüfung

Im Folgenden werden alle Gliederungspunkte des voranstehenden Schemas noch einmal genannt, damit die Gliederungsabfolge mit der des Schemas übereinstimmt. Hierdurch bedingt werden auch Punkte aufgenommen, die bereits an früherer Stelle behandelt wurden, was mit einem Querverweise vermerkt ist.

3.3.1. Erforderlichkeit für die städtebauliche Ordnung

Es wurde bereits auf Seite 205 erläutert, dass ein Plan gegen § 1 III BauGB unter dem Gesichtspunkt des »Planungsverbots« verstoßen kann.

3.3.2. Auswahlermessen

a) Zulässige inhaltliche Darstellungen/Festsetzungen

aa) Flächennutzungspläne, § 5 BauGB

§ 5 I 1 BauGB

Im Flächennutzungsplan ist für das ganze Gemeindegebiet die sich aus der beabsichtigten städtebaulichen Entwicklung ergebende Art der Bodennutzung nach den voraussehbaren Bedürfnissen der Gemeinde in den Grundzügen darzustellen.

(a) Plan für das ganze Gemeindegebiet

»Für das ganze Gemeindegebiet« bedeutet, dass ein Flächennutzungsplan nicht nur für einen Teil des Gemeindegebietes erlassen werden darf, was auch sonst?!?

(b) Voraussehbare Bedürfnisse der Gemeinde, § 5 I 1 BauGB

Nach § 5 I 1 BauGB muss sich der sich der Flächennutzungsplan an den »voraussehbaren Bedürfnissen« einer Gemeinde orientieren. Fragt sich, wie man das kontrollieren kann. Denn zum einen: Wer sieht denn die Bedürfnisse voraus? Das sollte doch wohl die Gemeinde selbst sein. Und zum zweiten: Wie sieht man die Bedürfnisse eigentlich voraus? Sind hier nicht Unwägbarkeiten im Spiel, die eine Prognose über »Bedürfnisse« zur Kaffeesatzleserei werden lassen? Und würde dies nicht bedeuten, dass ein Gericht eine Gemeindeprognose überhaupt nicht kontrollieren kann?

Die Frage lässt sich mit einem »ja, aber« beantworten. In die Zukunft schauen können wir alle nicht, es muss also in gewissen Grenzen ein »Recht auf prognostischen Irrtum« geben. Ähnlich wie bei Ermessensentscheidungen gibt es aber Grenzen: Die Ausrede, man könne die zukünftigen Bedürfnisse ohnehin nicht exakt kennen, darf nicht dazu missbraucht werden, im wahrsten Sinne des Wortes »plan-los« wider alle Vernunft die »Bedürfnisse« so zu konstruieren und hinzubiegen, wie sie einem gerade passen. Hierzu ein Fall:

Die ostdeutsche Stadt D erstellt einen Flächennutzungsplan, in dem im Außenbereich gewerbliche Bauflächen von insgesamt 55 ha ausgewiesen werden. Im Innenbereich gibt es bereits gewerbliche Bauflächen von 533,8 ha, womit D für ost- wie westdeutsche Verhältnisse schon eine recht hohe Pro-Kopf-Fläche für Gewerbe hat. Die Wirtschaftskraft und die Einwohnerzahl von D. sind seit einigen Jahren leicht rückläufig.

Fall 61

Fundstelle Originalfall:
LKV 2001, S. 321

Die verantwortlichen Stadtplaner meinen, der Aufschwung Ost komme bestimmt, so dass man die neuen Flächen schon brauchen werde. Im Übrigen besäßen die traditionellen Gewerbeflächen im Innenbereich weniger Zugkraft für potenzielle Investoren. Demgegenüber werden die Möglichkeiten, im neu geplanten Gewerbegebiet ansiedlungswillige Investoren anzuziehen, als günstiger eingeschätzt. Unter anderem in diesem Bereich sollen größere, leicht erschließbare Flächen freigehalten werden, damit bei entsprechender Nachfrage schnell reagiert werden kann. Diese Flächen sollen als Reserveflächen später Investoren zur schnelleren Entwicklung angeboten werden.

Besteht ein »Bedürfnis« gemäß § 5 I 1 BauGB für die neu ausgewiesenen Gewerbeflächen?

Vorgehen in 3 Schritten:

Das Verwaltungsgericht Dessau hatte sich zu dieser Frage zu äußern und ging dabei in drei Schritten vor.

1. Wie bekommt man die »voraussehbaren Bedürfnisse« heraus?
⇨ Entwicklungsprognose

1. Wie bekommt man die »voraussehbaren Bedürfnisse« heraus?

Antwort: Es ist eine Prognose über das realistische städtebauliche Entwicklungspotenzial für einen überschaubaren Zeitraum anzustellen, der mit etwa zehn bis 15 Jahren angesetzt werden kann. Die Prognose beruht notwendigerweise auf einem wertenden Vorgang.

2. Wie kann man die Prognose gerichtlich überprüfen?
⇨ Nur im Hinblick auf die Grundlage, auf der sie beruht.

2. Wie kann man die Prognose gerichtlich überprüfen?

Antwort: Man muss zwischen der Grundlage der Prognose und dem Ergebnis der Prognose unterscheiden: Das *Ergebnis* der Prognose entzieht sich im Allgemeinen einer Überprüfung. In vollem Umfang nachprüfbar ist aber, ob die Wertung auf einer methodisch einwandfreien *Grundlage* beruht, insbesondere ob die örtlichen Gegebenheiten umfassend analysiert und die sich objektiv abzeichnenden Entwicklungstendenzen ermittelt und angemessen in den Blick genommen worden sind.

3. Sind diese Maßstäbe im konkreten Fall eingehalten worden?
⇨ Nein!

3. Sind diese Maßstäbe im konkreten Fall eingehalten worden?

Das Gericht sagte: Nein, weil der »Bedarf« gemäß § 5 I 1 BauGB nicht einwandfrei ermittelt worden sei. Im »O-Ton«:

VG Dessau

Dass ein entsprechendes Bedürfnis [für die Gesamt-Gewerbefläche] entstehen wird, ist angesichts der bisherigen rückläufigen Entwicklung der Wirtschaft wie auch der Einwohnerzahlen im Stadtgebiet nicht ohne weiteres anzunehmen. ...

Allgemein wird es als günstig angesehen, Flächen zu bevorraten und planungsrechtlich durch Flächennutzungsplan zu sichern. Derartige Erwägungen sind jedoch nicht geeignet, ein »Bedürfnis« i.S. von § 5 I 1 für zusätzliche gewerbliche Bauflächen im Außenbereich zu begründen. Auch wenn der Flächennutzungsplan ein vorbereitender Bauleitplan ist, der die angestrebte Entwicklung lediglich in den Grundzügen darzustellen braucht, müssen hinreichende Anhaltspunkte dafür bestehen, dass die dargestellten Flächen in absehbarer Zeit zweckentsprechend in Anspruch genommen werden ... . Dies trifft jedoch für die in dem Flächennutzungsplan der [Stadt D] insgesamt dargestellte gewerbliche Baufläche nicht zu. Eine »Eventualplanung« von gewerblichen Bauflächen im Außenbereich für den Fall, dass die traditionellen Standorte im Innenbereich nicht angenommen werden, entspricht nicht dem objektiven Kriterium des »Bedürfnisses« i.S. von § 5 I 1 BauGB.

(c) Die einzelnen »Darstellungen« nach § 5 II BauGB

§ 5 II BauGB

Im Flächennutzungsplan können insbesondere dargestellt werden:

1. die für die Bebauung vorgesehenen Flächen nach der allgemeinen Art ihrer baulichen Nutzung (Bauflächen), nach der besonderen Art

ihrer baulichen Nutzung (Baugebiete) sowie nach dem allgemeinen Maß der baulichen Nutzung; Bauflächen, für die eine zentrale Abwasserbeseitigung nicht vorgesehen ist, sind zu kennzeichnen;

2. die Ausstattung des Gemeindegebiets mit Einrichtungen und Anlagen zur Versorgung mit Gütern und Dienstleistungen des öffentlichen und privaten Bereichs, insbesondere mit den der Allgemeinheit dienenden baulichen Anlagen und Einrichtungen des Gemeinbedarfs, wie mit Schulen und Kirchen sowie mit sonstigen kirchlichen und mit sozialen, gesundheitlichen und kulturellen Zwecken dienenden Gebäuden und Einrichtungen, sowie die Flächen für Sport- und Spielanlagen;

3. die Flächen für den überörtlichen Verkehr und für die örtlichen Hauptverkehrszüge; ... .

Wir wollen es nicht übertreiben, drei Nummern von insgesamt zehn sollen als Anschauungsbeispiel genügen. Lesen Sie doch im Baugesetzbuch am besten einmal selbst nach, was man so alles in einem Flächennutzungsplan regeln kann und/oder soll.

Baugesetzbuch Im WWW:
http://bundesrecht.juris.de/bundesrecht/bbaug/

Die Wortwahl des Gesetzgebers, der von »Darstellungen« spricht, scheint etwas gespreiztes Juristendeutsch zu sein, hat aber eine Bedeutung, die ganz bewusst gewählt wurde. Man sollte hier nicht von »Festsetzungen« sprechen.

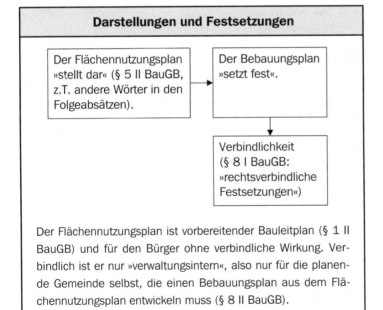

Darstellungen und Festsetzungen

Der Flächennutzungsplan »stellt dar« (§ 5 II BauGB, z.T. andere Wörter in den Folgeabsätzen).

Der Bebauungsplan »setzt fest«.

Verbindlichkeit (§ 8 I BauGB: »rechtsverbindliche Festsetzungen«)

Der Flächennutzungsplan ist vorbereitender Bauleitplan (§ 1 II BauGB) und für den Bürger ohne verbindliche Wirkung. Verbindlich ist er nur »verwaltungsintern«, also nur für die planende Gemeinde selbst, die einen Bebauungsplan aus dem Flächennutzungsplan entwickeln muss (§ 8 II BauGB).

Wenden wir unseren Blick zur Nummer 1, so wird uns einiges bekannt vorkommen: Von Art und Maß der baulichen Nutzung war ja schon die

Rede, zu »Baugebieten« fallen Ihnen (hoffentlich) die Baugebietstypen der Baunutzungsverordnung wieder ein. Bei der Darstellung nach § 5 II Nr. 1 BauGB kann man folgendermaßen verfahren:

Darstellung nach Art und Maß der baulichen Nutzung

- Man kann sich der Baugebietstypen der Baunutzungsverordnung (BauNVO) bedienen (reines Wohngebiet, allgemeines Wohngebiet, Mischgebiet, Kerngebiet etc., siehe Seite 27 ff.).

- Man kann es auch »allgemeiner« fassen, z.B. indem man ein Wohngebiet erst einmal als »Wohngebiet« bezeichnet und bis zu einem detaillierteren Bebauungsplan offenlässt, ob es ein »reines« oder ein »allgemeines« Wohngebiet sein soll. Übrigens enthält die Baunutzungsverordnung in § 1 I selbst Mustertypen für eine solche Grobeinteilung (die nicht zwingend verwendet werden müssen).

Es ist ein gewisses Mindestmaß an Konkretisierung nötig (sonst könnte man z.B. gar nicht sagen, ob das zuvor behandelte Erfordernis des § 5 I 1 BauGB beachtet worden ist). Daher gehen vergröberte Festlegungen nur, wenn die noch verbleibenden Fein-Alternativen wenigstens einen gemeinsamen Kern haben. Dies wäre beim reinen und beim allgemeinen Wohngebiet der Fall, da in beiden Fällen die Hauptnutzung das Wohnen ist. Man könnte aber z.B. in einem Flächennutzungsplan nicht ein Gebiet als »Industrie- oder reines Wohngebiet« darstellen...

- Zum Maß der baulichen Nutzung sei auf die Darstellung auf Seite 35 ff. verwiesen.

Die rechtliche Bedeutung des § 5 II BauGB ist eher gering. Das liegt daran, dass diese Norm lediglich bei der Erfüllung von Pflichten »helfen« soll, die sich aus anderen Normen ergeben. Zudem enthält § 5 II BauGB lediglich Dinge, die »insbesondere« im Flächennutzungsplan dargestellt werden können, d.h. man kann durchaus auch etwas Anderes darstellen. Indes darf man nicht darstellen, was man nicht in einem Bebauungsplan festsetzen dürfte, da sich der Bebauungsplan aus dem Flächennutzungsplan entwickeln muss (§ 8 II 1 BauGB).

§ 5 II BauGB ist keine »abschließende« Regelung.

§ 5 II BauGB ist also keine »abschließende« Regelung, bietet aber eine hilfreiche Orientierung für die planenden Gemeinden.

Wenn es heißt, die Norm soll bei der Erfüllung anderer Pflichten eine Art Orientierungshilfe geben, so bedeutet das auch, dass § 5 II BauGB die Gemeinde nicht von anderen Pflichten entbindet. So haben wir ja in § 5 I BauGB (Seite 248 ff.) gesehen, dass sich der Flächennutzungsplan an »voraussehbaren Bedürfnissen« orientieren muss. § 5 II BauGB darf jetzt nicht so verstanden werden, dass diese Pflicht ausgehebelt wird:

»Ich muss mich an die »allgemeinen« Pflichten halten (wie z.B. Abwägungs- und Abstimmungsgebot, Erfordernis eines Bedürfnisses nach § 5 I 1 BauGB), darf aber *in jedem Fall* alles in den Flächennutzungsplan schreiben, was in § 5 II BauGB enthalten ist.«	**falsch** ☹
»Ich muss mich in jedem Fall an die allgemeinen Pflichten halten. Bloß, weil eine Darstellung in § 5 II BauGB enthalten ist, ist sie noch nicht rechtmäßig. Es kommt *immer* darauf an, ob ich gegen eine andere Pflicht verstoßen habe.«	**richtig** ☺

(d) Weitere Bestimmungen des § 5 BauGB

Absatz 2 a sieht vor, dass naturschutzrechtliche »Ausgleichsflächen« denjenigen Flächen zugeordnet werden können, auf denen Eingriffe in Natur und Landschaft zu erwarten sind (mach ich Flurstück A kaputt, geht's dem Baum in B recht gut). Absatz 2 b erlaubt einen Teil-Flächennutzungsplan für einen in diesem Buch aus Platzgründen nicht behandelten Sonderfall. Absatz 3 enthält Bestimmungen über bestimmte Arten von Flächen, die gekennzeichnet werden »sollen«; es gilt im Wesentlichen das zu Absatz 2 Gesagte. Absatz 4 verlangt, dass Planungen nach anderen Gesetzen (z.B. nach Denkmalschutzrecht) im Flächennutzungsplan vermerkt werden sollen. Absatz 5 verlangt schließlich, dass dem Flächennutzungsplan die Begründung beizufügen ist (im Sinne von § 2 a BauGB, also auch mit Umweltbericht, vgl. Seite 229 f.).

bb) Bebauungsplan, § 9 BauGB

Auf Seite 251 wurde schon erläutert, dass ein Bebauungsplan rechtsverbindliche »Festsetzungen« und nicht bloß »Darstellungen« wie ein Flächennutzungsplan enthält. Auch hier gibt es einen langen Katalog in § 9 BauGB. Im Gegensatz zum Flächennutzungsplan fehlt aber in § 9 ein Wort wie »insbesondere«, das darauf hindeutet, neben der Aufzählung möglicher Festsetzungen seien auch noch andere Festsetzungen möglich. Die Festsetzungen in § 9 BauGB werden daher als »abschließende« Liste verstanden, d.h. man darf nur festsetzen, was in § 9 auch steht.

Die Festsetzungen in § 9 BauGB werden als »abschließende« Liste verstanden.

Im Übrigen darf man natürlich auch festsetzen, was in anderen Rechtsnormen ausdrücklich als mögliche Festsetzung erlaubt ist. Ein wichtiger Anwendungsfall sind die Möglichkeiten, die die Baunutzungsverordnung (BauNVO) zur Verfügung stellt, z.B. die »Baugebietstypen«

Aber auch Festsetzungen aus der BauNVO sind erlaubt.

wie reines Wohngebiet, allgemeines Wohngebiet, Dorfgebiet, Mischgebiet, Kerngebiet, Gewerbegebiet, Industriegebiet etc. Diese Dinge
wurden ab Seite 27 ausführlich behandelt, hier soll es nur noch um § 9
BauGB gehen.

Die Norm enthält 26 (!) Nummern mit möglichen Festsetzungen.

§ 9 I BauGB

Im Bebauungsplan können aus städtebaulichen Gründen festgesetzt
werden:

1. die Art und das Maß der baulichen Nutzung;
2. die Bauweise, die überbaubaren und die nicht überbaubaren Grundstücksflächen sowie die Stellung der baulichen Anlagen;
3. für die Größe, Breite und Tiefe der Baugrundstücke Mindestmaße
   und aus Gründen des sparsamen und schonenden Umgangs mit
   Grund und Boden für Wohnbaugrundstücke auch Höchstmaße; ... .

Ähnlich dem § 5 I 1 BauGB für Flächennutzungspläne gibt es auch bei
§ 9 – wenngleich ein wenig versteckt – eine »allgemeine Bestimmung«. Vor der Aufzählung der möglichen Festsetzungen heißt es,
dass das Folgende »aus städtebaulichen Gründen« festgesetzt werden
kann. Schon bevor dieser Passus 1998 ins Gesetz aufgenommen wurde,
war dies geltendes Recht und diente dazu, dass die planende Gemeinde
nicht andere als städtebauliche Ziele durch die Stadtplanung verwirk-
lichte. Zur Abgrenzung städtebaulicher und anderer Ziele diene wiederum ein Fall:

*Nur Festsetzungen »aus
städtebaulichen Gründen«!*

Fall 62

Fundstellen Originalfälle:
• BRS 60, Nr. 24
• NVwZ-RR 1999, 423

*Nach § 9 I 1 Nr. 20 BauGB können im Bebauungsplan »die Flächen
oder Maßnahmen zum Schutz, zur Pflege und zur Entwicklung von
Boden, Natur und Landschaft« festgesetzt werden. Die Gemeinde G
erließ einen Bebauungsplan, in dem sie genau dies tat. Im Einzelnen
legte sie fest: Schutz der Weide-/Hutungsflächen, Schutz der bestehenden und Anpflanzung neuer Gehölze auf bestimmten Flächen, Ausweisung von Flächen für gelenkte Sukzession (Sukzessionsziel Wald, Ma-
gerrasen, Feuchtgebiet) sowie Grünstreifen entlang von Straßen und
Wegen mit Gehölzpflanzungen.*

*Hierdurch wurde auf dem betroffenen Gebiet die bisherige Bodennut-
zung beschränkt. Eigentümer E, der davon betroffen ist, hält den Bebauungsplan für rechtswidrig. Er enthalte die genannten Festsetzungen
als einzige Festsetzungen. Daher habe er keinen städtebaulichen
Bezug, sondern sei ausschließlich naturschutzrechtlich motiviert.*

*Die Gemeinde räumt ein, dass der ganze »Bebauungsplan« im Grunde
ein »Nichtbebauungsplan« ist, meint aber, dass ein städtebaulicher
Grund noch zu erkennen sei. Das Ziel des Plans sei, die Erholungseignung eines Gebiets zu erhalten und zu entwickeln und auf diese Weise*

*ein Erholungsgebiet mit örtlicher oder überörtlicher Anziehungskraft
zu schaffen.*

Sind »städtebauliche Gründe« gemäß § 9 I 1 BauGB gegeben?

Das Bundesverwaltungsgericht weigert sich nicht, den Begriff der
»städtebaulichen Gründe« zu kontrollieren. Hier gilt die allgemeine
Regel, dass die Auslegung unbestimmte Rechtsbegriffe von den Gerichten in vollem Umfang überprüfbar ist. Im der Sache schloss es sich
der Rechtsauffassung der Gemeinde an.

Unbestimmte Rechtsbegriffe sind überprüfbar.

Als städtebauliche Vorschrift ermöglichte § 9 Abs. 1 Nr. 20 BauGB
a.F. [die neue Fassung ist ähnlich] nicht nur ... die Festsetzung von
Flächen zum Ausgleich für bauliche Eingriffe an anderer Stelle. Die
Vorschrift ermächtigte auch dazu, eine bisher zulässige (landwirtschaftliche oder sonstige) Bodennutzung aus städtebaulichen Gründen
durch Pflege- und Entwicklungsmaßnahmen mit dem Ziel zu beschränken, die Erholungseignung eines Gebiets zu erhalten und zu
entwickeln und auf diese Weise ein Erholungsgebiet mit örtlicher oder
überörtlicher Anziehungskraft zu schaffen. Bei der Steuerung der zulässigen Bodennutzung muß sich die Gemeinde nicht auf die Festsetzung baulicher Nutzungen beschränken; sie kann auch die mit der Bebauung in Verbindung stehenden nicht-baulichen Formen der Bodennutzung regeln. Ein Bebauungsplan kann sich sogar in Festsetzungen
für Zwecke der Landschaftspflege und Erholung im Vorfeld städtischer
Verdichtungsräume erschöpfen, ohne die vom Bundesgesetzgeber vorgegebene städtebauliche Ausrichtung der gemeindlichen Bauleitplanung zu überschreiten ... . Die von der Antragsgegnerin zu diesem
Zweck getroffenen ... Festsetzungen verlassen den vorgegebenen städtebaulichen Rahmen nicht.

BVerwG

Die weiteren Absätze haben zum Großteil ähnliche Regelungsgegen-
stände wie beim Flächennutzungsplan. Ein Bebauungsplan muss die
Grenzen seines räumlichen Geltungsbereiches festlegen (Absatz 7) und
eine Begründung enthalten (Absatz 8; wie schon beim Flächennutzungsplan ist es die Begründung gemäß § 2 a BauGB, zu der auch der
Umweltbericht gehört).

b) Entwicklung aus dem Flächennutzungsplan und Bebauungs-
pläne ohne Flächennutzungsplan

aa) Entwicklung aus dem Flächennutzungsplan, § 8 II 1 BauGB

Bebauungspläne sind aus dem Flächennutzungsplan zu entwickeln.

§ 8 II 1 BauGB

Dass Bebauungspläne aus dem Flächennutzungsplan »zu entwickeln«
sind, wie es das Gesetz nennt, bedeutet nicht, dass sie hundertprozentig

übereinzustimmen haben. Das folgt aus der Natur der Sache. Bei Erlass des Flächennutzungsplanes muss zwar schon eine planerische Grundkonzeption vorliegen, aber er ist eben doch »nur« vorbereitender Bauleitplan für eine detailliertere Planung. Und beim Weiterentwickeln dieser Planung kann es schon einmal passieren, dass man Abweichungen im Detail für nötig erachtet, ohne die planerische Grundkonzeption infrage zu stellen. Bereits vor ca. dreißig Jahren hat das Bundesverwaltungsgericht festgestellt, dass dies zulässig ist, und hält seither an dieser Rechtsprechung fest:

BVerwG

Abweichungen sind möglich, wenn sie die planerische Grundkonzeption unangetastet lassen.

Fundstellen Originalfall:
• BVerwGE 48, 70
• NJW 1975, 1985

> Abweichungen des Bebauungsplanes vom Flächennutzungsplan sind insoweit vom Begriff des »Entwickelns« im Sinne des § 8 Abs. 2 Satz 1 BBauG [heute BauGB] gedeckt, als sie sich aus dem – im Verhältnis zwischen Flächennutzungsplan und Bebauungsplan vorliegenden – Übergang in eine stärker verdeutlichende Planstufe rechtfertigen und der Bebauungsplan trotz der Abweichung der Grundkonzeption des Flächennutzungsplans nicht widerspricht. Der Grad eines unzulässigen Widerspruchs zum Flächennutzungsplan wird demnach von Abweichungen nicht erreicht, welche diese Grundkonzeption unangetastet lassen und deshalb insoweit als unwesentlich anzusehen sind.

Bei der Frage, welche Abweichungen denn nun »wesentlich« und welche »unwesentlich« sind, lässt uns das Gericht indessen im Regen stehen und tröstet uns mit dem juristischen Standard-Argument, dass entscheidend die Umstände des Einzelfalls sind. Immerhin gibt es eine Orientierungshilfe:

BVerwG

> Regelmäßig wird jedoch zu der vom Bebauungsplan einzuhaltenden Konzeption eines Flächennutzungsplanes die Zuordnung der einzelnen Bauflächen zueinander gehören, also beispielsweise von Industriegebieten, Gewerbegebieten, Mischgebieten oder Wohngebieten untereinander und zu den von Bebauung freizuhaltenden Gebieten. Wird durch mehr als geringfügiges Abweichen im Bebauungsplan das Gewicht verschoben, das nach dem Flächennutzungsplan einer Baufläche im Verhältnis zu den anderen Bauflächen und zu den von Bebauung freizuhaltenden Flächen nach Qualität und Quantität zukommt, so wird der Bebauungsplan in aller Regel dem Flächennutzungsplan derart widersprechen, daß die Festsetzungen des Bebauungsplanes nicht mehr als aus dem Flächennutzungsplan »entwickelt« anzuerkennen sind.

Man darf also im Bebauungsplan nicht andere Gebietstypen festsetzen als im Flächennutzungsplan. Aber das gilt nun auch wieder nicht absolut, sondern nur »regelmäßig«. Das Abweichen muss »mehr als geringfügig« sein, hierdurch muss es zu einer »Gewichtsverschiebung« der einzelnen Baugebiete zueinander kommen. Sie müssen also eine nicht nun unwesentlich andere Bedeutung erlangen. Und damit sind wir im

Grunde genauso weit wie vorher. Allerdings können flexible Lösungen durchaus sinnvoll sein.

E ist Eigentümer eines unbebauten Grundstücks, das innerhalb der bebauten Ortslage von R. in einem Bereich liegt, für den die Gemeinde den Bebauungsplan Nr. 9a aufgestellt hat. Nach dem Plan ist das Grundstück als Fläche für den Gemeinbedarf (Schule) ausgewiesen. Die Baugenehmigungsbehörde lehnte den Bauantrag des E wegen der Errichtung eines Wohnhauses ab.

Fall 63

Fundstellen Originalfall:
- BauR 1979, 206
- BRS 35, Nr. 20
- ZMR 1977, 215

Dem Bebauungsplan war ein Flächennutzungsplan vorausgegangen, der das Gebiet, in dem E bauen möchte, als Wohngebiet dargestellt hat. E meint, der Bebauungsplan sei nicht aus dem Flächennutzungsplan entwickelt worden.

Die Gemeinde hält dem entgegen, dass – was zutrifft – das Plangebiet des Bebauungsplanes nur einen kleinen Ausschnitt des Gebietes darstelle, welches der Flächennutzungsplan als Wohngebiet dargestellt habe. Im Übrigen würden – was ebenfalls zutrifft – tatsächlich Wohngebiete geplant.

Wurde der Bebauungsplan aus dem Flächennutzungsplan entwickelt?

Das schreit doch nach einem krassen Widerspruch des Bebauungsplans zum Flächennutzungsplan. So hat es auch das Oberverwaltungsgericht Nordrhein-Westfalen gesehen, das § 8 II 1 BauGB als verletzt ansah. Die beiden Nutzungsarten stünden in einem eklatanten, krassen Widerspruch zueinander und seien schlechthin unvereinbar.

Da hatte der Kläger aber seine Rechnung ohne das Bundesverwaltungsgericht gemacht, welches die Sache ganz anders sah. Das im Sachverhalt genannte Argument mit der geringen Größe des Plangebiets (bezogen auf den Bebauungs-, nicht den Flächennutzungsplan) überzeugte. Es setzte sich wieder einmal der Grundsatz durch, dass die Umstände des Einzelfalls entscheidend sind. Auch wenn die Entscheidung auf den ersten Blick wenig nachvollziehbar erscheint, ist sie letztlich richtig. Was genau das Argument mit der Größe der Plangebiete bedeutet, mag eine grafische Darstellung erklären:

Flächennutzungsplan: Wohngebiet, Bebauungsplan: Schule. Widerspruch?

Die Frage des krassen
Widerspruchs darf nicht
von der Größe des Bebau-
ungsplanes abhängen.

Bei dem kleinen Kasten handelt es sich um einen Bebauungsplan, der nur einen kleinen Ausschnitt eines großen Flächennutzungsplans umfasst. *Und genau dort hat E ein Grundstück.* Nur hier widersprechen sich die Nutzungsarten von Flächennutzungsplan und Bebauungsplan in krasser Weise. Entwürfe man aber einen größeren Bebauungsplan (für einen Großteil des Flächennutzungsplans oder für den ganzen Flächennutzungsplan), in dem sich überwiegend Wohnbebauung befände, so würde *dieser* Plan dem Flächennutzungsplan nicht krass widersprechen. Somit wäre allein die Größe des Bebauungsplanes entscheidend für die Frage des krassen Widerspruches, dies soll aber nicht so sein. So sah es auch das Bundesverwaltungsgericht.

Prüfung, ob die
planerische Grund-
konzeption einge-
halten ist

Für die Frage, ob ein Bebauungsplan aus dem Flächennutzungsplan entwickelt ist (§ 8 II 1 BauGB), muss geprüft werden, ob die planerische Grundkonzeption noch eingehalten ist. Dies muss immer in Bezug auf das ganze Gebiet des Flächennutzungsplans geprüft werden, auch wenn das Gebiet des strittigen Bebauungsplanes kleiner ist.

bb) Bebauungspläne ohne Flächennutzungsplan (»selbstständiger Bebauungsplan«)

§ 8 II 2 BauGB

Ein Flächennutzungsplan ist nicht erforderlich, wenn der Bebauungsplan ausreicht, um die städtebauliche Entwicklung zu ordnen.

Die Norm hat – jedenfalls in jüngerer Zeit – eher geringe Probleme und Rechtsprechungsaktivitäten hervorgerufen, so dass hier eine Darstellung der allerwichtigsten Grundzüge genügen soll. Die Norm ist eher für kleine Gemeinden praktisch relevant – vielleicht rührt es daher, dass die allermeiste Rechtsprechung vor den großen Gebietsreformen der siebziger Jahre ergangen ist, wo u.a. zahlreiche sehr kleine Gemeinden zusammengelegt oder in größere Städte eingegliedert wurden? Wie dem auch sei, in den meisten Fällen ist heutzutage ein Flächennutzungsplan nötig. Ein selbstständiger Bebauungsplan ist in der Regel nur dann möglich, wenn das Gemeindegebiet so klein ist, dass es auch bei der Detailplanung möglich ist, das ganze Gebiet mit einem einzigen Bebauungsplan zu erfassen. Denn § 5 I 1 BauGB sagt, dass der Flächennutzungsplan für das gesamte Gemeindegebiet aufgestellt werden muss. Der Gesetzgeber geht also davon aus, dass vor einer möglicherweise zergliederten Detailplanung zunächst eine Planung in Grundzügen für das ganze Gemeindegebiet erfolgen soll. Die Gemeinde muss ein Gesamtkonzept für ihr Gebiet haben. Daher wird ein selbstständiger Bebauungsplan in der Regel unzulässig sein, wenn man in ihm nicht ebenfalls ein »Gesamtkonzept«, sondern nur ein Konzept für einen Teil des Gemeindegebietes erkennen kann.

c) Abwägung, § 1 VII BauGB (und § 2 III BauGB)

Über das Erfordernis einer Abwägung aller relevanten Belange und die Anforderungen an eine Abwägung (»Abwägungsfehlerlehre«) wurde bereits ab Seite 209 alles gesagt, da dies zu den »Grundsätzen der Planung« gehört.

3.4. Fehlerfolgen

3.4.1. Allgemeine Darstellung / Exkurs zum ergänzenden Verfahren

Seit Seite 201 ist die Rede davon, was bei der Bauleitplanung beachtet werden muss und wann bestimmte Rechtspflichten verletzt sind. Es hieß immer wieder, ein Flächennutzungsplan oder Bebauungsplan verstoße gegen diese oder jene Rechtsnorm, wenn bestimmte Dinge nicht beachtet werden. Es wurde also untersucht, ob die Pläne unter einem »Fehler« leiden.

Was sind aber die Folgen eines »Fehlers«? Es gibt hier drei Möglichkeiten:

3 Fehlerfolgen

- Nichtigkeit des Plans,
- Unbeachtlichkeit des Fehlers,
- vorübergehende Unwirksamkeit des Plans, bis der Fehler behoben ist (kann zu dauerhafter Unwirksamkeit werden, falls der Fehler nie behoben wird).

Unwirksamkeit tritt ein, wenn ein Fehler, der eigentlich zur Nichtigkeit führen würde, durch ein »ergänzendes Verfahren« geheilt werden kann. Auf gut Deutsch: Am Bauleitplan muss nachgebessert werden. Der fehlerhafte Bauleitplan ist so lange unwirksam, bis die Nachbesserung abgeschlossen ist. Er ist aber zu keinem Zeitpunkt nichtig, also inexistent. Diese scheinbar bedeutungslose Spitzfindigkeit dient dazu, dass der »korrigierte« Bebauungsplan rückwirkend in Kraft gesetzt werden kann:

Ergänzendes Verfahren

> Der Flächennutzungsplan oder die Satzung [u.a. zählt dazu der Bebauungsplan] können durch ein ergänzendes Verfahren zur Behebung von Fehlern auch rückwirkend in Kraft gesetzt werden.

§ 214 IV BauGB

Das ergänzende Verfahren ist grundsätzlich bei allen Fehlern möglich. Ein Gericht erklärt einen fehlerhaften Bebauungsplan für vorübergehend unwirksam, wenn der Fehler eigentlich zur Nichtigkeit führen würde, aber ein ergänzendes Verfahren möglich wäre. Es kommt also nicht darauf an, dass ein ergänzendes Verfahren tatsächlich durchgeführt wird.

Vier Gruppen von Fehlern

Es gibt vier Gruppen von Fehlern, die zu den drei oben erwähnten Fehlerfolgen führen können:

absoluter Nichtigkeitsgrund

1. Ein Fehler führt stets zur Nichtigkeit des Plans, ist also ein absoluter Nichtigkeitsgrund.

kein Nichtigkeitsgrund

2. Ein Fehler ist stets unbeachtlich, führt also dazu, dass der durch den Fehler rechtswidrige Plan wie ein rechtmäßiger Plan behandelt wird. Dies ist also kein Nichtigkeitsgrund.

relativer Nichtigkeitsgrund (1)

3. Ein Fehler führt nur unter zusätzlichen Voraussetzungen zur Nichtigkeit des Plans, ist aber ansonsten unbeachtlich. Wenn etwas manchmal, aber nicht immer eine bestimmte Folge hat, ist die Folge »relativ«. Man kann also von einem relativen Nichtigkeitsgrund sprechen.

relativer Nichtigkeitsgrund (2)

4. Ein Fehler führt nur bei rechtzeitiger Rüge zur Nichtigkeit des Plans, ist aber ansonsten unbeachtlich. Auch dies ist nach dem zuvor Gesagten ein relativer Nichtigkeitsgrund.

3. und 4. könnte man auch als Unterpunkte derselben Gruppe ansehen, da die »rechtzeitige Rüge« ebenfalls eine »zusätzliche Voraussetzung« ist. Bei 3. geht es indes nicht um verfahrensmäßige, sondern um inhaltliche Voraussetzungen, so dass sich eine getrennte Behandlung rechtfertigt.

Kombinationsmöglichkeit

Im Übrigen ist darauf hinzuweisen, dass 3. und 4. miteinander kombiniert werden können, also dass ein Fehler sowohl zusätzlicher inhaltlicher Voraussetzungen als auch einer rechtzeitigen Rüge bedarf, um zur Nichtigkeit eines Plans zu führen.

Auch beim absoluten Nichtigkeitsgrund gibt es das ergänzende Verfahren.

Schließlich ist zum »absoluten Nichtigkeitsgrund« zu sagen, dass auch er so ganz absolut nicht ist, denn auch bei ihm besteht die Möglichkeit, dass sich die Nichtigkeit in Unwirksamkeit wandelt, wenn der Fehler im ergänzenden Verfahren behoben werden kann. Dass man trotzdem von einem »absoluten Nichtigkeitsgrund« sprechen kann, liegt daran, dass § 214 IV BauGB die Nichtigkeit nur in einem Fall abwendet, der unabhängig von der Art des Fehlers gegeben sein kann oder nicht.

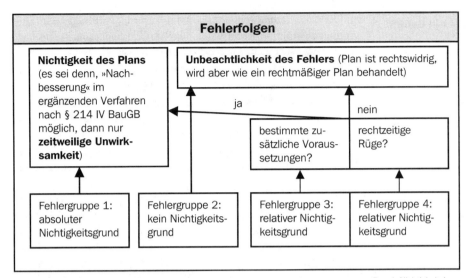

Nun gilt es zu erkennen, welche Fehler wann welche Folgen haben. Hierbei haben wir es – theoretisch – mit einem Regel-Ausnahme-Verhältnis zu tun. Die Regel lautet: Ein Fehler führt zur Nichtigkeit (bzw. zur Unwirksamkeit, wenn das ergänzende Verfahren möglich ist).

Regel: Nichtigkeit / Unwirksamkeit, Ausnahme: §§ 214 f. BauGB

Die Ausnahmen sind in §§ 214, 215 BauGB geregelt, s. auf den Folgeseiten. Den Regel-Ausnahme-Charakter sieht man gut an § 214 II BauGB, wenn es dort heißt, es sei »unbeachtlich, wenn...«. Schlussfolgerung: Was dort nicht erwähnt ist, ist »beachtlich«, führt also zur Nichtigkeit / Unwirksamkeit.

Scheinbar systemwidrig ist in diesem Zusammenhang § 214 I BauGB, der – genau umgekehrt – die beachtlichen und nicht die unbeachtlichen Fehler einzeln aufzählt. Also Unbeachtlichkeit als Regel? Falsch, es kommt hier wieder einmal auf Details an. § 214 I BauGB gilt nämlich nur für »Verfahrens- und Formvorschriften«, so dass es bei der Verletzung anderer Vorschriften bei der Regel bleibt: Die Folge ist Nichtigkeit / Unwirksamkeit.

Welches »Verfahrens- und Formvorschriften« sind, kann man recht gut an dem Prüfungsschema auf Seite 247 erkennen; nämlich alles, was bei der formellen Rechtmäßigkeit des Plans unter den Punkten »Verfahren« und »Form« abgehandelt wird. Dazu im Gegensatz stehen die »materiellen« Vorschriften. Ihre Verletzung führt häufig zur Nichtigkeit/Unwirksamkeit. Daher wird in der nachfolgenden »Fehlerfolgentabelle« (ab Seite 264) im materiellen Teil mehrmals auf »allgemeine Rechtsgrundsätze« verwiesen bezüglich der Frage, warum dieser oder jener materielle Fehler zur Nichtigkeit / Unwirksamkeit führt.

§ 214 I-III BauGB

(1) Eine Verletzung von Verfahrens- und Formvorschriften dieses Gesetzbuchs ist für die Rechtswirksamkeit des Flächennutzungsplans und der Satzungen nach diesem Gesetzbuch nur beachtlich, wenn

1. entgegen § 2 Abs. 3 die von der Planung berührten Belange, die der Gemeinde bekannt waren oder hätten bekannt sein müssen, in wesentlichen Punkten nicht zutreffend ermittelt oder bewertet worden sind und wenn der Mangel offensichtlich und auf das Ergebnis des Verfahrens von Einfluss gewesen ist;

2. die Vorschriften über die Öffentlichkeits- und Behördenbeteiligung nach § 3 Abs. 2, § 4 Abs. 2, §§ 4a und 13 Abs. 2 Nr. 2 und 3, § 22 Abs. 9 Satz 2, § 34 Abs. 6 Satz 1 sowie § 35 Abs. 6 Satz 5 verletzt worden sind; dabei ist unbeachtlich, wenn bei Anwendung der Vorschriften einzelne Personen, Behörden oder sonstige Träger öffentlicher Belange nicht beteiligt worden sind, die entsprechenden Belange jedoch unerheblich waren oder in der Entscheidung berücksichtigt worden sind, oder einzelne Angaben dazu, welche Arten umweltbezogener Informationen verfügbar sind, gefehlt haben, oder bei Anwendung des § 13 Abs. 3 Satz 2 die Angabe darüber, dass von einer Umweltprüfung abgesehen wird, unterlassen wurde, oder bei Anwendung des § 4a Abs. 3 Satz 4 oder des § 13 die Voraussetzungen für die Durchführung der Beteiligung nach diesen Vorschriften verkannt worden sind;

3. die Vorschriften über die Begründung des Flächennutzungsplans und der Satzungen sowie ihrer Entwürfe nach §§ 2a, 3 Abs. 2, § 5 Abs. 1 Satz 2 Halbsatz 2 und Abs. 5, § 9 Abs. 8 und § 22 Abs. 10 verletzt worden sind; dabei ist unbeachtlich, wenn die Begründung des Flächennutzungsplans oder der Satzung oder ihr Entwurf unvollständig ist; abweichend von Halbsatz 2 ist eine Verletzung von Vorschriften in Bezug auf den Umweltbericht unbeachtlich, wenn die Begründung hierzu nur in unwesentlichen Punkten unvollständig ist;

4. ein Beschluss der Gemeinde über den Flächennutzungsplan oder die Satzung nicht gefasst, eine Genehmigung nicht erteilt oder der mit der Bekanntmachung des Flächennutzungsplans oder der Satzung verfolgte Hinweiszweck nicht erreicht worden ist.

Soweit in den Fällen des Satzes 1 Nr. 3 die Begründung in wesentlichen Punkten unvollständig ist, hat die Gemeinde auf Verlangen Auskunft zu erteilen, wenn ein berechtigtes Interesse dargelegt wird.

(2) Für die Rechtswirksamkeit der Bauleitpläne ist auch unbeachtlich, wenn

1. die Anforderungen an die Aufstellung eines selbstständigen Bebauungsplans (§ 8 Abs. 2 Satz 2) oder an die in § 8 Abs. 4 bezeich-

neten dringenden Gründe für die Aufstellung eines vorzeitigen Bebauungsplans nicht richtig beurteilt worden sind;

2. § 8 Abs. 2 Satz 1 hinsichtlich des Entwickelns des Bebauungsplans aus dem Flächennutzungsplan verletzt worden ist, ohne dass hierbei die sich aus dem Flächennutzungsplan ergebende geordnete städtebauliche Entwicklung beeinträchtigt worden ist;

3. der Bebauungsplan aus einem Flächennutzungsplan entwickelt worden ist, dessen Unwirksamkeit sich wegen Verletzung von Verfahrens- oder Formvorschriften einschließlich des § 6 nach Bekanntmachung des Bebauungsplans herausstellt;

4. im Parallelverfahren gegen § 8 Abs. 3 verstoßen worden ist, ohne dass die geordnete städtebauliche Entwicklung beeinträchtigt worden ist.

(3) Für die Abwägung ist die Sach- und Rechtslage im Zeitpunkt der Beschlussfassung über den Flächennutzungsplan oder die Satzung maßgebend. Mängel, die Gegenstand der Regelung in Absatz 1 Satz 1 Nr. 1 sind, können nicht als Mängel der Abwägung geltend gemacht werden; im Übrigen sind Mängel im Abwägungsvorgang nur erheblich, wenn sie offensichtlich und auf das Abwägungsergebnis von Einfluss gewesen sind.

(1) Unbeachtlich werden

§ 215 BauGB

1. eine nach § 214 Abs. 1 Satz 1 Nr. 1 bis 3 beachtliche Verletzung der dort bezeichneten Verfahrens- und Formvorschriften,

2. eine unter Berücksichtigung des § 214 Abs. 2 beachtliche Verletzung der Vorschriften über das Verhältnis des Bebauungsplans und des Flächennutzungsplans und

3. nach § 214 Abs. 3 Satz 2 beachtliche Mängel des Abwägungsvorgangs, wenn sie nicht innerhalb von zwei Jahren seit Bekanntmachung des Flächennutzungsplans oder der Satzung schriftlich gegenüber der Gemeinde unter Darlegung des die Verletzung begründenden Sachverhalts geltend gemacht worden sind.

(2) Bei Inkraftsetzung des Flächennutzungsplans oder der Satzung ist auf die Voraussetzungen für die Geltendmachung der Verletzung von Vorschriften sowie auf die Rechtsfolgen hinzuweisen.

Bringt man diese Normen mit den zuvor erläuterten möglichen Fehlern in Verbindung, so ergibt sich das aus der nachstehenden Tabelle ersichtliche Bild. Sofern sich die Einordnung nicht aus den §§ 214, 215 BauGB, sondern aus allgemeinen Rechtsgrundsätzen ergibt, genügt es, wenn Sie jeweils wissen, welcher Fehlertyp vorliegt. Auf eine Erörterung der Gründe wird insoweit aus Gründen der Kürze verzichtet.

Erläuterungen zur folgenden Tabelle

Die Abfolge der Fehler in der Tabelle orientiert sich an dem Aufbau-schema auf Seite 247 sowie (im materiellen Teil) an der darauffolgen-den Gliederung.

Wenn als Rechtsfolge vermerkt ist, dass der Bebauungsplan wirksam ist, ist das unter der Voraussetzung gemeint, dass kein weiterer Fehler als der der jeweiligen Zeile vorliegt.

Die Rügepflicht ist, wenn sie vorliegt, immer die gleiche, und sie folgt aus § 215 BauGB: Bestimmte Fehler müssen innerhalb von zwei Jah-ren seit Bekanntmachung des Plans schriftlich gegenüber der Ge-meinde unter Darlegung des die Verletzung begründenden Sachver-halts geltend gemacht werden.

Zur Sprache der §§ 214, 215 BauGB ist noch anzumerken, was es be-deutet, dass die Normen fortwährend von »Flächennutzungsplan oder Satzung« sprechen. Mit Satzung sind hauptsächlich, aber nicht aus-schließlich die Bebauungspläne gemeint, die laut § 10 I BauGB ja »Satzungen« sind. Für unsere Zwecke genügt es, zu wissen, dass sich §§ 214, 215 BauGB auf beide Arten von Bauleitplänen, also auf den Flächennutzungsplan und den Bebauungsplan, beziehen.

Fehler bei	behan-delt auf S.	Fehlertyp	Folge (Nichtigkeit wird immer zur zeitweiligen Unwirksamkeit, falls Nach-besserung im ergänzenden Verfahren möglich)	Norm	Rüge-pflicht
I. Formelle Rechtmäßigkeit 1. Zuständigkeit: Plan durch unzuständige Gemeinde oder durch unzu-ständiges Organ der Gemeinde	222	absoluter Nichtigkeits-grund	Plan ist nichtig.	allgemeiner Rechtsgrundsatz	

Fehler bei	behandelt auf S.	Fehlertyp	Folge (Nichtigkeit wird immer zur zeitweiligen Unwirksamkeit, falls Nachbesserung im ergänzenden Verfahren möglich)	Norm	Rügepflicht
2. Verfahren: a) Planaufstellungsbeschluss: fehlerhaft, nicht vorhanden oder fehlerhaft bekanntgegeben	223	kein Nichtigkeitsgrund	Nachfolgender Plan ist wirksam, weil Planaufstellungsbeschluss nicht zwingend vorgeschrieben ist. Zwar ist Bekanntgabe in § 2 I 2 BauGB Pflicht, ...	...aber Verstoß gegen § 2 I 2 BauGB wird in §§ 214, 215 BauGB nicht erwähnt.	
b) frühzeitige Beteiligung aa) Bürger	224	kein Nichtigkeitsgrund	Nachfolgender Plan ist wirksam,...	...weil § 3 I in §§ 214, 215 BauGB nicht als Nichtigkeitsgrund genannt ist.	
bb) Behörden	225	kein Nichtigkeitsgrund	Nachfolgender Plan ist wirksam,... (Da Behörden jedoch am scoping zu beteiligen sind, kann eine fehlerhafte Behördenbeteiligung Folgefehler nach sich ziehen, s. nächste Zeile.)	...weil § 4 I BauGB in §§ 214, 215 BauGB nicht als Nichtigkeitsgrund genannt ist.	
c) Formell ordnungsgemäße Umweltprüfung aa) *scoping*	228 / 229	kein Nichtigkeitsgrund, aber ...	...Fehler kann zu Folgefehlern führen: unvollständige Umweltprüfung, unvollständiger Umweltbericht, fehlerhafte Abwägung der relevanten Belange. S. jeweils dort.	–	

Fehler bei	behan- delt auf S.	Fehlertyp	Folge (Nichtigkeit wird immer zur zeitweiligen Unwirksamkeit, falls Nach- besserung im ergänzenden Verfahren möglich)	Norm	Rüge- pflicht
bb) Prüfung	229	relativer Nichtigkeits- grund	Eine unvollständige Prüfung muss notwendig einen unvollständigen Bericht nach sich ziehen. ⇨ eine Zeile weiter unten.	folgt indirekt aus § 214 I 1 Nr. 3 HS 3 BauGB	
cc) Bericht	229	relativer Nichtigkeits- grund	Plan ist nur dann nichtig, wenn der Umweltbericht in wesentlichen Punkten unvollständig ist.	§ 214 I 1 Nr. 3 HS 3 BauGB	ja
d) Förmliche Beteiligung aa) Bürger	230	relativer Nichtigkeits- grund	Plan ist nur dann nichtig, wenn durch mangelnde Beteiligung - einzelne Belange nicht berücksichtigt wurden - und diese Belange »erheblich« waren.	§ 214 I 1 Nr. 2 BauGB	ja
bb) Behörden	237	relativer Nichtigkeits- grund	wie zuvor	wie zuvor	ja
e) Plange- nehmigung aa) Genehmigung wird frist- gemäß, aber rechtsgrundlos verweigert	240	absoluter Nichtigkeits- grund	Plan ist nichtig (Gemeinde kann aber Genehmi- gungsbehörde auf Genehmigung verklagen, dann kann Plan noch wirksam werden).	allgemeiner Rechtsgrundsatz	
bb) Plan wird genehmigt, obwohl er dies nicht hätte dürfen	240	keine eigen- ständige Bedeutung	Ist ein Plan nicht geneh- migungsfähig, so leidet er unter einem oder mehre- ren Fehlern (§ 6 II BauGB für den Flächennutzungs- plan). Die Folgen richten sich dann nach diesen Fehlern,...	...und die Normen auch.	

Fehler bei	behandelt auf S.	Fehlertyp	Folge (Nichtigkeit wird immer zur zeitweiligen Unwirksamkeit, falls Nachbesserung im ergänzenden Verfahren möglich)	Norm	Rügepflicht
e) (Wenn keine Genehmigung erforderlich:) Planbeschluss	239	absoluter Nichtigkeitsgrund	Plan ist nichtig.	§ 214 I 1 Nr. 4 BauGB	
f) Bekanntmachung	241	relativer Nichtigkeitsgrund	Plan ist nichtig, wenn der mit der Bekanntmachung verfolgte Hinweiszweck nicht erreicht worden ist.	§ 214 I 1 Nr. 4 BauGB	
3. Form des Plans	244	relativer Nichtigkeitsgrund	Verstoß gegen Begründungspflicht führt zur Nichtigkeit: - wenn die Begründung nicht nur unvollständig ist, sondern fehlt, - wenn der Umweltbericht (Teil der Begründung!) in wesentlichen Punkten unvollständig ist.	§ 214 I 1 Nr. 3 BauGB	ja
II. Materielle Rechtmäßigkeit 1. Erforderlichkeit nach § 1 III BauGB, Planung trotz Planungsverbots	205	absoluter Nichtigkeitsgrund	Plan ist nichtig.	allgemeiner Rechtsgrundsatz	

Fehler bei	S.	Fehlertyp	Folge	Norm	Rüge-pflicht
2. Auswahl-ermessen a) Zulässige in-haltliche Fest-setzungen / Darstellungen aa) Flächen-nutzungsplan (a) Plan für das gesamte Ge-meindegebiet	249	absoluter Nichtigkeits-grund	Plan ist nichtig (Sonderfall: Wird die Gemeinde durch Gebietsreform größer, tritt der Flächennutzungsplan nicht automatisch außer Kraft.)	allgemeiner Rechtsgrund-satz	
(b) Voraussseh-bare Bedürf-nisse der Gemeinde	249	absoluter Nichtigkeits-grund	Plan ist nichtig.	allgemeiner Rechtsgrund-satz	
(c) + (d) Darstellungen nach § 5 II-IV BauGB	250	absoluter Nichtigkeits-grund	Plan ist nichtig.	allgemeiner Rechtsgrund-satz	
bb) Bebauungs-plan: § 9 BauGB	253	absoluter Nichtigkeits-grund	Plan ist nichtig.	allgemeiner Rechtsgrund-satz	
b) aa) Bebauungs-plan: Entwick-lung aus dem Flächennutz-ungsplan	255	relativer Nichtigkeits-grund	Plan ist nur nichtig, wenn geordnete städtebauliche Entwicklung beeinträchtigt ist.	§ 214 II Nr. 2 BauGB	ja
b) bb) Selbststän-diger Bebau-ungsplan	258	kein Nichtigkeits-grund	Plan ist wirksam.	§ 214 II Nr. 1 BauGB	
c) Abwägung, §§1 VII, 2 III BauGB (unter Beachtung aller »Grund-züge der Plan-ung«, S. 201 ff.)	201	relativer Nichtigkeits-grund	§ 2 III BauGB – Ermittlung und Bewertung des Ab-wägungsmaterials: Plan ist nichtig, wenn Fehler offen-sichtlich und auf das Ergeb-nis des Verfahrens von Einfluss § 1 VII BauGB – Durch-führung der Abwägung: dito	§ 214 I 1 Nr. 1 BauGB § 214 III 2 HS 2 BauGB	ja ja

3.4.2. Speziell Nichtigkeit/Unwirksamkeit des Plans bei Abwägungsfehler

a) Einführung

Am schwierigsten handhabbar sind die relativen Nichtigkeitsgründe, da die zusätzlichen Voraussetzungen häufig durch unbestimmte Rechtsbegriffe definiert sind, die erst einmal ausgelegt werden müssen. Als Beispiel wollen wir uns den wohl praktisch bedeutsamsten Fall ansehen, nämlich Fehler des Abwägungsvorganges. Es wurde schon ab Seite 215 davon gesprochen, wann man von einer »fehlerhaften« Abwägung spricht. Dies ist von der Frage, wie sich ein Fehler auf die Geltung des Bebauungsplanes auswirkt, zu trennen; denn dann kommt noch etwas hinzu.

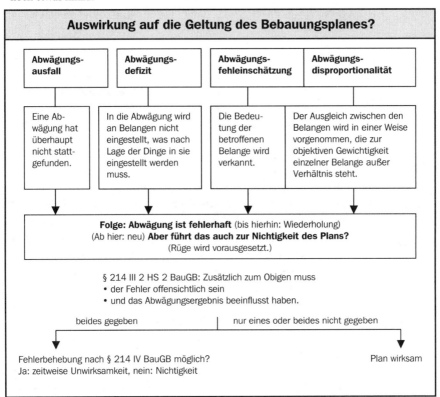

Die Gemeinde G erlässt einen Bebauungsplan, in dem sie ein Gebiet als »allgemeines Wohngebiet« (§ 4 BauNVO) ausweist, gegenüber § 4 BauNVO allerdings (in nach § 1 V BauNVO zulässiger Weise) Einschränkungen vornimmt. Zulässig sind Wohngebäude, die der Versorgung des Gebietes dienenden Läden, Schank- und Speisewirtschaften

Fall 64

Fundstellen Originalfall:
• BRS 66, Nr. 21
• BVerwGE 119, 45

sowie nicht störenden Handwerksbetriebe und Anlagen für kirchliche, kulturelle, soziale und gesundheitliche Zwecke. Dagegen sind Anlagen für sportliche Zwecke, Anlagen für Verwaltungen, Gartenbaubetriebe und Tankstellen ausdrücklich ausgeschlossen.

Das Plangebiet grenzt an eine »reine« Wohnbebauung an. Die dort lebenden Plannachbarn möchten aber nicht, dass vor ihrer Haustür jetzt die oben genannten Dinge erbaut werden können. Insbesondere Kneipenlärm drohe, und das Problem der Abwasserversorgung sei auch nicht geregelt.

Derartige Belange müssen in die Abwägung nach § 1 VII BauGB einfließen. Sind sie aber nicht; es liegt also ein Abwägungsdefizit vor. Ist der Bebauungsplan nichtig oder zeitweilig unwirksam?

(Anmerkung: Im Originalfall war schon das Vorliegen eines Abwägungsdefizits äußerst fraglich; hier nimmt der Verfasser eine Vereinfachung vor.)

b) Offensichtlichkeit, § 214 III 2 HS 2 BauGB

Offensichtlich im Sinne der genannten Bestimmung ist ein Abwägungsfehler, wenn er sich etwa aus den Materialien des Planaufstellungsverfahrens – zum Beispiel aus der Entwurfs- oder der Planbegründung oder aus Sitzungsniederschriften der Beschlussgremien – ergibt und die »äußere Seite« der Abwägung betrifft, das heißt auf objektiv fassbaren Sachumständen beruht. Mängel auf der »inneren Seite« der Abwägung, das heißt im Bereich der Motive und Vorstellungen der an der Abstimmung beteiligten Ratsmitglieder sind hingegen nicht in dem genannten Sinne offensichtlich und deshalb für den Bestand der Planung ohne Belang.

Im obenstehenden Fall hatte das Saarl. OVG die Offensichtlichkeit bejaht.

Im obenstehenden Fall hatte das Oberverwaltungsgericht des Saarlandes die Offensichtlichkeit bejaht. Aus den verfügbaren Materialien habe sich nämlich ergeben, dass beim Ausmaß der zu erwartenden nachteiligen Einwirkungen auf die bestehenden Wohnhäuser lediglich auf die künftige benachbarte *Wohn*bebauung, nicht aber auf die genannten anderen Nutzungen abgestellt worden sei.

BVerwG sagte zur Offensichtlichkeit nichts.

Das Bundesverwaltungsgericht hat zur Offensichtlichkeit leider nichts gesagt; man kann aber zwischen den Zeilen lesen, dass es von der Ansicht der Vorinstanz nicht angetan war, weil es diese auch in anderen, damit im Zusammenhang stehenden Punkten verwarf. Es hatte schon Zweifel daran, ob überhaupt ein Abwägungsdefizit gegeben war, da der Bebauungsplan immerhin bestimmte Nutzungsarten ausdrücklich ausgeschlossen hatte und dies darauf hindeutet, dass eine Abwägung mit den Belangen der Plannachbarn durchaus stattgefunden haben könnte.

Dies war dem Gericht indes egal, denn es kam im Gegensatz zur Vorinstanz zu dem Schluss, dass ein Einfluss auf das Abwägungsergebnis nicht vorlag. Und da für die Nichtigkeit des Plans die »Offensichtlichkeit« und der »Einfluss« gegeben sein müssen, kann man einen dieser beiden Punkte offen lassen, wenn man den anderen zweifelsfrei verneint. Und so tat es das Bundesverwaltungsgericht hier.

c) Einfluss auf das Abwägungsergebnis, § 214 III 2 HS 2 BauGB

Nach § 214 III 2 HS 2 BauGB ist ein unter einem Abwägungsfehler leidender Plan nur dann nichtig, wenn der »offensichtliche« Fehler Einfluss auf das Abwägungsergebnis hatte. Es geht also um eine Ursächlichkeit des Abwägungsfehlers für das Abwägungsergebnis. Hierfür muss nicht nachgewiesen werden, dass bei einer fehlerfreien Abwägung der Plan ein anderer geworden wäre. Dieser Nachweis würde wohl auch recht selten gelingen. Indes muss die konkrete Möglichkeit einer anderen Planung bei fehlerfreier Abwägung nachgewiesen werden. Die bloß abstrakte Möglichkeit einer anderen Planung genügt nicht.

Merke: Konkret immer, abstrakt nimmer!

Ein offensichtlicher Mangel ist dann auf das Abwägungsergebnis von Einfluss gewesen, wenn nach den Umständen des Einzelfalls die konkrete Möglichkeit eines solchen Einflusses besteht. Eine solche konkrete Möglichkeit besteht immer dann, wenn sich anhand der Planunterlagen oder sonst erkennbarer oder naheliegender Umstände die Möglichkeit abzeichnet, dass der Mangel im Abwägungsvorgang von Einfluss auf das Abwägungsergebnis gewesen sein kann. Hat sich der Planungsträger von einem unzutreffend angenommenen Belang leiten lassen und sind andere Belange, die das Abwägungsergebnis rechtfertigen könnten, weder im Bauleitplanverfahren angesprochen noch sonst ersichtlich, so ist die unzutreffende Erwägung auf das Abwägungsergebnis von Einfluss gewesen.

Es muss die konkrete Möglichkeit eines Einflusses auf das Abwägungsergebnis bestehen.

Die abstrakte Möglichkeit, dass ohne den Abwägungsfehler anders geplant worden wäre, genügt ebenso wenig wie die bloße Vermutung, dass einzelne Ratsmitglieder bei Vermeidung des Fehlers für eine andere Lösung aufgeschlossen gewesen wären, um die Ursächlichkeit eines Abwägungsfehlers für das Abwägungsergebnis zu begründen.

Die abstrakte Möglichkeit, dass ohne den Fehler anders geplant worden wäre, genügt nicht.

Zu Fall 64: Die Beschwerdeführer wenden sich gegen die Möglichkeit, dass in ihrer Nachbarschaft andere als Wohnnutzung möglich sein soll. Die planende Gemeinde hat in der Abwägung diesen Konflikt (möglicherweise) nicht bedacht. Aber hatte dies Einfluss auf das Abwägungsergebnis?

Argumentation des Saarl. OVG schränkt die Gestaltungsfreiheit zu sehr ein.

Das Oberverwaltungsgericht des Saarlandes meint: Ja, denn hätte die Gemeinde den Konflikt gesehen, so wäre eine andere Planung wahrscheinlich, wenn nicht geboten gewesen.

Das würde aber darauf hinauslaufen, dass man niemals ein allgemeines neben ein reines Wohngebiet setzen könnte. Dadurch würde die planerische Gestaltungsfreiheit zu sehr eingeengt.

Daher BVerwG: eingeschränktes neben reinem Wohngebiet grundsätzlich OK.

Daher sagt das Bundesverwaltungsgericht: Die Gemeinde hat ein eingeschränktes Wohngebiet geplant, gegen dessen grundsätzliche Zulässigkeit innerhalb einer vorhandenen Wohnbebauung keine Bedenken bestehen können.

Ein Weiteres ist wichtig: Wenn man ein bestimmtes Gebiet plant, in dem bestimmte Nutzungsmöglichkeiten vorgesehen sind, so bedeutet das noch lange nicht, dass sämtliche Nutzungsmöglichkeiten an sämtlichen Stellen des Gebietes automatisch zulässig sind. Es kann im obigen Fall zum Beispiel sein, dass man Gaststätten im Plan *generell* für zulässig erklärt, dass aber eine recht große Gaststätte genau an der Grenze des Plangebetes *im Einzelfall* nicht zulässig ist.

Nachbarkonflikte sind im Einzelfall zu lösen, nicht schon im Plan selbst.

Diese Teil-Unzulässigkeit muss man nicht im Plan selbst regeln! Daher spricht das Bundesverwaltungsgericht von der »planerischen Zurückhaltung«. Es genügt, wenn man im Plan die Zulässigkeit im Regelfall bestimmt und Ausnahmen davon macht, wenn tatsächlich ein Bauantrag gestellt wird. Daher spricht das Gericht davon, dass man nicht alle Konflikte im Plan selbst regeln muss, sondern sie auch noch beim Vollzug des Plans regeln kann. Vollzug meint hier: Es werden Bauanträge gestellt, und die Baugenehmigungsbehörde entscheidet auf der Grundlage des in Kraft getretenen Bebauungsplans, ob Baugenehmigungen erteilt werden oder nicht.

Wie man ein Vorhaben im Einzelfall ablehnen kann, obwohl es laut Plan generell zulässig ist.

Es wäre rechtlich auch durchaus zulässig, dass man in dem Fall des »großen Gasthauses an der Grenze des Plangebietes« einen Bauantrag ablehnt, obwohl laut Plan Gasthäuser generell im ganzen Gebiet zulässig sind. Und dass das möglich ist, dafür sorgt § 15 I BauNVO.

§ 15 I BauNVO

Die in den §§ 2 bis 14 aufgeführten baulichen und sonstigen Anlagen sind im Einzelfall unzulässig, wenn sie nach Anzahl, Lage, Umfang oder Zweckbestimmung der Eigenart des Baugebiets widersprechen. Sie sind auch unzulässig, wenn von ihnen Belästigungen oder Störungen ausgehen können, die nach der Eigenart des Baugebiets im Baugebiet selbst oder in dessen Umgebung unzumutbar sind, oder wenn sie solchen Belästigungen oder Störungen ausgesetzt werden.

Allgemeines Rücksichtnahmegebot

Zur Wiederholung: § 15 I BauNVO ist Ausdruck des im Baurecht geltenden allgemeinen Rücksichtnahmegebotes und kann dazu führen, dass bestimmte Nutzungsarten im Einzelfall unzulässig sind, die laut Baunutzungsverordnung (in Verbindung mit einem Plan, der sie anwendet) generell zulässig sind. Man muss also nicht im Plan eine bestimmte Nutzungsart (wie hier die Gaststätten) generell für unzulässig erklären, wenn sich für Kneipen nur bei bestimmter Größe und Lage ein Problem ergibt. Das lässt sich dann in einer Einzelentscheidung über die Baugenehmigung nach § 15 I BauNVO regeln.

Daraus folgt für unseren Fall: Da die Möglichkeit flexibler Einzelentscheidungen wie soeben beschrieben besteht, fehlen konkrete Anhaltspunkte, dass die Gemeinde bei korrekter Abwägung anders geplant hätte. Es lag daher gemäß der Auffassung des Bundesverwaltungsgerichts kein Abwägungsfehler vor, der nach § 214 III 2 HS 2 offensichtlich und auf das Abwägungsergebnis von Einfluss gewesen ist. Daher führt dies nicht zur Nichtigkeit oder Unwirksamkeit des angegriffenen Bebauungsplans.

Da flexible Einzelentscheidungen möglich: Kein relevanter Abwägungsfehler beim Plan.

3.4.3. Ergänzendes Verfahren

Wir hatten bislang gesehen, dass man zwischen beachtlichen und unbeachtlichen Fehlern unterscheiden kann, wobei die unbeachtlichen Fehler dazu führen, dass der Plan wirksam bleibt. Ist aber ein Fehler beachtlich, so tritt Nichtigkeit oder zeitweilige Unwirksamkeit ein. Letzteres, wenn ein Fehler, der eigentlich zur Nichtigkeit führen würde, durch ein »ergänzendes Verfahren« geheilt werden kann.

Der Flächennutzungsplan oder die Satzung können durch ein ergänzendes Verfahren zur Behebung von Fehlern auch rückwirkend in Kraft gesetzt werden.

§ 214 IV BauGB

Nochmals: Ein Gericht erklärt einen fehlerhaften Bebauungsplan für vorübergehend unwirksam, wenn der Fehler eigentlich zur Nichtigkeit führen würde, aber ein ergänzendes Verfahren möglich wäre. Es kommt also nicht darauf an, dass ein ergänzendes Verfahren tatsächlich durchgeführt wird. Dementsprechend soll es nun darum gehen, bei welchen Fehlern, die eigentlich zur Nichtigkeit führen würden, eine Fehlerbehebung im ergänzenden Verfahren möglich ist.

a) Keine Abgrenzung nach Fehlerarten

Leider, kann man nicht einfach sagen, bei Fehler a läuft das so, bei Fehler b aber so, etc. Sonst wäre es auch in die Fehlerfolgentabelle (ab Seite 264) einzubringen gewesen, die sich um dieses Problem noch verschämt herumdrückt. Grundsätzlich gibt es keinen Fehler, der nicht behoben werden kann; sonst würde § 214 IV BauGB auch nicht so allgemein formuliert worden sein. Also wird im Regelfall ein Bebauungsplan nicht für nichtig, sondern für zeitweilig unwirksam erklärt. Von dem Grundsatz gibt es indes Ausnahmen, die im Wesentlichen auf

das gemeinsame Merkmal der besonderen Schwere eines Fehlers zurückzuführen sind. Sie werden im folgenden Punkt erörtert.

b) Besonders schwerwiegende Fehler

Ein schwerwiegender Fehler liegt vor, wenn die Grundzüge des Plankonzeptes davon betroffen sind. Beispiel Abwägungsfehler: Ein
schwerwiegender Fehler beim Kern der Abwägung betrifft die Grundzüge des Plankonzeptes, denn die Abwägung der widerstreitenden Belange gehört nun einmal zu den elementaren Planungsgrundsätzen.
Wenn hier, und auch noch im Kernbereich, Mist gebaut wurde, kann
man mutmaßen, dass der Plan bei korrekter Abwägung völlig andere
Grundzüge erhalten hätte.

Fall 65

Fundstellen Originalfall::
• BauR 2000, 1018
• BRS 63, Nr. 73
Vorinstanz:
• BauR 2000, 523
• BRS 62, Nr. 16

*L führt einen großen landwirtschaftlichen Betrieb, der saisonal mit
erheblichem Lärm verbunden ist.*

*Nach einem neuen Bebauungsplan wird das Gebiet, in dem sich sein
Hof befindet, als Dorfgebiet (§ 5 BauNVO) bestimmt. Ein Gebiet in
unmittelbarer Nähe des Hofes wird als »eingeschränktes Dorfgebiet«
festgesetzt. Das bedeutet, dass abweichend von § 5 BauNVO bestimmte
Nutzungsarten laut Bebauungsplan für unzulässig erklärt werden (was
nach § 1 V BauGB erlaubt ist). In diesem Falle sind es land- und
forstwirtschaftliche Betriebe, Betriebe zur Verarbeitung von land- und
forstwirtschaftlichen Erzeugnissen und Tankstellen.*

*L sieht in dieser Festsetzung einen Etikettenschwindel. Hier werde in
Wahrheit kein »eingeschränktes Dorfgebiet«, sondern ein verkapptes
Wohngebiet geschaffen. Wegen des erheblichen Lärms seines Hofes
könne es zu Konflikten mit der heranrückenden Wohnbebauung kommen, die ihn zu empfindlichen Einschränkungen seiner beruflichen
Tätigkeit führen könnten. Diesen Konflikt habe die planende Gemeinde
nicht bedacht.*

*Nach der Begründung zu dem Bebauungsplan ist Ziel der Planung, den
durch die Strukturveränderungen nach dem Wegfall der Grenze zur
ehemaligen DDR anhaltend großen Bedarf an erschlossenen Bau-
grundstücken zu befriedigen. Zur Gliederung des Planes wird ausgeführt, dass hierdurch gegenüber der vorhandenen Situation keine weitere Einschränkung der vorhandenen Landwirtschaft des L bewirkt
werden solle.*

*Prüfen Sie, ob ein Abwägungsfehler vorliegt und wie sich dies ggf. auf
den Bestand des Plans auswirkt.*

Schritt 1: Abwägungsfehler entgegen § 1 VII BauGB?

Es besteht die Möglichkeit, dass das Interesse des L an der vollen Auf-rechterhaltung seines landwirtschaftlichen Betriebes nicht gebührend berücksichtigt wurde. Fraglich ist, welche Art von Abwägungsfehler vorliegen könnte:

- Ein Abwägungsausfall kommt nicht in Betracht, da die Gemeinde laut Planbegründung eine Abwägung vorgenommen hat. Ein Ab-wägungsdefizit kommt ebenfalls nicht in Betracht, da die Ge-meinde laut Planbegründung bei der Abwägung die Belange des L berücksichtigt hat: Es solle »keine weitere Einschränkung der vorhandenen Landwirtschaft des L bewirkt werden«.

- Indes könnte eine Abwägungsfehleinschätzung vorliegen. Dies ist der Fall, wenn die Bedeutung der betroffenen Belange verkannt wird. Hier wird durch die Planung eines »eingeschränkten Dorf-gebietes« ermöglicht, dass Wohnbebauung an den Hof des L her-anrückt und dadurch Konflikte entstehen, die aus Gründen des Lärmschutzes zu Einschränkungen für L führen können. Dies ist eine objektive Tatsache, die mit dem Hinweis, eine Einschrän-kung des Betriebs des L sei nicht beabsichtigt, nicht hinwegdisku-tiert werden kann. Demnach liegt eine Abwägungsfehleinschät-zung vor.

Hier: Abwägungsfehl-einschätzung

Schritt 2: Unbeachtlichkeit oder Nichtigkeit/Unwirksamkeit?

§ 214 III 2 HS 2 BauGB: Zusätzlich zum Obigen muss der Fehler of-fensichtlich sein *und* das Abwägungsergebnis beeinflusst haben.

§ 214 III 2 HS 2 BauGB: Bedingungen erfüllt!

Beides lässt sich bejahen. Es ist völlig klar, dass ein Heranrücken von Wohnbebauung an einen lärmintensiven Landwirtschaftsbetrieb zu Konflikten führt. Ferner ergibt sich die ernsthafte Möglichkeit eines anderen Plans bei Vermeidung des Fehlers daraus, dass es der Ge-meinde offenbar durchaus darauf ankam, den L nicht zu schädigen, was die Planbegründung zeigt. Im Übrigen kann hier auf § 5 I 2 BauNVO hingewiesen werden, der für ein Dorfgebiet gilt: »Auf die Belange der land- und forstwirtschaftlichen Betriebe einschließlich ihrer Entwicklungsmöglichkeiten ist vorrangig Rücksicht zu nehmen.« Dies gilt nicht nur für das »normale« Dorfgebiet, in dem L seinen Hof hat, sondern auch für das »eingeschränkte« Dorfgebiet, das in der Nachbarschaft geplant ist, denn nach § 1 V BauNVO sind solche Ein-schränkungen nur möglich, »sofern die allgemeine Zweckbestimmung des Baugebiets gewahrt bleibt.«

Dies lässt mit hinreichender Wahrscheinlichkeit erkennen, dass die Gemeinde bei korrekter Einschätzung der Sach- und Rechtslage den Belangen des L größeres Gewicht beigemessen hätte und dies zu einem anderen Bebauungsplan geführt hätte. Also steht fest, dass der Abwägungsfehler nach § 214 III 2 BauGB nicht etwa unbeachtlich, sondern »erheblich« ist.

Schritt 3: Entscheidung zwischen Nichtigkeit und Unwirksamkeit

Bei Erheblichkeit lässt sich zwischen Nichtigkeit und Unwirksamkeit unterscheiden, wobei die Nichtigkeit immer dann eintritt, wenn ein Fehler nicht im ergänzenden Verfahren nach § 214 IV BauGB behoben werden kann. Es kommt nur auf die theoretische Behebbarkeit an, nicht darauf, ob die Gemeinde tatsächlich Nachbesserungen am Bebauungsplan vornimmt.

Ergänzendes Verfahren ist nicht möglich, wenn keine Nachbesserung möglich ist, ohne die Grundzüge der Planung zu verändern.

Grundsätzlich können alle Fehler behoben werden. Dies würde dazu führen, dass der Plan nicht nichtig, sondern nur unwirksam wird, so dass er bei Fehlerbehebung rückwirkend in Kraft treten kann (bzw. nie in Kraft tritt, wenn die Gemeinde den Fehler nicht behebt).

OVG Lüneburg

Vorliegend könnte indes ein Fehler vorliegen, der so krass ist, dass eine Nachbesserung unmöglich ist, ohne die Grundzüge der Planung schlechthin zu treffen. Dies ist der Fall, wenn eine Nachbesserung zu einem völlig anderen Plan führen müsste.

Der angegriffene Bebauungsplan ist aber vor allem deswegen nichtig, weil die Antragsgegnerin [= Gemeinde] die Konflikte, die bei der vorgesehenen Planung durch den lärmintensiven Betrieb des Antragstellers [= L] entstehen, nicht ausreichend erkannt und gelöst hat. ... das unmittelbar benachbarte eingeschränkte Dorfgebiet schnürt den Betrieb des Antragstellers angesichts seiner Emissionen über Gebühr ein und lässt damit jede Rücksichtnahme auf den Betrieb des Antragstellers vermissen.

... Da die Mängel das »Grundgerüst« der Abwägung betreffen, scheidet eine Nachbesserung nach § 215 a BauGB aus ...

Zugegeben: Ein wenig knapp ist das schon. Zunächst wird nur gesagt, was im Grunde die Schritte 1 und 2 betrifft, und dann schon zusammengefasst, dies sei auch das »Grundgerüst«. Das Bundesverwaltungsgericht hat es den Niedersachsen gleichwohl durchgehen lassen.

BVerwG

Nach § 215 a Abs. 1 Satz 1 BauGB [jetzt § 214 IV BauGB] kommt ein ergänzendes Verfahren nur bei Mängeln in Betracht, die behebbar sind. Folglich kann ein Bebauungsplan auch nur dann – nur – für »nicht wirksam« erklärt werden, wenn der ihm anhaftende Mangel reparabel ist. Ein in diesem Sinne behebbarer Mangel liegt hingegen ... nicht vor, wenn der festgestellte Fehler so schwer wiegt, daß er den Kern der Abwägungsentscheidung betrifft ... Nach der Rechtsauffassung des Normenkontrollgerichts [siehe vorigen Auszug] leidet die Planung der Antragsgegnerin nicht nur an Fehlern im Abwägungsvorgang, die bei einer Neuplanung vermieden werden könnten. Vielmehr bemängelt das Normenkontrollgericht, daß der Bebauungsplan die durch die Planung verursachten Konflikte nicht gelöst habe, weil das unmittelbar benachbarte eingeschränkte Dorfgebiet den Betrieb des Antragstellers angesichts seiner Emissionen über Gebühr einschränke und damit jede Rücksichtnahme auf diesen Betrieb vermissen lasse (Urteil, S. 10). Daß das Normenkontrollgericht bei einem solchen Fehler im Abwägungsergebnis eine mehr oder weniger unveränderte Planungswiederholung in einem ergänzenden Verfahren für ausgeschlossen hält, ist nachvollziehbar ... .

Die Begründung lässt hinreichend deutlich werden, dass beim völligen Ausfall einer Konfliktbewältigung ein Bebauungsplan nicht einfach »nachgebessert« werden kann, sondern dies im Ergebnis auf einen völlig anderen Bebauungsplan hinauslaufen würde. Von daher liegt hier nicht nur Unwirksamkeit, sondern Nichtigkeit des angegriffenen Bebauungsplans vor. Ob man das Kind nun »Grundgerüst« oder »Kern« nennt, ist übrigens egal; das Bundesverwaltungsgericht betonte dies sogar noch einmal.

3.5. Ausgewählte Rechtsschutzprobleme

Der Verfasser beschränkt sich aus Gründen der Stofffülle hier auf eine wichtige Konstellation, nämlich den Rechtsschutz des Bürgers gegen Bauleitpläne. Ab und an wird im folgenden Text darauf hingewiesen, dass auch einmal Behörden klagen können.

3.5.1. Rechtsschutz des Bürgers gegen einen Bebauungsplan: Der Normenkontrollantrag

Als erstes wollen wir erläutern, was der Bürger tun kann, wenn er ein Problem mit einem Bebauungsplan der Gemeinde hat und seine Beteiligungsrechte bei der Planaufstellung nicht ausreichend waren, um diese Probleme zu beseitigen. Hierzu ist leider wieder einmal ein kleiner Ausflug in das Verwaltungsprozessrecht vonnöten. Vor den Gerichten greift man einen Bebauungsplan mit dem Normenkontrollantrag an, der in § 47 VwGO geregelt ist:

Das Oberverwaltungsgericht entscheidet im Rahmen seiner Gerichtsbarkeit auf Antrag über die Gültigkeit **§ 47 I Nr. 1 Var. 1 VwGO**

1. von Satzungen, die nach den Vorschriften des Baugesetzbuchs erlassen worden sind, ...

Die Gemeinde beschließt den Bebauungsplan als Satzung. **§ 10 I BauGB**

Fiktive Kombination der
beiden Normen

Das OVG entscheidet im Rahmen seiner Gerichtsbarkeit auf Antrag über die Gültigkeit von Bebauungsplänen.

a) Zulässigkeit des Antrags

Zwar besteht über die einzelnen Zulässigkeitsvoraussetzungen zumindest in Standardfällen kein Streit, aber: Hinsichtlich der Art und Weise der Darstellung in einem Gutachten kochen alle Fachleute ihr eigenes Süppchen. Prüfungsschemata unterscheiden sich sowohl in der Prüfungsreihenfolge als auch in der Frage, was man weglassen darf und was man auf jeden Fall erwähnen muss. Das folgende Schema ist daher nur ein Vorschlag unter vielen.

aa) Verwaltungsrechtsweg, § 40 I 1 VwGO

Dass bei einem Antrag auf Nichtigerklärung eines Bebauungsplans eine »öffentlich-rechtliche Streitigkeit nichtverfassungsrechtlicher Art« vorliegt, ist derart selbstverständlich, dass man diesen Punkt ruhig weglassen darf. Einige Schemata erwähnen ihn, andere nicht. Schreiben Sie z.B. schlicht:

»In einem Antrag auf Nichtigerklärung eines Bebauungsplans ist eine öffentlich-rechtliche Streitigkeit nichtverfassungsrechtlicher Art zu sehen, so dass der Verwaltungsrechtsweg gemäß § 40 I 1 VwGO eröffnet ist.«

bb) Zuständigkeit des Oberverwaltungsgerichts

In § 47 I VwGO heißt es, dass das »Oberverwaltungsgericht« über den Normenkontrollantrag entscheidet. Es gibt pro Bundesland nur ein Oberverwaltungsgericht. Es ist also immer das Oberverwaltungsgericht des Bundeslandes zuständig, in dem der Bebauungsplan erlassen wurde. Nicht verwirren lassen dürfen Sie sich davon, dass in einigen Bundesländern (z.B. Bayern, Baden-Württemberg) das Oberverwaltungsgericht »Verwaltungsgerichtshof« heißt.

cc) Statthaftigkeit des Antrags

»Statthaftigkeit« bedeutet, dass ein vom Gesetz vorgesehener Antragsgegenstand gewählt wurde. Greift man einen Bebauungsplan an, so ist dies statthaft, weil § 47 I Nr. 1 Var. 1 VwGO in Verbindung mit § 10 I BauGB ja gerade regelt, dass ein Normenkontrollantrag u.a. zur Kontrolle von Bebauungsplänen gut ist. Der Bebauungsplan muss nach § 47 I Nr. 1 Var. 1 VwGO bereits »erlassen« worden sein. Das bedeutet, dass er bereits bekannt gegeben worden sein muss. Nach § 10 III 4 BauGB tritt der Bebauungsplan mit seiner Bekanntgabe in Kraft. Man kann also nicht gegen Bebauungspläne gerichtlich vorgehen, die noch nicht in Kraft getreten sind.

Der Bebauungsplan muss
schon in Kraft sein.

dd) Antragsbefugnis, § 47 II 1 VwGO

(a) Allgemeines und tabellarische Darstellung einfacher Fälle

Den Antrag kann jede natürliche oder juristische Person, die geltend macht, durch die Rechtsvorschrift oder deren Anwendung in ihren Rechten verletzt zu sein oder in absehbarer Zeit verletzt zu werden, sowie jede Behörde innerhalb von zwei Jahren nach Bekanntmachung der Rechtsvorschrift stellen.

§ 47 II 1 VwGO

- Man muss eine Rechtsverletzung geltend machen ⇨ das bedeutet nicht, dass sie zweifelsfrei gegeben sein muss (denn das prüft man erst in der Begründetheit des Antrags). Im Rahmen der Zulässigkeit bedeutet das, dass eine Rechtsverletzung objektiv möglich sein muss, d.h. nicht schlechthin ausgeschlossen sein darf.
- Diese mögliche Rechtsverletzung müsste ein eigenes Recht des Antragstellers betreffen.

Siehe schon Seite 94. Zur »Möglichkeit« genügt das dort Gesagte. Probleme tauchen beim Normenkontrollantrag auf Nichtigerklärung eines Bebauungsplans gelegentlich bei der Frage auf, ob das möglicherweise verletzte Recht auch ein eigenes Recht des Antragstellers ist. Dies ist mit dem Problem des Nachbarschutzes verwandt (siehe ab Seite 119). Man muss herausfinden, ob eine möglicherweise verletzte Norm gerade dem Antragsteller ein subjektives öffentliches Recht verleiht. Es geht darum, ob eine möglicherweise verletzte Rechtsnorm den Zweck hat, eine Personengruppe zu schützen, zu der gerade auch der Antragsteller gehört.

Welche Normen i.V.m. der Rechtmäßigkeit eines Bebauungsplanes verleihen dem Kläger ein eigenes (»subjektives öffentliches«) Recht?

Einige Fälle sind eindeutig bestimmbar. Wurde beispielsweise bei der förmlichen Behördenbeteiligung (§ 4 II BauGB) »geschlampt«, so kann sich ein Bürger darauf nicht berufen. Ihm würde die Antragsbefugnis fehlen, wenn dies sein einziger Vorwurf gegen den Bebauungsplan wäre (indes können auch Behörden einen Normenkontrollantrag stellen; es müsste dann aber auch genau diejenige Behörde sein, die bei der Beteiligung übergangen wurde, nicht etwa eine andere).

Andere Fälle sind komplizierter. Man kann eine Tabelle erstellen, in der alle möglichen Rechtsverstöße mit ihren Folgen für die Antragsbefugnis aufgelistet werden. Und genau dies geschieht jetzt. Hierzu bedarf es aber einiger Vorbemerkungen:

Erläuterungen zur folgenden Tabelle

- Die Tabelle ist im Zusammenhang mit der »Fehlerfolgentabelle« ab Seite 264 und dem Aufbauschema auf Seite 247 zu lesen, da sie sich an der dortigen Prüfungsreihenfolge orientiert.
- Im Folgenden wird es häufig heißen, dass die Antragsbefugnis fehlt. Das gilt dann immer unter der Voraussetzung, dass nur der jeweils besprochene Fehler gerügt wird. Dies ist jedoch extrem

Bei mehreren Rügen
genügt es, wenn der
Kläger nur für eine von
ihnen die Antragsbefugnis
hat!

unrealistisch. Häufig wird ein Antragsteller mehrere Rechtsverletzungen rügen, und dann gilt: Für die Antragsbefugnis genügt es, dass der Antragsteller einen einzigen Grund nennt, aus dem sie sich ergibt. Hat er fünf Gründe, die keine Antragsbefugnis begründen, aber einen sechsten, der er tut, so besteht die Antragsbefugnis insgesamt und nicht nur für einen Teilaspekt des Bebauungsplanes. Das hat eine bedeutende Folge: Ist der Antrag auch ansonsten zulässig, so prüft das Gericht in der Begründetheit die Rechtmäßigkeit des Bebauungsplans umfassend (also auch im Hinblick auf die Aspekte, für die keine Antragsbefugnis bestehet).

- Die Tabelle bricht leider bei den wichtigsten Punkten ab, denn die müssen umfassender erläutert werden, als es in so einer Form möglich ist.
- Mit »geschützter Personenkreis« sind z.T. auch »juristische Personen« gemeint. Steht dort z.B. »die Gemeinde«, so heißt das nicht »alle Bürger der Gemeinde«, sondern »die Gemeinde selbst als Teil der Staatsgewalt« ist geschützt. Die Bürger sind es dann gerade nicht.

Möglicher Rechtsverstoß	Norm	Geschützter Personenkreis	Folge für Individualantrag
Plan durch unzuständige Gemeinde	allg. Grundsatz, dass jede Gemeinde nur Satzungsbefugnis für ihr Gemeindegebiet hat	Die Gemeinde, auf deren Territorium eine andere Gemeinde etwas regelt	Antragsbefugnis fehlt
Plan durch unzuständiges Organ innerhalb der Gemeinde	Normen der Gemeindeordnung (= Gesetz) des jeweiligen Bundeslandes	Das Organ, in dessen Kompetenzen evtl. eingegriffen wurde	Antragsbefugnis fehlt
Fehler bei Planaufstellungs-beschluss	§ 2 I 2 BauGB (regelt Bekanntmachung)	Auch Bürger, aber Fehler bei Planauf-stellungsbeschluss sind kein Wirksam-keitshindernis für den Bebauungsplan.	Antragsbefugnis fehlt
Fehler bei frühzeitiger Bürgerbeteiligung	§ 3 I BauGB	Bürger, aber Fehler sind kein Wirksam-keitshindernis für den Bebauungsplan.	Antragsbefugnis fehlt
Fehler bei frühzeitiger Behördenbeteiligung	§ 4 I BauGB	Nur Behörden, im Übrigen: Fehler sind kein Wirksamkeits-hindernis für den Bebauungsplan.	Antragsbefugnis fehlt
Fehler beim scoping der Umweltprüfung	§ 2 IV 2 BauGB	Kann erst bei Folgefehler gesagt werden	Antragsbefugnis fehlt
Fehler bei der Durchführung der Umweltprüfung	§ 2 IV 1 BauGB	Kann erst bei Folgefehler gesagt werden	Antragsbefugnis fehlt

Möglicher Rechtsverstoß	Norm	Geschützter Personenkreis	Folge für Individualantrag
Fehler im Umweltbericht	§ 2 a S. 2 BauGB	Rüge ist nur möglich, wenn unvollständiger Umweltbericht zu unvollständiger Plan-begründung wird, vgl. §214 I 1 Nr. 2 BauGB. Begründungs-pflicht dient dem Interesse des Bürgers.	Antragsbefugnis ist gegeben, wenn möglicher Verstoß gegen § 214 I 1 Nr. 2 BauGB.
Fehler bei der förmlichen Bürger-beteiligung	§ 3 II BauGB	Norm dient dem Interesse des Bürgers.	Antragsbefugnis ist für denjenigen gegeben, der übergangen wurde, wenn das Übergehen seiner Person mög-licherweise nach § 214 I 1 Nr. 2 BauGB ein Nichtigkeitsgrund ist.
Fehler bei der förm-lichen Behörden-beteiligung	§ 4 II BauGB	Norm dient dem Interesse der Behörde.	Antragsbefugnis fehlt
Fehler bei Plan-genehmigung	§ 10 II BauGB	Norm dient nur Behördeninteressen.	Antragsbefugnis fehlt
Fehler bei Beschluss des Plans	§ 10 I BauGB	Sonderfall: Ohne Beschluss kein Inkrafttreten des Plans.	Daher Antrag von vornherein unstatthaft (Seite 278).
Fehler bei Bekannt-machung des Plans	§ 10 III 1 BauGB	Norm dient dem Bürgerinteresse.	Antragsbefugnis ist gegeben, wenn möglicher Verstoß gegen § 214 I 1 Nr. 4 BauGB.
Fehler bei Form des Plans	§ 10 BauGB	Normen (verbindliche Satzung als Rechts-norm, Erfordernis einer Begründung) dienen dem Bürgerinteresse.	Antragsbefugnis ist gegeben, wenn möglicher Verstoß gegen § 214 I 1 Nr. 3 BauGB.

Möglicher Rechtsverstoß	Norm	Geschützter Personenkreis	Folge für Individualantrag
Planung trotz Planungsverbotes	§ 1 III BauGB	Norm dient dem öffentlichen Interesse an geordneter städtebaulicher Entwicklung, nicht dem Interesse Privater	Antragsbefugnis fehlt
Fehler bei dem »Entwicklungsgebot« (Entwicklung des Bebauungsplans aus dem Flächennutzungsplan)	§ 8 II 1 BauGB	Norm dient dem öffentlichen Interesse an geordneter städtebaulicher Entwicklung, nicht dem Interesse Privater	Antragsbefugnis fehlt
Unzulässige Selbstständigkeit des Bebauungsplans (d.h. Bebauungsplan ohne Flächennutzungsplan)	§ 8 II 2 BauGB	Egal: Nach § 214 II Nr.1 BauGB ist ein selbstständiger Bebauungsplan stets wirksam.	Antragsbefugnis fehlt
Unzulässige Festsetzung	§ 9 I BauGB; BauNVO	Festsetzungsmöglichkeiten dienen eher Gemeinwohlzielen des § 1 V 1 BauGB, nicht einem Individualinteresse.	Antragsbefugnis fehlt

(b) Der bedeutsamste Fall: Antragsbefugnis bei Abwägungsfehler

Die Abwägungsfehlerlehre lässt uns nicht los. Erst hatten wir sie auf Seite 215. Dann haben wir ab Seite 269 gesehen, dass ein Abwägungsfehler auch noch offensichtlich und von Einfluss auf das Abwägungsergebnis gewesen sein muss, damit er zur Nichtigkeit eines Plans führt. Und jetzt schauen wir einmal, wann ein solcher Abwägungsfehler zur Antragsbefugnis führt. Dabei wird zum einen mehr, zum anderen weniger als beim »Abwägungsfehler als Nichtigkeitsgrund« gefordert.

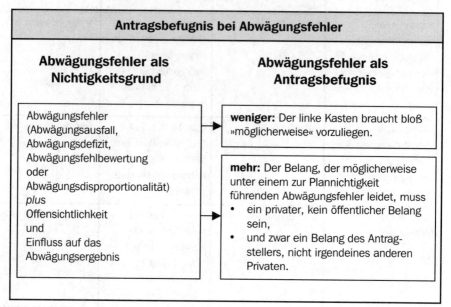

Antragsbefugnis bei Abwägungsfehler

Abwägungsfehler als Nichtigkeitsgrund	Abwägungsfehler als Antragsbefugnis
Abwägungsfehler (Abwägungsausfall, Abwägungsdefizit, Abwägungsfehlbewertung oder Abwägungsdisproportionalität) *plus* Offensichtlichkeit und Einfluss auf das Abwägungsergebnis	**weniger:** Der linke Kasten braucht bloß »möglicherweise« vorzuliegen.
	mehr: Der Belang, der möglicherweise unter einem zur Plannichtigkeit führenden Abwägungsfehler leidet, muss • ein privater, kein öffentlicher Belang sein, • und zwar ein Belang des Antragstellers, nicht irgendeines anderen Privaten.

Standardfälle

• Der Vortrag des Antragstellers lässt auch nicht entfernt einen Abwägungsfehler erkennen ⇨ keine Antragsbefugnis, da schon keine »Möglichkeit« einer Rechtsverletzung nach § 47 II 1 VwGO.
• Zwar besteht die Möglichkeit eines Abwägungsfehlers, aber dieser ist nicht – auch nicht möglicherweise – offensichtlich ⇨ wie zuvor.
• Zwar besteht die Möglichkeit eines offensichtlichen Abwägungsfehlers, aber dieser hatte offensichtlich keine Auswirkung auf das Abwägungsergebnis ⇨ wie zuvor

Zum unteren rechten Kasten

Bei dem »Mehr« fangen die Probleme erst richtig an. Es lässt sich vielleicht noch mühelos feststellen, dass A nicht für einen Belang des B einen Normenkontrollantrag stellen kann. Aber schon die Abgrenzung zwischen »privaten« und »öffentlichen« Belangen ist häufig schwierig.

Beispiel für einen privaten Belang

Dies wurde auf Seite 211 schon angedeutet. Nehmen wir ein Beispiel für einen eindeutig privaten Belang: Durch einen Bebauungsplan wird ein Eigentums- oder sonstiges Nutzungsrecht (z.B. Miet- oder Pachtrecht) beschränkt. Jemand wollte auf seinem Grund und Boden bauen, und dann heißt es im Bebauungsplan: Das ist nun eine Grünfläche. Wenn die Behörde da bei der Abwägung möglicherweise das Eigentumsrecht (und damit auch die Baufreiheit des Betroffenen) verkannt hat, dies möglicherweise offensichtlich ist und eventuell von Einfluss auf das Abwägungsergebnis war, so ist gemäß dem unteren rechten Kasten

Baufreiheit

- der private Belang »Eigentum« vom Abwägungsfehler betroffen,
- und der betroffene Eigentümer (nicht jemand anders) kann den Normenkontrollantrag stellen.

Bei vielen Belangen ist aber gar nicht so einfach zu sagen, ob sie nun »öffentlich« oder »privat« sind. In der Praxis läuft das darauf hinaus, dass in den meisten Fällen private Belange des Antragstellers betroffen oder zumindest mitbetroffen sind. Das Problem, welches sich stellt, ist das schon ab Seite 211 diskutierte, ob ein Belang auch »abwägungserheblich« ist.

Ist dies aber der Fall, so kann man sagen: Gibt es überhaupt einen abwägungserheblichen Belang des Antragstellers, so kann nie ganz ausgeschlossen werden, dass in Bezug auf diesen Belang ein Abwägungsfehler vorliegt. Die Existenz eines abwägungserheblichen Belangs des Antragstellers genügt daher immer auch für die Möglichkeit eines Abwägungsfehlers. Und somit auch für die Antragsbefugnis nach § 47 II 1 VwGO.

ee) Antragsfrist

Laut § 47 II 1 VwGO muss der Normenkontrollantrag innerhalb von zwei Jahren nach Bekanntmachung der angegriffenen Norm (hier: des Bebauungsplans) gestellt werden.

ff) Antragsgegner

Laut § 47 II 2 VwGO richtet sich der Normenkontrollantrag »gegen die Körperschaft, Anstalt oder Stiftung ..., welche die Rechtsvorschrift erlassen hat.« Dies ist im Falle »Baugenehmigung« die Gemeinde als so genannte Gebietskörperschaft. Es ist wohlgemerkt nicht eine einzelne Person innerhalb der Gemeinde oder ein Gemeindeorgan. Man sollte daher einen Antrag beispielsweise nicht richten »gegen Stadtbaurat S«, »gegen den Gemeinderat«, »gegen den Bürgermeister B«. Indes würden die Gerichte hier ein Auge zudrücken und das so interpretieren, als ob die Gemeinde als solche gemeint ist.

gg) Allgemeines Rechtschutzbedürfnis

Ein »allgemeines Rechtschutzbedürfnis« braucht selten geprüft zu werden. Dass jemand ein Bedürfnis nach Rechtsschutz hat, ergibt sich in der Regel schon aus der Antragsbefugnis (siehe ab Seite 279). Das allgemeine Rechtsschutzbedürfnis kann trotz Vorliegens der Antragsbefugnis indes fehlen, wenn sich die Rechtsstellung des Antragstellers auch bei Obsiegen nicht verbessern kann. Obsiegen bedeutet, dass der angegriffene Bebauungsplan für nichtig erklärt wird. Das müsste dem Antragsteller etwas nützen. In der Regel ist es tatsächlich nützlich, sonst würde er den Antrag kaum stellen. Indes gibt es auch Querulanten, denen es »ums Prinzip geht«. Oder die Sachlage ändert sich zwischenzeitlich, z.B. zieht der Antragsteller von Hamburg nach München, so dass er nichts mehr davon hat, einen Plan in der alten Heimat zu bekämpfen.

b) Begründetheit des Antrags

Der Normenkontrollantrag ist begründet, soweit die Norm, also hier: der angegriffene Bebauungsplan, tatsächlich für nichtig zu erklären ist. Es muss in der Begründetheit die gesamte Rechtmäßigkeit des Plans, wie ab Seite 222 erläutert, geprüft werden. Dabei ist auch zu beachten, welche Fehler im Plan nach §§ 214, 215 BauGB beachtlich sind und welche nicht (ab Seite 259).

Wenn Sie wegen der Formulierung »für nichtig zu erklären« stutzen, dann haben Sie ganz Recht. Denn bei der Lehre der Fehlerfolgen (Beachtlichkeit von Fehlern) war stets die Rede davon, dass der Plan bei einem »beachtlichen« Fehler bereits nichtig ist, also: ohne dass ein Gericht ihn nichtig machen muss. Stimmt. Die gerichtliche »Nichtigerklärung« ist prozessrechtlich nichts anderes als eine Feststellung der schon bestehenden Nichtigkeit.

Die Nichtigkeit wirkt gegenüber jedermann, nicht nur gegenüber dem Antragsteller.

3.2. Rechtsschutz des Bürgers gegen einen Flächennutzungsplan

Rechtsschutz gegen einen Flächennutzungsplan wird nicht gewährt. Es handelt sich eben nur um einen vorbereitenden Bebauungsplan (§ 1 II BauGB) der Darstellungen enthält, mit der die Gemeinde ihre eigene Detailplanung in gewissem Maße bindet, aber keine rechtsverbindlichen Festsetzungen für und gegen den Bürger. Weil er somit nicht aus dem verwaltungsinternen Bereich herausdringt, spricht man von fehlender Außenwirkung. Darum ist er, anders als der Bebauungsplan, auch keine »Satzung« (§ 10 I BauGB). Mit dem gerichtlichen »Normenkontrollantrag« nach § 47 VwGO kann man aber von Ausnahmen abgesehen nur gegen »Satzungen« vorgehen, im Übrigen nur gegen »Normen«. Mangels Außenwirkung ist der Flächennutzungsplan aber nicht einmal eine Norm. Auch andere Klagen sind nicht möglich. Der Bürger ist vom Flächennutzungsplan eben nur indirekt betroffen. Er muss einen Bebauungsplan abwarten und dann gegen diesen klagen. Oder einen Bauantrag stellen und bei etwaiger Ablehnung Widerspruch und Klage auf Erteilung der Baugenehmigung erheben (dazu ab Seite 91).

4. Besondere Formen der Planung, insbesondere der vorhabenbezogene Bebauungsplan

Natürlich könnte man allein über das gesamte Bauplanungsrecht eine mehrbändige Reihe verfassen. Dieses Buch muss notwendig lückenhaft sein, einiges kann überhaupt nicht erwähnt werden, anderes wird ganz kurz angerissen, anderes wiederum wird zur genaueren Erläuterung ausgewählt. So gibt es eine Reihe von Sonderformen der Planung. Ferner existieren zahlreiche Maßnahmen neben den klassischen Bauleitplänen. Schauen Sie sich beispielsweise das »besondere Städtebaurecht« (§§ 136 ff. BauGB) als Teildisziplin des Bauplanungsrechts cinmal an; es ist im Europarechtsanpassungsgesetz Bau 2004 teilweise einschneidend reformiert worden. In ihm sind spezielle für die Stadtentwicklung bedeutsame Maßnahmen geregelt wie städtebauliche Sanierungs- und Entwicklungsmaßnahmen, Stadtumbaumaßnahmen und städtebauliche Maßnahmen zur Behebung sozialer Missstände (§ 171 e BauGB, »Soziale Stadt«). Wir wollen hier den Rahmen der Bauleitplanung indes nicht verlassen und uns innerhalb dieses Bereichs eine praktisch besonders bedeutsame Sonderform ansehen. Den vorhabenbezogenen Bebauungsplan. Ähnlich wie der in § 11 BauGB geregelte, hier nicht weiter vertiefte städtebauliche Vertrag (den eine Gemeinde mit Privaten schließen kann) geht es beim in § 12 BauGB geregelten vorhabenbezogenen Bebauungsplan um die Zusammenarbeit der Gemeinde mit Privaten.

§ 12 BauGB

(1) Die Gemeinde kann durch einen vorhabenbezogenen Bebauungsplan die Zulässigkeit von Vorhaben bestimmen, wenn der Vorhabenträger auf der Grundlage eines mit der Gemeinde abgestimmten Plans zur Durchführung der Vorhaben und der Erschließungsmaßnahmen (Vorhaben- und Erschließungsplan) bereit und in der Lage ist und sich zur Durchführung innerhalb einer bestimmten Frist und zur Tragung der Planungs- und Erschließungskosten ganz oder teilweise vor dem Beschluss nach § 10 Abs. 1 verpflichtet (Durchführungsvertrag). ...

(3) Der Vorhaben- und Erschließungsplan wird Bestandteil des vorhabenbezogenen Bebauungsplans. ...

Es sollen konkret ein oder mehrere Vorhaben ermöglicht werden. Das kann für die Gewerbe-Ansiedlung von großer Bedeutung sein. Eine Gemeinde verhandelt mit einem Gewerbetreibenden (dem »Vorhabenträger«) über die Ansiedlung eines Bauvorhabens auf ihrem Gebiet, was aus verschiedenen Gründen interessant für die Gemeinde ist (wirtschaftliche Attraktivität, Arbeitsplätze, Gewerbesteuer etc.). Sie schneidert für ihn einen Bebauungsplan nach Maß, um gerade sein Vorhaben zulässig zu machen. Das ist der vorhabenbezogene Bebauungsplan. Aber eine Hand wäscht die andere. Der Vorhabenträger muss mit der Gemeinde einen Vorhaben- und Erschließungsplan abstimmen und sich per Durchführungsvertrag dazu verpflichten, sein Vorhaben auch zu realisieren und mindestens teilweise die Kosten zu tragen. Dies muss »vor dem Beschluss nach § 10 Abs. 1«, also vor dem Beschluss des (vorhabenbezogenen) Bebauungsplans geschehen.

Zusammenarbeit Gemeinde / Investor: Eine Hand wäscht die andere.

Es gibt in § 12 BauGB einige hier nicht abgedruckte Sonderbestimmungen – sollten Sie Lust verspüren, sich diese einmal zu Gemüte zu führen, achten Sie beim Lesen bitte immer darauf, ob gerade vom »vorhabenbezogenen Bebauungsplan« oder vom »Vorhaben- und Erschließungsplan« die Rede ist.

An dieser Stelle soll es lediglich um den vorhabenbezogenen Bebauungsplan gehen. Soweit nicht anders bestimmt, finden die üblichen Regeln zur Planaufstellung Anwendung. Eine Besonderheit betrifft den zulässigen Inhalt und die diesbezüglichen Fehlerfolgen.

4.1. Inhalt des vorhabenbezogenen Bebauungsplans

Die Gemeinde G erlässt einen vorhabenbezogenen Bebauungsplan, der auch als solcher bezeichnet ist. Der Plan setzt im östlichen Bereich an der H.straße ein kleines Mischgebiet und in der Mitte und im Westen drei kleine allgemeine Wohngebiete fest. In den Vorbemerkungen zur Planbegründung ist ausgeführt, die PCG (P.-C.+G.-GmbH) beabsichtige die Errichtung eines Wohn- und Geschäftshauses, zweier Reihenhäuser mit je vier Einheiten, eines frei stehenden Wohnhauses und eines Hauses für betreutes Seniorenwohnen.

Fall 66

Der Fall basiert auf derselben Entscheidung wie Fall 64, Seite 269; es werden die jeweils relevanten Aspekte herausgegriffen.

G und PCG haben einen Durchführungsvertrag zum Vorhaben- und Erschließungsplan geschlossen. Nach diesem Vertrag sollen im Mischgebiet ein Wohn- und Geschäftshaus (Bauabschnitt I) und im allgemeinen Wohngebiet zwei Reihenhäuser mit je vier Einheiten und ein frei stehendes Wohnhaus (Bauabschnitt II) sowie ein Haus für betreutes Wohnen (Bauabschnitt III) errichtet werden. In den Anlagen zum Vertrag sind die baulichen Anlagen im Einzelnen zeichnerisch dargestellt.

Neben anderen Gründen hält Nachbar N, dessen Wohnhaus an das Plangebiet angrenzt, den Plan auch deshalb für fehlerhaft und nichtig, weil er nicht den inhaltlichen Anforderungen an einen »vorhabenbezogenen Bebauungsplan« genüge.

Ist der Plan fehlerhaft? Wenn ja: Welche Folgen hat dies?

An dieser Stelle soll nicht noch einmal das ganze Prüfungsschema von Seite 247 durchgeprüft werden. Die folgende Kurzübersicht zeigt, wo man das nun folgende Sonderproblem einbauen müsste.

I. Formelle Rechtmäßigkeit

  1. Zuständigkeit

  2. Verfahren

  3. Form

II. Materielle Rechtmäßigkeit

  1. Erforderlichkeit nach § 1 III BauGB

  2. Auswahlermessen

    a) Zulässige inhaltliche Darstellungen/Festsetzungen gem. § 5 BauGB (Flächennutzungsplan) oder gem. § 9 BauGB (Bebauungsplan).

    Hier Besonderheiten beim vorhabenbezogenen Bebauungsplan

    b) (ggf. bei Bebauungsplan:)

      aa) Entwicklung aus dem Flächennutzungsplan, § 8 II 1 BauGB, oder:

      bb) Selbstständiger Plan, § 8 II 2 BauGB

    c) Abwägung, §§ 1 VII, 2 III BauGB

Für den vorhabenbezogenen Bebauungsplan gilt § 9 BauGB nicht. Aber § 12 I BauGB!

Eine Besonderheit in inhaltlicher Hinsicht ist, dass für den vorhabenbezogenen Bebauungsplan § 9 BauGB nicht gilt, d.h. man kann dort auch festlegen, was nicht in § 9 BauGB genannt ist. Aber da es nun einmal ein vorhabenbezogener Bebauungsplan ist, muss er »die Zulässigkeit von Vorhaben bestimmen« (§ 12 I 1 BauGB), und das heißt: einzelne, konkret bezeichnete Vorhaben. Dies haben wir hier nur indirekt:

Mögliche Unkorrektheiten in Fall 66

- Einzelne Vorhaben werden im Bebauungsplan nicht ausdrücklich festgesetzt, es wird nur in der Begründung erwähnt, dass sie geplant sind.
- Genauere Regelungen enthält nur der Durchführungsvertrag zum Vorhaben- und Erschließungsvertrag, nicht aber der Bebauungsplan selbst. Dieser legt bloß Baugebietstypen fest.

BVerwG

Der Vorhaben- und Erschließungsplan, der Bebauungsplan und der Durchführungsvertrag müssen aufeinander abgestimmt sein und dürfen sich nicht widersprechen.

Durch den vorhabenbezogenen Bebauungsplan wird die Zulässigkeit einzelner Vorhaben bestimmt. Er setzt voraus, dass die Gemeinde mit dem Vorhabenträger einen Durchführungsvertrag geschlossen hat (§ 12 Abs. 1 Satz 1 BauGB). Gegenstand des Vertrages ist der Vorhaben- und Erschließungsplan, durch den nicht etwa allgemein irgendeine Bebauung des Plangebiets, sondern die Errichtung eines oder mehrerer konkreter Vorhaben ... geregelt wird. Der Vorhaben- und Erschließungsplan, der Bebauungsplan und der Durchführungsvertrag müssen aufeinander abgestimmt sein und dürfen sich nicht widersprechen. Das schließt nicht aus, dass das vereinbarte und im Vorhaben- und Erschließungsplan festgelegte Vorhaben von vornherein eine gewisse Bandbreite an Nutzungsmöglichkeiten umfasst und damit einem Bedürfnis des Vorhabenträgers oder der Gemeinde nach einem nicht allzu starren planerischen Rahmen Rechnung trägt. Wo die Grenzen einer derartigen flexibleren Planung mit dem Mittel des § 12 BauGB liegen, bedarf hier keiner Vertiefung. Die Festsetzung eines Baugebiets allein reicht jedenfalls nicht aus. Ebenso wäre ein vorhabenbezogener Bebauungsplan, der ein anderes Vorhaben als das im Durchführungsvertrag vereinbarte ... zulässt, fehlerhaft ... .

Im Fall war der Bebauungsplan zu wenig konkretisiert.

Der vorhabenbezogene Bebauungsplan muss also wegen der geforderten Abstimmung wenigstens in Grundzügen erkennen lassen, auf welches oder welche Vorhaben er sich bezieht. Es genügt nicht, wenn er bloß Baugebietstypen (hier: Mischgebiet und allgemeines Wohngebiet) nennt. Denn dann kann man ja gar nicht überprüfen, ob die Abstimmung mit Vorhaben- und Erschließungsplan sowie Durchführungsvertrag erfolgt ist.

Könnte es im vorliegenden Fall vielleicht einen letzten Rettungsanker geben, wenn man die Erläuterungen des Bebauungsplans zur Auslegung der planerischen Festsetzungen mit heranzieht? Immerhin dort werden ja die geforderten konkreten Vorhaben erwähnt. Man könnte so zu einer einschränkenden Auslegung kommen: Es sollen eben nicht alle Vorhaben zulässig sein, die üblicherweise in Misch- und allgemeinen Wohngebieten möglich sind, sondern ganz bestimmte Projekte realisiert werden.

Das Bundesverwaltungsgericht differenziert danach, ob ergänzende Erläuterungen im Plan selbst enthalten sind (dann in Ordnung), oder ob sie sich nur in der Planbegründung und/oder im Vorhaben- und Erschließungsplan befinden (dann nicht in Ordnung). Denn die Planbegründung dient der Erläuterung des Bebauungsplans; sie kann zwar Auslegungshilfe für den Plan sein, ist jedoch selbst kein Planbestandteil. Auch der Vorhaben- und Erschließungsplan ist kein Bestandteil des Bebauungsplans.

Ergänzende Erläuterungen müssen im Plan selbst stehen, nicht in der Planbegründung oder im Vorhaben- und Erschließungsplan....

...denn diese Dinge sind nicht Bestandteil des Bebauungsplans.

4.2. Fehlerfolgen

In der »Fehlerfolgentabelle« wurde gezeigt, dass ein Fehler bei den Vorgaben zu einzelnen inhaltlichen Festsetzungen einen absoluten Nichtigkeitsgrund darstellt (Seite 268, 4. Spalte). Dies gilt generell auch hier, denn das Gebot des § 12 I 1 BauGB, einzelne Vorgaben für zulässig zu erklären, ist nichts anderes als eine besondere inhaltliche Anforderung für vorhabenbezogene Bebauungspläne.

Es sind jedoch auch hier die Möglichkeiten des ergänzenden Verfahrens zu beachten, das zur bloß vorübergehenden Unwirksamkeit führen kann (vgl. S. 259 f., 273 ff.). Im Fall 66 meinte das Bundesverwaltungsgericht hierzu:

BVerwG

Die Unbestimmtheit der Festsetzungen über die zulässigen baulichen Nutzungen macht einen vorhabenbezogenen Bebauungsplan noch nicht nichtig, wenn es lediglich einiger klarstellender Ergänzungen bedarf, um diesen Mangel zu beheben. Dies kann im ergänzenden Verfahren geschehen. Bis zur Behebung des Mangels ist der Bebauungsplan jedoch unwirksam (§ 215a Abs. 1 BauGB). [jetzt in § 214 IV BauGB geregelt]

Dem Gericht genügte die *Möglichkeit* des ergänzenden Verfahrens; es stellte bei der Frage »nichtig (also rechtlich inexistent) oder unwirksam« nicht darauf ab, ob das ergänzende Verfahren tatsächlich durchgeführt wurde, wird oder werden soll.

5. Geltungsdauer der Pläne – das neue »Baurecht auf Zeit«

Eine Gemeinde muss nicht planen, von Ausnahmen abgesehen. Sie muss also grundsätzlich auch keine Pläne ändern. Hierin wurde indes bei der jüngsten Baurechtsreform ein Nachteil gesehen. Die bodenrechtliche Situation in einem bestimmten Gebiet ist der fortwährenden faktischen Änderung unterworfen. Umwelt- und Naturschutzprobleme können neu entstehen, sich verlagern, größer oder geringer werden, die wirtschaftliche Anziehungskraft eines Wohnbau- oder Gewerbegebietes kann sich ändern, einzelne Gebiete erhalten plötzlich eine ungeahnte Attraktivität, andere verlieren diese. Im Osten Deutschlands sollen schon veritable Geisterstadtteile entstanden sein, neu angesiedelte Industrieparks bleiben leer oder werden es. Aber vielleicht wird dies alles auf ebenso unvorhergesehene Weise irgendwann einmal sich umkehren. Man kann einiges, aber nicht immer alles voraussehen. Es besteht ein Bedarf, dass das Bauplanungsrecht flexibel auf derartige Trends reagiert. Nun hat das alte Baurecht eine Flexibilität natürlich nicht verboten (man kann ja neu planen, wann man möchte), aber das neue Baurecht verschafft der Flexibilität einen größeren Stellenwert. Einige Beispiele ohne Anspruch auf Vollständigkeit:

Die Gemeinden überwachen die erheblichen Umweltauswirkungen, die auf Grund der Durchführung der Bauleitpläne eintreten, um insbesondere unvorhergesehene nachteilige Auswirkungen frühzeitig zu ermitteln und in der Lage zu sein, geeignete Maßnahmen zur Abhilfe zu ergreifen. ...	§ 4 c BauGB

Der Flächennutzungsplan soll spätestens 15 Jahre nach seiner erstmaligen oder erneuten Aufstellung überprüft und, soweit nach § 1 Abs. 3 Satz 1 erforderlich, geändert, ergänzt oder neu aufgestellt werden.	§ 5 I 3 BauGB

Im Bebauungsplan kann in besonderen Fällen festgesetzt werden, dass bestimmte der in ihm festgesetzten baulichen und sonstigen Nutzungen und Anlagen nur 1. für einen bestimmten Zeitraum zulässig oder 2. bis zum Eintritt bestimmter Umstände zulässig oder unzulässig sind. Die Folgenutzung soll festgesetzt werden.	§ 9 Ii BauGB

6. Planungssicherungsmaßnahmen

6.1. Veränderungssperre

§ 14 I BauGB

Ist ein Beschluss über die Aufstellung eines Bebauungsplans gefasst, kann die Gemeinde zur Sicherung der Planung für den künftigen Planbereich eine Veränderungssperre mit dem Inhalt beschließen, dass

1. Vorhaben im Sinne des § 29 nicht durchgeführt oder bauliche Anlagen nicht beseitigt werden dürfen;

2. erhebliche oder wesentlich wertsteigernde Veränderungen von Grundstücken und baulichen Anlagen, deren Veränderungen nicht genehmigungs-, zustimmungs- oder anzeigepflichtig sind, nicht vorgenommen werden dürfen.

Sinn und Zweck: Baugenehmigungsbehörde soll nicht Planung der Gemeinde konterkarieren.

Der Grund für eine solche Maßnahme ist im Kompetenzgerangel zu suchen. Die Bauleitplanung und die Baugenehmigungserteilung sind häufig nicht derselben Körperschaft überantwortet. Beispielsweise werden Baugenehmigungen i.d.R. von den Landkreisen erteilt (genauer: Seite 12 ff.), aber die Bauleitplanung obliegt den Gemeinden (§§ 1 III, 10 I BauGB). Eine Bauleitplanung kann aber hochkompliziert sein und einen längeren Zeitraum, ggf. mehrere Jahre, in Anspruch nehmen. Verfolgt die Gemeinde dabei ein bestimmtes Ziel, z.B. zusätzliche Schaffung von Grünflächen, so könnte diesem Ziel folgendermaßen entgegengewirkt werden:

»Der Landkreis informiert: Jetzt Bauantrag stellen, bevor es zu spät ist! Die Gemeinde XY erstellt einen Bebauungsplan im Bereich Z, der ab dem 1.1.2006 in Kraft treten soll. Nach diesem Plan werden (bestimmte Bauvorhaben, die im Einzelnen beschrieben werden) nicht mehr genehmigungsfähig sein. Darum: Jetzt Antrag stellen und Genehmigungen nach altem Recht erhalten!«

Und wenn dann erst einmal alle Häuslebauer ihre Genehmigungen haben, so kann man sie ihnen auch durch eine neue, entgegenstehende Planung nicht mehr nehmen. Das Ziel, welches die Gemeinde XY mit der beabsichtigten Planung verfolgt, kann nicht mehr erreicht werden, wenn auf dem betreffenden Gebiet schnell noch vorher durch Erteilung von Baugenehmigungen Fakten geschaffen werden. Darum kann eine Gemeinde dem mit Veränderungssperren entgegenwirken.

6.1.1. Voraussetzungen – speziell »Sicherungsbedarf«

Die Gemeinde muss nach § 14 I BauGB

- einen Beschluss über die Aufstellung eines Bebauungsplans gefasst haben,
- einen Bedarf für die »Sicherung der Planung« haben.

Problematisch kann Letzteres sein. Es kommt nicht darauf an, dass die Gemeinde *behauptet*, die künftige Planung müsse gesichert werden, sondern dass dies auch so ist. Ansonsten wäre einem gemeindlichen Missbrauch Tür und Tor geöffnet. Die Gemeinde könnte, ohne sich ernsthaft über Bauleitplanung Gedanken zu machen, formell beschließen, für ein bestimmtes Gebiet solle ein Bebauungsplan aufgestellt werden, und dann mit einer Veränderungssperre jegliche Baumaßnahmen verhindern.

Missbrauchsgefahr bei Veränderungssperren?

Wie wird dieser Missbrauch kontrolliert? Nach dem oben Gesagten ist ein sinnvoller Ansatz, einmal nachzuschauen, ob es die Gemeinde mit der beabsichtigten Planung tatsächlich ernst meint. So sieht es auch die ständige Rechtsprechung:

Wie wird dieser Missbrauch kontrolliert?

> Eine Veränderungssperre darf erst erlassen werden, wenn die Planung, die sie sichern soll, ein Mindestmaß dessen erkennen lässt, was Inhalt des zu erwartenden Bebauungsplans sein soll. Wesentlich ist dabei, dass die Gemeinde bereits positive Vorstellungen über den Inhalt des Bebauungsplans entwickelt hat. Eine Negativplanung, die sich darin erschöpft, einzelne Vorhaben auszuschließen, reicht nicht aus. Die nachteiligen Wirkungen der Veränderungssperre wären auch vor dem Hintergrund des Art. 14 Abs. 1 Satz 2 GG nicht erträglich, wenn sie zur Sicherung einer Planung dienen sollte, die sich in ihrem Inhalt noch in keiner Weise absehen lässt. Ein Mindestmaß an konkreter planerischer Vorstellung gehört auch zur Konzeption des § 14 BauGB. Nach seinem Absatz 2 Satz 1 kann eine Ausnahme von der Veränderungssperre zugelassen werden, wenn öffentliche Belange nicht entgegenstehen. Ob der praktisch wichtigste öffentliche Belang, nämlich die Vereinbarkeit des Vorhabens mit der beabsichtigten Planung, beeinträchtigt ist, kann aber nur beurteilt werden, wenn die planerischen Vorstellungen der Gemeinde nicht noch völlig offen sind. (Quelle: wie Fall 67 auf der folgenden Seite)

BVerwG

Künftige Planung muss schon gewisse positive Konturen erkennen lassen, nicht nur »Negativplanung«.

Zur Erinnerung: Art. 14 I des Grundgesetzes garantiert das Eigentum als Grundrecht: »Das Eigentum und das Erbrecht werden gewährleistet. Inhalt und Schranken werden durch die Gesetze bestimmt.« Da von der Eigentumsgarantie auch das Recht geschützt ist, auf seinem Grund

und Boden zu bauen, darf dies zumindest nicht unverhältnismäßig eingeschränkt werden, weswegen auch die Kontrolle von Veränderungssperren im oben genannten Sinne vorzunehmen ist.

Fall 67

Fundstellen Originalfall:
• BVerwGE 120, 138
• DVBl. 2004, 950

Ein Bauantrag eines Windkraftanlagenbetreibers, der sich auf ein Außenbereichsvorhaben bezieht, hätte zum Zeitpunkt der Antragstellung genehmigt werden müssen.

Nachdem ein Nachbar, der einen Reiterhof betreibt, Störungen für die Pferde befürchtet und dies der Gemeinde mitgeteilt hatte, erließ die Gemeinde einen Planaufstellungsbeschluss und eine Veränderungssperre; die Windenergieanlage wurde daraufhin nicht genehmigt.

In dem Planaufstellungsbeschluss (»Beschluss über die Aufstellung eines Bebauungsplanes« i.S.v. § 14 I BauGB) findet sich über den Inhalt des zu erwartenden Bebauungsplans allein die Aussage, die Gemeinde wolle die Interessen des Pferdesportbetriebes abwägend berücksichtigen; sie wolle mit andern Worten das Interesse am Betreiben von Windenergieanlagen mit dem Interesse dieses Betriebes in eine abgewogene Entscheidung des gemeindepolitisch Gewollten einstellen. Aussagen, ob z.B. ein Sondergebiet für Windenergieanlagen festgesetzt werden soll und/oder einzelne Festsetzungen zum Schutz des Reiterhofes getroffen werden sollen, fanden sich nicht. Aus der Begründung zum Planaufstellungsbeschluss ergibt sich vielmehr, dass bei der Planung dem Schutz der Landschaft zu Gunsten der Reitbetriebe Vorrang zu geben sei und dass eine Nutzung durch Windkraftanlagen an den berechtigten Nutzungsinteressen der Nachbarschaft insgesamt scheitern könne.

BVerwG: Hier ist Veränderungssperre eine »Bauverhinderungssperre«, also nichtig.

In diesem Fall hat das Bundesverwaltungsgericht eine Veränderungssperre für nichtig erklärt. Hier sei mangels hinreichender Konkretisierung des beabsichtigten Plans kein Bedürfnis für die Planungssicherung erkennbar. Die Veränderungssperre sei vielmehr eine missbräuchliche »Bauverhinderungssperre«.

6.1.2. Kein Missbrauch bei vorherigem Einvernehmen

Fall 68

Im Fall 67 hatte die Gemeinde bereits gemäß § 36 I 1 BauGB das Einvernehmen zur Baugenehmigung für die Windkraftanlagen erteilt. Erst danach machte sie der Betreiber des benachbarten Reiterhofes auf seine Bedenken aufmerksam, und erst dann wurden Planaufstellungsbeschluss und Veränderungssperre erlassen.

A, der Betreiber der Windkraftanlagen, meint, die Gemeinde dürfe auch deshalb keine Veränderungssperre erlassen, weil sie dem Vorha-

*ben des A schon zugestimmt habe und daran gebunden sei. Stimmt
dies?*

Das Bundesverwaltungsgericht hat das genannte Argument nicht gelten
lassen: Eine Gemeinde ist durch die Erteilung ihres Einvernehmens für
eine Baumaßnahme nicht gehindert, ihre bauleitplanerischen Vorstellungen zu ändern und zu ihrer Sicherung eine Veränderungssperre zu
erlassen. Das Recht und die Pflicht der Gemeinde, ihre Bauleitpläne in
eigener Verantwortung aufzustellen (§ 2 I 1 BauGB), wird durch die
Erteilung des Einvernehmens zu einem konkreten Bauvorhaben nicht
berührt. Die Gemeinde darf ihre Bauleitpläne immer dann aufstellen,
wenn es für die städtebauliche Entwicklung und Ordnung erforderlich
ist (§ 1 III BauGB). Dabei kommt es in erster Linie auf die Sicht der
Gemeinde selbst an. Sie darf die städtebauliche Entwicklung in ihrem
Gemeindegebiet bestimmen und sich dabei grundsätzlich von »ge-
meindepolitischen« Motiven, die sich jederzeit ändern können, leiten
lassen.

> Die Gemeinde hat ein Recht, ihre Bauleitplanung unter Beachtung der gesetzlichen Regeln jederzeit nach ihren eigenen Vorstellungen zu betreiben. Sie ist durch eine früheres Einvernehmen mit einem Einzelvorhaben nicht daran gehindert, ihre Meinung zu ändern.

Die Gemeinde hat also ein Recht, ihre Bauleitplanung unter Beachtung
der gesetzlichen Regeln jederzeit nach ihren eigenen Vorstellungen zu
betreiben. Sie ist also durch eine früheres Einverständnis mit einem
Einzelvorhaben nicht daran gehindert, ihre Meinung zu ändern und
eine komplette Neuplanung vorzunehmen. (Indes war ja in diesem Fall
die Veränderungssperre aus anderen Gründen nichtig, siehe Fall 67.)

6.1.3. Rechtsfolge – speziell Geltungsdauer

Was die Rechtsfolge einer Veränderungssperre ist, ergibt sich hinreichend deutlich aus dem bereits auf Seite 294 zitierten § 14 I BauGB:
Bauanträge dürfen nicht mehr genehmigt werden. Übrigens: Wurde
schon ein Bauantrag genehmigt, aber mit dem Bau noch nicht begonnen, so gilt die Baugenehmigung weiterhin (§ 14 III BauGB).

Von besonderem Interesse ist nun, wie lange eine Veränderungssperre
eigentlich gilt, denn auch hier liegt eine Missbrauchsgefahr: Eine Gemeinde könnte ja vorschieben, eine konkrete Planung in Aussicht zu
haben, die dann rein zufällig im Sande verläuft. Gilt eine Veränderungssperre dann bis zum Sankt-Nimmerleinstag? Nein, der Gesetzgeber hat vorgebeugt:

> (1) [1] Die Veränderungssperre tritt nach Ablauf von zwei Jahren außer
> Kraft. ... [3] Die Gemeinde kann die Frist um ein Jahr verlängern.
>
> (2) Wenn besondere Umstände es erfordern, kann die Gemeinde mit
> Zustimmung der nach Landesrecht zuständigen Behörde die Frist bis
> zu einem weiteren Jahr nochmals verlängern.

§ 17 I-V BauGB

(3) Die Gemeinde kann mit Zustimmung der höheren Verwaltungsbehörde eine außer Kraft getretene Veränderungssperre ganz oder teilweise erneut beschließen, wenn die Voraussetzungen für ihren Erlass fortbestehen.

(4) Die Veränderungssperre ist vor Fristablauf ganz oder teilweise außer Kraft zu setzen, sobald die Voraussetzungen für ihren Erlass weggefallen sind.

(5) Die Veränderungssperre tritt in jedem Fall außer Kraft, sobald und soweit die Bauleitplanung rechtsverbindlich abgeschlossen ist.

6.1.4. Form, Rechtsschutz

Die Veränderungssperre ist eine Satzung, wie sich aus § 16 BauGB ergibt (der auch Voraussetzungen zur ortsüblichen Bekanntmachung enthält). Daher kann man mit dem Normenkontrollantrag gegen eine Veränderungssperre vorgehen, wie sie im Zusammenhang mit dem Rechtsschutz gegen Bebauungspläne erläutert wurde.

6.2. Zurückstellung von Baugesuchen

§ 15 I BauGB

Wird eine Veränderungssperre nach § 14 nicht beschlossen, obwohl die Voraussetzungen gegeben sind, oder ist eine beschlossene Veränderungssperre noch nicht in Kraft getreten, hat die Baugenehmigungsbehörde auf Antrag der Gemeinde die Entscheidung über die Zulässigkeit von Vorhaben im Einzelfall für einen Zeitraum bis zu zwölf Monaten auszusetzen, wenn zu befürchten ist, dass die Durchführung der Planung durch das Vorhaben unmöglich gemacht oder wesentlich erschwert werden würde. Wird kein Baugenehmigungsverfahren durchgeführt, wird auf Antrag der Gemeinde anstelle der Aussetzung der Entscheidung über die Zulässigkeit eine vorläufige Untersagung innerhalb einer durch Landesrecht festgesetzten Frist ausgesprochen. Die vorläufige Untersagung steht der Zurückstellung nach Satz 1 gleich. ...

6.2.1. Voraussetzungen

*   Die Voraussetzungen für eine Veränderungssperre lägen vor,
*   aber eine Veränderungssperre ist noch nicht beschlossen oder noch nicht in Kraft getreten (§ 15 I 1 BauGB)
*   und es ist zu befürchten, dass die Planung durch das Vorhaben unmöglich gemacht oder wesentlich erschwert würde (dito).

Bei der ersten Voraussetzung kann nach oben verwiesen werden, die zweite ist aus sich heraus verständlich. Bleibt die Frage, was denn mit der dritten gemeint ist. »Das Vorhaben« bezieht sich auf das konkrete

Baugesuch, also einen Antrag auf eine Baugenehmigung, der zurückgestellt werden soll. Dies darf nur dann geschehen, wenn gerade das beantragte Vorhaben die beabsichtigte Bauleitplanung gefährden könnte.

Zur Befürchtung der Unmöglichkeit oder wesentlichen Erschwernis der beabsichtigten Planung kann auf die Erläuterungen zu § 14 BauGB verwiesen werden. Nun gibt es diese Begriffe bei der Veränderungssperre (§ 14 BauGB) gar nicht. §§ 14 und 15 BauGB haben aber gemeinsam, dass es einen Sicherungsbedarf geben muss, der auch von den Gerichten kontrolliert wird. Die beabsichtigte Planung muss also so weit konkretisiert sein, dass man überhaupt schon sagen kann, ob ein Einzelvorhaben stören würde, wenn es nach noch gültigem Recht genehmigt würde. Man kann daher auch den Fall 67 (Seite 296) voll auf die Zurückstellung von Baugesuchen übertragen. Stellen Sie sich einfach vor, dass in diesem Fall keine Veränderungssperre erlassen ist, sondern das Baugesuch auf Antrag der Gemeinde von der Baugenehmigungsbehörde zurückgestellt wird. Genauso wie in Fall 67 gesagt wurde, dass eine Veränderungssperre keine reine »Bauverhinderungssperre« sein dürfe, kann ein Baugesuch nicht zurückgestellt werden, wenn die beabsichtigte Planung so wenig konkretisiert ist, dass die Zurückstellung eines Baugesuchs nicht eine konkret fassbare Planungsabsicht schützen, sondern bloß eine beantragte Bautätigkeit verhindern soll.

6.2.2. Zuständigkeiten

Nach § 15 I 1 BauGB beantragt die Gemeinde bei der Baugenehmigungsbehörde (siehe Seite 12 ff.) die Zurückstellung, die dem Antrag entsprechen muss, wenn die Voraussetzungen vorliegen.

6.2.3. Die vorläufige Untersagung

Wenn ein Bau nach Landesbauordnung nicht genehmigungsbedürftig ist (dazu ab Seite 19), muss der Bauherr keinen Bauantrag, kein »Baugesuch« stellen. Eine Zurückstellung eines Baugesuchs würde also nicht greifen. Für diesen Fall schafft § 15 I 2 BauGB die Möglichkeit der vorläufigen Untersagung. Sie muss auf Antrag der Gemeinde binnen einer landesrechtlichen Frist von der Baugenehmigungsbehörde ausgesprochen werden. Regeln die Länder keine Frist, so gilt die Zwei-Monats-Frist des § 36 II 2 BauGB analog. Die Voraussetzungen für Erteilung oder Versagung der Untersagung sind im Übrigen dieselben wie bei der Zurückstellung von Baugesuchen.

7. Wiederholungsfragen

1. Was ist ein Bebauungsplan, was ein Flächennutzungsplan? Lösung S. 200, S 6

2. Kann eine Gemeinde über ihre Bauleitplanung frei entscheiden? Wenn ja, gibt es Grenzen? Lösung S. 201 ff.

3. Was muss in eine Abwägung bei der Bauleitplanung einfließen? Lösung S. 207 ff.

4. Was ist ein Abwägungsfehler? Welche Arten von Abwägungsfehlern kennen Sie? Lösung S. 215 ff.

5. Wie geht die frühzeitige Beteiligung der Öffentlichkeit vonstatten? Lösung S. 224 ff.

6. Wie hat (unter anderem) das Europarechtsanpassungsgesetz Bau (2004) die Umweltbelange gestärkt? Lösung S. 229 f.

7. Wie geht die förmliche Beteiligung der Öffentlichkeit vonstatten? Lösung S. 230 ff.

8. Welche Pläne müssen genehmigt werden? Lösung S. 239 f.

9. Welchen Inhalt dürfen oder müssen Flächennutzungspläne haben? Lösung S. 248 ff.

10. Und Bebauungspläne? Lösung S. 253 ff.

11. Führt ein Fehler im Bauleitplan stets zur Nichtigkeit desselben? Lösung S. 259 ff.

12. Was ist das ergänzende Verfahren? Lösung S. 259 f., 273 ff.

13. Welches sind die Folgen eines Abwägungsfehlers? Lösung S. 269 ff.

14. Mit welcher Klage geht man gegen einen Bebauungsplan, mit welcher gegen einen Flächennutzungsplan vor? Lösung S. 277 ff., 287

15. Erläutern Sie, was der vorhabenbezogene Bebauungsplan und der Vorhaben- und Erschließungsplan sind! Lösung S. 288 ff.

16. »Die Veränderungssperre darf keine Bauverhinderungssperre sein.« Was meint dieser Ausspruch? S. 294 ff.

Lösung eines »großen« Übungsfalls

Obwohl in diesem Buch bislang schon zahlreiche Fälle geschildert wurden, ging es dabei immer nur um Einzelaspekte. An der Universität, z.T. aber auch an Verwaltungs- und Wirtschaftsakademien oder in der Verwaltungsausbildung, drohen Ihnen indes »große« Fälle. Wie man solche bearbeitet, soll am Ende dieses Buches ein Mal anhand eines Beispiels erörtert werden. Im Wesentlichen weist die Fallbearbeitung zwei Unterschiede gegenüber den kleinen Fällen in den vorangegangenen Teilen des Buches auf:

- Sie prüfen nicht nur einen Ausschnitt, sondern das ganze Programm. Wir hatten z.B. gesehen, dass für den Anspruch auf eine Baugenehmigung oder für den Widerspruch/die Klage gegen einen Verwaltungsakt eine ganze Reihe von Voraussetzungen vonnöten sind. Das gehört dann auch alles in eine Falllösung.
- Sie beantworten nicht nur Fragen mit »ja« oder »nein« und fügen dann noch ein paar Erläuterungen hinzu, sondern Sie sollen ein Gutachten erstellen. Dies bedeutet auch Beherrschung des so genannten Gutachtenstils.

1. Der Gutachtenstil

Gutachtenstil bedeutet im Wesentlichen, dass man nicht gleich mit der Tür ins Haus fällt und das Ergebnis vor die Begründung stellt. Sie sollten z.B. auf die Frage »Besteht ein Anspruch auf eine Baugenehmigung?« nie mit den Worten »Ja/Nein, weil ...« anfangen. Vielmehr gehen Sie in mehreren Schritten vor. Da diese am besten anhand eines konkreten Beispiels erläutert werden, findet sich Näheres erst in den Erläuterungen zur Musterlösung des folgenden Übungsfalls.

2. Der Sachverhalt des Übungsfalls

Der folgende Fall wurde im Wintersemester 2003/2004 an der Universität Osnabrück in der Übung im öffentlichen Recht für Fortgeschrittene als Klausur geprüft. Die Fortgeschrittenenübung wird üblicherweise im 5.-7. Semester besucht. Die Bearbeitungszeit betrug drei volle Stunden. Die im Sachverhalt angegebenen Daten wurden aktualisiert.

Fall 69

B möchte in der niedersächsischen kreisangehörigen Gemeinde G ein dreigeschossiges Mehrfamilienhaus bauen. Dafür hat er sich ein Baugrundstück gekauft, welches in einer Neubausiedlung liegt, in der die bestehenden Häuser sowohl eine zweigeschossige als auch eine dreigeschossige Bauweise aufweisen. Der Plan des Architekten sieht für das Haus eine Bauweise vor, die denen der angrenzenden Häuser entspricht. Neben Wohnhäusern befinden sich in diesem Gebiet auch Geschäfts- und Bürogebäude sowie eine Fertigungshalle eines Autoherstellers. Von dieser Fertigungshalle geht zwar tagsüber ein nicht unerheblicher Lärm aus, aber da B tagsüber nicht zu Hause ist, beantragt er am 05.01.2005 eine Baugenehmigung für den Bau des Hauses.

Der Bürgermeister B der Gemeinde richtet am 10.01.2005 ein Schreiben an die zuständige Bauaufsichtsbehörde, in dem er sich gegen das von B beantragte Bauvorhaben richtet. Als Begründung führt er an, dass in dem fraglichen Gebiet der Bau von Häusern, die mehr als ein Geschoss aufweisen, eingedämmt werden soll. Zwar sei man in diesem Gebiet bisher ohne Bebauungsplan ausgekommen, aber die Gemeinde beabsichtige, für dieses Gebiet einen Beschluss zur Aufstellung eines Bebauungsplans zu fassen, der die eingeschossige Bauweise vorschreibt.

Der Landrat L, der für die Erteilung der Baugenehmigung zuständig ist, möchte dennoch die Baugenehmigung erteilen. Er ersetzt daraufhin in formell nicht zu beanstandender Weise das Einvernehmen der Gemeinde und erteilt dem B schriftlich die Baugenehmigung.

Die Gemeinde legt am 20.01.2005 gegen die Baugenehmigung form- und fristgerecht Widerspruch ein. Zum einen sei die Genehmigung schon deshalb rechtswidrig, weil das Bauvorhaben nicht den künftigen Festsetzungen des Bebauungsplanes entspräche. Außerdem füge sich das Vorhaben nicht in die zur Zeit bestehende Bebauung ein. Daher hätte die Gemeinde ihr Einvernehmen rechtmäßigerweise versagt. Die Baugenehmigung sei daher rechtswidrig. Der Widerspruch der Gemeinde bleibt jedoch ohne Erfolg. Daraufhin erhebt die Gemeinde G form- und fristgerecht Klage vor dem Verwaltungsgericht.

1. *Hat die Klage der Gemeinde Erfolg?*

2. *B will den Ausgang des Widerspruches und der Klage nicht abwarten und will am 24.01.2005 mit dem Bau beginnen. Darf er dies tun?*

Bearbeitervermerke:

Die Begründetheit der Klage ist ggf. hilfsgutachterlich zu prüfen.

Gehen Sie davon aus, dass eine Genehmigungspflicht besteht.

3. Die Lösung des Übungsfalls

3.1. Ausformulierte Lösung

Frage 1:

Die Klage der Gemeinde hat vor dem Verwaltungsgericht Erfolg, wenn der Verwaltungsrechtsweg gegeben ist und die Klage zulässig und begründet ist.

A. Verwaltungsrechtsweg, § 40 I 1 VwGO

Öffentlich-rechtliche Streitigkeit

Mangels auf- oder abdrängender Sonderzuweisung und mangels Verfassungsrechtsstreit ist der Verwaltungsrechtsweg gegeben, wenn gemäß § 40 I 1 VwGO eine öffentlich-rechtliche Streitigkeit vorliegt. Eine solche ist gegeben, wenn die streitentscheidenden Normen solche des öffentlichen Rechts sind. Hier sind die streitentscheidenden Normen solche des Bauplanungs- und Bauordnungsrechts (u.a. § 36 BauGB). Es handelt sich um Regelungen über Rechtsbeziehungen, in die Teile der öffentlichen Gewalt involviert sind. Damit gehören sie dem öffentlichen Recht an. Eine öffentlich-rechtliche Streitigkeit liegt vor, der Verwaltungsrechtsweg ist mithin gegeben.

B. Zulässigkeit

I. Statthafte Klageart, § 42 I Var. 1 VwGO

Die statthafte Klageart richtet sich nach dem Klagebegehren, § 88 VwGO. Hier könnte die Anfechtungsklage gemäß § 42 I Var. 1 VwGO statthaft sein. Dazu müsste der Kläger (die Gemeinde) die Aufhebung eines (noch fortbestehenden) Verwaltungsaktes begehren. Die Gemeinde wendet sich gegen eine Baugenehmigung, die der Landrat dem B, einem Dritten, erteilt hat. Die Baugenehmigung ist Verwaltungsakt gemäß 35 S. 1 VwVfG (evtl. in Verbindung mit einer entsprechenden Norm des VwVfG des jeweiligen Bundeslandes). Sie hat zurzeit auch noch Bestand. Die Gemeinde möchte ihre Aufhebung erreichen. Folglich ist die Anfechtungsklage gemäß § 42 I Var. 1 VwGO statthaft.

II. Klagebefugnis, § 42 II VwGO

Rechtsverletzung muss zumindest möglich sein.

Die Gemeinde G müsste klagebefugt sein. Gemäß § 42 II VwGO müsste sie dazu geltend machen können, in einem eigenen, subjektiven öffentlichen Recht verletzt zu sein. Mit »geltend machen« ist gemeint, dass eine Rechtsverletzung zumindest möglich sein muss.

Da G nicht Adressatin der Baugenehmigung ist, wäre dies nur gegeben, wenn sie geltend machen könnte, dass die Baugenehmigung unter Verletzung einer Rechtsnorm ergangen ist, die den Schutz gerade der Gemeinde bezweckt. Als möglicherweise verletzte

Rechtsnorm könnte hier § 36 BauGB (oder je nach Bundesland eine entsprechende Norm der Landesbauordnung, vgl. Thema 20 der Tabelle auf Seite 320) in Betracht kommen. Das gemeindliche Einvernehmen dient dem Schutz der kommunalen Planungshoheit. Da auch G dieses Recht zusteht, muss sie auch eine Verletzung des § 36 BauGB rügen können. Damit liegt die Möglichkeit einer Rechtsverletzung vor. G ist somit klagebefugt.

III. Vorverfahren, § 68 VwGO

Nach § 68 VwGO müsste die Gemeinde G ordnungsgemäß und erfolglos ein Vorverfahren durchgeführt haben. Sie hatte form- und fristgerecht (und mangels anderer Angaben auch beim richtigen Adressaten) Widerspruch gegen die Baugenehmigung eingelegt. Dieser Widerspruch blieb ohne Erfolg. Also sind die eingangs genannten Bedingungen erfüllt.

IV. Frist: Die Klage wurde laut Sachverhalt fristgerecht erhoben.

V. Klagegegner, § 78 I Nr. 1 VwGO

Die Klage ist nach der genannten Norm gegen die Körperschaft zu richten, deren Behörde gehandelt hat. Die Baugenehmigung wurde vom Landrat erlassen; dieser ist Teil der Körperschaft »Landkreis«. Richtiger Beklagter ist daher der Landkreis. (Richtiger Beklagter kann nach § 78 I Nr. 2 VwGO auch der Landrat selbst sein; dann müsste eine landesrechtliche Bestimmung dies vorsehen.)

C. Notwendige Beiladung, § 65 II VwGO

Der B könnte im Verfahren zwischen der Gemeinde und dem Landkreis notwendig beizuladen sein. Dies ist der Fall, wenn die Entscheidung des Verwaltungsgerichts nur einheitlich auch gegenüber dem B ergehen kann. Hier wird das Verwaltungsgericht darüber zu entscheiden haben, ob die dem B erteilte Baugenehmigung, gegen die sich die Klage richtet, rechtswidrig ist und aufzuheben ist oder nicht. Also wird über seine Berechtigung zu bauen einheitlich mitentschieden. B ist daher notwendig beizuladen. [Dieser prozessrechtliche Punkt wurde im Buch nur kurz erwähnt.]

Zwischenergebnis: Die Klage ist zulässig.

D. Begründetheit

Die Klage ist gem. § 113 I 1 VwGO begründet, soweit der Verwaltungsakt (hier: die Baugenehmigung) rechtswidrig und der Kläger (hier: die Gemeinde) dadurch in seinen (ihren) Rechten verletzt ist.
Für die Prüfung der Rechtmäßigkeit der Baugenehmigung kommt es auf Folgendes an: Eine Baugenehmigung ist rechtmäßig, wenn sie auf eine gesetzliche Ermächtigungsgrundlage gestützt ist, die anwendbar ist (I.) und wenn sie formell (II.) wie materiell (III.) rechtmäßig ist.

I. Ermächtigungsgrundlage

Ermächtigungsgrundlage für die Erteilung der Baugenehmigung ist § 75 NBauO (bzw. die entsprechende Norm einer anderen Landesbauordnung, siehe Thema 15 der Tabelle auf Seite 320). Danach ist die Baugenehmigung zu erteilen, wenn die Baumaßnahme genehmigungspflichtig ist und dem öffentlichen Baurecht entspricht. Bei dem Haus handelt es sich nicht um ein genehmigungsfreies Bauvorhaben i.S.d. 69 ff. NBauO (die Landesbauordnungen sind hier z.T. sehr unterschiedlich, daher der zweite Bearbeitervermerk am Ende des Sachverhalts).

Die Maßnahme müsste daher den Vorgaben des Baurechts entsprechen. Der Bau ist ein Vorhaben i.S.d. § 29 BauGB, so dass die §§ 30 bis 37 BauGB gelten.

Baugenehmigung ist zu erteilen, wenn Baumaßnahme genehmigungspflichtig ist und dem öffentlichen Baurecht entspricht.

II. Formelle Rechtmäßigkeit der Baugenehmigung

Die Baugenehmigung ist in von der richtigen Behörde in der richtigen Form erlassen worden. Fraglich ist, ob das Verfahren eingehalten worden ist. Hier könnte das nach § 36 BauGB notwendige Einvernehmen der Gemeinde fehlen. Fraglich ist, ob es tatsächlich notwendig war (1.) und wenn ja, ob es tatsächlich fehlt (2.).

1. Notwendigkeit des Einvernehmens

Ob das Einvernehmen überhaupt notwendig war, richtet sich danach, ob ein Bauvorhaben i.S.v. §§ 29, 31 oder 33 bis 35 BauGB betroffen ist.

a) Vorhaben nach § 33 BauGB

Es könnte sich bei der Neubausiedlung um ein Gebiet gemäß § 33 BauGB handeln.

Dazu müsste der Beschluss über die Aufstellung eines Bebauungsplanes bereits gefasst sein. Die Gemeinde beabsichtigt aber erst, für das fragliche Gebiet einen Bebauungsplan aufzustellen und einen Planaufstellungsbeschluss zu fassen. Daher richtet sich die Zulässigkeit nicht nach § 33 BauGB.

b) Vorhaben nach § 34 BauGB (unbeplanter Innenbereich)

Laut Sachverhalt ist für das fragliche Gebiet noch keinen Bebauungsplan aufgestellt. Daher könnte es sich um ein Vorhaben im unbeplanten Innenbereich handeln.

Voraussetzung ist, dass es sich um einen im Zusammenhang bebauten Ortsteil handelt.

Im Zusammenhang bebauter Ortsteil

aa) Ortsteil

Von einem Ortsteil kann gesprochen werden, wenn ein Bebauungskomplex im Gebiet einer Gemeinde nach Zahl der vorhandenen Bauten ein gewisses Gewicht besitzt und Ausdruck einer organischen Siedlungsstruktur ist. Vorliegend handelt es sich um ein Neubaugebiet. Dies weist eine Siedlungsstruktur auf und besitzt ein gewisses Gewicht.

bb) Im Zusammenhang bebaut

Dieser Ortsteil müsste auch im Zusammenhang bebaut sein. Ein Bebauungszusammenhang besteht, soweit eine tatsächliche aufeinander folgende Bebauung vorhanden ist, die den Eindruck der Geschlossenheit vermittelt. Bei einer Neubausiedlung besteht ein solcher Bauzusammenhang.

Im Zusammenhang bebaut

Damit liegt ein im Zusammenhang bebauter Ortsteil vor, so dass es sich bei dem Vorhaben um ein Vorhaben i.S.d. § 34 BauGB handelt.

Daher bedurfte es des Einvernehmens der Gemeinde für die Erteilung der Baugenehmigung.

2. Fehlen des Einvernehmens – Möglichkeit der Ersetzung

Das Einvernehmen der Gemeinde fehlte tatsächlich. Dies wäre aber unbeachtlich, wenn eine wirksame Ersetzung des Einvernehmens vorläge.

Hier wurde das fehlende Einvernehmen durch den Landrat ersetzt. Damit dies wirksam ist, müsste die Ersetzung rechtmäßig sein.

Ersetzung müsste rechtmäßig sein

Eine Ersetzung des Einvernehmens ist nach § 36 II 3 BauGB (oder entsprechender Norm einer Landesbauordnung, vgl. Thema 20 der Tabelle auf Seite 320) nur möglich, wenn das Einvernehmen rechtswidrig versagt wurde. Das Einvernehmen der Gemeinde darf gem. § 36 II BauGB nur aus Gründen, die sich aus §§ 31, 33, 34 und 35 BauGB ergeben, versagt werden. Fraglich ist daher, ob solche Gründe vorliegen, ob also das Bauvorhaben des B nach einer dieser Normen unzulässig ist.

Einvernehmen rechtswidrig versagt?

a) Zulässigkeit nach § 34 II BauGB

Die Zulässigkeit könnte sich nach § 34 II BauGB richten. Voraussetzung dafür ist, dass die Eigenart der Umgebung einem der in der BauNVO bezeichneten Gebiete entspricht. In der Neubausiedlung setzt sich die Bebauung sowohl aus Wohn- und Geschäftshäusern als auch aus einer Fertigungshalle eines Autoherstellers zusammen. Diese Nutzungsarten wären weder in einem Gewerbegebiet nach § 8 BauNVO, noch in einem Mischgebiet nach § 6 BauNVO zulässig, da von der Halle eine erhebliche Belästigung ausgeht. Wegen der Wohnbebauung handelt es sich aber auch nicht um ein Industriegebiet i.S.d. § 9 BauNVO. Damit scheidet § 34 II BauGB als Grundlage für die Zulässigkeit aus.

b) Zulässigkeit nach § 34 I BauGB

Gem. § 34 I BauGB müsste sich das Bauvorhaben nach Art und Maß der baulichen Nutzung, Bauweise und der Grundstücksfläche, die überbaut werden soll, in die Eigenart der näheren Umgebung einfügen. Hier ist die Einfügung nach dem Maß der baulichen Nutzung fraglich:

aa) Maß der baulichen Nutzung

In dem fraglichen Gebiet befinden sich Wohnhäuser, die sowohl eine zwei- wie auch eine dreigeschossige Bauweise haben.

bb) Einfügen des Bauvorhabens

Das Kriterium des Sich-Einfügens ist erfüllt, wenn sich das Vorhaben in jeglicher Hinsicht innerhalb des durch die Bebauung der Umgebung geprägten Rahmens hält. Das von B geplante Haus soll eine dreigeschossige Bauweise haben. Es fügt sich damit nach dem Maß der baulichen Nutzung in die Umgebung ein.

Auch in übriger Hinsicht (Art der Nutzung) fügt sich das Bauvorhaben in die Umgebung ein.

Damit ist das Bauvorhaben gem. § 34 I BauGB zulässig.

Damit ergeben sich aus § 34 BauGB keine Gründe für die Versagung des Einvernehmens. Damit konnte das Einvernehmen der Gemeinde ersetzt werden. Die Baugenehmigung ist daher formell rechtmäßig.

Baugenehmigung ist formell rechtmäßig.

III. Materielle Rechtmäßigkeit

Das Bauvorhaben müsste den Vorgaben des Bauordnungs- und Bauplanungsrechts entsprechen.

Verstöße gegen das Bauordnungsrecht sind nicht ersichtlich. Wie oben bereits geprüft, entspricht das Vorhaben auch den bauplanungsrechtlichen Vorgaben.

Damit ist das Bauvorhaben auch materiell rechtmäßig.

E. Ergebnis

Die Baugenehmigung ist formell und materiell rechtmäßig.
Die Klage der Gemeinde hat daher keinen Erfolg.

Frage 2:

B kann mit dem Bau beginnen, wenn der Widerspruch der Gemeinde keine aufschiebende Wirkung hat. Gem. § 80 VwGO haben Widerspruch und Klage aufschiebende Wirkung. Nach § 80 II Nr. 3 VwGO entfällt die aufschiebende Wirkung jedoch in Fällen, in denen dies durch Bundesgesetz angeordnet wird. § 212 a BauGB normiert im Falle eines Drittwiderspruchs oder einer Anfechtungsklage eines Dritten den Wegfall der aufschiebenden Wirkung. Daher kann B am 23.01.05 mit dem Bau des Hauses beginnen.

3.2. Erläuterungen

Im Voranstehenden finden Sie die Lösung so, wie sie auch in etwa in der Klausur stehen sollte (mit Ausnahme dessen, was der Verfasser in Klammern hinzugefügt hat). Hier nun kommen Teile dieser Lösung noch einmal, aber statt mit einem ausformulierten Text mit Erläuterungen. Beides zusammen genommen führt hoffentlich dazu, dass Sie das Baurecht nicht nur schnell, sondern auch gut erfassen.

Der Sache nach handelt es sich um eine Drittanfechtungsklage (die Gemeinde klagt gegen eine Baugenehmigung, die der Landrat einem Dritten, dem B, erteilt hat). Diese wurde ab Seite 137 behandelt. Der Aufbau von Musterlösung und Erläuterungen ist damit sowie mit der teilweise parallelen Verpflichtungsklage (ab Seite 92) im Zusammenhang zu sehen (im Folgenden wird nicht mehr stets darauf verwiesen, an welcher Stelle im Hauptteil des Buches diese oder jene Frage behandelt wurde). Bei der Begründetheitsprüfung enthält der vorliegende Fall aufbaumäßig sein ganz eigenes Gepräge, welches aber durch die nachfolgenden Erläuterungen verständlich werden dürfte.

Hier: Drittanfechtungsklage

Die folgenden Erläuterungen beziehen sich ausschließlich auf Frage 1. Frage 2 enthält lediglich einen einzigen Aspekt, den man in ein paar Zeilen so hinschreiben kann, wie in der Musterlösung geschehen. Erläuterungen zur methodischen Darstellung sind hier über die allgemeinen Hinweise zu Frage 1 hinaus nicht nötig. (Das Thema der Zusatzfrage wurde übrigens anhand eines Beispiels ab Seite 143 behandelt.)

3.2.1 Zum Obersatz

Zu Beginn der Klausur nennt man einen Obersatz, der sich an der Fallfrage orientiert:

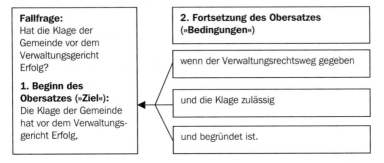

Diese drei Hauptbedingungen geben die Gliederung in drei Hauptteile (A, B, D) vor, wobei je nach Umfang der Prüfung diese Teile noch weiter untergliedert werden. Die Beiladung als Folge der Zulässigkeit wird in C erwähnt.

3.2.2. Zum Verwaltungsrechtsweg

A. Verwaltungsrechtsweg, § 40 I 1 VwGO

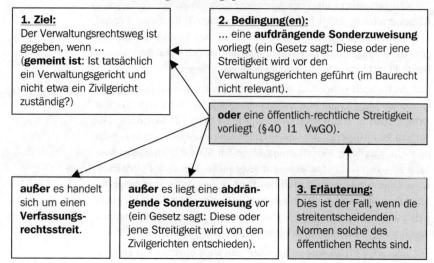

Bei Selbstverständlichkeiten fasst man sich kurz. In den standardmäßigen Verwaltungsrechtsfällen ist selten eine aufdrängende Sonderzuweisung, ein Verfassungsrechtsstreit oder eine abdrängende Sonderzuweisung gegeben. Es genügt daher, sich gleich auf die grau unterlegte Bedingung zu stürzen. Man muss nicht schreiben: »Zu prüfen ist, ob eine aufdrängende Sonderzuweisung vorliegt«, etc. Um dem Prüfer zu zeigen, dass man von auf- und abdrängenden Sonderzuweisungen sowie von Verfassungsstreitigkeiten schon einmal etwas gehört hat, kann man, wie in der obigen Musterlösung, schreiben: »Mangels auf- oder abdrängender Sonderzuweisung und mangels Verfassungsrechtsstreit ist der Verwaltungsrechtsweg gegeben, wenn ... .«

Am Ende eines Prüfungspunktes muss man ein Ergebnis nennen, auch wenn es nicht unbedingt mit der Überschrift »Ergebnis« versehen werden muss. Das Ergebnis hat sich am »Ziel« des Obersatzes zu orientieren. Wenn es z.B. hier am Anfang heißt, »Der Verwaltungsrechtsweg ist gegeben, wenn...«, so darf dieser Abschnitt nicht mit den Worten enden: »Eine öffentlich-rechtliche Streitigkeit liegt vor.« Es muss noch hinzu gefügt werden: »Der Verwaltungsrechtsweg ist mithin gegeben.«

3.2.3. Zur Zulässigkeit

B. Zulässigkeit

Stets ist die statthafte Klageart zu bestimmen. Sie richtet sich gem. § 88 VwGO nach dem Klagebegehren.

Das Gericht darf über das Klagebegehren nicht hinausgehen, ist aber an die Fassung der Anträge nicht gebunden.

§ 88 VwGO

§ 88 VwGO sagt damit aus, dass sich die Klageart nach dem »wahren« Klagebegehren richtet. Wählt also ein juristischer Laie falsche Fachbegriffe o.ä., so richtet sich die Klageart nicht nach dem formellen, sondern nach dem faktischen Begehren. Schreibt jemand zum Beispiel: »Ich erhebe Verpflichtungsklage, um die Behörde zu verpflichten, die dem B erteilte Baugenehmigung aufzuheben«, so muss dies nicht unbedingt eine »Verpflichtungsklage« im rechtstechnischen Sinne sein (hier wäre es, genau wie im Übungsfall, eine Anfechtungsklage, siehe im Folgenden).

Das Klagebegehren richtet sich nach dem wahren Willen, auch bei falschen Formulierungen.

Beginnen Sie also mit dem kurzen Hinweis, dass sich die Klageart gemäß § 88 VwGO nach dem Klagebegehren richtet. Dann greifen Sie sich die Klageart heraus, die Ihrer Ansicht nach in Frage kommt. Da Sie dies ja gedanklich getan haben, bevor Sie Ihr Gutachten ins Reine schreiben, können Sie die entsprechende Norm der VwGO ruhig in die Überschrift »Statthafte Klageart« mit aufnehmen, so wie das auch in der voranstehenden Musterlösung geschehen ist.

Sagen Sie dann, welches das Klagebegehren ist und vor allem, welcher Akt angegriffen wird oder erreicht werden soll. Nennen Sie das Kind beim Namen! Sagen Sie nicht, der Kläger möchte gegen einen Behördenbescheid vorgehen, sondern schreiben Sie, um was für einen Bescheid es sich handelt (hier: Baugenehmigung). Verdeutlichen Sie auch, wer an dem Rechtsstreit beteiligt ist; insbesondere, ob es um ein Zwei-Personen-Verhältnis geht *(z.B.: »B möchte den Landkreis L zur Erteilung einer Baugenehmigung verpflichten.«)* oder um ein Drei-Personen-Verhältnis *(wie hier: »Die Gemeinde wendet sich gegen eine Baugenehmigung, die der Landrat dem B, einem Dritten, erteilt hat.«)*.

Klagebegehren genau benennen!

Dann müssen Sie subsumieren, das bedeutet: Sie haben gesetzliche Bestimmungen, die bestimmte Tatbestandsmerkmale enthalten (im folgenden Schema: Bedingung 1 und 2). Dann schauen Sie sich den Sachverhalt (also die real vorgefundenen Tatsachen) an und prüfen, ob dadurch die gesetzlichen Bedingungen erfüllt sind. Dementsprechend ist die Musterlösung zum Punkt »statthafte Klageart« formuliert.

Was ist »subsumieren«?

Im Musterfall sieht das folgendermaßen aus:

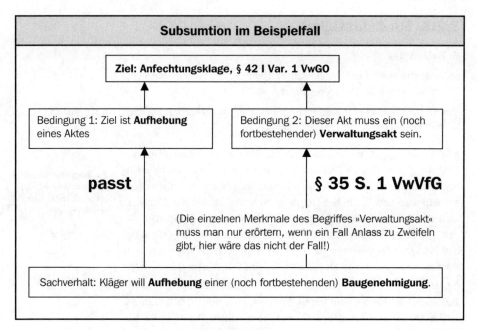

Die übrigen Punkte der Zulässigkeit funktionieren im Wesentlichen nach dem gleichen Strickmuster. Eine kleine Ausnahme gibt es bei der Frist. Wenn – wie hier – die Aufgabenstellung vorgibt, dass die Klage fristgerecht eingereicht wurde, kann man sich Erörterungen hierzu schenken und in einem Satz sagen, eine fristgerechte Klage liegt vor.

3.2.4. Zur Begründetheit

D. Begründetheit

Obersatz

Die Klage ist gem. § 113 I 1 VwGO begründet, soweit der Verwaltungsakt (hier: die Baugenehmigung) rechtswidrig und der Kläger (hier: die Gemeinde) dadurch in seinen (ihren) Rechten verletzt ist.

»soweit«, nicht »wenn«

Diesen Obersatz müssen Sie am Wortlaut des § 113 I 1 VwGO orientieren. Insbesondere wird es ungern gesehen, wenn Sie »wenn« statt »soweit« schreiben. Denn ein Verwaltungsakt kann auch einmal teilweise rechtswidrig sein; dann ist die Klage (soweit die Rechtsverletzung des Klägers noch hinzukommt) auch bloß teilweise begründet – also »so weit und nicht weiter«.

In der Sache enthält der Obersatz zwei Bedingungen:

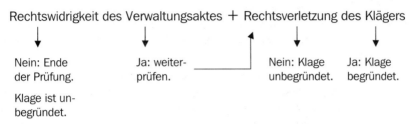

Das voranstehende Schema zeigt: Nicht immer kommt man überhaupt bis zur Rechtsverletzung des Klägers. Daher muss man in einer Gliederung auch nicht zwingend unterteilen in »Rechtswidrigkeit der Maßnahme« und »Rechtsverletzung des Klägers«. So ist es auch im Musterfall. Es stellt sich am Ende heraus, dass die Baugenehmigung rechtmäßig erteilt wurde, also kann die klagende Gemeinde dadurch auch nicht in Rechten verletzt sein. Letzteres muss man dann nicht mehr ausdrücklich erwähnen.

Wir haben hier also »nur« zu prüfen, ob die Baugenehmigung rechtswidrig ist (was wir zugegebenermaßen erst wissen, wenn wir den Fall auf einem Schmierzettel stichwortartig durchgelöst haben). Sprachlich vielleicht etwas verwirrend, aber inhaltlich absolut in Ordnung und weit verbreitet ist es, wenn man vom Merkmal »rechtswidrig« im Obersatz auf die »Rechtmäßigkeit« bei der Sachprüfung umschwenkt. Denn das eine folgt aus dem anderen: Wir prüfen die Anforderungen an die Rechtmäßigkeit, und sind sie nicht erfüllt, so ist die Baugenehmigung eben rechtswidrig.

Dass man üblicherweise von der Rechtswidrigkeit auf die Rechtmäßigkeit umschwenkt, hat sprachliche Gründe. Eine »Prüfung der Rechtswidrigkeit« hätte zu viele Negativ-Sätze und läse sich nicht so flüssig (»Merkmal 1 könnte nicht gegeben sein, Merkmal 2 könnte nicht gegeben sein, Merkmal 3 könnte nicht gegeben sein, etc.).

Prüft man, wie hier, ausschließlich die Rechtmäßigkeit der Baugenehmigung, kann man nach dem Obersatz kurz sagen, woraus sich eine solche Rechtmäßigkeitsprüfung zusammensetzt und dass man entsprechend gliedern wird:

> Bei Juristen eher unüblich, aber empfehlenswert: Ankündigung der Untergliederung.

Für die Prüfung der Rechtmäßigkeit der Baugenehmigung kommt es auf Folgendes an: Eine Baugenehmigung ist rechtmäßig, wenn sie auf eine gesetzliche Ermächtigungsgrundlage gestützt ist, die anwendbar ist (I.) und wenn sie formell (II.) wie materiell (III.) rechtmäßig ist.

> Aus der Musterlösung

I. Ermächtigungsgrundlage

Im ersten Absatz der Musterlösung wird die gesetzliche Ermächtigungsgrundlage für die Baugenehmigung genannt. Es handelt sich um die Norm, die in der jeweiligen Landesbauordnung (siehe Thema 15 der Tabelle auf Seite 320) einen Anspruch auf die Baugenehmigung gewährt. Ferner wird gesagt, warum die Ermächtigungsgrundlage anwendbar ist (warum sie »passt«): Weil eine Genehmigung auch nötig ist.

Der letzte Absatz der Musterlösung zum Punkt »Ermächtigungsgrundlage« ist schon ein Ausblick auf III., der nicht unbedingt zwingend notwendig ist, aber schon einmal verdeutlicht, wie Bauordnungsrecht (Anspruch auf Baugenehmigung) und Bauplanungsrecht (Vereinbarkeit mit §§ 30 ff. BauGB) ineinander verwoben sind.

II. Formelle Rechtmäßigkeit der Baugenehmigung

Immer:
- Zuständigkeit
- Verfahren
- Form

Die formelle Rechtmäßigkeit eines Handelns der öffentlichen Gewalt setzt sich immer aus drei Punkten zusammen: Zuständigkeit, Verfahren, Form.

Zur Zuständigkeit:

Hier verrät Ihnen der Aufgabensteller freundlicherweise im Sachverhalt, dass der Landrat zuständig ist. Wird dies nicht verraten, so müssen Sie die Nuss knacken. Siehe dazu Seite 12 ff.

Zur Form:

Laut Sachverhalt wurde die Baugenehmigung schriftlich erteilt. Denken Sie lebensnah! Auch wenn Sie gerade nicht wissen, ob und wo in einer Rechtsnorm steht, welche Form eine Baugenehmigung haben muss – was sollte man noch mehr verlangen als einen schriftlichen Bescheid? Das reicht aus!

Zum Verfahren:

Zum Verfahren: Hier liegt der Hase im Pfeffer; es ist eine ausführliche Prüfung vonnöten. Eine Frage des »Verfahrens« ist es nämlich, ob die Gemeinde durch eine Einvernehmensersetzung übergangen werden konnte.

Problematisches lang, Unproblematisches kurz ausführen.

Arbeiten Sie problemorientiert, sonst kommen Sie in Zeitnot! Sie brauchen bei den Punkten »Zuständigkeit« und »Form« nicht mit Paragrafen um sich zu werfen, wenn der Sachverhalt – wie hier – es Ihnen so einfach macht. Schreiben Sie Unproblematisches kurz, Problematisches aber ausführlich nieder. Hier können Sie »Zuständigkeit« und »Form« in einem Satz abhaken und sich dann dem Verfahren zuwenden. Dort sollten Sie erst einmal darstellen, warum ein Verfahrensproblem vorliegen könnte und wie man gliederungsmäßig an seine Lösung herangehen kann. Man muss übrigens in solchen Fällen auch nicht die Reihenfolge »Zuständigkeit, Verfahren, Form« strikt einhalten, sondern kann den oder die einfachen Punkte zu Beginn abhandeln, um sich dann dem schwierigen Punkt zuzuwenden.

1. Notwendigkeit des Einvernehmens

Ob das Einvernehmen überhaupt notwendig war, richtet sich danach, ob ein Bauvorhaben i.S.v. §§ 29, 31 oder 33 bis 35 BauGB betroffen ist.

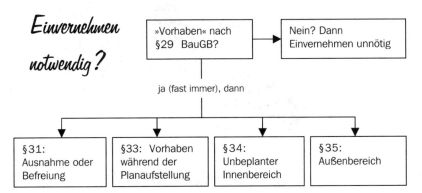

Wiederum ist problemorientiertes Arbeiten gefragt: Dass ein »Vorhaben« gemäß § 29 BauGB vorliegt, ist beim Bau eines Hauses derart selbstverständlich, dass Sie es hier nicht noch besonders erwähnen müssen. Ebenfalls unnötig ist es, §§ 31, 33, 34 und 35 BauGB sämtlich zu erwähnen. In Gedanken klappern Sie sie natürlich ab. Zu Papier bringen Sie indes nur das,

- was zwar nicht stimmt, aber eine gewisse Nähe zu Ihrem Fall aufweist (im Fallbeispiel: § 33 BauGB),
- was stimmt (im Fallbeispiel: § 34 BauGB), sofern es das gibt (denn es kann ja auch sein, dass gar nichts stimmt; dann kämen Sie zu dem Ergebnis, dass das Einvernehmen nicht notwendig war).

Dementsprechend fährt die Gliederung hier folgendermaßen fort:

a) Vorhaben nach § 33 BauGB

b) Vorhaben nach § 34 BauGB (unbeplanter Innenbereich)

Hierzu müssen dann zwei Merkmale erfüllt sein, die sich in der Gliederung auch wiederfinden:

    aa) Ortsteil

    bb) Im Zusammenhang bebaut

Das war jetzt reichlich verschachtelt. Bitte führen Sie am Ende den Leser wieder auf den Pfad der Tugend zurück, d.h. teilen Sie ihm mit, warum Sie das alles geprüft haben und wohin das führt:

Damit liegt ein im Zusammenhang bebauter Ortsteil vor, so dass es sich bei dem Vorhaben um ein Vorhaben gemäß § 34 BauGB handelt. Daher bedurfte es des Einvernehmens der Gemeinde für die Erteilung der Baugenehmigung.

Aus der Musterlösung

Die bildliche Rede von der »verschachtelten« Prüfung ergibt durchaus Sinn. Stellen Sie sich vor, Sie sitzen unter dem Weihnachtsbaum und haben eine russische »Matröschka« geschenkt bekommen.

VERSCHACHTELT

Nun öffnen Sie ein Püppchen nach dem anderen, um bis zum aller-kleinsten vorzustoßen. Stellen Sie sich nun bitte vor, an jedem Püpp-chen befindet sich ein Zettel, dessen Inhalt nur dann einen Sinn ergibt, wenn man nicht die vorherigen Zettel vergisst. Und alle Ihre Verwand-ten und Bekannten gucken Ihnen gespannt beim Auspacken zu und fragen Sie, was denn nun der Sinn Ihres Geschenkes sei. Und den müs-sen Sie dann erklären. Sie kommen also vom Größten zum Kleinsten, müssen aber hinterher wieder vom Kleinsten zum Größten kommen. So ist es auch in der Klausur:

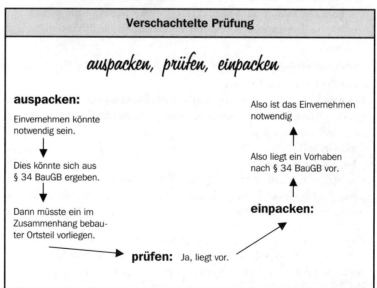

Verschachtelte Prüfung

auspacken, prüfen, einpacken

auspacken:

Einvernehmen könnte notwendig sein.

↓

Dies könnte sich aus § 34 BauGB ergeben.

↓

Dann müsste ein im Zusammenhang bebau-ter Ortsteil vorliegen.

→ **prüfen:** Ja, liegt vor.

Also ist das Einvernehmen notwendig

↑

Also liegt ein Vorhaben nach § 34 BauGB vor.

↑

einpacken:

Auch beim nächsten Punkt begegnet uns wieder die Verschachtelung: Ein Formfehler liegt nur vor, wenn das Einvernehmen nicht ersetzt werden konnte. Es kann nur ersetzt werden, wenn es rechtswidrig versagt wurde. Es wurde rechtswidrig versagt, wenn das Bauvorhaben gegen § 31, 33, 34 oder 35 BauGB verstößt. Wir prüfen hier nur § 34 BauGB, weil wir schon wissen, dass es sich um ein Vorhaben im »unbeplanten Innenbereich« nach § 34 BauGB handelt (siehe z.B. obige Grafik). Also noch einmal:

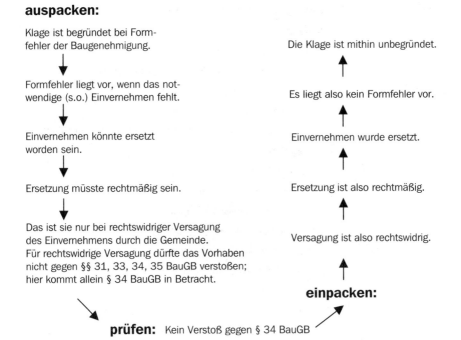

auspacken, prüfen, einpacken

auspacken:

Klage ist begründet bei Formfehler der Baugenehmigung.

↓

Formfehler liegt vor, wenn das notwendige (s.o.) Einvernehmen fehlt.

↓

Einvernehmen könnte ersetzt
worden sein.

↓

Ersetzung müsste rechtmäßig sein.

↓

Das ist sie nur bei rechtswidriger Versagung
des Einvernehmens durch die Gemeinde.
Für rechtswidrige Versagung dürfte das Vorhaben
nicht gegen §§ 31, 33, 34, 35 BauGB verstoßen;
hier kommt allein § 34 BauGB in Betracht.

Die Klage ist mithin unbegründet.

↑

Es liegt also kein Formfehler vor.

↑

Einvernehmen wurde ersetzt.

↑

Ersetzung ist also rechtmäßig.

↑

Versagung ist also rechtswidrig.

↑

einpacken:

prüfen: Kein Verstoß gegen § 34 BauGB

Um die ganze Verschachtelung der Falllösung noch einmal im Blick zu haben, sei nun die Gesamt-Gliederung abgedruckt. Lesen Sie diese jetzt am besten einmal im Zusammenhang mit der ausformulierten, aber unkommentierten Musterlösung ab Seite 304. Dann sind hoffentlich alle Unklarheiten beseitigt!

3.2.5 Gesamtgliederung der Falllösung

Frage 1:

  A. Verwaltungsrechtsweg, § 40 I 1 VwGO

  B. Zulässigkeit

    I. Statthafte Klageart, § 42 I Var. 1 VwGO

    II. Klagebefugnis, § 42 II VwGO

    III. Vorverfahren, § 68 VwGO

    IV. Frist

    V. Klagegegner, § 78 I Nr. 1 VwGO

  Zwischenergebnis

  C. Notwendige Beiladung, § 65 II VwGO

  D. Begründetheit

    I. Ermächtigungsgrundlage

    II. Formelle Rechtmäßigkeit der Baugenehmigung

      1. Notwendigkeit des Einvernehmens

        a) Vorhaben nach § 33 BauGB

        b) Vorhaben nach § 34 BauGB (unbeplanter Innenbereich)

          aa) Ortsteil

          bb) Im Zusammenhang bebaut

      2. Fehlen des Einvernehmens – Möglichkeit der Ersetzung

        a) Zulässigkeit nach § 34 II BauGB

        b) Zulässigkeit nach § 34 I BauGB

          aa) Art der baulichen Nutzung

          bb) Einfügen des Bauvorhabens

    III. Materielle Rechtmäßigkeit

  E. Ergebnis

Frage 2 (enthält nur einen einzigen Aspekt)

Synopse der grundlegenden Normen der Landesbauordnungen

Thema	LBO BW	BayBO	BauO Bln	Bbg BauO	Brem LBO
1. Begriffsbestimmungen (z.B. »bauliche Anlage«)	2	2	2	2	2
2. Grenzabstände	6	6, 7	6	6	6
3. Gestaltung (allgemeines Verunstaltungsverbot)	11	11	10	8	12
4. Bauliche Anlagen für Kfz. (insb. Garagen) und Stellplätze (z.T. auch Fahrradstellplätze)	37	52	48	43	49
5. Ablösung der Pflicht zur Herstellung notwendiger Einstellplätze	37 V, VI	53	-	43 III, IV	49 VI-IX
6. Bestimmung der Bauaufsichtsbehörden	46	59	-	51	60
7. Aufgaben und Befugnisse der Bauaufsichtsbehörden	47	60	54	52	61
8. Zuständigkeiten der Bauaufsichtsbehörden	48	61	-	51	63
9. Erfordernis der Baugenehmigung	49	62	55	54	64
10. Genehmigungsfreie Maßnahmen und/oder Genehmigungsfreistellung (Anzeigeverfahren)	50, 51 i.V.m. 58 IV Nr. 2	63 ff.	56, 56 a, 68	55, 58	65 f.
11. Anforderungen an den Bauantrag und an die Einreichung von »Bauvorlagen«	52	67	57	62	68
12. Bauvorlageberechtigung (nur in einigen Ländern geregelt, z.B. Erfordernis, dass Bauvorlagen von ausgebildeten Architekten unterzeichnet werden)	-	68	58	-	70
13. Beteiligung der Nachbarn im Genehmigungsverfahren	55	71	-	64	73
14. Bauvoranfrage, Bauvorbescheid	57	75	59	59	69
15. Anspruch auf Baugenehmigung (z.T. noch zusätzliche Anforderungen an den Baubeginn)	58, 59	72	62	67, 68	74
16. Geltungsdauer der Baugenehmigung	62	77	64	69	76
17. Vereinfachtes Genehmigungsverfahren, eingeschränkte Prüfung	18 LBOVVO	73	60 a	57 f.	67
18. Fliegende Bauten	69	85	66	71	78
19. Abweichungen, Ausnahmen und Befreiungen	56	70	61	60	72
20. Ersetzung des gemeindlichen Einvernehmens	-	74	-	70	-
21. Einschreiten gegen illegale Zustände, Bauprodukte und Maßnahmen	64 f.	80 ff.	68 a-70	73 ff.	81 f.
22. Sonderregelung für »bestehende bauliche Anlagen«	76	60 V	77	78	89

LBOVVO = Verfahrensordnung zur Landesbauordnung

Hbg BauO	Hess BauO	LBO MV	Nds. BauO	LBO NW	LBO RP	LBO SL	Sächs BauO	BauO LSA	LBO SH	Thür BauO
2	2	2	**2**	2	2	2	2	2	2	2
6, 7	6, 7	6, 7	**7 ff.**	6, 7	8, 9	7 f.	6, 7	6, 7	6, 7	6
12	9	10	**53**	12	5	4	9	12	14	12
48	44	48	**46 f.**	51	47	47 I, II, IV	49	53	55	49
49	44 I 2 Nr. 8, II, IV	48 VI-VIII	**47 a**	51 V, VI	47 IV, V	47 III, IV	49 II	53 II	55 VI	49 III, IV
Seite 13	52	59	**63**	60	58	58	57 I 1	63	65	59
58	53	60	**65**	61	59	57	58	64	66	60
Seite 13	52	61	**65**	62	60	59	57	65	67	61
60	54	62	**68**	63	61	60	59	66	68	62
61 f., Bauan-zeige-VO, Baufrei-stell-ungsVO	55 f.	64, 65	**69, 69 a, 70**	65-67	62, 67	61-63	61 f., 77	68 f.	69, 74	63, 63 a
63	60	66	**71**	69	63	69	68	70	70	64
64	60	67	-	70	64	66	65	71	71	65
68	62	71	**72**	74	68	71	70	76	77	68
65	66	68	**74**	71	72	76	75	72	72	73
69, 70	64 f.	72	**75**	75	70, 77	73	72	77	78	70
71	64 VII	74	**77**	77	74	74	73	79	80	72
Hbg. WoBau-ErlG	57	63	**75 a, 81**	68	66	64	63	67	75	63 b
73	68	76	**84**	79	76	77	76	81	82	74
66 f.	63	70	**85 f.**	73	69	68	67	75	76	63 e
-	-	71 a	-	80 II	71	72	71	74	-	69
74 a-76	70 ff.	78 ff.	**89**	61 I 2	80 ff.	80 ff.	79 f.	84	84 ff.	75 a-77
83	77	87	**99**	87	85	57	-	91	93	84

Hbg. WoBauErlG = Hamburgisches Wohnungsbauerleichterungsgesetz

Register

Abbruch

vollständige Beseitigung einer ⇨ baulichen Anlage,
i.d.R. genehmigungspflichtig. ⇨ 16

Abbruchverfügung

Aufsichtsmaßnahme bei baurechtswidrigen Zuständen
(Synonym: Beseitigungsanordnung). ⇨ 156 ff.

Absoluter Drittschutz

⇨ Nachbarschutz, der bei Verletzung einer Norm eintritt,
die stets Interessen von Dritten schützt. ⇨ 120

Abstimmungsgebot, interkommunales

Bauleitpläne sind mit den Nachbargemeinden
abzustimmen. ⇨ 219 ff.

Abwägung, Abwägungsgebot

Bei der Aufstellung der Bauleitpläne sind die
öffentlichen und privaten Belange gegeneinander und
untereinander gerecht abzuwägen. ⇨ 209 ff.

Abwägungsfehlerlehre

bezeichnet Verstöße gegen das Abwägungsgebot.
⇨ 215 ff., Folgen eines Fehlers ⇨ 269 ff., 284 f.

Adressatentheorie

besagt, dass beim Adressaten eines belastenden ⇨
Verwaltungsakts stets die Möglichkeit einer
Rechtsverletzung gegeben ist, da Art. 2 I des
Grundgesetzes (»Recht auf freie Entfaltung der
Persönlichkeit«) eine umfassende allgemeine
Handlungsfreiheit gewährleistet. ⇨ 184

Allgemeines Wohngebiet

dient »vorwiegend« dem Wohnen, wodurch es
Abgrenzungsschwierigkeiten geben kann, ob Gebäude,
die nicht dem Wohnen dienen (z.B. ein Gasthaus) im
AWG zulässig sind. ⇨ 29 ff.

Änderung einer ⇨ baulichen Anlage

Veränderung, ohne dass es eine vollständige
Neuerrichtung oder Beseitigung (Abbruch) ist, i.d.R.
genehmigungspflichtig. ⇨ 16

Anfechtungsklage

verwaltungsgerichtliche Klage, bei der die Aufhebung
eines Verwaltungsaktes (z.B. Baugenehmigung des
Nachbarn) begehrt wird. ⇨ 137 ff., 183 ff.

Anhörung

muss vor jedem Verwaltungsakt erfolgen, der in die
Rechte des Beteiligten eingreift. ⇨ 89

Antragsbefugnis

Bezeichnung der ⇨ Klagebefugnis beim ⇨
Normenkontrollantrag. ⇨ 279 ff.

Anzeigeverfahren

Die Anzeige einer Baumaßnahme kann evtl. die
Genehmigung ersetzen. ⇨ 20 ff.

Art der baulichen Nutzung

zulässige Nutzungsarten werden meist durch ⇨
Baugebietstypen wie Wohngebiet, Gewerbegebiet etc.
festgelegt, die näher in der ⇨ Baunutzungsverordnung
umschrieben sind. ⇨ 27 ff.

Aufschiebende Wirkung

Wirkung von Widerspruch und Klage, so dass der
angegriffene Akt zunächst nicht ausgeführt (vollzogen)
werden darf. Entfällt die aW, kann ihre
Anordnung/Wiederherstellung beantragt werden
⇨ 143 ff., 186 ff., 308 a.E.

Ausnahmen

Von den Festsetzungen des Bebauungsplans können
solche Ausnahmen zugelassen werden, die in dem
Bebauungsplan nach Art und Umfang ausdrücklich
vorgesehen sind. ⇨ 41

Außenbereich

nicht im Zusammenhang bebauter Bereich. Bauvorhaben
sind im AB nur stark eingeschränkt zulässig. ⇨ 64

Auswahlermessen

Frage, *wie* eine Behörde handeln kann (Gegenteil:
Entschließungsermessen: Frage, *ob* eine Behörde handeln
muss). ⇨ 161 ff., 196, 248 ff.

Bauaufsichtsbehörde

Stelle, die die Einhaltung von baurechtlichen Pflichten kontrolliert und auch die ⇨ Baugenehmigung erteilt (dann auch »Baugenehmigungsbehörde«). ⇨ 12 ff.

Bauaufsichtsmaßnahme

Maßnahme zum Vorgehen gegen baurechtswidrige Zustände. ⇨ 154 ff.

Baugebietstypen

bestimmte, schematisch in der ⇨ Baunutzungs-verordnung festgelegte Baugebiete, die oft in ⇨ Bebauungsplänen übernommen werden (z.b. Wohngebiet, Gewerbegebiet) ⇨ 27 ff.

Baugenehmigung

meist zum Bauen erforderlich. Anspruch auf Baugenehmigung und Ausnahmen vom Genehmigungserfordernis ⇨ 12 ff.

Baugenehmigungsbehörde

⇨ Bauaufsichtsbehörde

Bauleitplanung, Bauleitpläne

Aufgabe der Bauleitplanung ist es, die bauliche und sonstige Nutzung der Grundstücke in der Gemeinde vorzubereiten und zu leiten; hierzu werden Bauleitpläne (⇨ Bebauungs- und ⇨ Flächennutzungspläne) erlassen. ⇨ 201

Bauliche Anlage

Im ⇨ Bauordnungsrecht: Nach den meisten landesrechtlichen Regelungen mit dem Erdboden verbundene oder auf ihm ruhende, aus Bauprodukten hergestellte Anlagen. ⇨ 15
Im ⇨ Bauplanungsrecht muß zusätzlich ⇨ bodenrechtliche Relevanz vorliegen. ⇨ 25

Baumasse(nzahl)

Die Baumassenzahl gibt an, wieviel Kubikmeter Baumasse je Quadratmeter Grundstücksfläche zulässig sind. ⇨ 38

Baumaßnahme / Vorhaben

Oberbegriff für Tätigkeiten an ⇨ baulichen Anlagen, z.B. Errichtung, Änderung, Nutzungsänderung. Das BauGB (⇨ 25) und die Bauordnungsgesetze einiger

Bundesländer sprechen von Vorhaben, die Nieder-sächsische Bauordnung z.b. von Baumaßnahmen (⇨ 15 ff.)

Baunutzungsverordnung

enthält Regelungen zu ⇨ Art und ⇨ Maß der baulichen Nutzung, ⇨ überbaubaren Grundstücksflächen und ⇨ örtlichen Verkehrsflächen. ⇨ Erwähnung jeweils bei den betroffenen Sachthemen.

Bauordnungsrecht

Recht zur Abwehr von Gefahren, die sich aus baurechtswidrigen Zuständen ergeben. ⇨ 6

Bauplanungsrecht

regelt die Bebauung in Stadt und Land, die zu ihr gehörigen baulichen Anlagen und Einrichtungen sowie die mit der Bebauung in Verbindung stehende Nutzung des Bodens. ⇨ 5

Baurecht auf Zeit

Schlagwort, mit dem zum Ausdruck gebracht wird, dass das ⇨ Europarechtsanpassungsgesetz Bau verstärkt Instrumente dafür geschaffen hat, dass sich die ⇨ Bauleitplanung flexibel den zeitlichen Bedürfnissen anpasst. ⇨ 293

Bauvoranfrage, Bauvorbescheid

Auf BV-Anfrage kann man BV-Bescheid erhalten, in dem bestätigt wird, daß ein Vorhaben mit einem Teilbereich der relevanten Baurechtsnormen vereinbar ist. ⇨ 150 f.

Bebauungsplan

Bauleitplan mit rechtsverbindlichen Festsetzungen für die städtebauliche Ordnung. ⇨ 6, 200

Befreiung

Unter bestimmten Voraussetzungen können Bauherren von Festsetzungen des ⇨ Bebauungsplans befreit werden. ⇨ 42 ff.

Behördenbeteiligung

Beteiligung anderer Behörden und Träger öffentlicher Belange an der ⇨ Bauleitplanung. ⇨ 225 ff., 237 ff.

Beiladung

Hinzuziehung eines Dritten in einem Prozess, z.B.: Bauherr klagt gegen Behörde auf Baugenehmigung, diese beruft ich auf fehlendes ⇨ Einvernehmen der Gemeinde: Gemeinde ist beizuladen. ⇨ 140, 305

Beseitigungsanordnung

⇨ Abbruchverfügung

Bestandsschutz

Von B. spricht man im Zusammenhang mit der Frage, ob der Bestand von baulichen Anlagen vor nachteiligen Rechtsänderungen geschützt ist. ⇨ 170 ff.

Blockinnenbebauung

Gegenüberliegende Straßen bilden einen Wohnblock; dann: Bauen im Blockinneren, also in der zweiten oder einer weiteren Reihe. ⇨ 42

Bodenrecht

Das »Bodenrecht« ist ein Gebiet, auf dem der Bund nach Art. 74 I Nr. 18, Art. 72 GG Gesetze erlassen darf. Hierzu zählt das ⇨ Bauplanungsrecht. Das wichtigste Gesetz auf diesem Gebiet ist das Baugesetzbuch. ⇨5

Bodenrechtliche Harmonie

»harmonische« Bebauung, die bei ⇨ bodenrechtlichen Spannungen gestört ist. ⇨ 61 ff.

Bodenrechtliche Relevanz

BR ist bei einem Vorhaben gegeben, wenn es Belange in einer Weise berührt oder berühren kann, die geeignet ist, das Bedürfnis nach einer ihre Zulässigkeit regelnden verbindlichen Bauleitplanung hervorzurufen. ⇨ 25 f.

Bodenrechtliche Spannungen

dürfen bei Bauvorhaben im unbeplanten Innenbereich nicht entstehen. Ein wesentliches Kriterium ist, dass ein Vorhaben derart aus dem Rahmen fällt, dass die Bebauung des betroffenen Gebietes durch ⇨ Bauleitpläne geregelt werden müsste. ⇨ 60 ff.

Bürgerbeteiligung

neudeutsch Beteiligung der Öffentlichkeit, erfolgt bei der Aufstellung von Bauleitplänen. ⇨ 224 f., 230 ff.

Darstellungen

Den Inhalt von ⇨ Flächennutzungsplänen nennt das Gesetz »Darstellungen«, um den nur vorbereitenden Charakter hervorzuheben (Gegensatz: die verbindlichen »Festsetzungen« des ⇨ Bebauungsplans). ⇨ 251

Dreitagefiktion

kann für Fristberechnung wichtig sein. In bestimmten Fällen gelten Schreiben als nach drei Tagen zugegangen. ⇨ 111

Entwicklungsgebot

⇨ Bebauungspläne sind aus den ⇨ Flächennutzungsplänen zu entwickeln. ⇨ 255 ff.

Drittanfechtungsklage

verwaltungsgerichtliche Klage, bei der die Aufhebung eines Verwaltungsaktes, der einen Dritten begünstigt (z.B. Baugenehmigung des Nachbarn), begehrt wird. ⇨ 137

Drittschutz

⇨ Nachbarschutz

Eigentumsgarantie/-freiheit

Grundrecht aus Art. 14 des Grundgesetzes, welches vielfältige Auswirkungen auf das öffentliche Baurecht hat. ⇨ 18, 50, 74, 164, 169, 171 ff., 182, 219, 245, 295 f.

Einfacher Bebauungsplan

Plan, der nicht gleichzeitig Festsetzungen über die ⇨ Art und das ⇨ Maß der baulichen Nutzung, die ⇨ überbaubaren Grundstücksflächen und die ⇨ örtlichen Verkehrsflächen enthält (§ 30 II BauGB). Gegenteil: ⇨ Qualifizierter Bebauungsplan. ⇨ 41

Einfügen

Ein Bauvorhaben muß sich im unbeplanten ⇨ Innenbereich in die nähere Umgebung einfügen, ohne dass ⇨ bodenrechtliche Spannungen erzeugt werden. ⇨ 58 ff.

Einstweiliger Rechtsschutz

vorläufige gerichtliche Maßnahme in Eilfällen ⇨ 115 ff., 136 ff., 143 ff., 186 ff.

Einvernehmen der Gemeinde

Über bestimmte Vorhaben entscheidet die Baugenehmigungsbehörde im Einvernehmen mit der Gemeinde. ⇨ 83 ff., 146 ff.

Entschließungsermessen

Frage, *ob* eine Behörde handeln muß (Gegenteil: Auswahlermessen: Frage, *wie* eine Behörde handeln kann). ⇨ 160 f., 189 ff.

Ergänzendes Verfahren

Verfahren zur Heilung eines Fehlers im Bauleitplan ⇨ 259 f., 273 ff.

Ermessen

(rechtlich gebundener) Entscheidungsspielraum einer Behörde, der im Gesetz häufig dadurch verdeutlicht wird, dass eine Rechtsfolge eintreten »kann«, also nicht muss. ⇨ 46 ff., 104 ff., 161 ff., 189 ff.

Errichtung

erstmalige Herstellung einer vorher nicht bestehenden Anlage. ⇨ 16

Erschließung

Erschließung meint, dass – in Bezug auf das konkret beantragte Bauvorhaben – der Anschluss an das öffentliche Straßennetz, die Versorgung mit Elektrizität und Wasser und die Abwasserbeseitigung gewährleistet sind. Die Erschließung muss bei allen Bauvorhaben gesichert sein. ⇨ 40, 63, 73, 77

Erstplanungspflicht

Gemeinden sind bei städtebaulicher Erfordernis zur ⇨ Bauleitplanung verpflichtet. ⇨ 201 ff.

Europarechtsanpassungsgesetz Bau (2004)

wichtige Gesetzesnovelle, die vor allem die Berücksichtigung von Umweltbelangen in der ⇨ Bauleitplanung gestärkt hat. ⇨ 56, 201, 208, 225, 229, 239, 243, 288

Fehlerfolgen

Ein fehlerhafter ⇨ Bauleitplan ist nicht automatisch nichtig, es sind mehrere mögliche Fehlerfolgen denkbar. ⇨ 259 (Tabelle der Fehlerfolgen ⇨ 264 ff.), 292

Festsetzungen

⇨ Darstellungen

Flächennutzungsplan

vorbereitender, Grundzüge regelnder Bauleitplan für eine Gemeinde. ⇨ 6, 200, 239 ff., 248 ff., 287

Fliegende Bauten

Anlagen, die an wechselnden Orten aufgestellt werden (z.B. Jahrmarktbuden). An Stelle des Genehmigungsverfahrens tritt das ⇨ Zulassungsverfahren. ⇨ 25

Förmliche Beteiligung

Form der Beteiligung von Bürgern und Behörden an der ⇨ Bauleitplanung. ⇨ 230 ff.

Formelle Illegalität

Ein genehmigungspflichtiges Vorhaben wurde ohne Genehmigung durchgeführt. ⇨ 158 ff.

Formelle Planreife

Das Verfahren der Bebauungsplanaufstellung hat bereits wesentliche Schritte passiert. ⇨ 53 ff.

Formelle und materielle Illegalität

Ein genehmigungspflichtiges Vorhaben wurde ohne Genehmigung durchgeführt und wäre auch nicht genehmigungsfähig. ⇨ 158 ff.

Frühzeitige Beteiligung

Form der Beteiligung von Bürgern und Behörden an der ⇨ Bauleitplanung. ⇨ 224 ff.

Geltungsdauer der Baugenehmigung

⇨ 140

Geltungsdauer von Bauleitplänen

⇨ 293

Gemeinde

Kleinste Gebietskörperschaft, zuständig u.a. für die ⇨ Bauleitplanung. Auch eine Stadt ist »Gemeinde« im Rechtssinn (bei Stadtstaaten zugleich Bundesland).

Genehmigung eines Plans

hat mit der ⇨ Baugenehmigung (Bezug auf ein einzelnes Vorhaben) nichts zu tun, sondern meint die G. eines ⇨

Bebauungs- oder (meist) ⇨ Flächennutzungsplans der
Gemeinde durch eine höhere Behörde. ⇨ 239 ff.

Genehmigungsbedürftigkeit
Baumaßnahmen sind i.d.R. genehmigungsbedürftig
(Synonym: Genehmigungspflicht[igkeit]). ⇨ 18

Genehmigungsfreie Maßnahmen
Maßnahmen, die der Bauherr ohne Genehmigung oder
andere Mitwirkungen durchführen kann. ⇨ 19

Genehmigungsfreistellung
führt zur Genehmigungsfreiheit, erfordert aber die
Mitwirkung des Bauherren. ⇨ 20 ff.

Genehmigungspflicht(igkeit)
⇨ Genehmigungsbedürftigkeit

Geschossfläche(nzahl)
Die Geschossfläche ist nach den Außenmaßen der Gebäude in allen ⇨ Vollgeschossen zu ermitteln.
Die Geschossflächenzahl ist der Quotient aus Geschossfläche geteilt durch Grundstücksfläche. ⇨ 36 ff.

Gesetzgebungskompetenz
Zuständigkeit zur Gesetzgebung. Im öffentlichen
Baurecht ist der Bund für das ⇨ Bauplanungsrecht und
sind die Bundesländer für das ⇨ Bauordnungsrecht
zuständig. ⇨ 4 f.

Gewerbegebiet
dient vorwiegend der Unterbringung von nicht erheblich
belästigenden Gewerbebetrieben. ⇨ 31 ff.

Grenzabstände
Teilbereich des ⇨ Bauordnungsrechts; Regelungen über
den Abstand des Baus zur Grundstücksgrenze. ⇨ 79 ff.

Grundfläche(nzahl)
Die Grundflächenzahl ist der Quotient aus bebauter
Fläche (Grundfläche), geteilt durch Grundstücksfläche,
also ≤ 1. ⇨ 36

Gutachtenstil
Stil bei der gutachterlichen Fallbearbeitung, bei dem man
zunächst eine Hypothese im Konjunktiv aufstellt, diese
anschließend überprüft und erst am Ende das Ergebnis
festhält. ⇨ 302 ff.

Innenbereich
Im Zusammenhang bebauter Ortsteil. Wichtig nur beim
unbeplanten IB, den man vom ⇨ Außenbereich ab-
grenzen muss. ⇨ 57 ff.

Instandhaltungsmaßnahme
genehmigungsfreie Maßnahme; die Abgrenzung zur ⇨
Nutzungsänderung kann im Einzelfall schwierig sein.
⇨ 17 f.

Klagebefugnis
ist gegeben, wenn eine Rechtsverletzung des Klägers
wenigstens möglich erscheint. Beim ⇨ Normenkontrollantrag ⇨ Antragsbefugnis genannt. ⇨ 94 ff., 138, 184.

Klagefrist
⇨ 97 ff., 139 f., 184, 285 (dort »Antragsfrist«)

Klagegegner
Es ist zu bestimmen, gegen wen sich eine Klage zu
richten hat. ⇨ 100 ff., 140, 285 (dort »Antragsgegner«)

Kommunale Selbstverwaltungsgarantie
Das Grundgesetz garantiert den Gemeinden, alle
Angelegenheiten der örtlichen Gemeinschaft im Rahmen
der Gesetze in eigener Verantwortung zu regeln. Im
Baurecht resultiert daraus die ⇨ Planungshoheit. ⇨ 203

Land- und forstwirtschaftlicher Betrieb
kann u.U. im ⇨ Außenbereich ⇨ privilegiert zulässig sein. ⇨ 69 ff.

Lotrechte
Entfernung vom Bauwerk, senkrecht zur Grundstücksgrenze. ⇨ 80

Maß der baulichen Nutzung
regelt das Ausmaß, in dem gebaut werden darf. ⇨ 35 ff.

Materielle Illegalität
Ein genehmigungsfreies Vorhaben widerspricht dem Baurecht / ein genehmigungspflichtiges Vorhaben widerspricht dem Baurecht derart, daß es nicht genehmigt werden dürfte. ⇨ 158 ff.

Materielle Planreife
Der Inhalt eines noch in der Aufstellung befindlichen ⇨ Bebauungsplanes ist bereits wesentlich konkretisiert. ⇨ 53 ff.

Mobilfunk-Sendemasten
können evtl. im ⇨ Außenbereich privilegiert zulässig sein (⇨ privilegierte Vorhaben). ⇨ 71 ff.

Nachbarschutz
Frage, ob und inwieweit bestimmte baurechtliche Pflichten nicht nur das Verhältnis Bauherr/Behörde betreffen, sondern auch Dritte, z.B. den Nachbarn des Bauherren. Da dieser Dritte nicht zwangsläufig der Nachbar sein muß, oft »Drittschutz« genannt. ⇨ 119 ff., 188 ff.

Nachhaltigkeit
ursprünglich aus der Holzwirtschaft stammender Begriff (Holzschlag nur in den Mengen, in denen es nachwachsen kann), der heute für so ziemlich alles im Sinne von »dauerhaft« herhalten muß, schwerpunktmäßig beim Umweltschutz. ⇨ 207 (nachhaltige städtebauliche Entwicklung)

Normenkontrollantrag
verwaltungsgerichtliche Klageart, im Baurecht: Klage gegen Bebauungsplan. ⇨ 277 ff.

Nutzungsänderung
Eine ⇨ bauliche Anlage wird ohne Änderung in der Bausubstanz anders genutzt oder erhält eine andere Zweckbestimmung. ⇨ 17

Nutzungsart
S. Art der baulichen Nutzung

Nutzungsmaß
S. Maß der baulichen Nutzung

Nutzungsuntersagung
Aufsichtsmaßnahme bei baurechtswidrigen Zuständen. ⇨ 156 ff.

Obersatz
Hypothetischer Einleitungssatz einer gutachterlichen Prüfung oder eines Teils davon. ⇨ 309

Oberverwaltungsgericht
höchstes VG eines Bundeslandes, ist zuständig für ⇨ Normenkontrollantrag. ⇨ 278

Öffentliche Belange
Faustformel: Belange, die nicht Individualinteressen, sondern dem Gemeinwohl (öffentlichen Interessen) dienen. Z.B. wichtig für Bauen im ⇨ Außenbereich (⇨ 65 ff.) und für die Abwägung bei der Bauleitplanung (⇨ 211).

Öffentliches Baurecht
Baurecht, welches die Rechtsbeziehungen zur öffentlichen Gewalt (zum Staat) betrifft, im Gegensatz zum ⇨ privaten Baurecht. ⇨ 2 f.

Örtliche Verkehrsflächen
kann ein ⇨ Bebauungsplan für sein Gebiet festsetzen (z.B. Parkflächen). ⇨ 40

Planänderung, -ergänzung
ist evtl. in einem vereinfachten Verfahren möglich. ⇨ 243

Planaufstellungsbeschluss
Beschluss, in Zukunft einen Bauleitplan aufzustellen. ⇨ 223 f.

Planungshoheit
⇨ Gemeinden haben das aus der ⇨ kommunalen Selbstverwaltungsgarantie abgeleitete Recht, über ihre ⇨ Bauleitplanung frei zu entscheiden. Grenzen: ⇨ Erstplanungspflicht und ⇨ Planungsverbot. ⇨ 202 f.

Planungssicherung
Gemeinde muss die Möglichkeit haben, dass Planungsabsichten »gesichert« und nicht noch durch Genehmigungserteilungen nach bisherigem Rechtszustand unterwandert werden. ⇨ 294 ff.

Planungsverbot
Ausnahme von der ⇨ Planungshoheit, hauptsächlich für nicht realisierbare Pläne. ⇨ 205 f.

Privates Baurecht
Baurecht, welches die Rechtsbeziehungen zwischen Privatpersonen regelt. Wird in diesem Buch nicht behandelt. Gegensatz: ⇨ Öffentliches Baurecht ⇨ 2 f.

Privilegierte Vorhaben
Vorhaben, die im ⇨ Außenbereich unter bestimmten Voraussetzungen zulässig sind (Gegensatz: ⇨ sonstige Vorhaben). ⇨ 64 ff.

Qualifizierter Bebauungsplan
enthält Festsetzungen über die ⇨ Art und das ⇨ Maß der baulichen Nutzung, die ⇨ überbaubaren Grundstücksflächen und die ⇨ örtlichen Verkehrsflächen. ⇨ 27 ff.

Raumordnung
zusammenfassende und übergeordnete Planung und Ordnung des Raumes. ⇨ 206

Rechtsbehelfsbelehrung
Ein Behördenbescheid muss eine Belehrung über Rechtsbehelfe gegen diesen Bescheid erhalten. Fehler in diesem Bereich führen oft zu verlängerten Widerspruchs-/Klagefristen. ⇨ 98 f., 111 f.

Rechtsschutzbedürfnis, allgemeines
Bedürfnis nach Anrufung der Gerichte, fehlt z.B. bei »Popularklage« (Klage ohne eigene Betroffenheit). Meist durch spezielle Anforderungen wie ⇨ Klagebefugnis konkretisiert und daher nicht bei jedem gerichtlichen Verfahren in diesem Buch erwähnt. ⇨ 286

Rechtsstaatsprinzip
Die Bundesrepublik Deutschland ist ein Rechtsstaat, was verschiedene Anforderungen an staatliches Handeln stellt; ein Ausfluss ist z.B. das ⇨ Verhältnismäßigkeitsprinzip. ⇨ 161

Rechtsverletzung
Eine RV einer Person tritt nur ein, wenn ein Akt (z.B. Baugenehmigung) rechtswidrig ist und der betroffenen Person ein ⇨ subjektives öffentliches Recht auf Einhaltung der verletzten Rechtsnorm zusteht. ⇨ 141.

Reines Wohngebiet
dient dem Wohnen; andere als Wohnbebauung ist nur in sehr engen Grenzen zulässig. ⇨ 29

Relativer Drittschutz

⇨ Nachbarschutz, der auf einer Norm beruht, die in der Regel nur die Allgemeinheit schützt. RDS ist gegeben, wenn sich im Einzelfall ein Individuum durch besonders schwere Betroffenheit von der Allgemeinheit abhebt. ⇨ 120, 124, 130, 134 f.

Rücksichtnahmegebot

Gebot, welches als ungeschriebenes Rechtsprinzip im öffentlichen Baurecht gilt. Es soll Grundstücksnutzungen, die Spannungen und Störungen hervorrufen können, einander so zuordnen, dass Konflikte vermieden werden. ⇨ 58, 119 f., 127 f., 130, 133 ff.

Satzung

im öffentlichen Recht: das zur Regelung der eigenen Angelegenheiten gesetzte Recht von bestimmten Körperschaften, zB. ⇨ Gemeinden. Der ⇨ Bebauungsplan ist eine Satzung. ⇨ 244

Schicksalsgemeinschaft

Alle Anlieger eines ⇨ qualifizierten Bebauungsplanes sowie eines ⇨ typengemäßen Baugebietes bilden eine SG in Bezug auf die Festsetzungen über die ⇨ Art der baulichen Nutzung. Jeder muß sich daran halten, hat aber auch einen Anspruch, dass jeder andere dies ebenfalls tut. ⇨ 122, 127 f., 132

Scoping

Ermittlung des nötigen Prüfungsumfangs bei der ⇨ Umweltprüfung. ⇨ 226, 228 f.

Selbstständiger Bebauungsplan

⇨ Bebauungsplan ohne ⇨ Flächennutzungsplan (= Ausnahme vom ⇨ Entwicklungsgebot). ⇨ 258

Sicherungsbedarf

ist bei einer ⇨ Veränderungssperre nötig und verlangt dort das Bestehen einer hinreichend konkretisierten Planungsabsicht. ⇨ 295 f.

Sondergebiet

muss für eine Nutzung festgelegt werden, die in den anderen ⇨ Baugebietstypen der Baunutzungsverordnung unzulässig wäre. ⇨ 31 ff.

Sonstige Vorhaben

Im Gegensatz zu ⇨ privilegierten Vorhaben sind die sV in der Regel im ⇨ Außenbereich unzulässig. ⇨ 73 ff.

Splittersiedlung

Bauten, die keinen im Zusammenhang bebauten Ortsteil darstellen und auch in keiner organischen Beziehung zu einem solchen stehen oder sich nicht in die geordnete städtebauliche Entwicklung einfügen. Splittersiedlungen dürfen im ⇨ Außenbereich nicht entstehen. ⇨ 75 ff.

Stilllegungsverfügung

Aufsichtsmaßnahme bei baurechtswidrigen Zuständen. ⇨ 156 ff.

Subjektives öffentliches Recht

Individualrecht. Wichtig bei der Frage, ob eine Norm nur die Allgemeinheit schützt oder individuell Betroffenen ein SöR verleiht, s. auch ⇨ Nachbarschutz. ⇨ 119 ff.

Subsumieren, Subsumtion

Unterordnung eines Sachverhalts unter einen Rechtssatz. ⇨ 311 f.

Supermärkte

Ob Supermärkte in Gewerbegebieten zulässig sind oder dafür ⇨ Sondergebiete geschaffen werden müssen, kann im Einzelfall problematisch sein. ⇨ 31 ff.

Typengemäße Bebauung

Bebauung entspricht faktisch einem ⇨ Baugebietstyp, obwohl es keinen ⇨ Bebauungsplan gibt. ⇨ 57 f.

Überbaubare Grundstücksflächen

können durch die Festsetzung von Baulinien, Baugrenzen oder Bebauungstiefen bestimmt werden. ⇨ 39

Umweltbericht

Die Ergebnisse der ⇨ Umweltprüfung stehen im UB, welcher Teil der Begründung von Bauleitplänen ist. ⇨ 229 f.

Umweltprüfung

Prüfung, welche Auswirkungen eine ⇨ Bauleitplanung auf die Umwelt hat. ⇨ 208 f., 229 f.

Umweltschutz

Belange des U. haben bei der ⇨ Bauleitplanung eine gesteigerte Bedeutung erfahren. ⇨ 207 ff.

Untätigkeitsklage

Unterfall der ⇨ Verpflichtungsklage, bei der der Kläger den Erlass eines unterlassenen Verwaltungsaktes begehrt. ⇨ 96 f.

Veränderungssperre

Instrument, mit dem die Gemeinde bei bevorstehender Planänderung verfügen kann, dass keine Baugenehmigungen nach bestehender Rechtslage erteilt werden. ⇨ 294 ff.

Vereinfachtes Genehmigungsverfahren

Eine Baugenehmigung ist zwar notwendig, die Behörde prüft aber nicht sämtliche Voraussetzungen. ⇨ 24

Verhältnismäßigkeitsprinzip

aus dem ⇨ Rechtsstaatsprinzip abgeleitetes ungeschriebenes Rechtsprinzip mit Verfassungsrang, welches besagt, dass ein staatliches belastendes Handeln nicht zum Anlass außer Verhältnis stehen darf. ⇨ 161 ff.

Verpflichtungsklage

verwaltungsgerichtliche Klage, mit dem die beklagte Behörde zum Erlass eines Verwaltungsaktes verpflichtet werden soll, z.B. Klage auf Baugenehmigungserteilung. ⇨ 92 ff.

Versagungsgegenklage

Unterfall der ⇨ Verpflichtungsklage, bei der der Kläger den Erlass eines abgelehnten Verwaltungsaktes begehrt. ⇨ 96 f.

Verwaltungsakt

Maßnahme, die eine Behörde zur Regelung eines Einzelfalls auf dem Gebiet des öffentlichen Rechts trifft und die auf unmittelbare Rechtswirkung nach außen gerichtet ist, z.B. ⇨ Baugenehmigung, ⇨ Bauaufsichtsmaßnahme. ⇨ 93, 137, 183, 312

Verwaltungsrechtsweg

ist gegeben, wenn ein Verwaltungsgericht und nicht ein Zivilgericht zuständig ist. ⇨ 92 f., 277, 310

Vollgeschoss

Was ein VG ist, legt Landesrecht fest, z.B. Niedersachsen: Geschoss, das über mindestens der Hälfte seiner Grundfläche eine lichte Höhe von 2,20 m oder mehr hat und dessen Deckenunterseite im Mittel mindestens 1,40 m über der Geländeoberfläche liegt ⇨ 36 f.

Vorhaben

⇨ Baumaßnahme

Vorhabenbezogener Bebauungsplan

Bebauungsplan, bei dem die Gemeinde gezielt bestimmte Bauvorhaben ermöglicht und dabei mit dem Vorhabenträger zusammenarbeitet. ⇨ 288 ff.

Vorläufige Untersagung

Ist ein Vorhaben nicht genehmigungspflichtig, so kann es evtl. zur Sicherung einer künftigen Planung vorläufig untersagt werden. ⇨ 299

Vorläufiger Rechtsschutz

⇨ Einstweiliger RS

Vorverfahren

⇨ Widerspruchsverfahren

Widerspruchsbefugnis

ist gegeben, wenn eine Rechtsverletzung des Widerspruchsführers zumindest möglich erscheint, nach einer Ansicht auch bei möglicher Interessenbeeinträchtigung. ⇨ 109 f.

Widerspruchsfrist
⇨ 110 ff.

Widerspruchsverfahren
Vor einer Klage ist i.d.R. ein Widerspruchsverfahren
durchzuführen. Der Widerspruch muss ordnungsgemäß
eingelegt und erfolglos geblieben sein. ⇨ 96 f., 107 ff.

Zulassungsverfahren
Verfahren für ⇨ fliegende Bauten anstatt eines
Genehmigungsverfahrens. ⇨ 25

Zurückstellung von Baugesuchen
Baugenehmigungsbehörde muss evtl. auf Antrag einer
Gemeinde Baugesuche zurückstellen, um eine künftige
gemeindliche Planung zu sichern ⇨ 298 f.